注册建筑师考试丛书

二级注册建筑师考试历年真题与解析

·1·

建筑结构与设备

（第三版）

魏 鹏 苌小芳 臧楠楠 编著

中国建筑工业出版社

图书在版编目（CIP）数据

二级注册建筑师考试历年真题与解析. 1，建筑结构与设备 / 魏鹏，苌小芳，臧楠楠编著. —3 版. —北京：中国建筑工业出版社，2021.11

（注册建筑师考试丛书）

ISBN 978-7-112-26640-1

Ⅰ. ①二… Ⅱ. ①魏… ②苌… ③臧… Ⅲ. ①建筑结构—资格考试—题解②房屋建筑设备—资格考试—题解 Ⅳ. ①TU-44

中国版本图书馆 CIP 数据核字(2021)第 193466 号

责任编辑：张　建　黄　翊
责任校对：焦　乐

注册建筑师考试丛书
二级注册建筑师考试历年真题与解析
·1·
建筑结构与设备
（第三版）
魏　鹏　苌小芳　臧楠楠　编著
*
中国建筑工业出版社出版、发行（北京海淀三里河路 9 号）
各地新华书店、建筑书店经销
北京红光制版公司制版
北京君升印刷有限公司印刷
*
开本：787 毫米×1092 毫米　1/16　印张：16½　字数：399 千字
2021 年 11 月第三版　2021 年 11 月第一次印刷
定价：**56.00** 元
ISBN 978-7-112-26640-1
（38491）
版权所有　翻印必究
如有印装质量问题，可寄本社图书出版中心退换
（邮政编码 100037）

前　言

二级注册建筑师考试建筑结构与设备这一科的内容很多，如何复习确实是一个值得深思的问题。在这个信息爆炸的时代，缺少聚焦能力必将迷失在信息的海洋里，正所谓“吾生也有涯，而知也无涯。以有涯随无涯，殆已！”

经过分析发现，这一科的内容都围绕着一个中心，即建筑的系统性。建筑作为复合系统，除了按专业进行划分的建筑空间与围护系统，结构的承载系统，建筑设备的给水排水系统、采暖系统、通风空调系统、电气系统等，还包括消防、绿色建筑这两个跨专业的横向系统。因此要充分理解建筑结构与设备这一科的核心，必须充分把握其系统性，包括各系统关键要素的特性（力、热、水、电、风、火的特性）、系统组成及系统运作机制等要点，以及系统的复合性，即各类系统是如何叠加组合在一起的。

当然考试复习必然要聚焦于考试大纲、聚焦于历年真题，以此来圈定复习的范围与深度，将有限的精力用在最具效率之处。其实考试大纲与知识点分布密切相关，本书将以系统为核心，以考试大纲的知识点为架构对历年真题进行分类整理，使得复习的内容兼具整体性与针对性。考试大纲与知识点的具体关系详述如下：

1. 建筑结构

对建筑力学的概念有基本了解，对荷载的取值及计算、结构的模型及受力特点有清晰的概念，对一般杆系结构在不同的荷载作用下的内力及变形有一个基本概念。

对砌体结构、钢筋混凝土结构的基本性能、适用范围及主要构造能作较为深入的了解及分析，对钢结构、木结构的基本概念有一般了解。

了解多层建筑砖混结构、底框及底部两层框架及中小跨单层厂房建筑结构选型基本知识，了解建筑抗震基本知识及各类建筑的抗震构造、各类结构不同烈度下的适用范围，了解地质条件的基本概念、各类天然地基及人工地基的类型及选择原则（基础）。

2. 建筑设备

了解中小型建筑的给水储存、加压及分配，热水及饮水供应，消防给水与自动灭火系统，排水系统、通气管及小型污水处理等(建筑给水排水)。

了解中小型建筑中采暖的各种方式和分户计量系统，及其所使用的热源、热媒，了解通风、防排烟、空调基本知识，以及风机房、制冷机房、锅炉房的主要设备和土建的关系，了解建筑节能基本知识，了解燃气供应系统。

了解中小型建筑的电力供配电系统、室内外电气线路敷设、电气照明系统、电气设备防火要求、电气系统的安全接地及建筑物防雷，了解电信、广播、呼叫、保安、共用天线及有线电视、网络布线及节能环保等措施(其他电气系统)。

以上灰色部分为本科的知识点，本书将每道真题按知识点进行分类并附有详细解析，并对各知识点进行了要点综述。其中的要点源自历年真题所考核的内容，以一定的逻辑主线或分类关系，将点状的考点连成线状，甚至是网状结构；使考生能以最为快速有效的方式理解并记忆相关要点，极大地提高复习效率。

二级的真题搜集极为困难，仅有极少部分为完整的照片版试题，网上充斥着大量冒充真题及改编的试题。本书收集整理了 5 年的真题（照片版）（下文中用年号-题号表示）。

本书本版修编内容如下：

（1）第一章及第二章按知识点归类、分节设置的考题部分，包括 2012、2013 年及 2017～2019 年共 5 年的真题解析，本版对其进行了修订。

群名称：《建筑结构与设备》读者群
群　号：625027243

（2）第三章成套真题与答案部分，进行了局部调整，选取 2017～2021 年共 5 年的真题，便于读者了解近年题型并作考前自测。其中 2020、2021 年真题基于考生回忆版进行了还原，部分题目缺失，但仍不失为较好的备考资料。

为了能与读者形成良好的互动，针对本书建立了一个 QQ 群，用于解答读者在阅读过程中遇到的问题，并收集读者发现的错漏之处，以对本书进行迭代优化。欢迎各位读者加群，在讨论中发现问题、解决问题并相互促进！

目　录

前言
第一章　建筑结构……………………………………………………………… 1
第一节　建筑力学……………………………………………………………… 2
第二节　建筑荷载 …………………………………………………………… 31
第三节　砌体结构 …………………………………………………………… 34
第四节　钢筋混凝土结构 …………………………………………………… 57
第五节　钢结构、木结构 …………………………………………………… 72
第六节　建筑抗震 …………………………………………………………… 75
第七节　地基与基础 ………………………………………………………… 90
第八节　绿色建筑…………………………………………………………… 100
第二章　建筑设备…………………………………………………………… 102
第一节　给水排水系统……………………………………………………… 103
第二节　消防给水与自动喷水灭火系统…………………………………… 118
第三节　建筑采暖系统……………………………………………………… 122
第四节　通风与空调系统…………………………………………………… 128
第五节　防排烟系统………………………………………………………… 135
第六节　建筑供配电………………………………………………………… 138
第七节　建筑照明系统……………………………………………………… 144
第八节　其他电气系统……………………………………………………… 147
第三章　真题与答案………………………………………………………… 153
第一节　2017 年真题与答案 ……………………………………………… 153
第二节　2018 年真题与答案 ……………………………………………… 171
第三节　2019 年真题与答案 ……………………………………………… 189
第四节　2020 年真题与答案 ……………………………………………… 209
第五节　2021 年真题与答案 ……………………………………………… 233

第一章　建　筑　结　构

建筑结构是承载系统，本质属性是“静”，即静止不动，这也是静力学、静定结构、超静定结构等都用“静”字的原因，也因此有了提出自由度、约束及几何不变体系等概念的必要性。

“静”其实是相对的，建筑结构的“静”是相对于地球而言的，这就涉及地基和基础，要将结构固定在大地之上——即使在地震的情况下也要保持建筑结构是“静”的。这就要求结构体系有一定的强度、刚度及稳定性，这又涉及结构的抗震。

建筑结构承受着各种作用（建筑荷载），有来自环境的，也有使用上的，结构的静是以材料内力来抵御环境外力的方式达到的，因而出现了建筑力学，用以掌握内力与外力的对应关系及外力的平衡条件。具有不同力学特性的材料以一定的组合方式形成了最常用的四大结构：砌体结构、钢筋混凝土结构、钢结构、木结构。

上述灰色部分构成了注册建筑师执业资格考试中建筑结构部分所有的考核要点。下面将据此对历年真题进行分类，并进行详细解析，相关要点涉及众多的技术规范与标准，详见表1-0-1。

建筑结构部分相关规范、标准　　　　**表1-0-1**

分类	名称	编号	施行
结构专业的规范与标准	建筑结构可靠性设计统一标准	GB 50068—2018	2018年11月1日
	建筑结构荷载规范	GB 50009—2012	2012年10月1日
	砌体结构设计规范	GB 50003—2011	2012年8月1日
	烧结普通砖	GB 5101—2017	2018年11月1日
	混凝土结构设计规范	GB 50010—2010（2015年版）	2011年7月1日
	高层建筑混凝土结构技术规程	JGJ 3—2010	2011年10月1日
	预应力混凝土结构设计规范	JGJ 369—2016	2016年9月1日
	木结构设计标准	GB 50005—2017	2018年8月1日
	建筑抗震设计规范	GB 50011—2010（2016年版）	2010年12月1日
	建筑工程抗震设防分类标准	GB 50223—2008	2008年7月30日
	工程抗震术语标准	JGJ/T 97—2011	2011年8月1日
	建筑地基基础设计规范	GB 50007—2011	2012年8月1日
	岩土工程勘察规范	GB 50021—2001（2009年版）	2002年3月1日
	绿色建筑评价标准	GB/T 50378—2019	2019年8月1日

第一节　建　筑　力　学

1. 图示悬挑阳台的计算简图中，已知栏板顶部分别作用 P_1＝1.5kN，P_2＝1.0kN，在不考虑结构自重的情况下，阳台根部 A 处受到的力矩为多少？(2012-001)

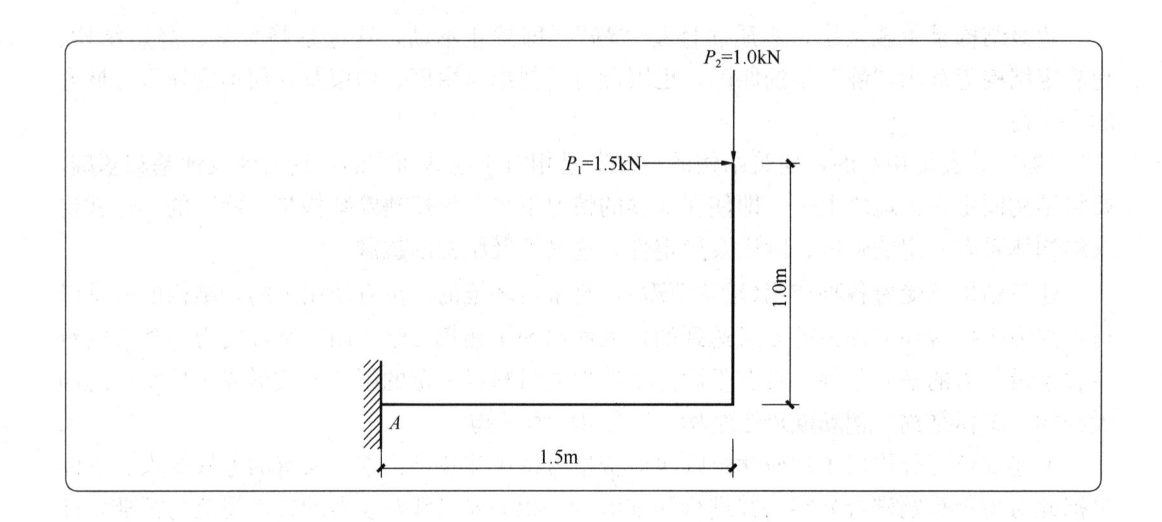

A. 1.5kN·m　　　　B. 2.25kN·m

C. 3.0kN·m　　　　D. 5.25kN·m

【答案】C

【解析】阳台根部 A 处受到的力矩 M＝1.5×1＋1×1.5＝3 kN·m。

2. 图示支座可简化为：(2013-003)

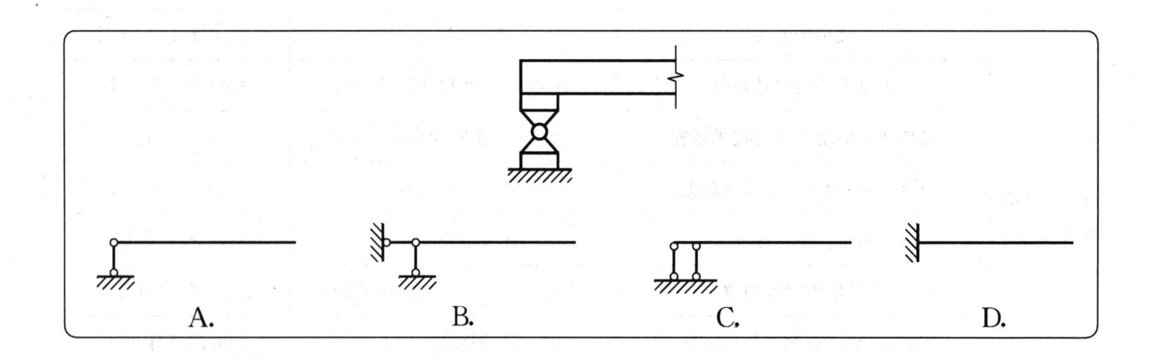

【答案】B

【解析】固定铰支座。

3. 下列结构计算简图与相对应的支座反力中，错误的是：（2017-002）

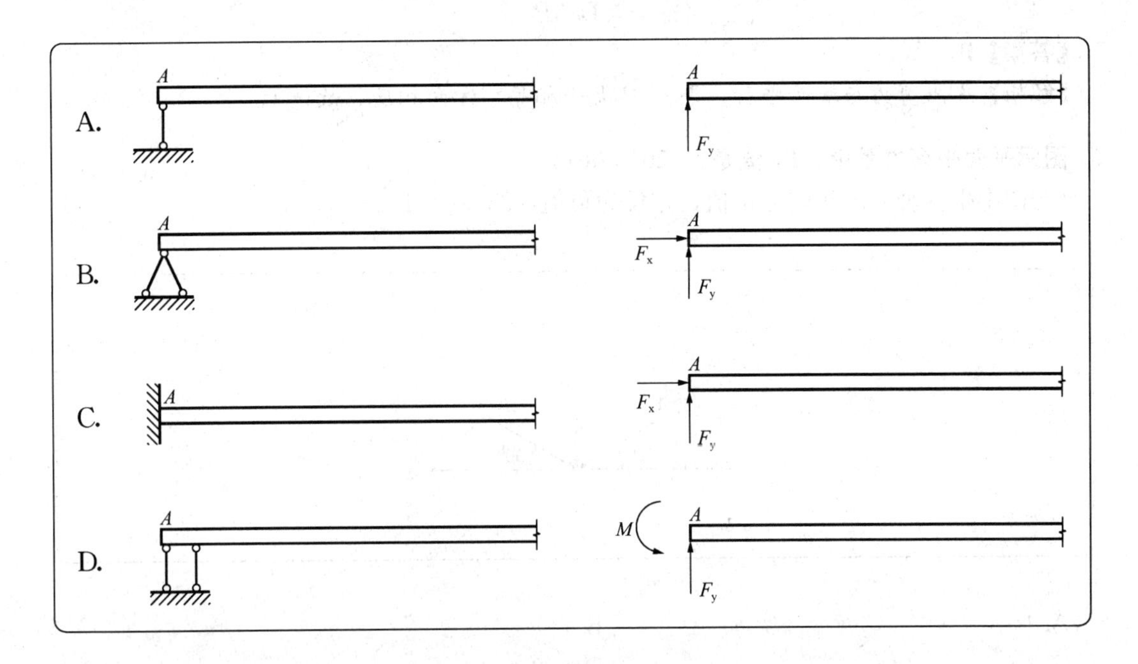

【答案】C

【解析】 A 选项为可动铰支座，相当于 1 个约束，有 1 个约束反力；

B 选项为固定铰支座，相当于 2 个约束，有 2 个约束反力；

C 选项为固定支座，相当于 3 个约束，有 3 个约束反力；

D 选项为定向支座，相当于 2 个约束，有 2 个约束反力。

C 选项应该有 3 个支座反力，因而错误的是 C。

4. 图示结构，A 点的剪力是：（2019-001）

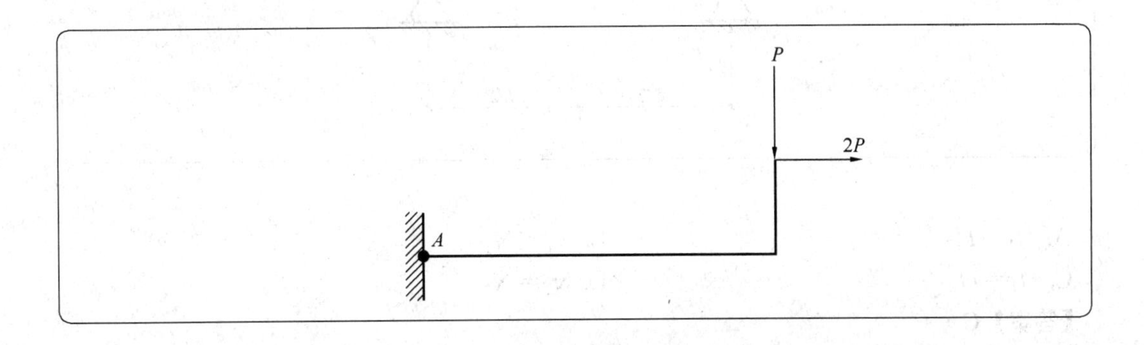

A. 0　　　　B. P

C. $2P$　　　　D. $3P$

【答案】B

【解析】A 点剪力与墙面平行，即与 P 大小相等、方向相反，故选 B。

5. 图示平面平衡力系中，P_2 值是：(2013-001)

（与图中坐标轴方向相同为正值，相反为负值：$\sin 30° = 1/2$）

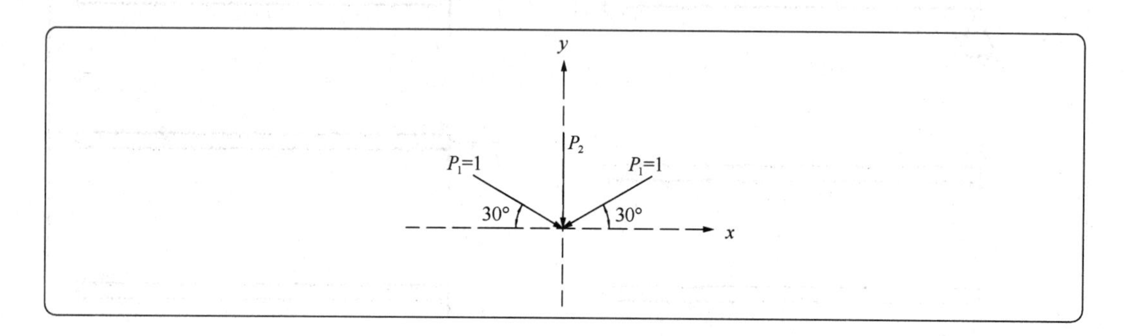

A. 1　　　　B. -1

C. 2　　　　D. -2

【答案】B

【解析】$\Sigma Y = 0$，$P_2 + 2P_1 \sin 30° = 0$，$\therefore P_2 = -1$

6. 图示双铰拱，在不考虑轴力影响的情况下，下列支座内力的判断，正确的是：(2012-013)

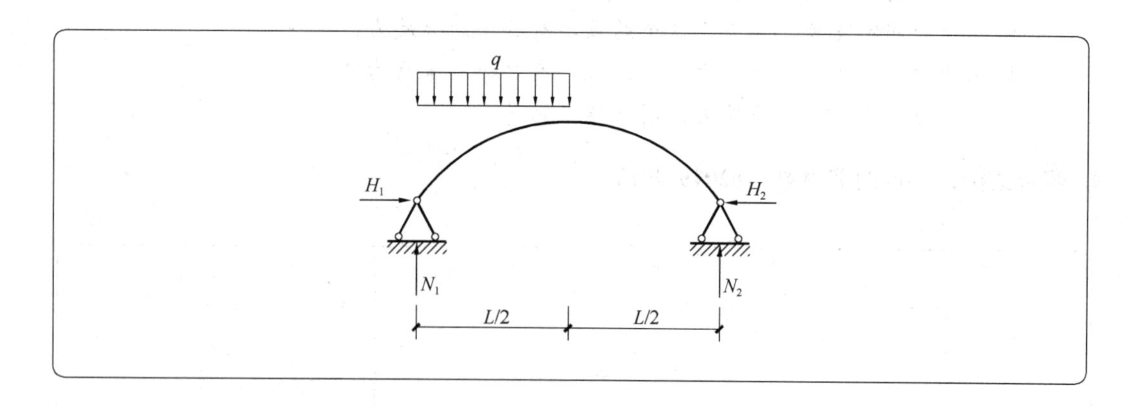

A. $H_1 > H_2$　　　　B. $N_1 < N_2$

C. $H_1 = H_2$　　　　D. $N_1 = N_2$

【答案】C

【解析】支座水平推力应平衡，故选 C。

7. 在不考虑自重的情况下，图示结构杆件受力最大的是：(2017-001)

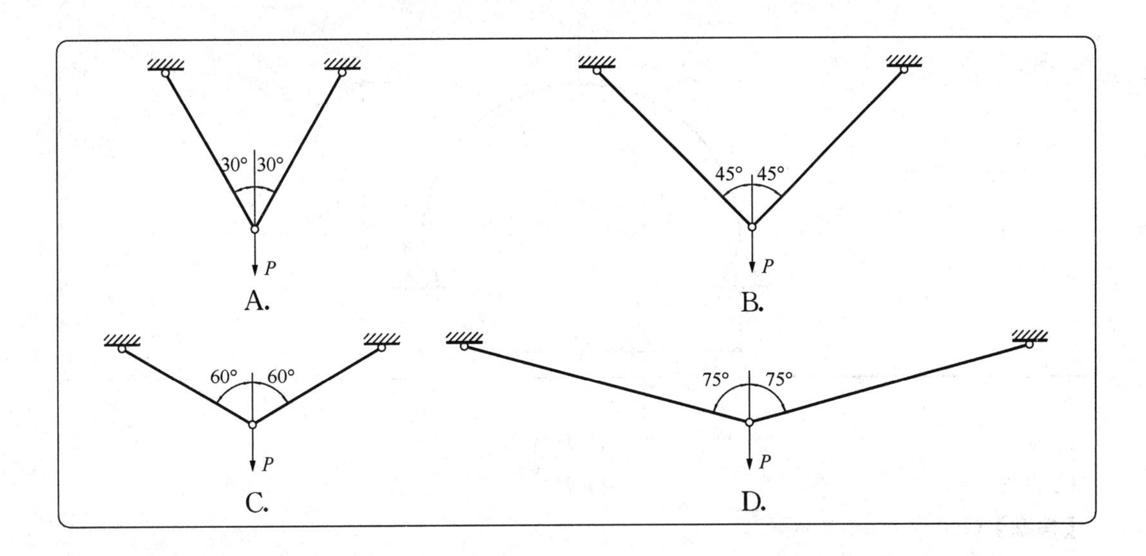

【答案】D

【解析】 杆件的内力等于 $2P/\cos\alpha$，α 越大，$\cos\alpha$ 越小，则杆件内力越大。

8. 图示结构，杆件 1 的内力是：(2018-001)

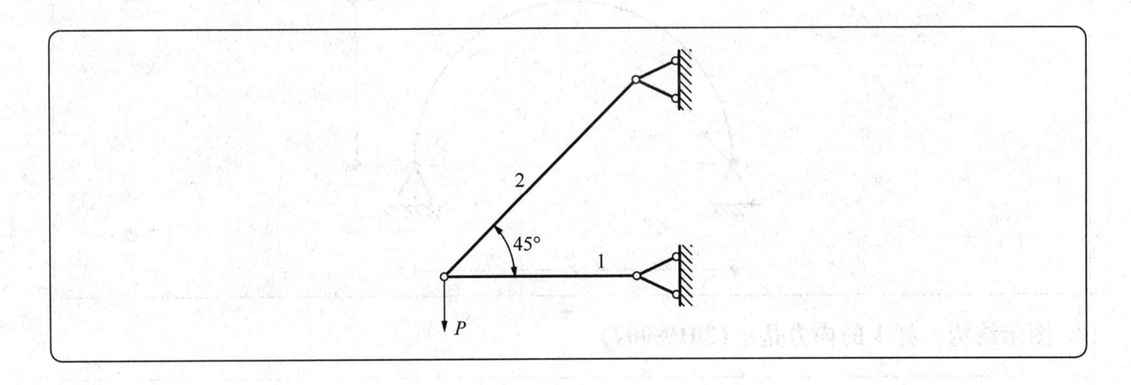

A. P（拉力）　　B. P（压力）

C. $\sqrt{2}P$（拉力）　　D. $\sqrt{2}P$（压力）

【答案】B

【解析】 设杆件 1 的内力为 P_1，设杆件 2 的内力为 P_2，

$\sum Y=0$，$P_2=P/\sin45^\circ=\sqrt{2}P$（拉力），

$\sum X=0$，$P_1=P_2\cos45^\circ=P$（压力）。

9. 图示三铰拱，支座 *B* 的水平推力是：(2019-012)

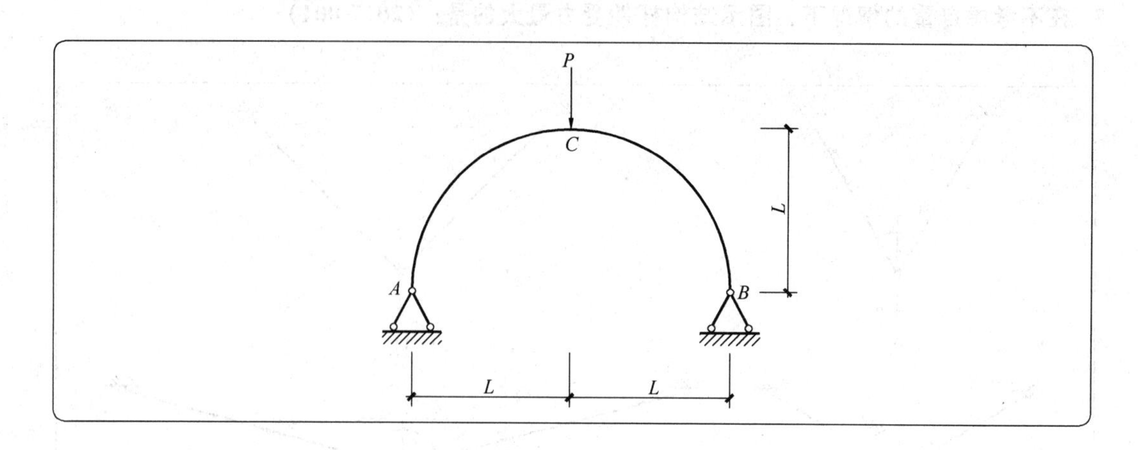

A. 0　　　　　　B. $P/4$

C. $P/2$　　　　　　D. P

【答案】C

【解析】依据受力分析，A 与 B 的支座反力的竖向分力分别为 $P/2$，由于 3 力汇交于 C 点，因而水平分力等于竖向分力，均为 $P/2$，故选 C。

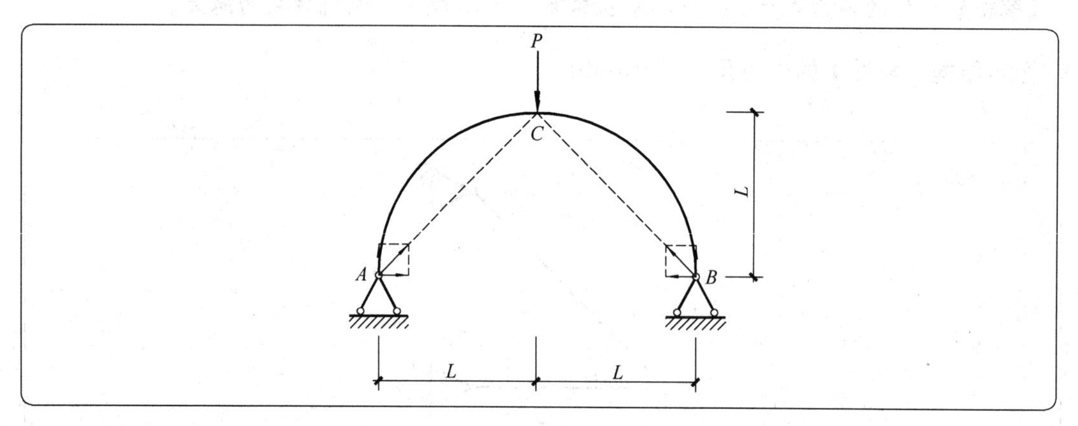

10. 图示结构，杆 1 的内力是：(2019-004)

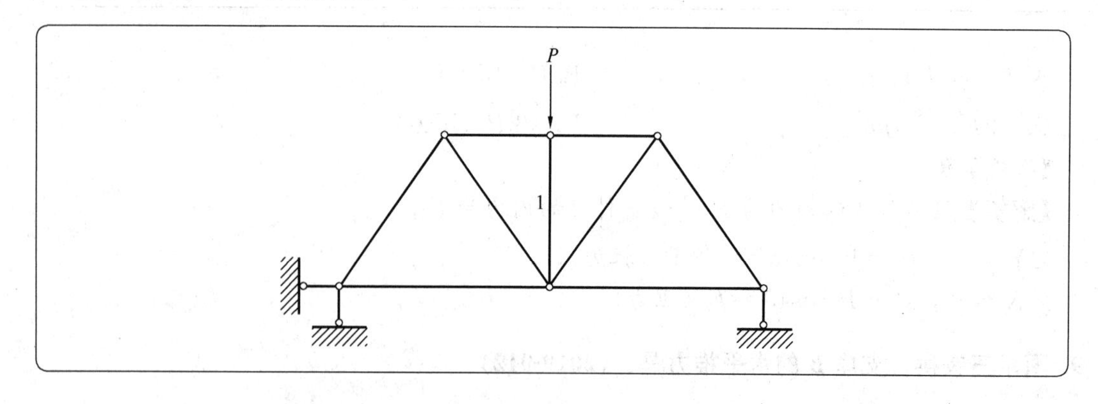

A. 0　　　　　　B. $P/2$

C. P　　　　　　　　　　　　　　D. $2P$

【答案】C

【解析】杆 1 的内力等于外力 P。

11. 图示结构的几何体系是：（2018-005）

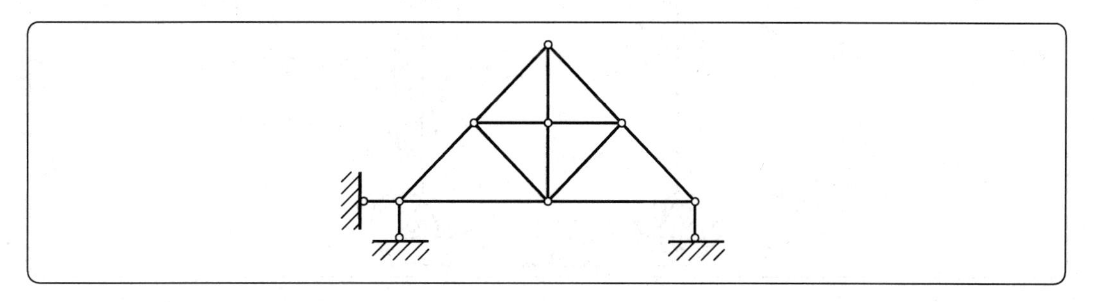

A. 无多余约束的几何不变体系　　　　B. 有多余约束的几何不变体系

C. 可变体系　　　　　　　　　　　　D. 瞬变体系

【答案】B

【解析】铰接三角形为无多余约束的几何不变体，依据二元体规则，通过不断添加二元体可以发现，上部结构为有 1 个多于约束的几何不变体，支座为典型的简支梁支座，无多余约束，因而选 B。

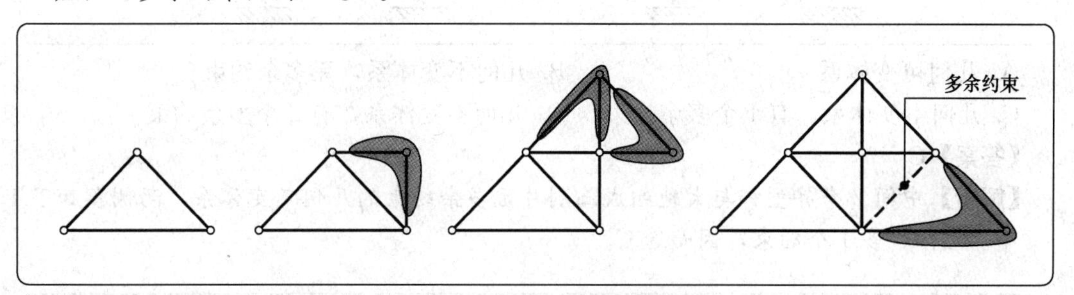

12. 图示杆系结构的几何体系为：（2012-004）

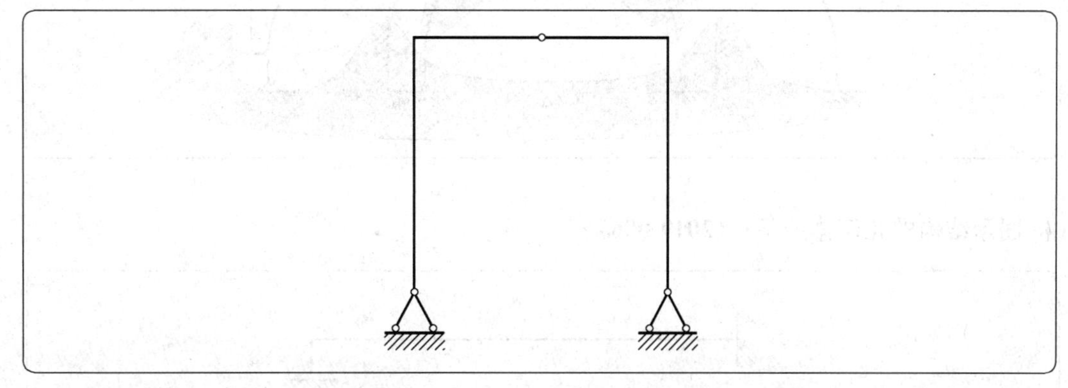

A. 瞬变体系　　　　　　　　　　　　B. 几何可变体系

C. 无多余约束的几何不变体系　　　　D. 有多余约束的几何不变体系

【答案】C

【解析】图为三刚片无多余约束的几何不变体系，故选C。

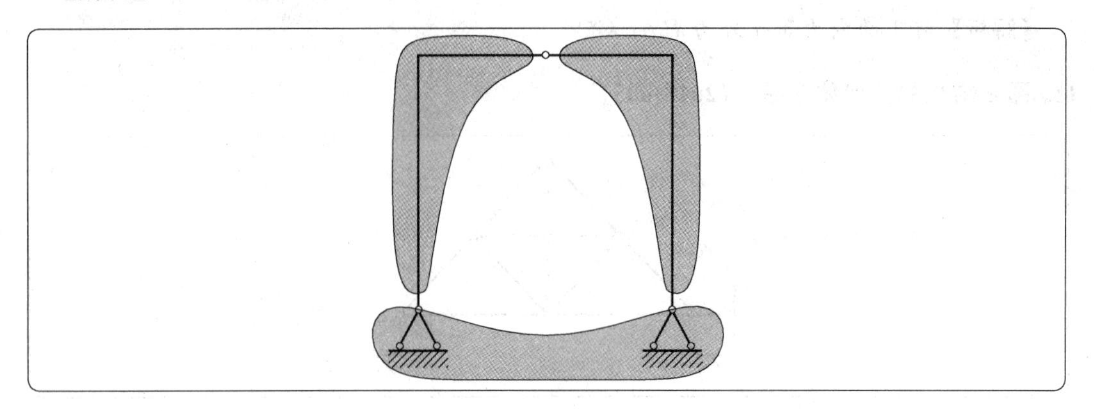

13. 图示平面体系的几何组成为：(1-2014-003)

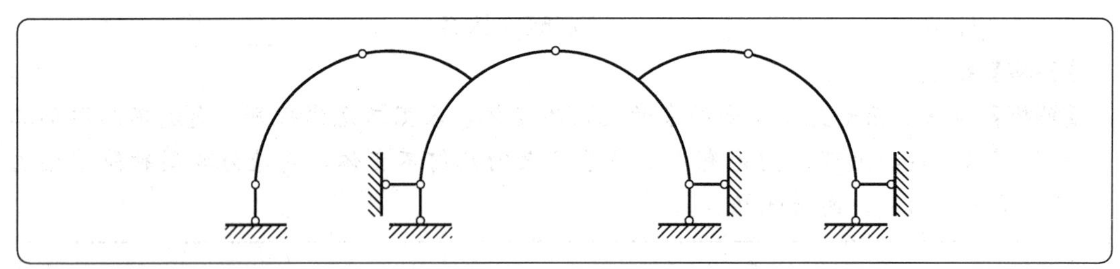

A. 几何可变体系　　　　　　　　B. 几何不变体系，无多余约束

C. 几何不变体系，有1个多余约束　D. 几何不变体系，有2个多余约束

【答案】C

【解析】中间2个异型杆与大地组成三刚片无多余约束的几何不变体系，两侧各加了1个二元体，多1个约束，因而选C。

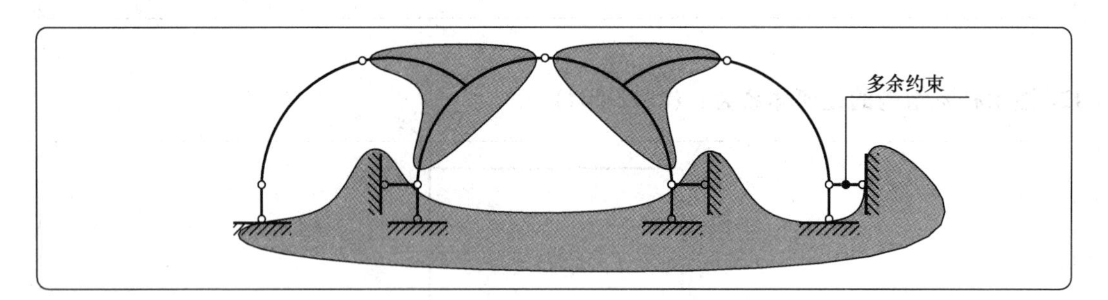

14. 图示结构的几何体系是：(2019-006)

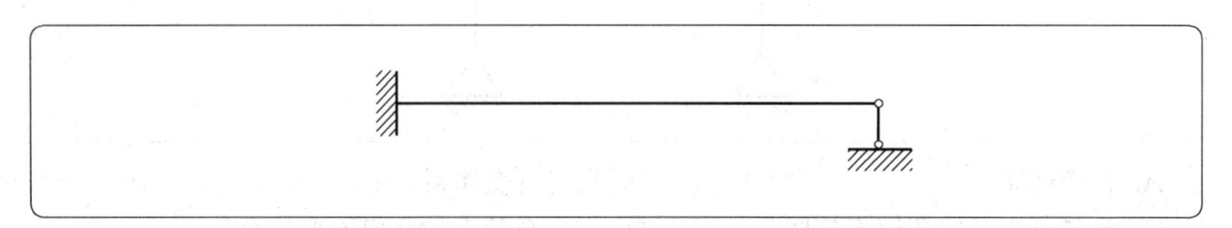

A. 几何可变体系　　B. 瞬变体系

C. 无多余约束的几何不变体系　　D. 有多余约束的几何不变体系

【答案】D

【解析】去掉一个多余约束，变为悬臂梁，故选 D。

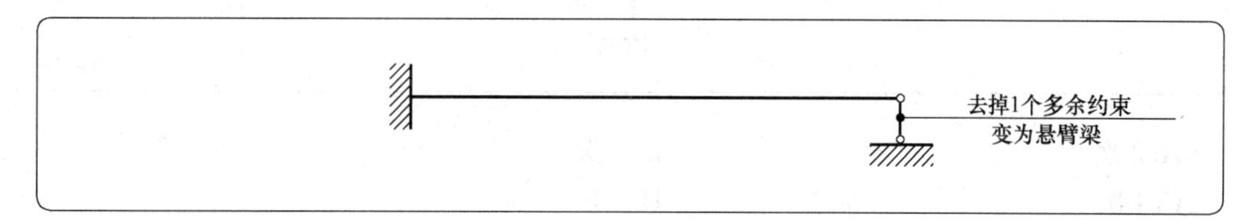

15. 图示结构的超静定次数为：（2013-004）

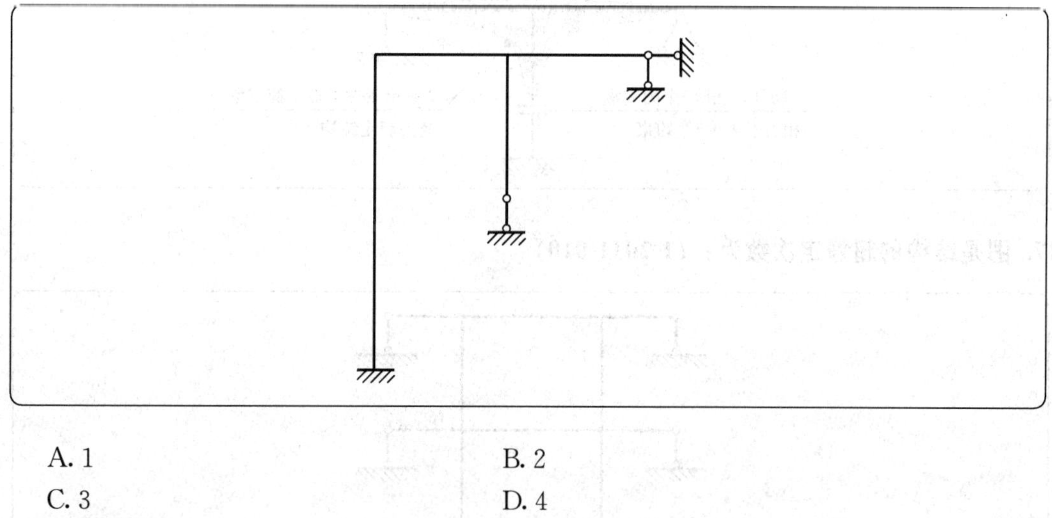

A. 1　　B. 2

C. 3　　D. 4

【答案】C

【解析】去掉 3 个约束变为静定结构，因而选 C。

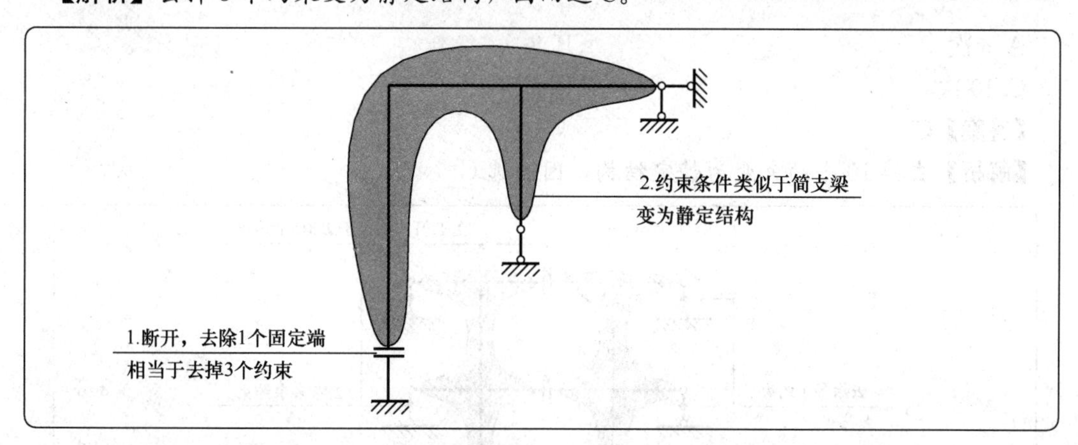

16. 图示结构的超静定次数是：（2018-004）

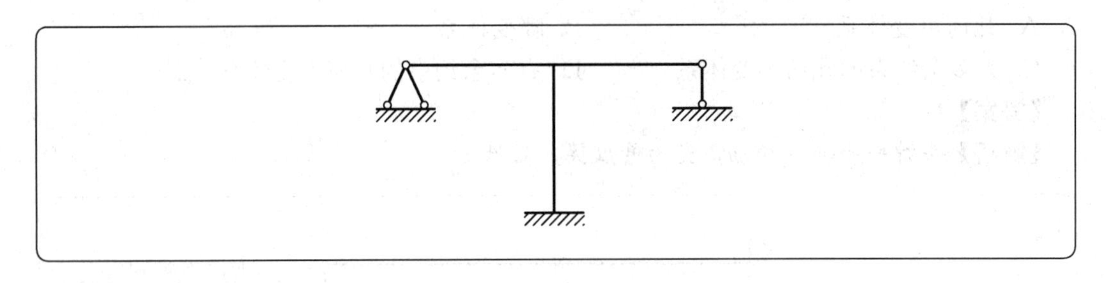

A. 2 次　　　　　　　　　B. 3 次

C. 4 次　　　　　　　　　D. 5 次

【答案】B

【解析】去掉 3 个约束变为静定结构，因而选 B。

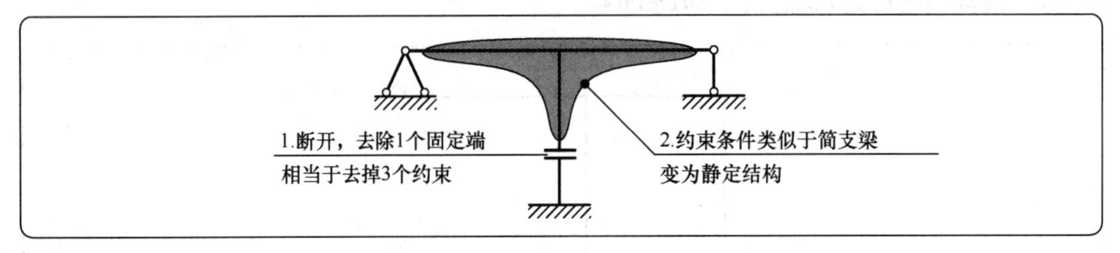

17. 图是结构的超静定次数为：（1-2011-010）

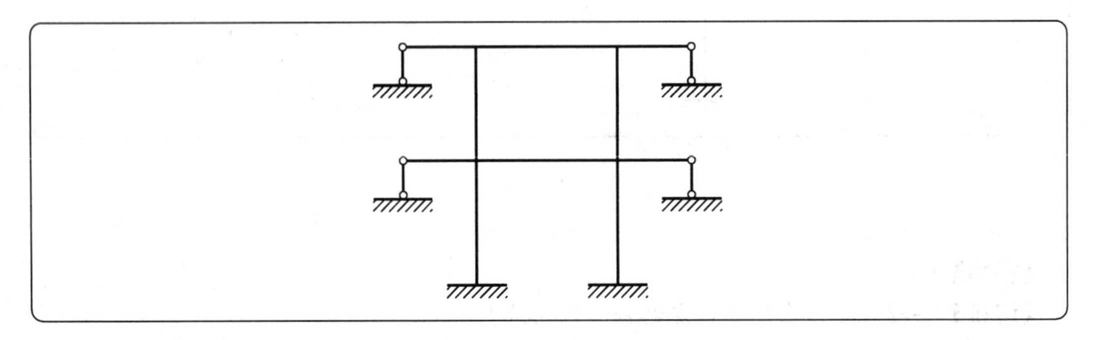

A. 6 次　　　　　　　　　B. 8 次

C. 10 次　　　　　　　　D. 12 次

【答案】C

【解析】去掉 10 个约束变为静定结构，因而选 C。

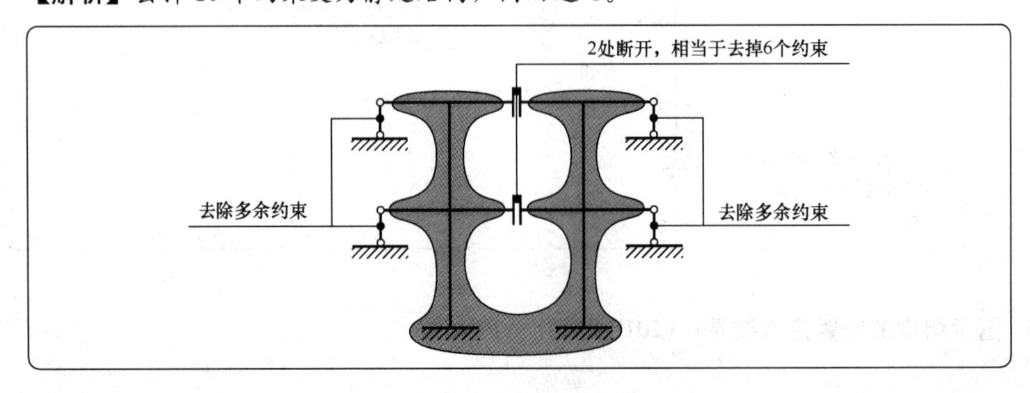

18. 图示刚架中支座 *B* 发生沉降。下列说法正确的是：(2012-012)

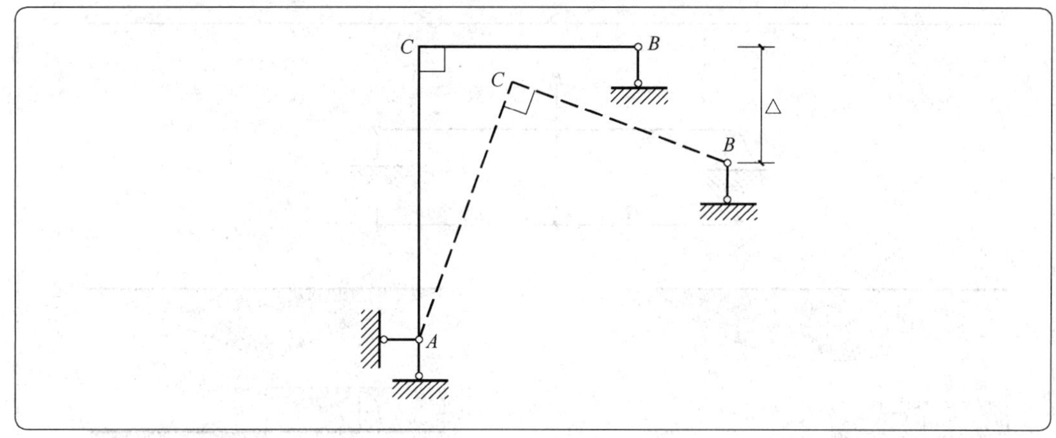

A. 杆 AC 产生内力，杆 BC 不产生内力　B. 杆 AC 不产生内力，杆 BC 产生内力

C. 杆 AC、BC 均不产生内力　　　　　D. 杆 AC、BC 均产生内力

【答案】C

【解析】温度变化、制作误差、支座沉降等因素在静定结构中不会产生内力，故选 C。

19. 图示结构，超静定次数为：(2019-005)

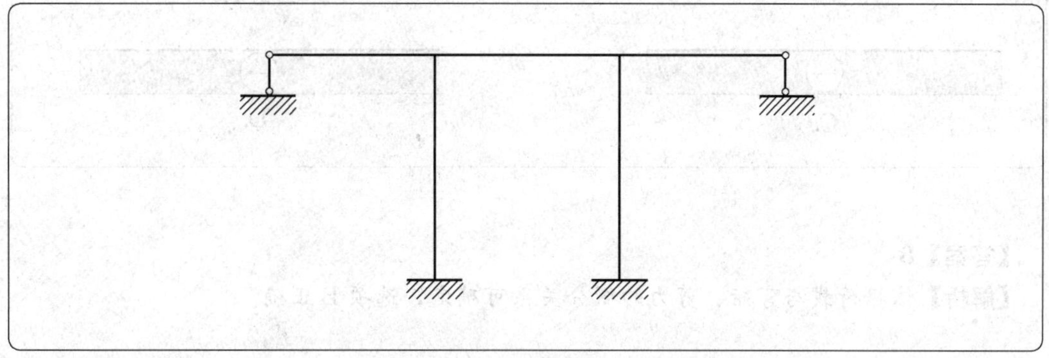

A. 2 次　　　　　　　　　　　　　B. 3 次

C. 4 次　　　　　　　　　　　　　D. 5 次

【答案】D

【解析】去掉 5 个约束，变为静定结构，故选 D。

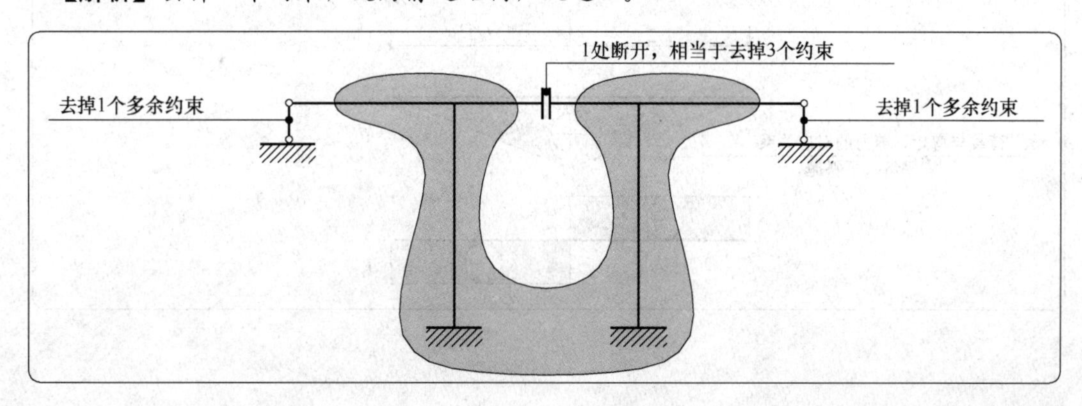

20. 下列简支梁在图示荷载作用下的弯矩图和剪力图中，正确的是：(2012-006)

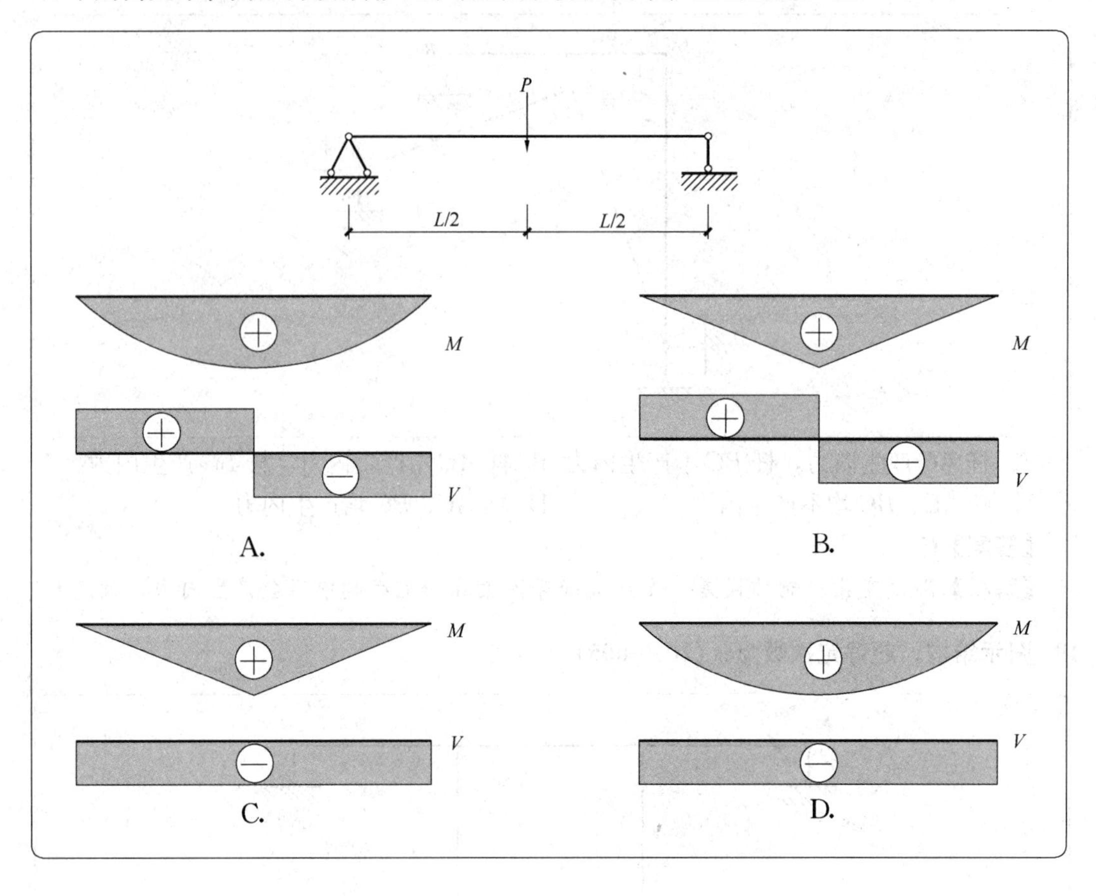

【答案】B

【解析】依据荷载与弯矩、剪力的微分关系可确定，选项 B 正确。

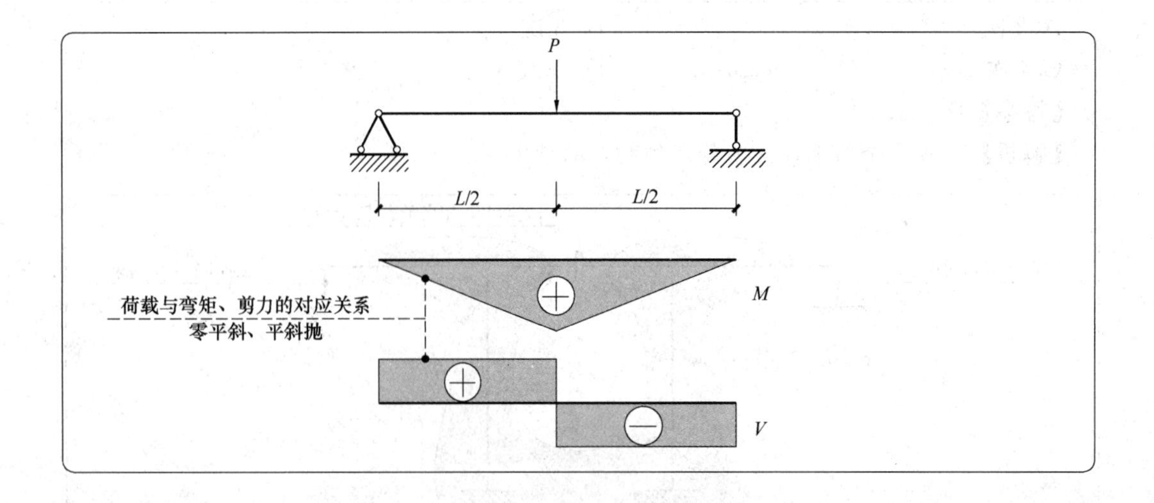

21. 图示结构正确的弯矩图是：（2013-005）

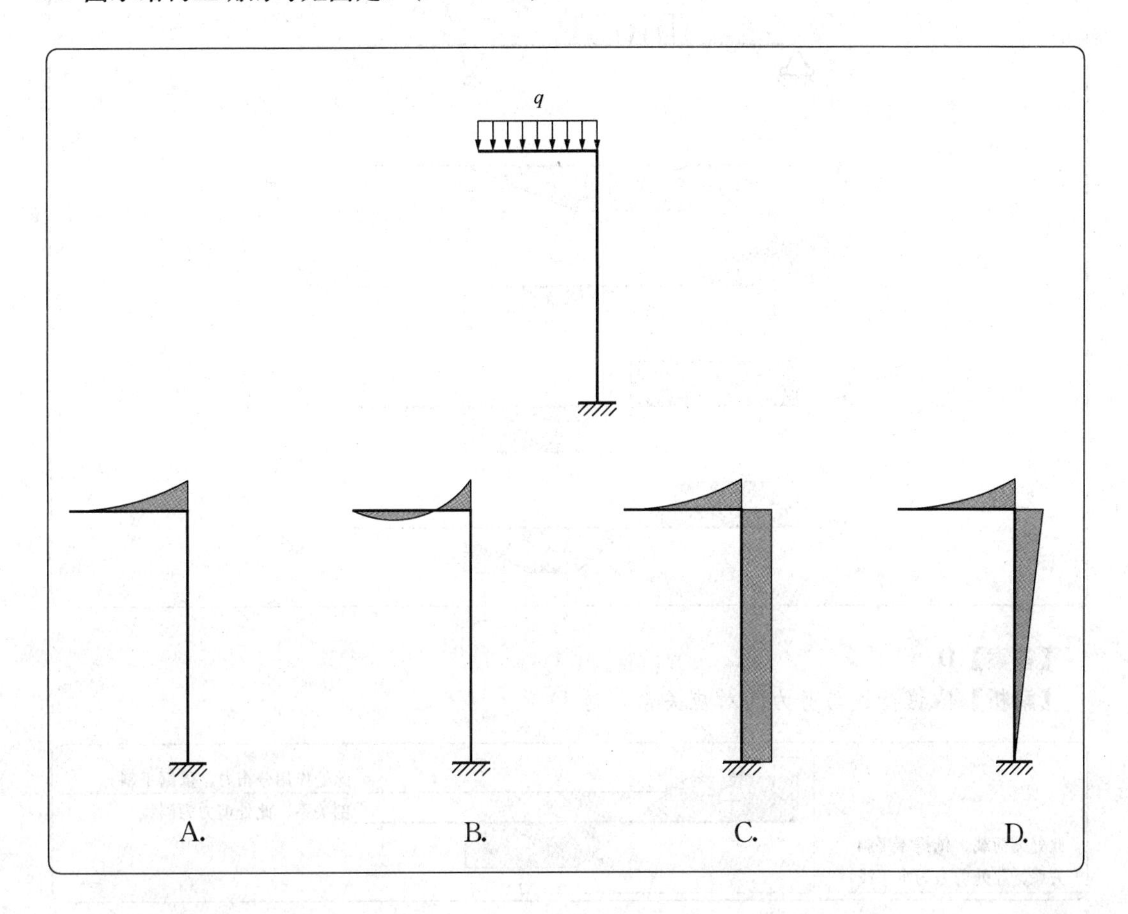

【答案】C

【解析】如下图。

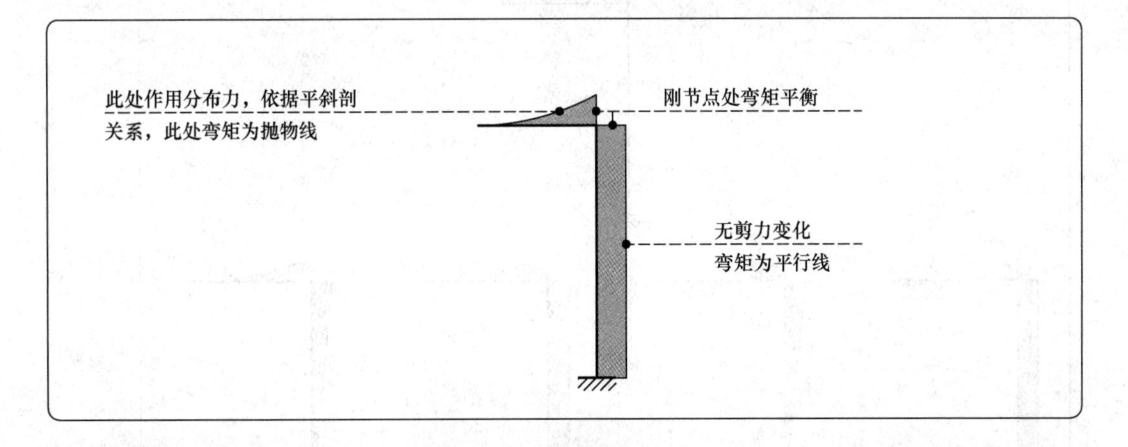

22. 简支梁在图示荷载作用下，正确的剪力图是：（2013-006）

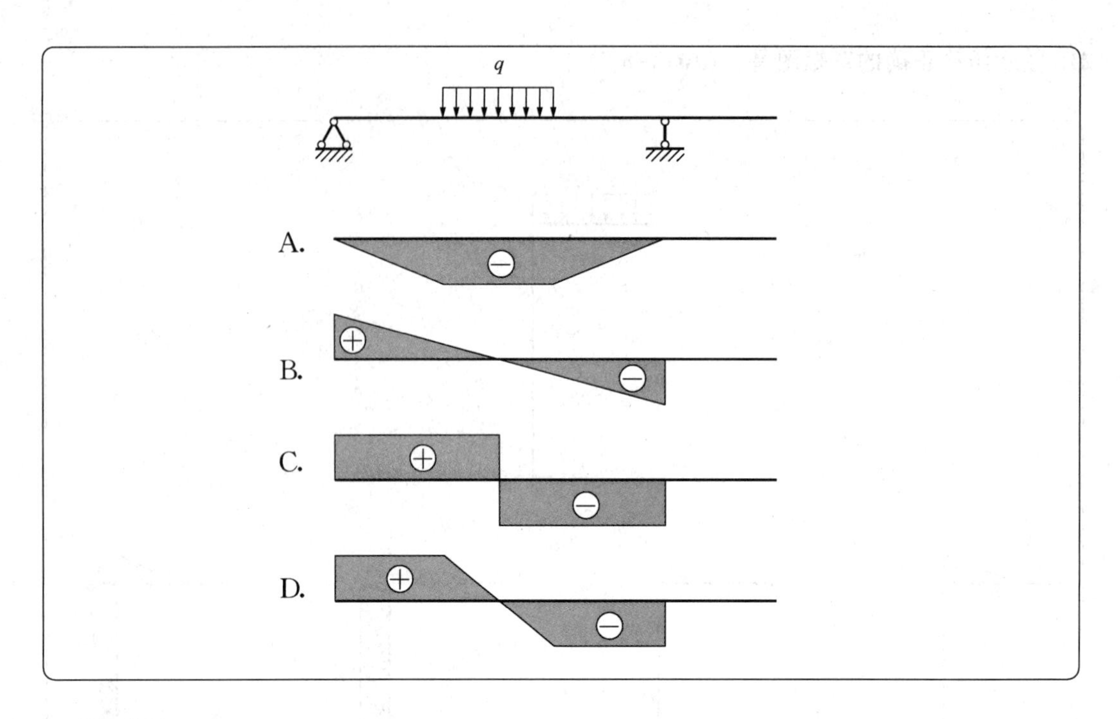

【答案】D

【解析】依据荷载与剪力的对应关系，选 D。

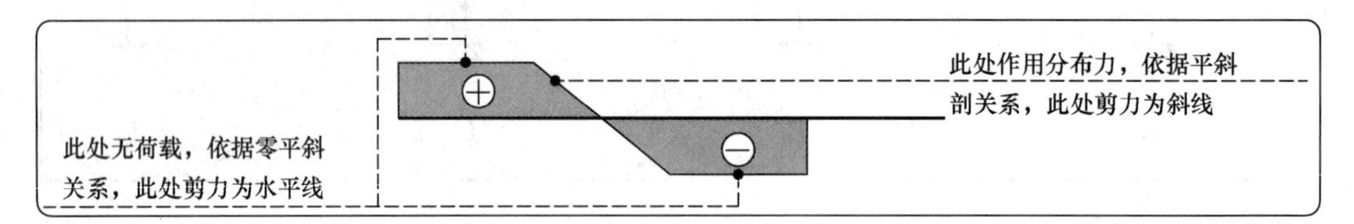

23. 图示结构正确的弯矩图是：(2017-006)

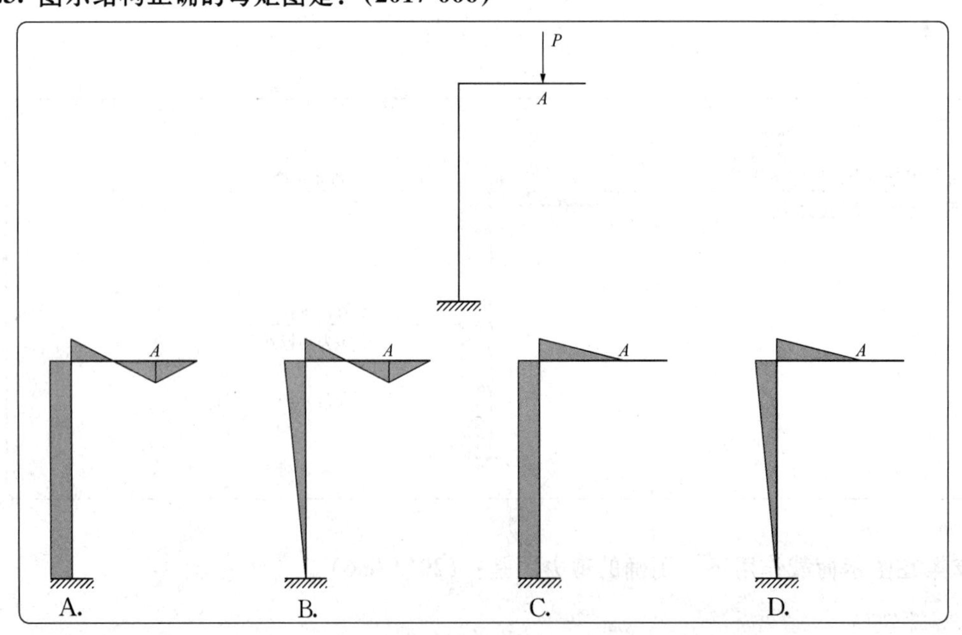

【答案】C

【解析】见下图。

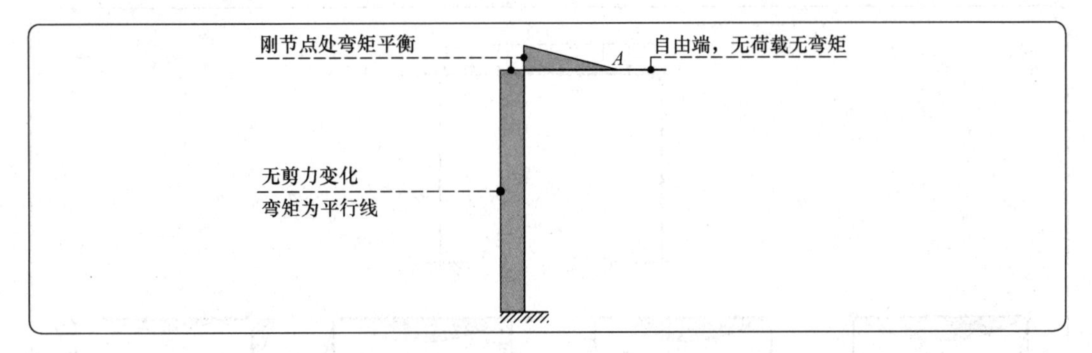

24. 图示梁弯矩图，正确的是：(2018-003)

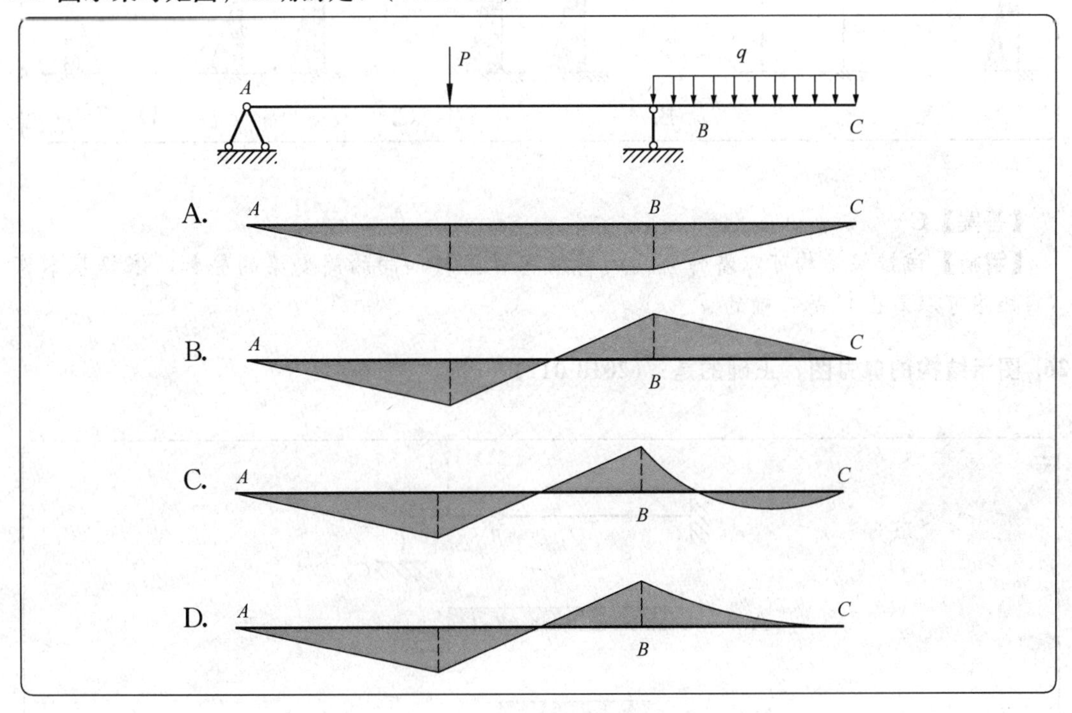

【答案】D

【解析】见下图。

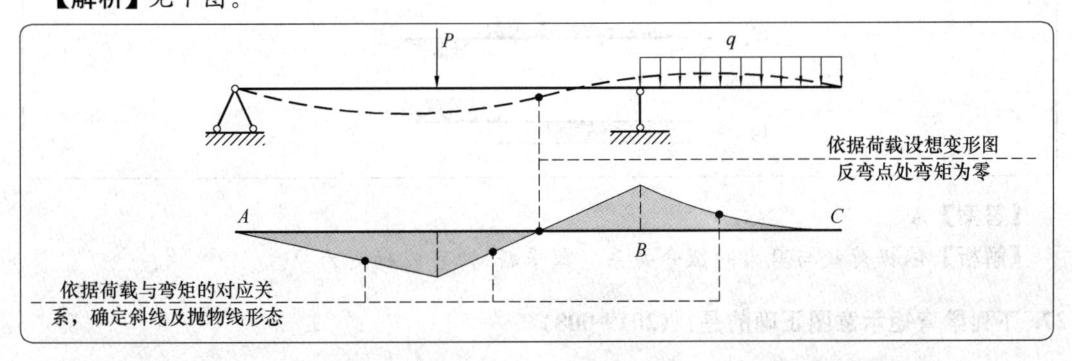

25. 图示结构的弯矩图，正确的是：(2018-010)

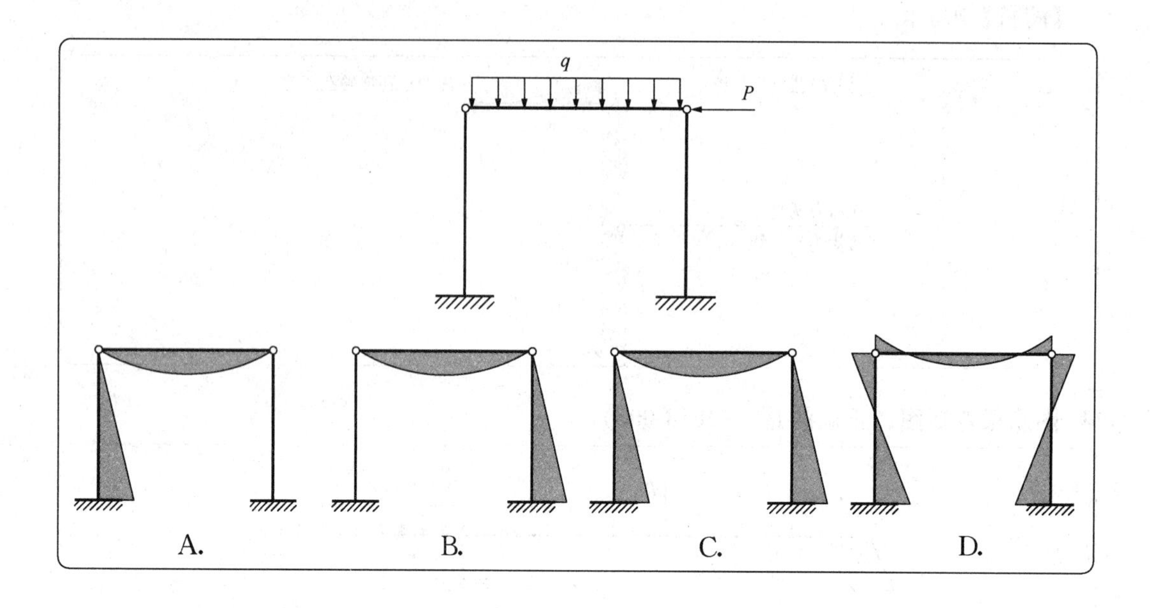

【答案】C

【解析】该排架结构可以看作竖向的两根悬臂梁与横向的简支梁的叠加，依据基本弯矩图可以看出C是正确的。

26. 图示结构的剪力图，正确的是：(2018-011)

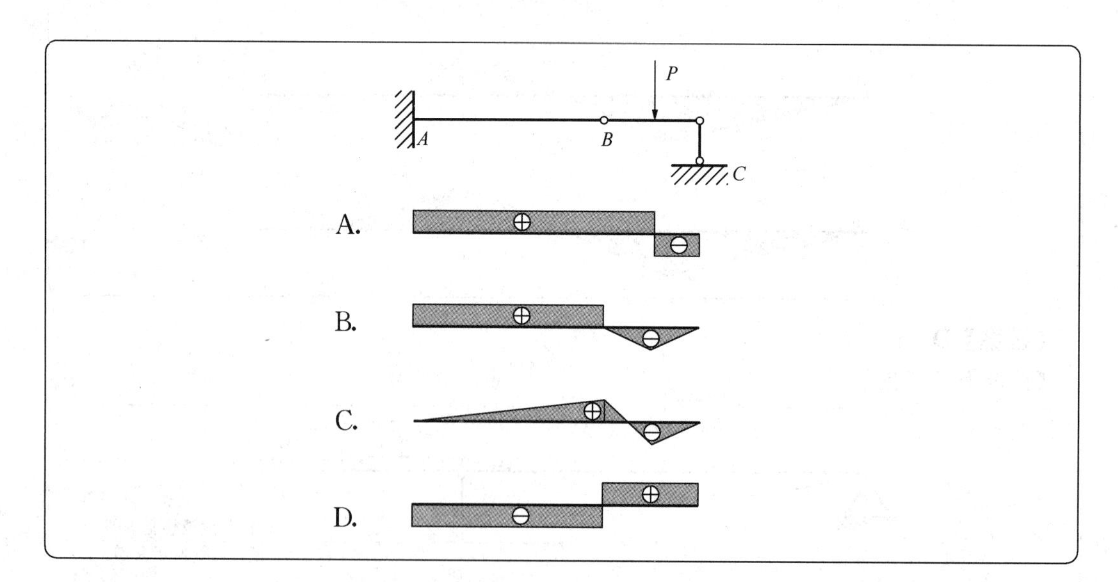

【答案】A

【解析】依据荷载与剪力的微分关系（零平斜），可以确定为A。

27. 下列梁弯矩示意图正确的是：(2019-008)

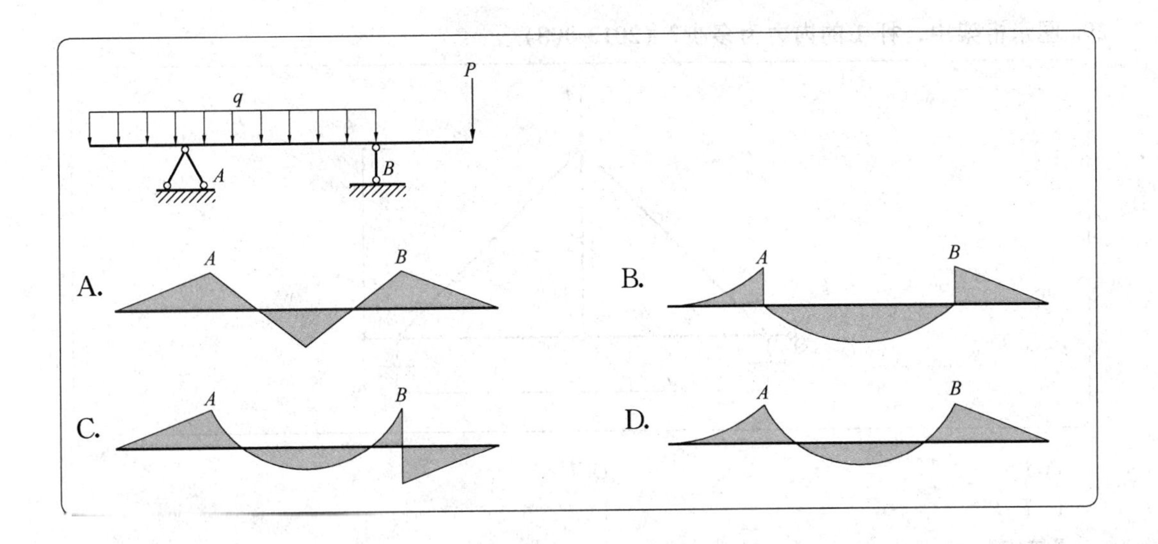

【答案】D

【解析】见下图。

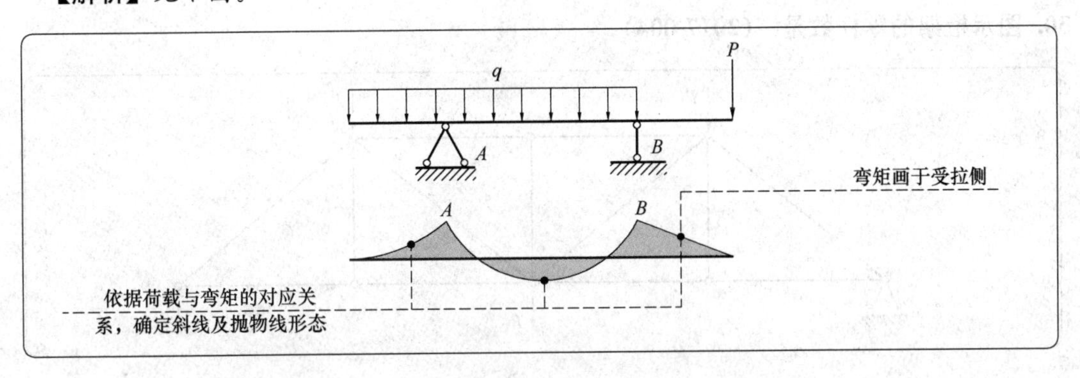

28. 图示具有合理拱轴线的拱结构，其构件主要受力状态是：(2013-012、2017-015)

A. 受弯　　B. 受剪

C. 受拉　　D. 受压

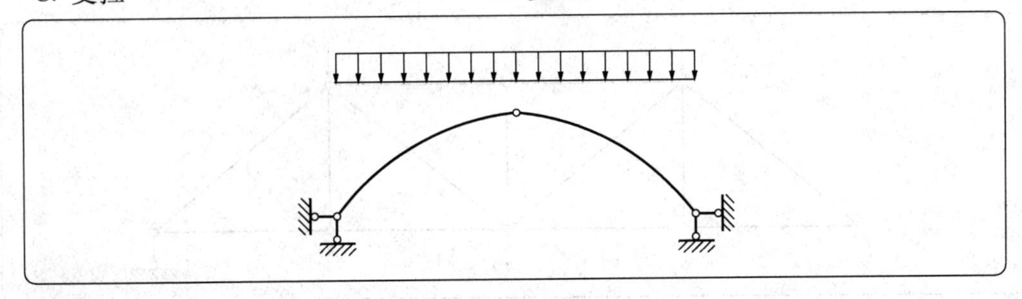

【答案】D

【解析】拱轴线上的竖向坐标与相同跨度、相同荷载作用下的简支梁的弯矩值成比例，即可使拱的截面内只受轴力而没有弯矩，满足这一条件的拱轴线称为合理拱轴线。

29. 图示桁架中，杆 1 的内力为多少？(2013-008)

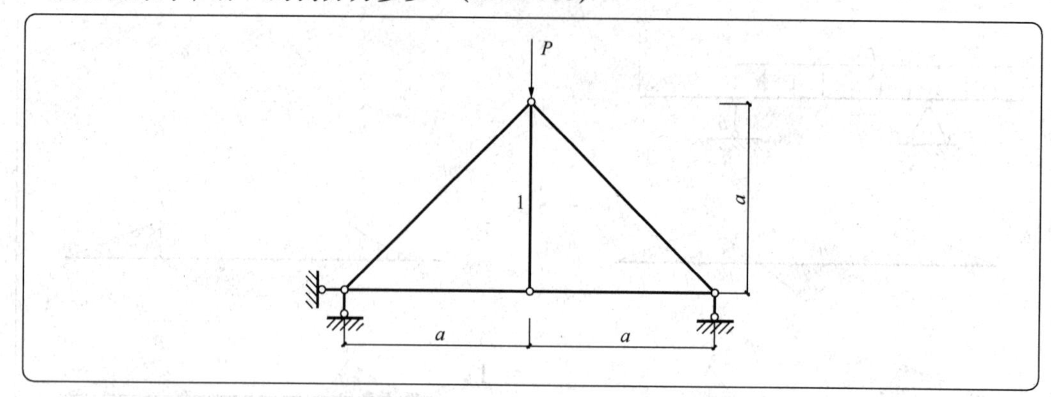

A. 0　　　　B. $P/3$

C. $P/2$　　　　D. P

【答案】A

【解析】T 型节点，竖杆为零杆。

30. 图示桁架的零杆数是：(2017-004)

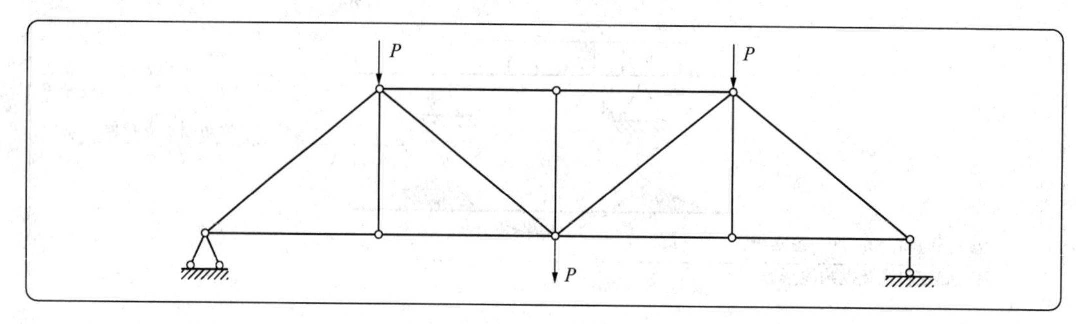

A. 0　　　　B. 1

C. 2　　　　D. 3

【答案】D

【解析】T 型节点不受外力，竖杆为零杆。

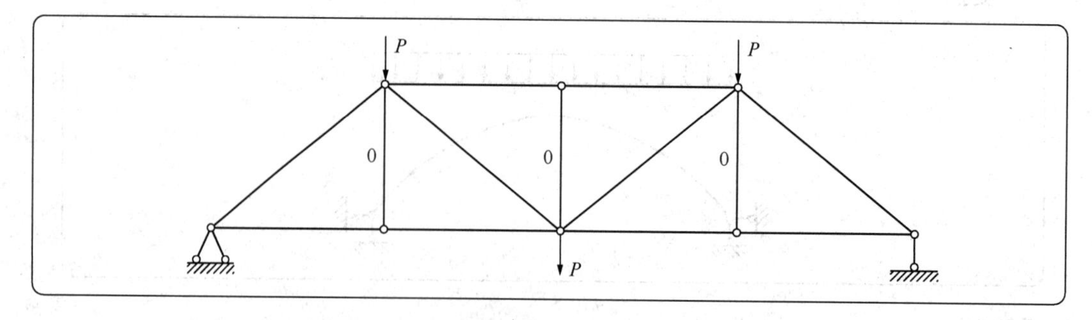

31. 图示桁架中，杆 1 的内力是：(2017-010)

A. P　　　　B. $P/2$

C. $P/3$　　　　D. 0

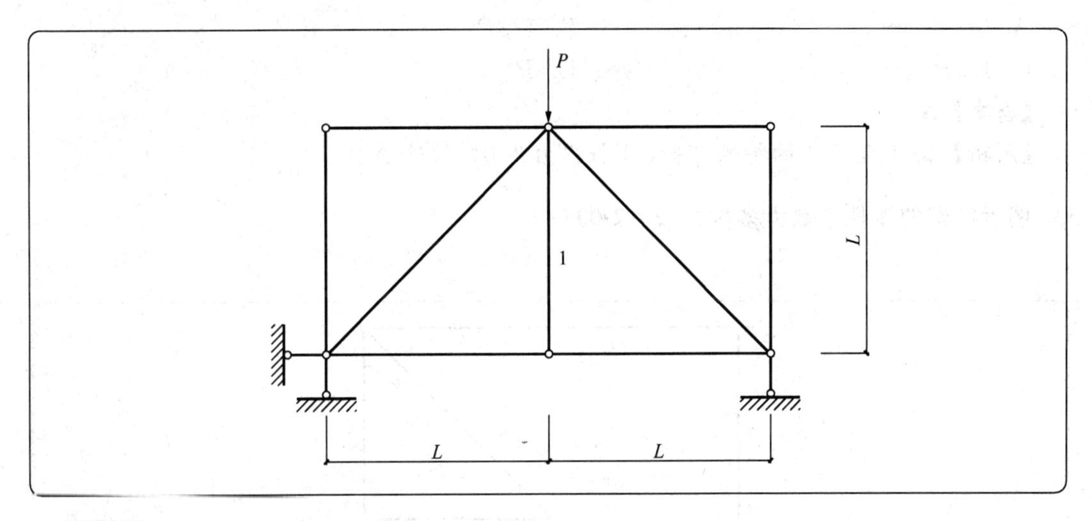

【答案】D

【解析】L 型节点、T 型节点不受外力，竖杆为零杆。

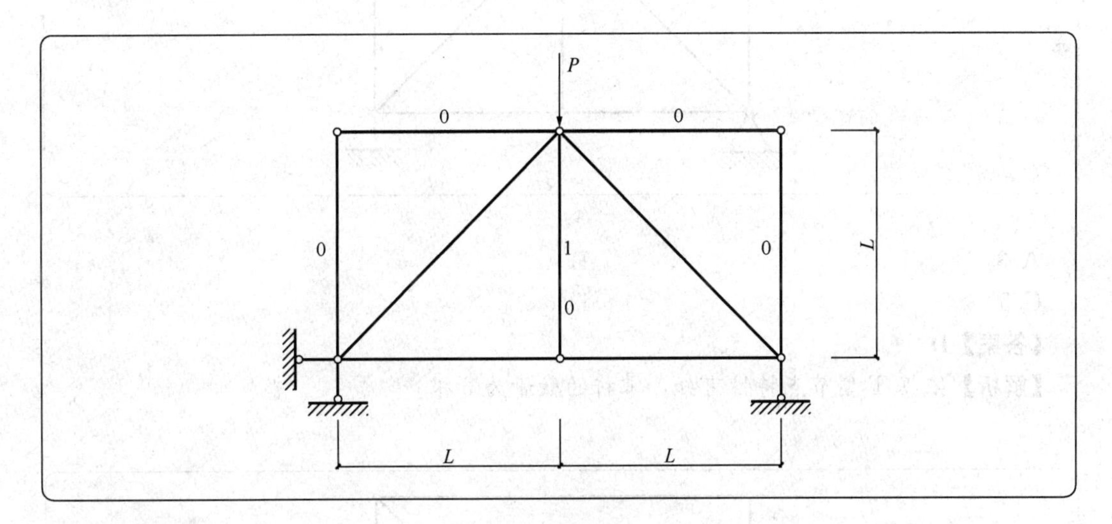

32. 下列图示桁架中，1 杆的内力为多少？（2012-003）

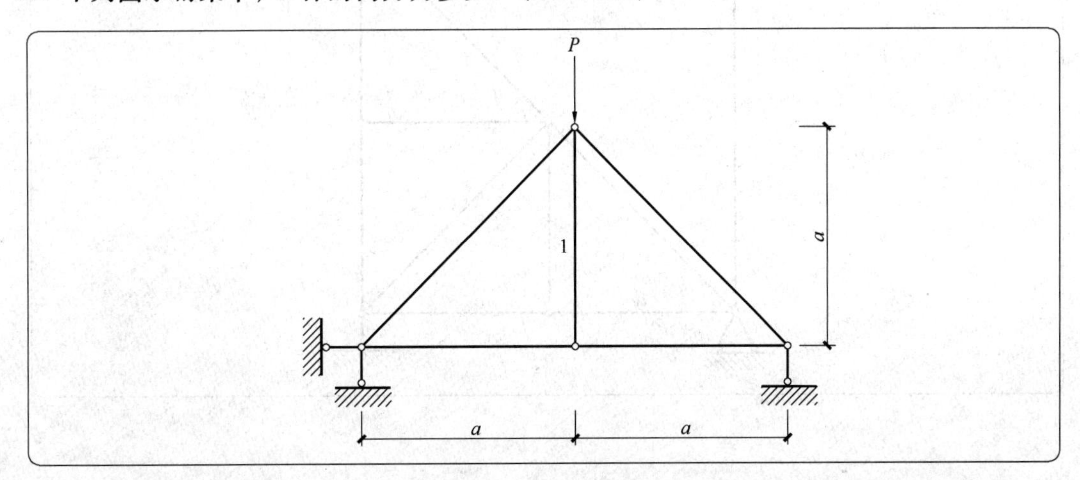

A. 0　　B. 1/3P

C. 1/2P　　D. P

【答案】A

【解析】 由 T 型节点的特性可知，1 杆内力为 0，故选 A。

33. 图示桁架的零杆个数为多少？(2012-005)

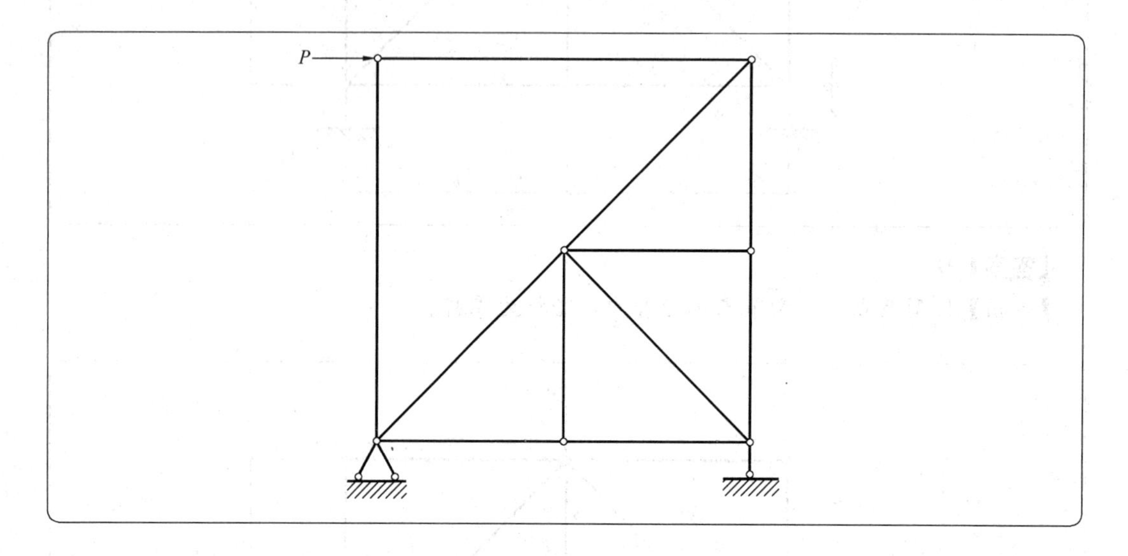

A. 3　　B. 4

C. 5　　D. 6

【答案】D

【解析】 依据 T 型节点特性可知，零杆的数量为 6 根。

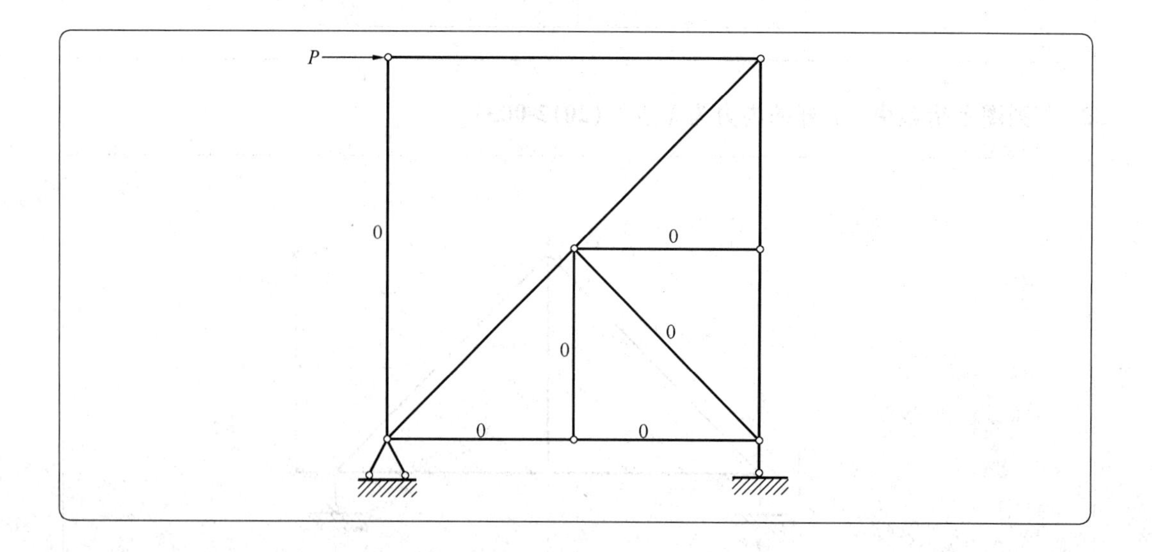

34. 图示桁架的零杆数量是：（2018-006）

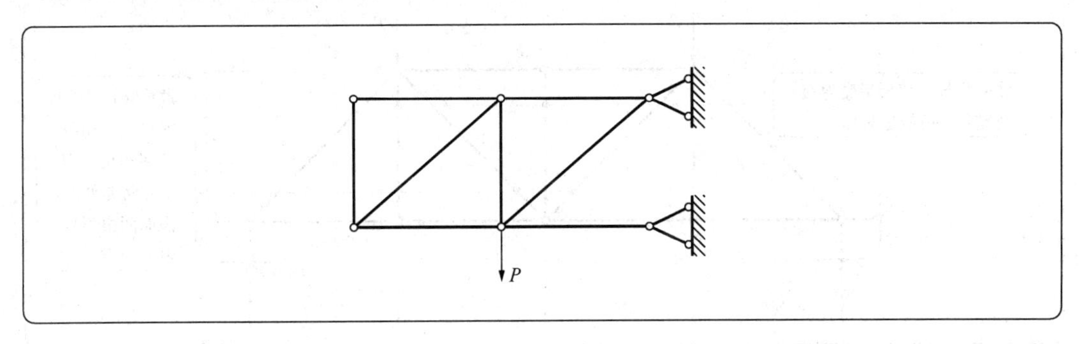

A. 4
B. 5
C. 6
D. 7

【答案】C

【解析】不受力的 L 型节点为零杆，从左到右，共 6 个零杆。

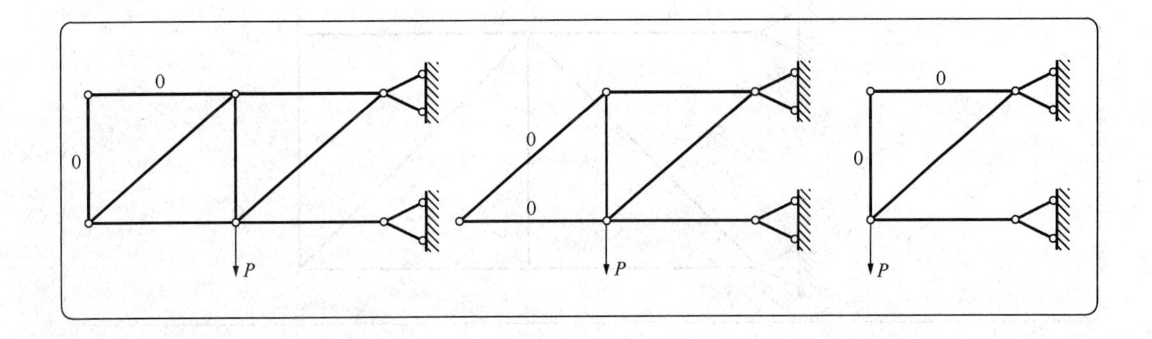

35. 图示桁架，杆件 1 的内力是：（2018-007）

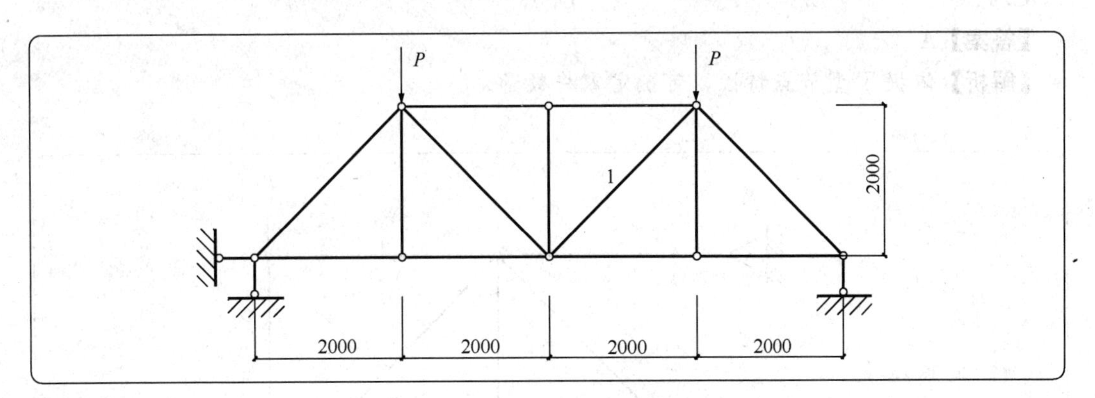

A. P
B. $\sqrt{2}P$
C. $2P$
D. 0

【答案】D

【解析】见下图。

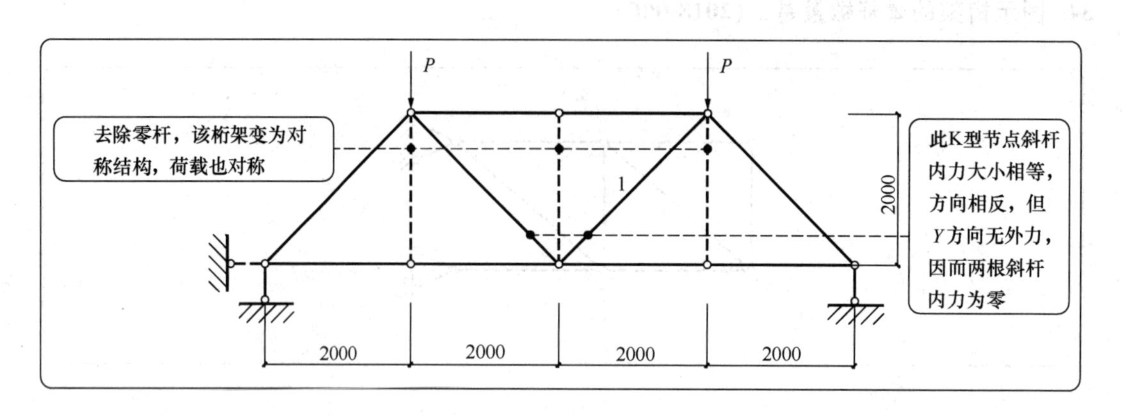

36. 图示桁架的零杆数量是：（2019-007）

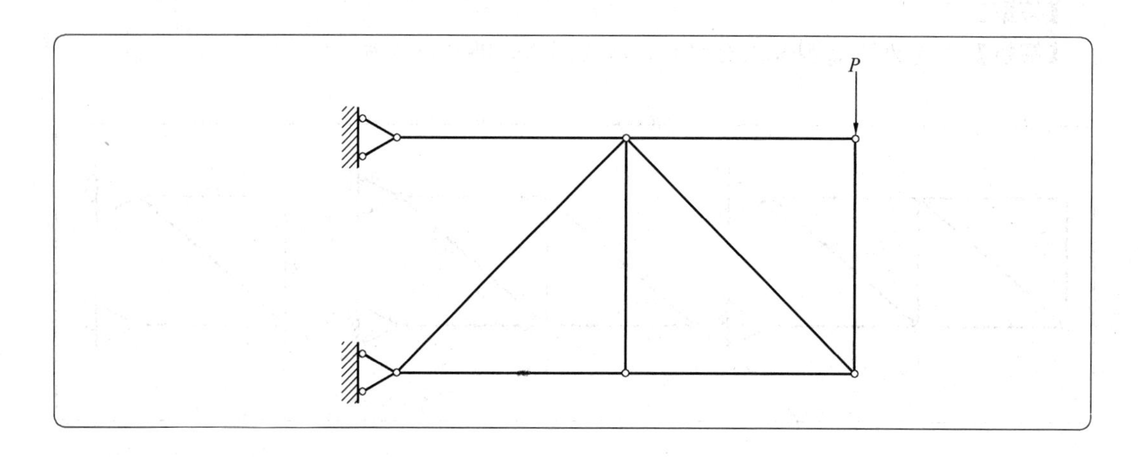

A. 2　　　　B. 3

C. 4　　　　D. 5

【答案】A

【解析】依据T型节点特性，可确定零杆数量。

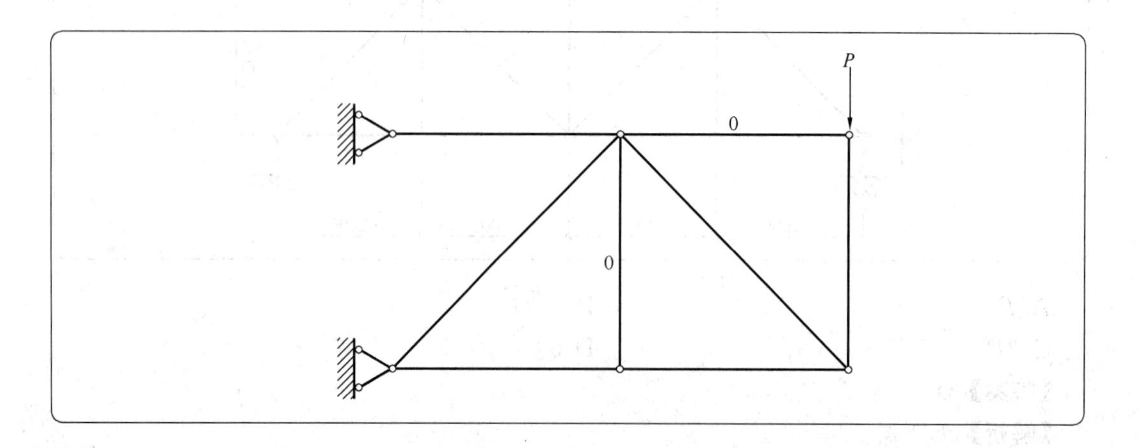

37. **图示桁架的零杆数量是：（2019-009）**

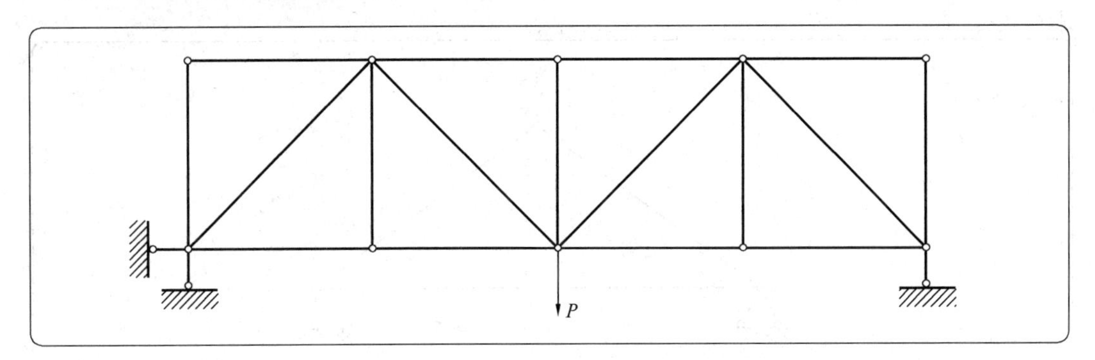

A. 3　　　　B. 5

C. 7　　　　D. 9

【答案】C

【解析】依据 L 型节点与 T 型节点特性，可确定零杆数量。

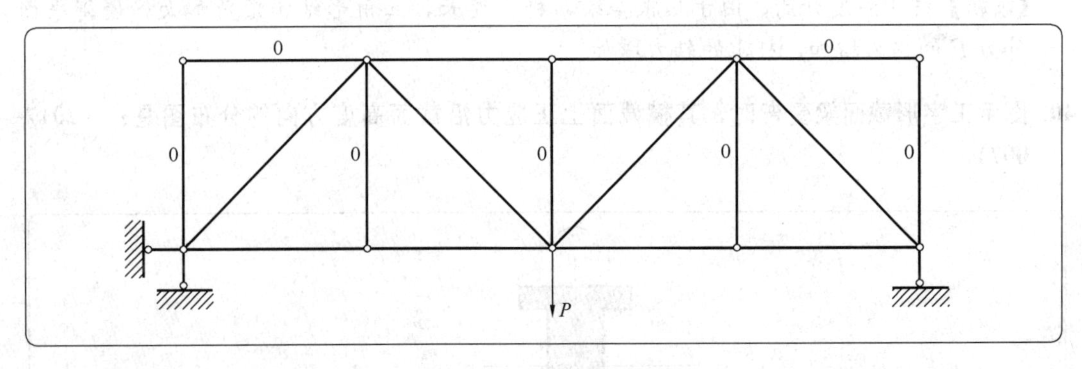

38. **图示桁架，杆件内力说法正确的是：（2017-016）**

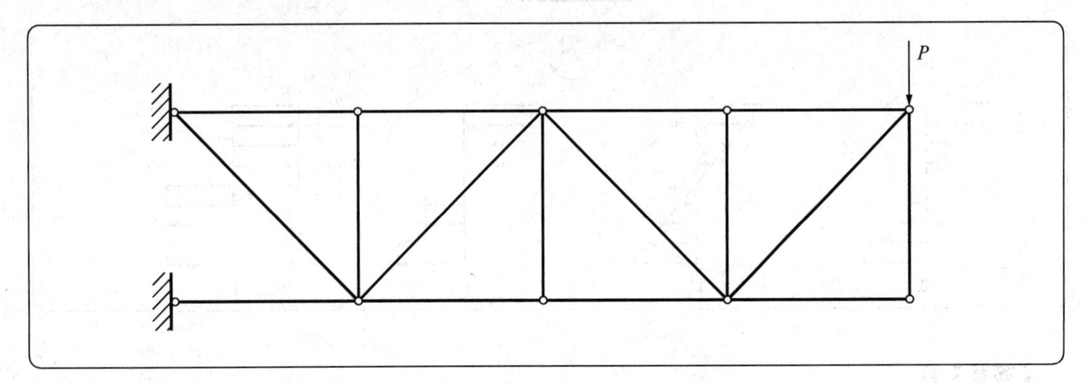

A. 上、下弦杆均受拉　　　　B. 上、下弦杆均受压

C. 上弦杆受拉，下弦杆受压　　　　D. 上弦杆受压，下弦杆受拉

【答案】C

【解析】可以将桁架看作一个悬臂梁，上侧受拉，下侧受压，因而选 C。

39. 当杆 1 温度升高 Δt 时，杆 1 的轴力变化情况是：(2017-005、2018-008)

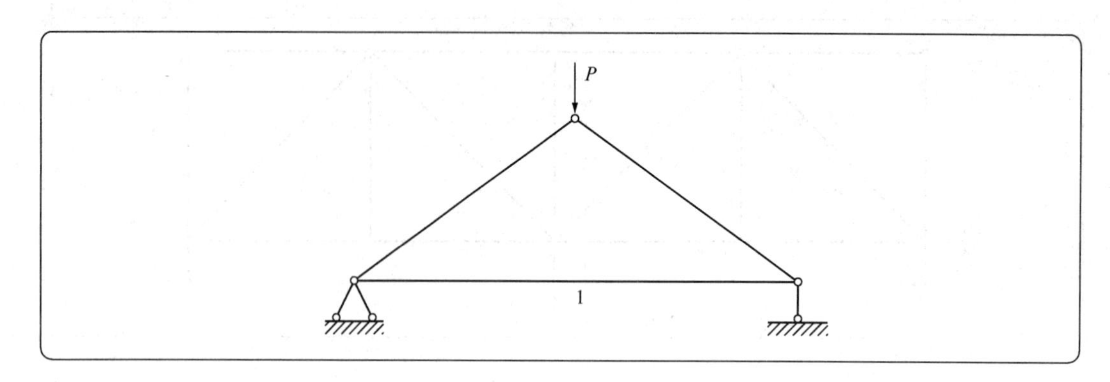

A. 变大　　　　　　　　　　　　B. 变小

C. 不变　　　　　　　　　　　　D. 轴力为零

【答案】A

【解析】杆 1 温度升高，由于热胀冷缩，杆 1 变长，三角形结构顶角加大，使得平衡外力 P 的内力增加，杆 1 的轴力增加。

40. 图示工字形截面梁受弯时，其横截面上正应力沿截面高度方向的分布图是：(2017-007)

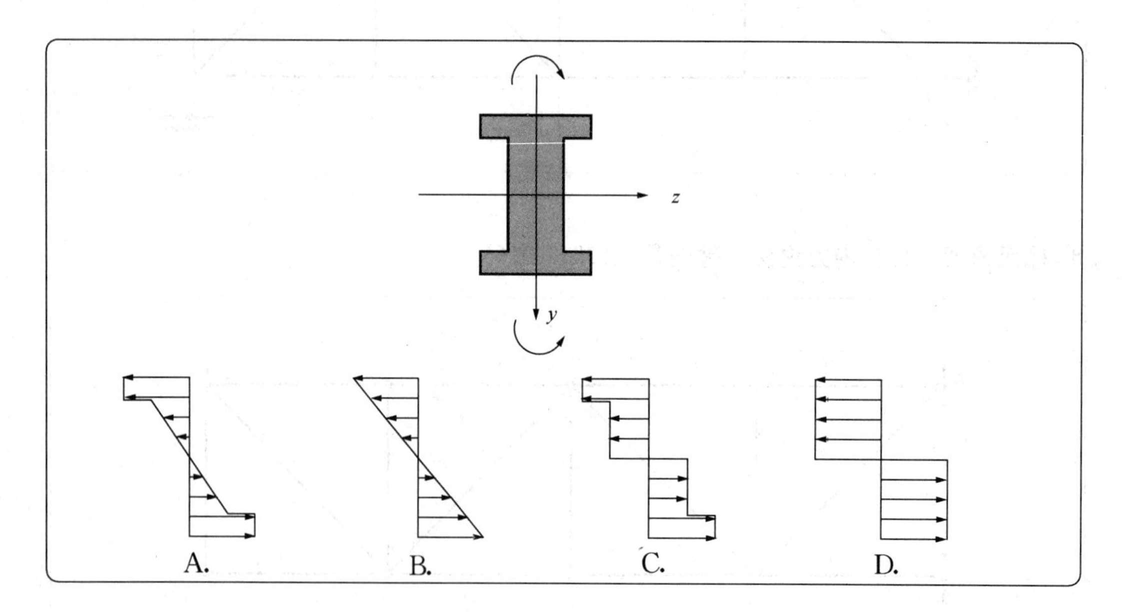

【答案】B

【解析】正应力沿截面高度为线性分布，与截面形状无关。

41. 图示 T 型截面梁，在对中和轴 z 的弯矩作用下，该截面正应力绝对值最大的点是：(2013-002)

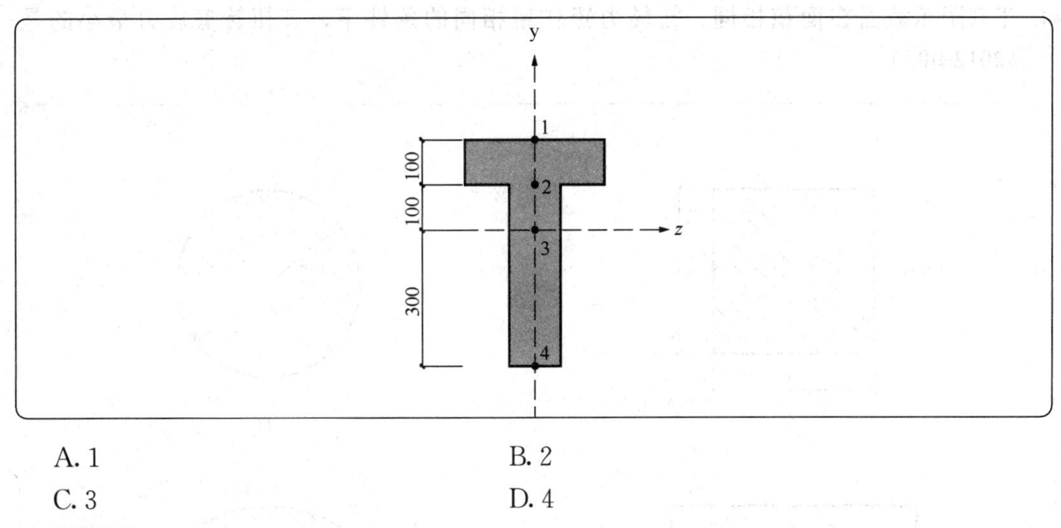

A. 1　　　　B. 2

C. 3　　　　D. 4

【答案】D

【解析】同题40。

42. 图示梁横截面上剪应力分布图，正确的是：(2017-011)

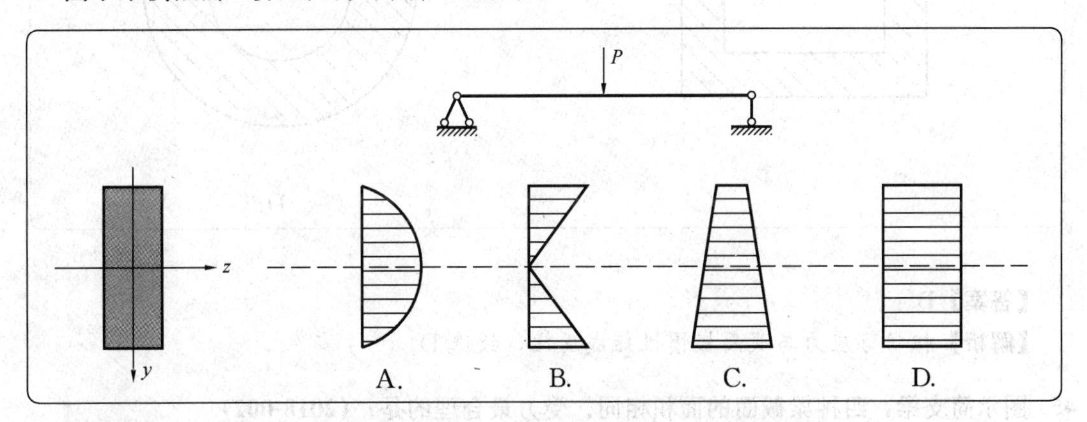

【答案】A

【解析】梁横截面剪应力分布为：上下端为口，中部最大。

43. 图示截面面积相同时，抗弯最有利的是：(2017-003)

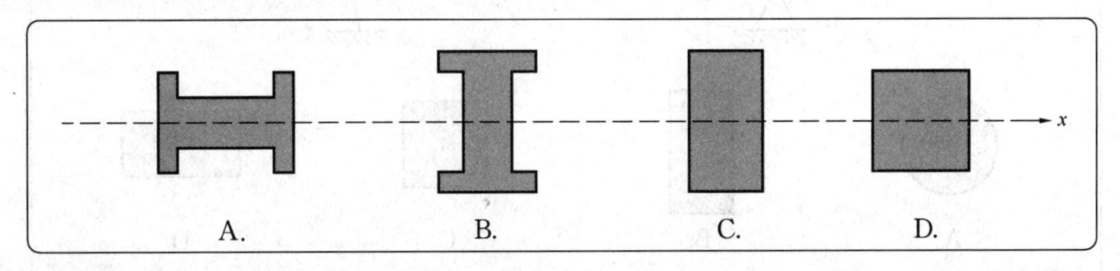

【答案】B

【解析】构件的抗弯能力与截面对形心主轴 x 的惯性矩 I_x 大小相关。偏离形心主轴 x 的截面面积越大，I_x 越大，抗弯越有利。

44. 下列图示截面在面积相同，扭转力矩作用相同的条件下，其扭转剪应力最小的是：(2012-002)

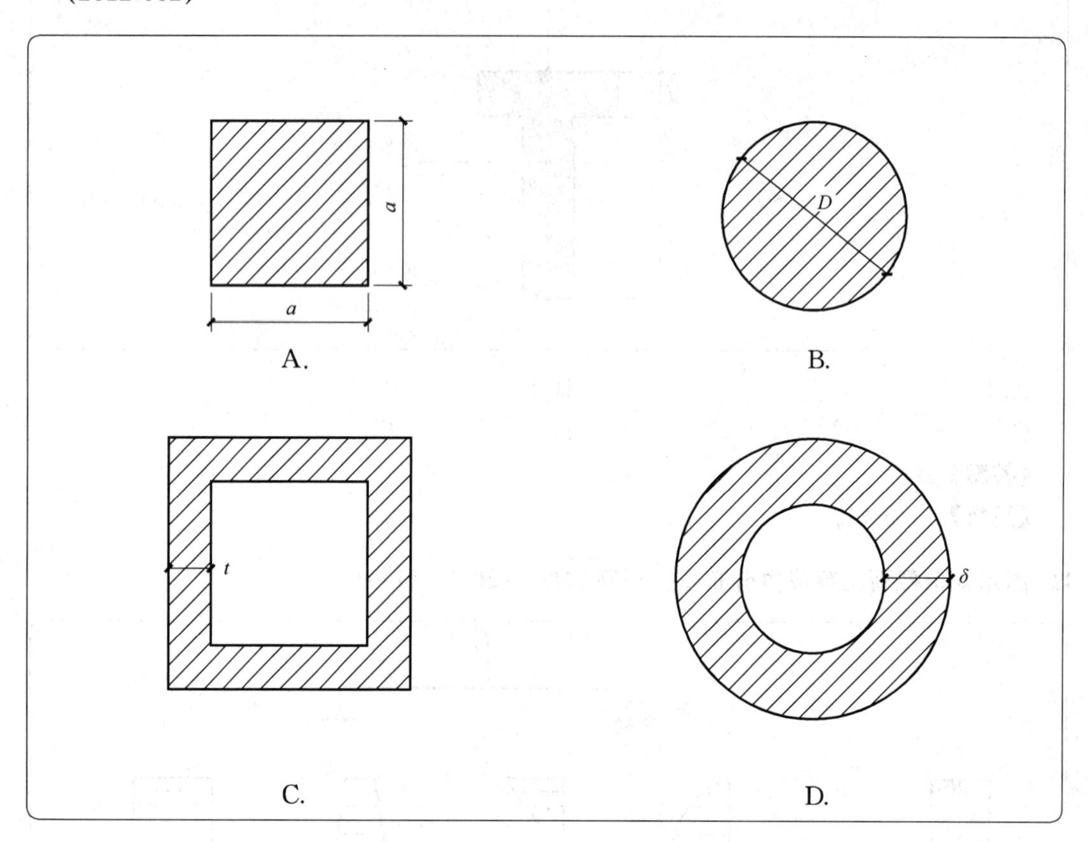

【答案】D

【解析】扭转剪应力与截面极惯性矩成反比，故选 D。

45. 图示简支梁，四种梁截面的面积相同，受力最合理的是：(2018-002)

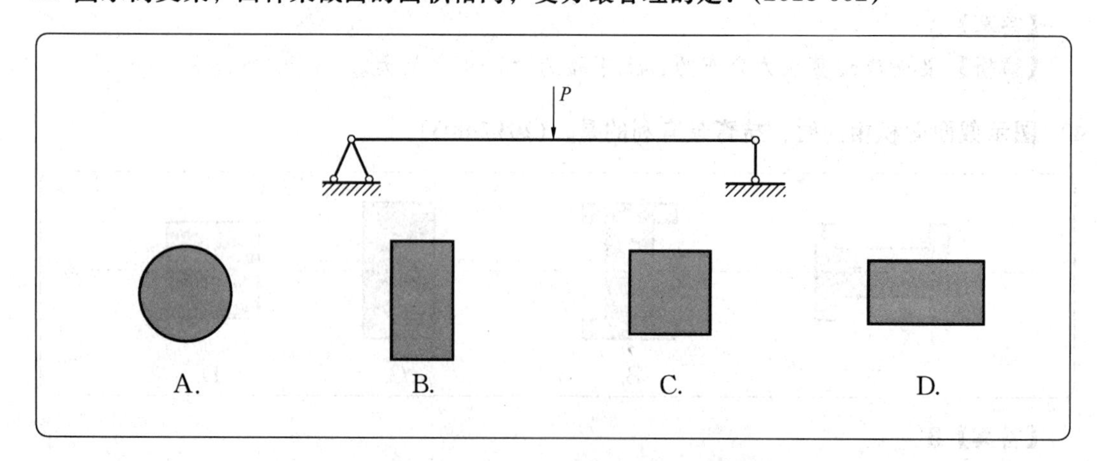

【答案】B

【解析】同题 43。

46. 图示简支梁跨中截面 C 的弯矩是：(2017-008)

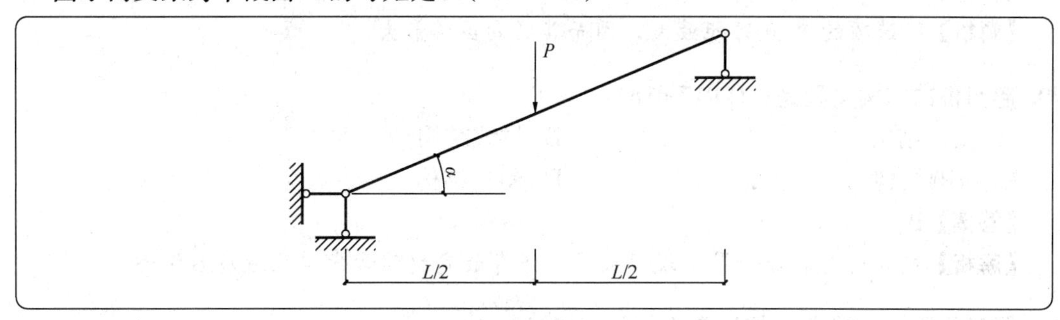

A. $PL/2$　　　　B. $PL/4$

C. $PL/2\cos\alpha$　　　　D. $PL/4\cos\alpha$

【答案】B

【解析】等同于简支梁。

47. 图示四种不同约束的轴向压杆，临界承载力最大的是：(2018-009)

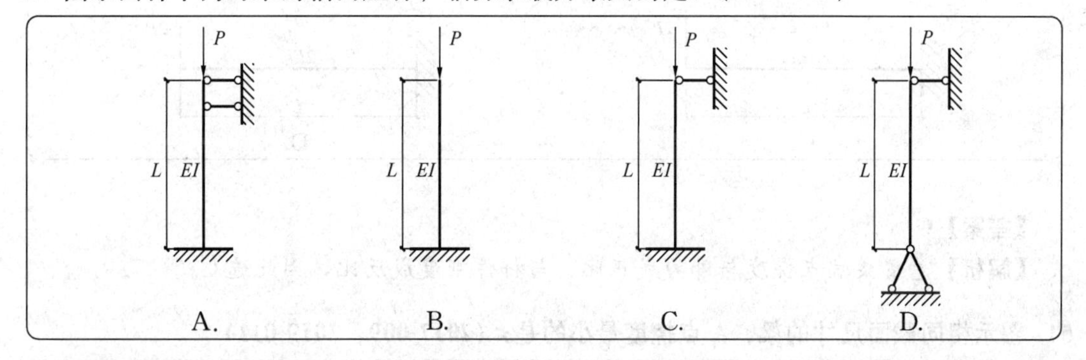

【答案】A

【解析】超静定结构比静定结构的整体刚度大，也更稳定，A 选项结构为 2 次超静定结构，因而临界承载力也最大。

48. 图示结构横截面尺寸相同时，A 点竖向位移最大的是：(2017-017)

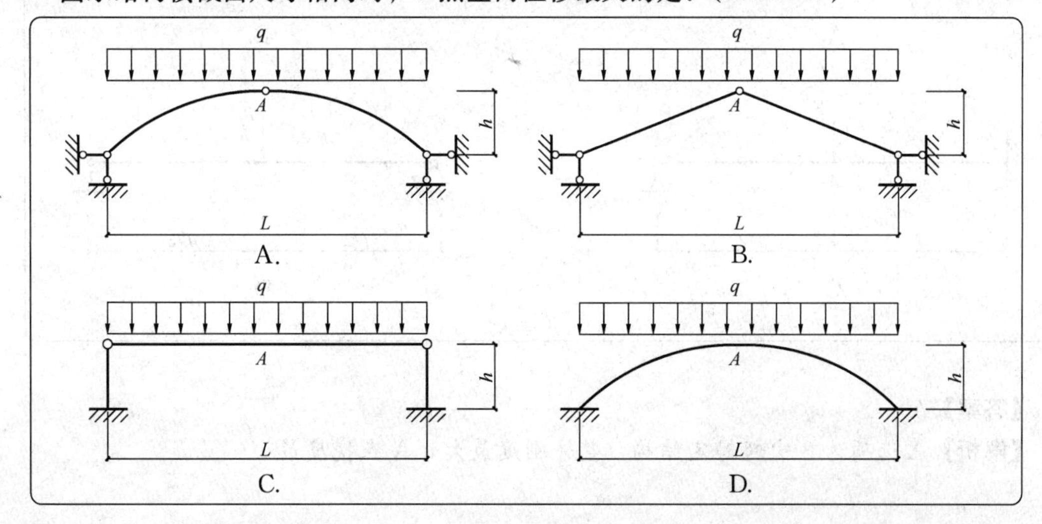

【答案】C

【解析】C 选项的 A 点弯矩最大，因而其竖向位移最大。

49. 赵州桥的结构类型是：(2017-018)

A. 梁式结构　　　　B. 拱式结构

C. 框架结构　　　　D. 斜拉结构

【答案】B

【解析】赵州桥是当今世界上现存最早、保存最完整的古代单孔敞肩石拱桥。

50. 图示悬臂梁，端点 A 挠度最大的是：(2018-012)

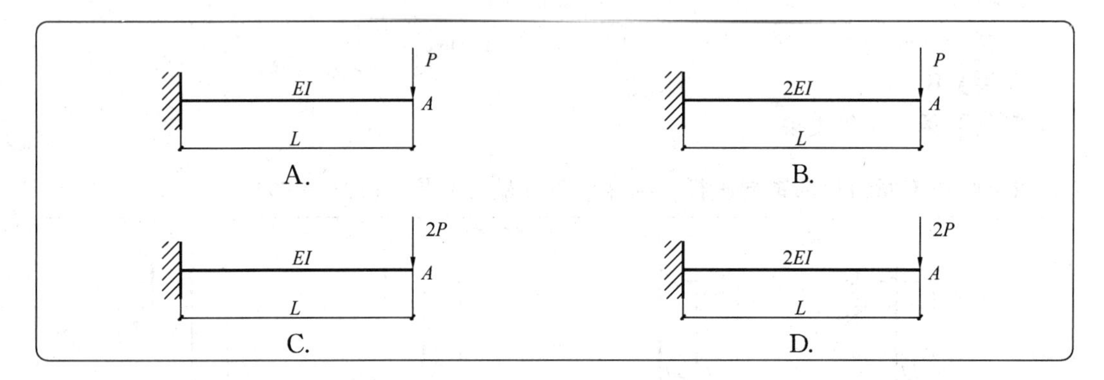

【答案】C

【解析】悬臂梁端点挠度与外力成正比，与杆件刚度成反比，因此选 C。

51. 图示相同截面尺寸的梁，A 点挠度最小的是：(2017-009、2019-011)

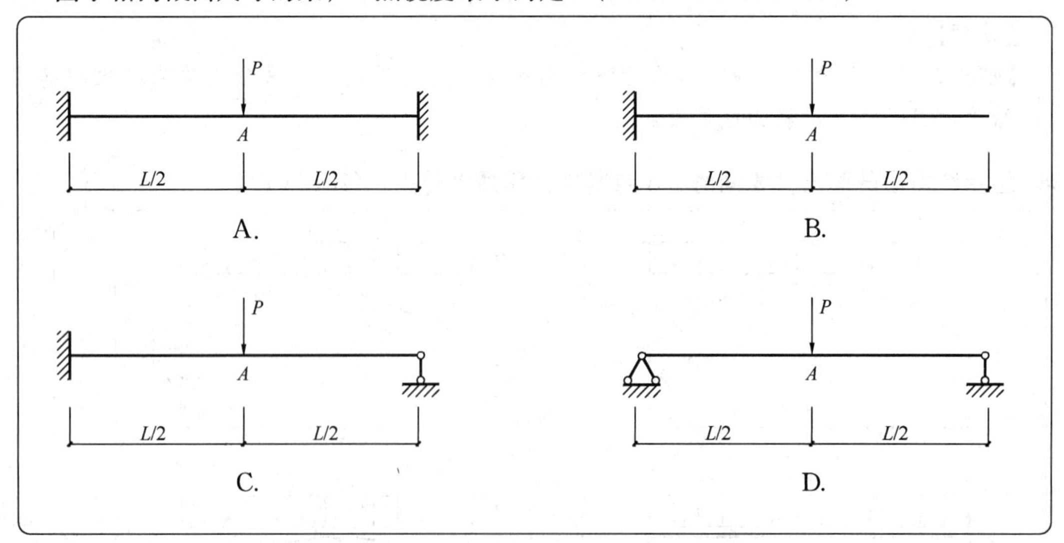

【答案】A

【解析】A 选项为 3 次超静定结构，整体刚度最大，A 点挠度最小。

52. 图示结构各杆件截面和材料相同，*A* 点水平位移最小的是：（2019-010）

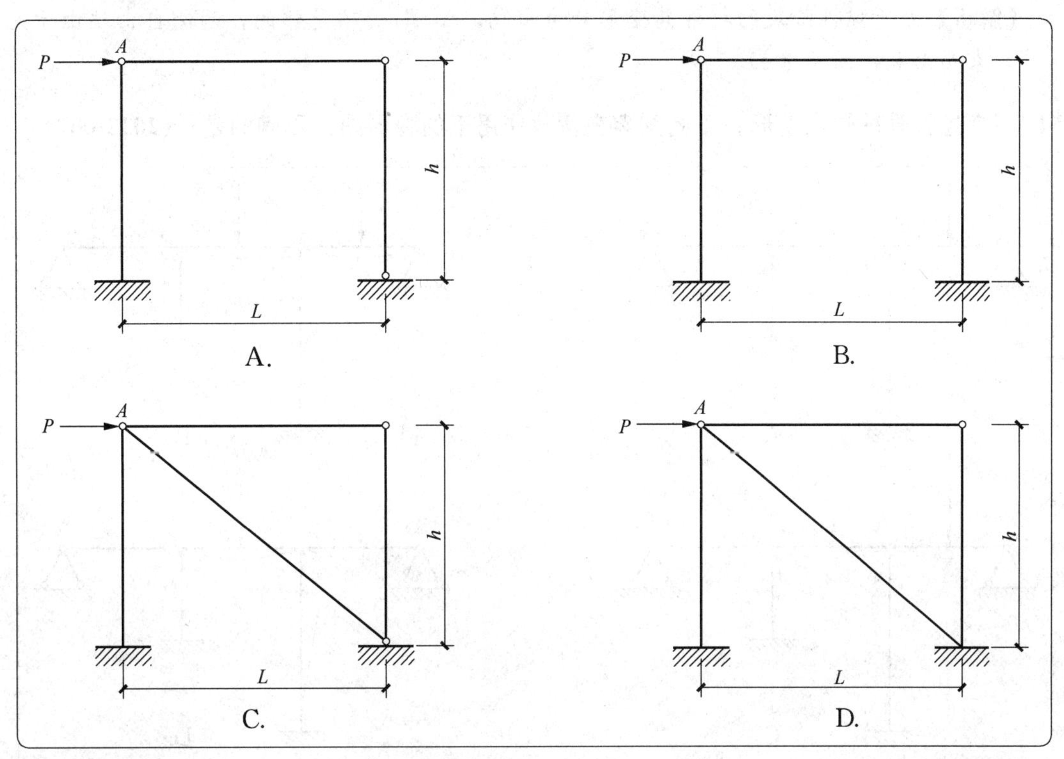

【答案】D

【解析】 A 为静定结构，B、C 为 1 次超静定结构，D 为 3 次超静定结构，整体刚度最大，变形最小，故选 D。

53. 简支梁在图示荷载 *P* 作用下，正确的变形图是：（2013-007）

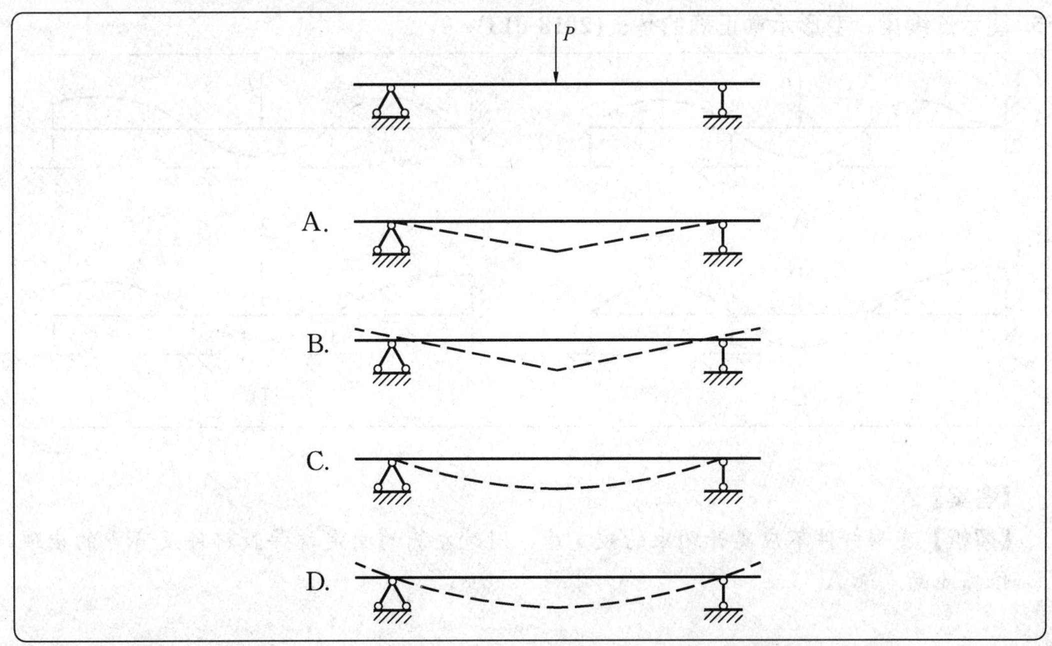

【答案】D

【解析】处于弹性阶段的杆件其变形应为曲线，A、B 选项是错的，两侧自由端由于无约束而上翘，因而选 D。

54. 不考虑杆件的轴向变形，下列刚架在荷载作用下的变形图，正确的是：(2012-007)

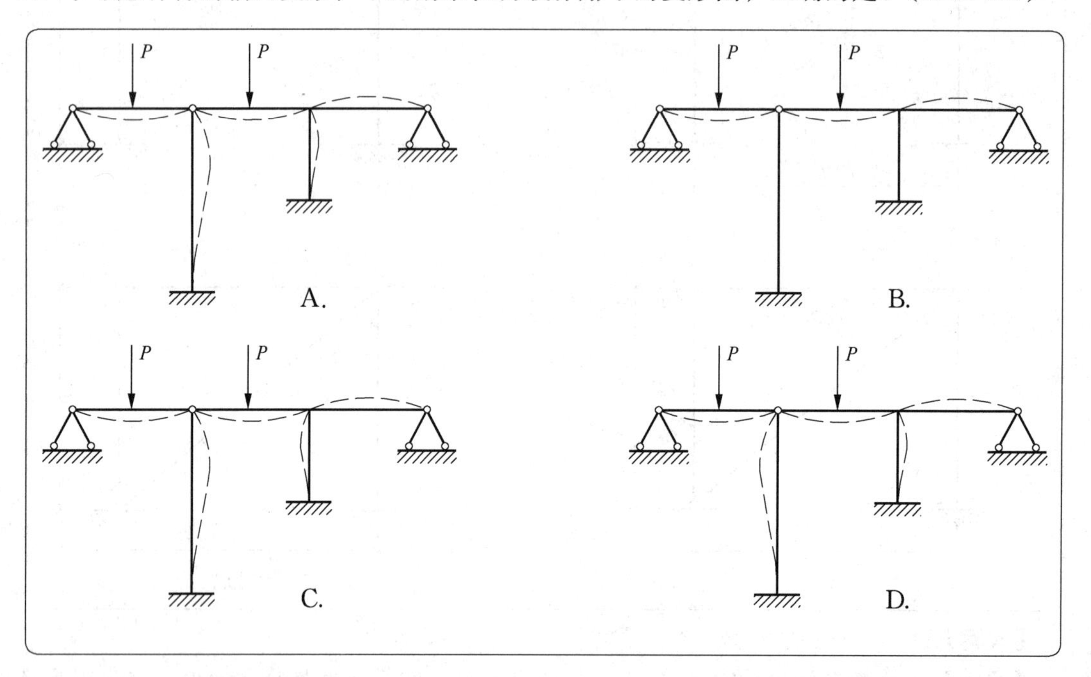

【答案】A

【解析】依据变形的连续性及刚性节点特性，可知选项 A 正确。

55. 图示连续梁，变形示意正确的是：(2018-013)

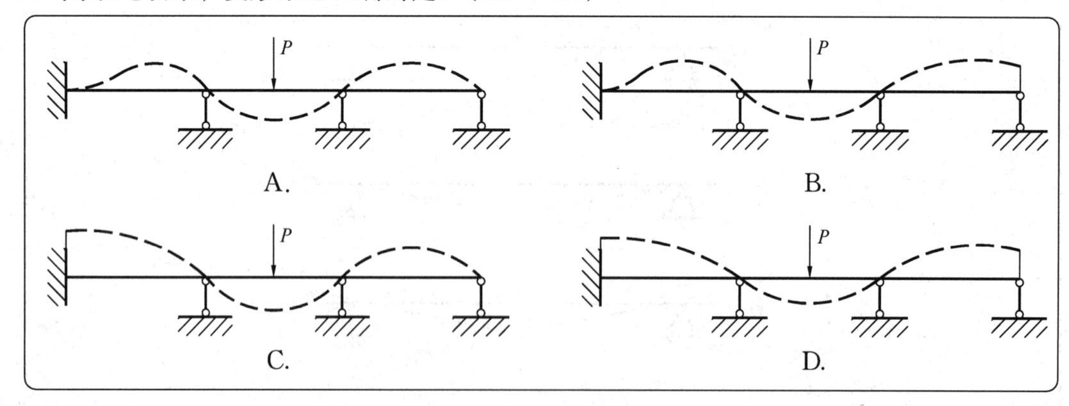

【答案】A

【解析】变形杆件不应离开约束的铰支座，同时左侧的固定端导致杆件反弯点的出现，依据此两点选 A。

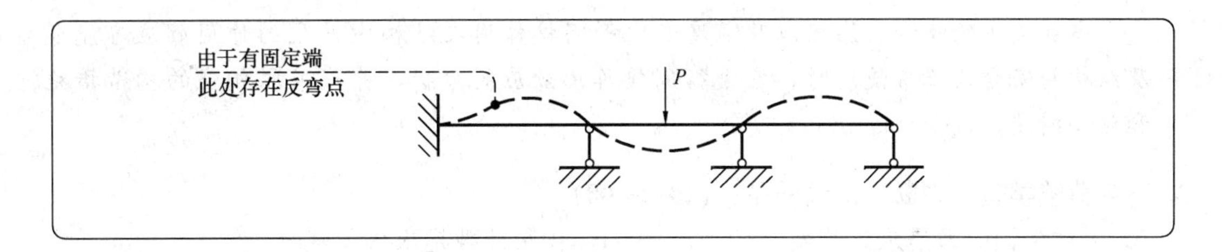

56. 图示连续梁，变形示意正确的是：(2019-013)

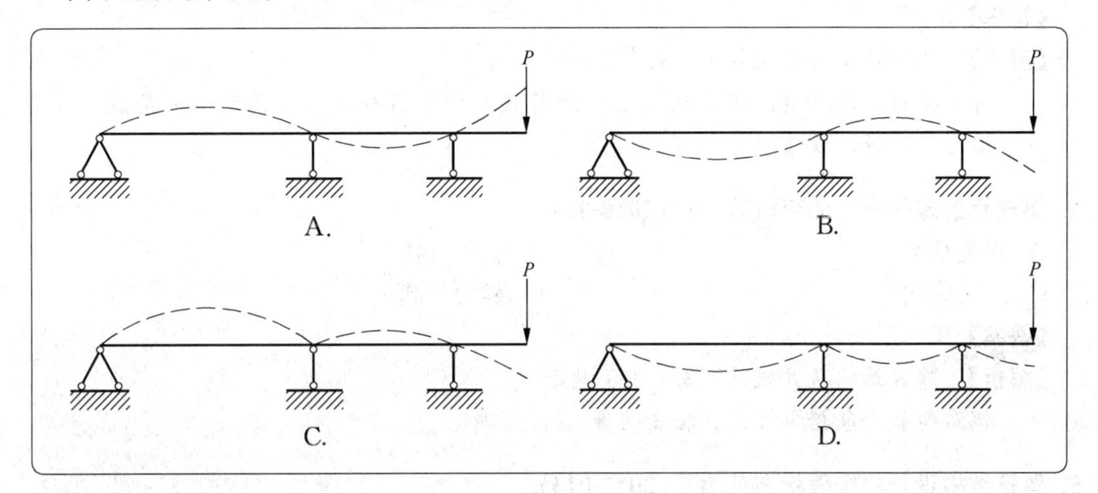

【答案】B

【解析】依据变形的连续性可知选项B正确。

第二节 建筑荷载

1. 确定楼面活荷载标准值的设计基准期应为：(2019-014)

A. 5年　　B. 25年

C. 50年　　D. 70年

【答案】C

【解析】《建筑结构可靠性设计统一标准》：

3.3.1 建筑结构的设计基准期应为50年。

2. 混凝土结构的各种作用中，属直接作用的是：(2013-025)

A. 外荷载作用　　B. 混凝土收缩

C. 混凝土徐变　　D. 温度作用

【答案】A

【解析】《建筑结构可靠度设计统一标准》2.1.36规定：

作用：施加在结构上的集中力或分布力（直接作用，也称荷载）和引起结构外加变形或约束变形的原因（间接作用）。

《混凝土结构设计规范》5.7.1规定：

当混凝土的收缩、徐变以及温度变化等间接作用在结构中产生的作用效应可能危及结构的安全或正常使用时，宜进行间接作用效应的分析，并应采取相应的构造措施和施工措施。

3. 下列荷载类型的判断，错误的是：(2012-008)

A. 无粘结预应力是永久荷载　　B. 积灰荷载是永久荷载

C. 吊车荷载是可变荷载　　D. 撞击力是偶然荷载

【答案】B

【解析】《建筑结构荷载规范》3.1.1-2 规定：

可变荷载，包括楼面活荷载、屋面活荷载和积灰荷载、吊车荷载、风荷载、雪荷载、温度作用等。故选项 B 错误。

4. 煤气管道爆炸产生的荷载属于：(2018-014)

A. 可变荷载　　B. 偶然荷载

C. 永久荷载　　D. 静力荷载

【答案】B

【解析】《建筑结构荷载规范》3.1.1-3 规定：

偶然荷载，包括爆炸力、撞击力等。

5. 建筑结构设计的极限状态分为：(2017-014)

A. 短期效应极限状态，长期效应极限状态

B. 基本组合极限状态，标准组合极限状态

C. 永久组合极限状态，偶然组合极限状态

D. 承载能力极限状态，正常使用极限状态

【答案】D

【解析】《建筑结构可靠度设计统一标准》4.1.1 规定：

极限状态可分为承载能力极限状态，正常使用极限状态和耐久性极限状态。

6. 关于建筑结构的极限状态设计的说法，正确的是：(2013-009)

A. 强度极限状态，变形极限状态

B. 基本组合极限状态，标准组合极限状态

C. 承载能力极限状态，正常使用极限状态

D. 永久组合极限状态，偶然组合极限状态

【答案】C

【解析】同题 5 解析。

7. 下列哪种民用建筑的楼面均布活荷载标准值最大？(2012-010)

A. 办公楼　　B. 舞厅

C. 商店　　D. 教室

【答案】B

【解析】根据《建筑结构荷载规范》表 5.1.1“民用建筑楼面均布活荷载标准值”，办公

楼为 2.0kN/m²，舞厅为 4.0kN/m²，商店为 3.5kN/m²，教室为 2.5kN/m²。故楼面均布活荷载最大的是 B。

8. 下列哪种民用建筑的楼面均布活荷载标准值最大？(2013-010)

A. 电影院　　B. 舞厅

C. 商店　　D. 展览厅

【答案】B

【解析】 根据《建筑结构荷载规范》表 5.1.1“民用建筑楼面均布活荷载标准值”，电影院为 3.0kN/m²，商店、展览厅为 3.5kN/m²，舞厅为 4.0kN/m²。

9. 下列住宅楼面均布活荷载标准值的取值中，正确的是：(2012-009)

A. 1.5kN/m²　　B. 2.0kN/m²

C. 2.5kN/m²　　D. 3.0kN/m²

【答案】B

【解析】 根据《建筑结构荷载规范》表 5.1.1“民用建筑楼面均布活荷载标准值”，住宅为 2.0kN/m²，故选 B。

10. 教室楼面均布活荷载标准值是：(2013-011)

A. 2.0kN/m²　　B. 2.5kN/m²

C. 3.0kN/m²　　D. 3.5kN/m²

【答案】B

【解析】 根据《建筑结构荷载规范》表 5.1.1“民用建筑楼面均布活荷载标准值”，教室为 2.5kN/m²。

11. 下列不同平面形状的建筑物，风荷载体型系数最小的是：(2017-012)

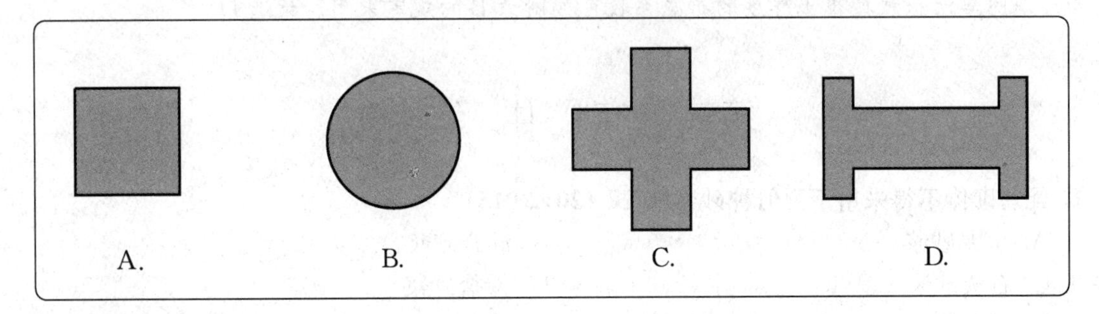

【答案】B

【解析】《高层建筑混凝土结构技术规程》4.2.3 规定：

计算主体结构的风荷载效应时，风荷载体型系数 μ_s 可按下列规定采用：

1. 圆形平面建筑取 0.8；

2. 正多边形及截角三角形平面建筑，由下式计算：

$$\mu_s = 0.8 + 1.2/\sqrt{n}$$

式中：n——多边形的边数；

3. 高宽比 H/B 不大于 4 的矩形、方形、十字形平面建筑取 1.3。

12. 除对雪荷载敏感的结构外，建筑物基本雪压重现期的取值是：(2017-013)

A. 100 年　　B. 50 年

C. 30 年　　D. 10 年

【答案】B

【解析】《建筑结构荷载规范》7.1.2 规定：

基本雪压应采用按本规范规定的方法确定的 50 年重现期的雪压；对雪荷载敏感的结构，应采用 100 年重现期的雪压。

13. 同一高度处，下列地区风压高度变化系数 *u* 最大的是：(2018-015)

A. 湖岸　　B. 乡村

C. 有密度建筑群的城市市区　　D. 有密集建筑群且房屋较高的城市市区

【答案】A

【解析】《建筑结构荷载规范》8.2.1 规定：

对于平坦或稍有起伏的地形，风压高度变化系数应根据地面粗糙类别按表 8.2.1 确定。地面粗糙度可分为 A、B、C、D 四类：A 类指近海海面和海岛、海岸、湖岸及沙漠地区；B 类指田野、乡村、丛林、丘陵以及房屋比较稀疏的乡镇；C 类指有密集建筑群的城市市区；D 类指有密集建筑区且房屋较高的城市市区。

14. 设计时可不考虑消防车荷载的构件是：(2019-015)

A. 板　　B. 梁

C. 柱　　D. 基础

【答案】D

【解析】依据《建筑结构荷载规范》5.1.3 条，设计墙、柱时，本规范表 5.1.1 中第 8 项的消防车活荷载可按实际情况考虑；设计基础时可不考虑消防车荷载。常用板跨的消防车活荷载按覆土厚度的折减系数可按附录 B 的规定采用。故选 D。

第三节　砌　体　结　构

1. 配筋砌体不得采用下列何种砂浆施工？(2012-015)

A. 水泥砂浆　　B. 混合砂浆

C. 石灰砂浆　　D. 掺盐砂浆

【答案】D

【解析】《砌体结构设计规范》3.2.4 规定：施工阶段砂浆尚未硬化的新砌砌体的强度和稳定性，可按砂浆强度为零进行验算。对于冬期施工采用掺盐砂浆法施工的砌体，砂浆强度等级按常温施工的强度等级提高一级时，砌体强度和稳定性可不验算。配筋砌体不得用掺盐砂浆施工。

2. 地面以下或防潮层以下的砌体，不能采用的材料是：(2013-013)

A. 混合砂浆　　B. 水泥砂浆

C. 烧结普通砖　　D. 混凝土空心砌块

【答案】A

【解析】《砌体结构设计规范》4.3.5 规定：

设计使用年限为 50a 时，砌体材料的耐久性应符合下列规定：

1. 地面以下或防潮层以下的砌体、潮湿房间的墙或环境类别 2 的砌体，所用材料的最低强度等级应符合表 4.3.5 的规定：

表 4.3.5 地面以下或防潮层以下的砌体、潮湿房间的墙所用材料的最低强度等级

潮湿程度	烧结普通砖	混凝土普通砖、蒸压普通砖	混凝土砌块	石材	水泥砂浆
稍潮湿的	MU15	MU20	MU7.5	MU30	M5
很潮湿的	MU20	MU20	MU10	MU30	M7.5
含水饱和的	MU20	MU25	MU15	MU40	M10

注：1. 在冻胀地区，地面以下或防潮层以下的砌体，不宜采用多孔砖，如采用时，其孔洞应用不低于 M10 的水泥砂浆预先灌实。当采用混凝土空心砌块时，其孔洞应采用强度等级不低于 Cb20 的混凝土预先灌实；
2. 对安全等级为一级或设计使用年限大于 50a 的房屋，表中材料强度等级应至少提高一级。

3. 不能用于地面以下或防潮层以下的墙体材料是：(2017-020)

A. 烧结普通砖　　B. 混凝土砌块

C. 水泥砂浆　　D. 石灰砂浆

【答案】D

【解析】同题 2 解析。

4. 位于侵蚀性土壤环境的砌体结构，不应采用：(2019-017)

A. 蒸压粉煤灰普通砖　　B. 混凝土普通砖

C. 烧结普通砖　　D. 石材

【答案】A

【解析】依据《砌体结构设计规范》4.3.5-2 条，处于环境类别 3～5 等有侵蚀性介质的砌体材料应符合下列规定：①不应采用蒸压灰砂普通砖、蒸压粉煤灰普通砖。

5. 下列墙体材料中，结构自重最轻、保温隔热性能最好的是：(2017-019、2019-016)

A. 石材　　B. 烧结多孔砖

C. 混凝土多孔砖　　D. 陶粒空心砌块

【答案】D

【解析】陶粒空心砌块容重最轻，为 5～6kN/m^3，容重越轻的材料保温性能就越好。

6. 下列填充墙体材料中，容重最轻的是：(2018-019)

A. 烧结多孔砖　　B. 混凝土空心砌块

C. 蒸压灰砂普通砖　　D. 蒸压加气混凝土砌块

【答案】D

【解析】普通砖：18kN/m^3，混凝土空心砌块：12.8kN/m^3，烧结多孔砖：16.4kN/m^3，蒸压加气混凝土砌块：3～8kN/m^3。

7. 烧结普通砖强度等级划分的依据是：(2018-020)

A. 抗拉强度　　B. 抗压强度

C. 抗弯强度　　　　　　　　　　　　D. 抗剪强度

【答案】B

【解析】《烧结普通砖》GB 5101—2003 规定：

4.2.1　根据抗压强度分为 MU30、MU25、MU20、MU15、MU10 五个强度等级。

8. 当验算砌体局部受压承载力时，砌体截面及局部受压面积 A_t 如下图所示，则影响砌体局部抗压强度的计算面积 A_0 为下列何值？（注：A_0 含 A_t）（2012-020）

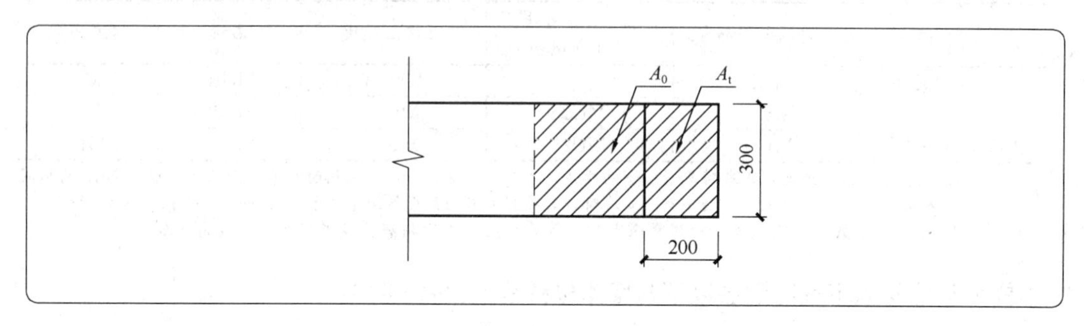

A. 120000mm²　　　　　　　　　　B. 150000mm²

C. 180000mm²　　　　　　　　　　D. 210000mm²

【答案】B

【解析】根据《砌体结构设计规范》5.2.3 规定：影响砌体局部抗压强度的计算面积，可按下列规定采用：

④ 在图 5.2.2（d）的情况下，$A_0=(a+h)h$；

式中：a、b——矩形局部受压面积 A_l 的边长；

h、h_1——墙厚或柱的较小边长，墙厚；

c——矩形局部受压面积的外边缘至构件边缘的较小距离，当大于 h 时，应取为 h。

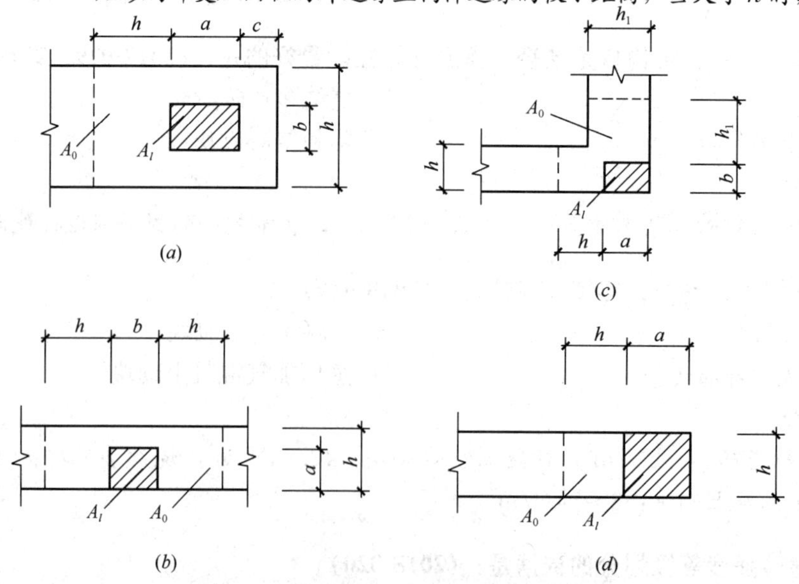

图 5.2.2　影响局部抗压强度的面积 A_0

故本题 $A_0=(200+300)\times300=150000\ mm^2$

9. 承重砖墙中，蒸压灰砂砖强度等级的最低限值是：(2012-014)

A. MU20　　B. MU15

C. MU10　　D. MU5

【答案】B

【解析】 根据《砌体结构设计规范》3.1.1 规定：承重结构的块体的强度等级，应按下列规定采用：

2. 蒸压灰砂普通砖、蒸压粉煤灰普通砖的强度等级：MU25、MU20 和 MU15。

10. 各类砌体的抗压强度设计值与哪个因素无关？(2013-014)

A. 块体截面尺寸　　B. 块体强度等级

C. 砂浆强度等级　　D. 施工质量控制等级

【答案】A

【解析】 由《砌体结构设计规范》3.2.1 条可知：

龄期为 28d 的以毛截面计算的砌体抗压强度设计值，与施工质量控制等级、块体和砂浆的强度等级有关。

11. 下列表示混凝土砌块砌筑砂浆的强度等级符号是：(2013-018)

A. M15　　B. MU20

C. C15　　D. Mb20

【答案】D

【解析】《砌体结构设计规范》3.1.3 规定：

砂浆的强度等级应按下列规定采用：

2. 混凝土普通砖、混凝土多孔砖、单排孔混凝土砌块和煤矸石混凝土砌块砌体采用的砂浆强度等级：Mb20、Mb15、Mb10、Mb7.5 和 Mb5。

12. 砌体的收缩率主要与哪个因素有关？(2013-015)

A. 砂浆强度　　B. 砂浆种类

C. 砌体抗压强度　　D. 砌体类别

【答案】D

【解析】《砌体结构设计规范》3.2.5：

表 3.2.5-2　砌体的线膨胀系数和收缩率

砌体类别	线膨胀系数 (10^{-6}/℃)	收缩率 (mm/m)
烧结普通砖、烧结多孔砖砌体	5	−0.1
蒸压灰砂普通砖、蒸压粉煤灰普通砖砌体	8	−0.2
混凝土普通砖、混凝土多孔砖、混凝土砌块砌体	10	−0.2
轻集料混凝土砌块砌体	10	−0.3
料石和毛石砌体	8	—

注：表中的收缩率系由达到的收缩允许标准的块体砌筑 28d 的砌体收缩系数。当地方有可靠的砌体收缩试验数据时，亦可采用当地的试验数据。

由表 3.2.5-2 可知，砌体的线膨胀系数和收缩率与砌体类别相关。

13. 图示砌体结构房屋中，属于纵横墙承重方案的是：(2019-021)

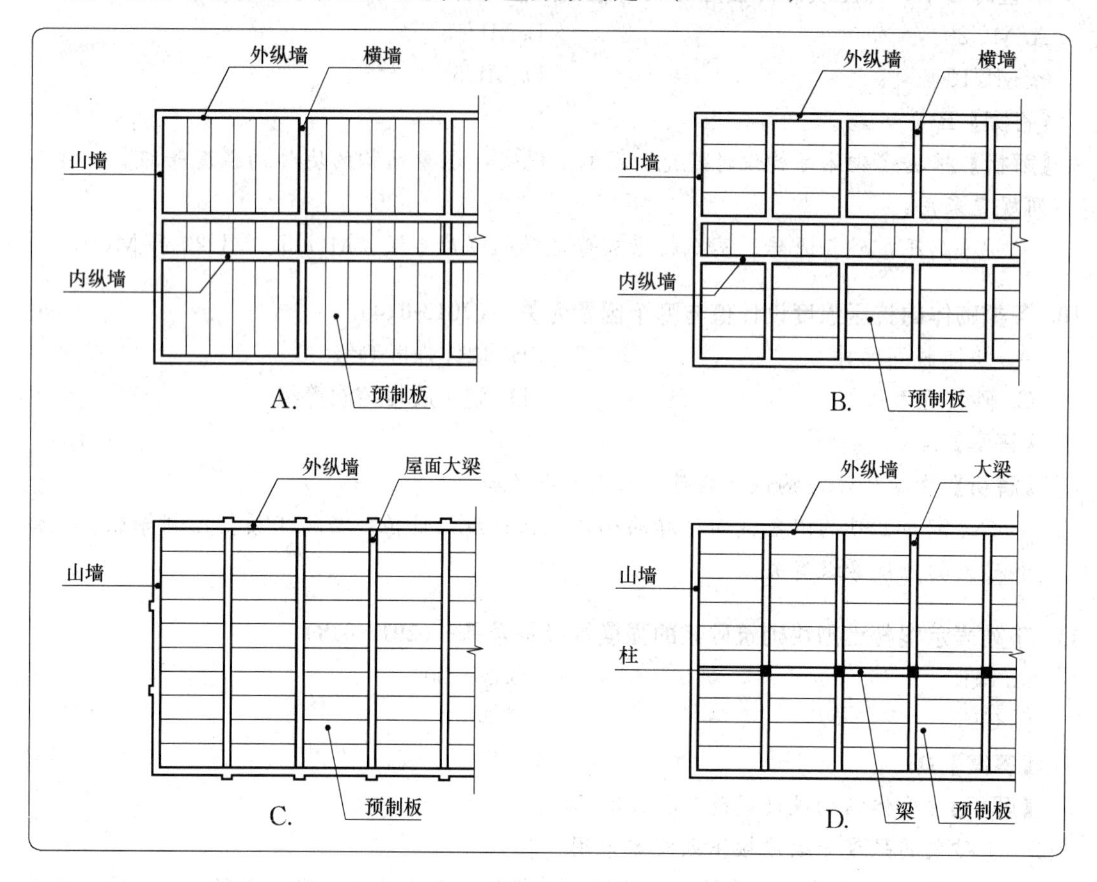

【答案】B

【解析】纵横墙混合承重就是把梁或板同时搁置在纵墙和横墙上。优点是房间布置灵活，整体刚度好；缺点是所用梁、板类型较多，施工较为麻烦。

14. 多层砌体房屋应优先选用的结构体系是：(2013-016)

Ⅰ. 纵墙承重　　Ⅱ. 横墙承重

Ⅲ. 纵横墙共同承重　　Ⅳ. 砌体墙与混凝土墙共同承重

A. Ⅰ、Ⅱ　　B. Ⅱ、Ⅲ

C. Ⅲ、Ⅳ　　D. Ⅰ、Ⅳ

【答案】B

【解析】《建筑抗震设计规范》7.1.7 规定：

多层砌体房屋的建筑布置和结构体系，应符合下列要求：

1. 应优先采用横墙承重或纵横墙共同承重的结构体系。不应采用砌体墙和混凝土墙混合承重的结构体系。

15. 下列多层砌体房屋的结构体系布置，错误的是：(2012-036)

A. 横墙承重　　B. 纵、横墙共同承重

C. 砌体墙和混凝土墙混合承重　　D. 纵、横墙沿竖向应上、下连续

【答案】C

【解析】 同题 14 解析。

16. 下列 8 度抗震区多层砌体房屋的首层平面布置图中，满足抗震设计要求的是：(2018-035)

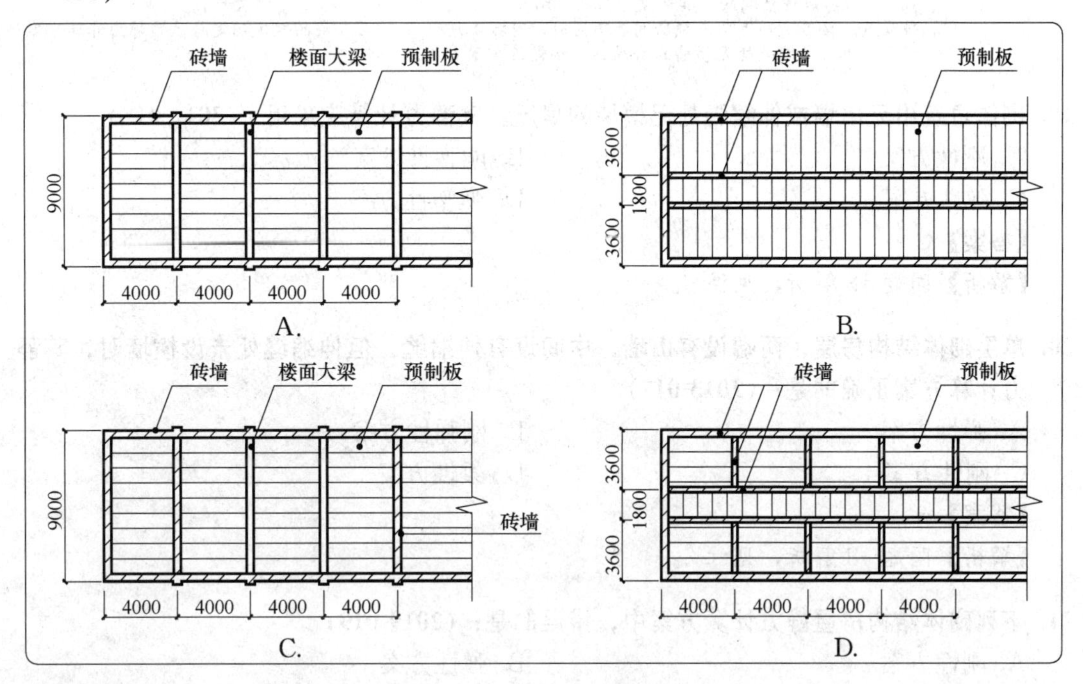

【答案】D

【解析】 同题 14 解析。

17. 刚性和刚弹性方案的砌体房屋中，横墙厚度不宜小于下列何值？(2012-016)

A. 120mm　　B. 180mm

C. 240mm　　D. 360mm

【答案】B

【解析】 根据《砌体结构设计规范》4.2.2 条，刚性和刚弹性方案房屋的横墙，应符合下列规定：②横墙的厚度不宜小于 180mm。

18. 下列砌体结构房屋的静力计算方案分类中，正确的是：(2017-026)

A. 弹性方案、弹塑性方案、塑性方案　　B. 弹性方案、刚弹性方案、刚性方案

C. 弹性方案、塑性方案　　D. 弹性方案、刚性方案

【答案】B

【解析】《砌体结构设计规范》4.2.1 规定：

房屋的静力计算，根据房屋的空间工作性能分为刚性方案、刚弹性方案和弹性方案。设计时，可按表 4.2.1 确定静力计算方案。

表 4.2.1　房屋的静力计算方案

	屋盖或楼盖类别	刚性方案	刚弹性方案	弹性方案
1	整体式、装配整体和装配式无檩体系钢筋混凝土屋盖或钢筋混凝土楼盖	$s<32$	$32\leqslant s\leqslant 72$	$s>72$
2	装配式有檩体系钢筋混凝土屋盖、轻钢屋盖和有密铺望板的木屋盖或木楼盖	$s<20$	$20\leqslant s\leqslant 48$	$s>48$
3	瓦材屋面的木屋盖和轻钢屋盖	$s<16$	$16\leqslant s\leqslant 36$	$s>36$

注：1. 表中 s 为房屋横墙间距，其长度单位为“m”；
2. 当屋盖、楼盖类别不同或横墙间距不同时，可按本规范第 4.2.7 条的规定确定房屋的静力计算方案；
3. 对无山墙或伸缩缝处无横墙的房屋，应按弹性方案考虑。

19. 砌体建筑中无山墙或伸缩缝处无横墙的房屋，其静力计算应采用：(2012-018)

A. 刚性方案　　B. 刚弹性方案

C. 弹性方案　　D. 弹塑性方案

【答案】C

【解析】 同题 18 解析，见注 3。

20. 单层砌体结构房屋，两端设有山墙，中间设有伸缩缝，但伸缩缝处未设横墙时，其静力计算方案正确的是：(2013-017)

A. 弹性方案　　B. 刚弹性方案

C. 刚性方案　　D. 柔性方案

【答案】A

【解析】 同题 18 解析，见注 3。

21. 下列砌体结构房屋静力计算方案中，错误的是：(2019-019)

A. 刚性方案　　B. 弹性方案

C. 塑性方案　　D. 刚弹性方案

【答案】C

【解析】 同题 18 解析。

22. 图示刚性方案单层房屋墙、柱的静力计算的各种模型中，正确的是：(2013-021)

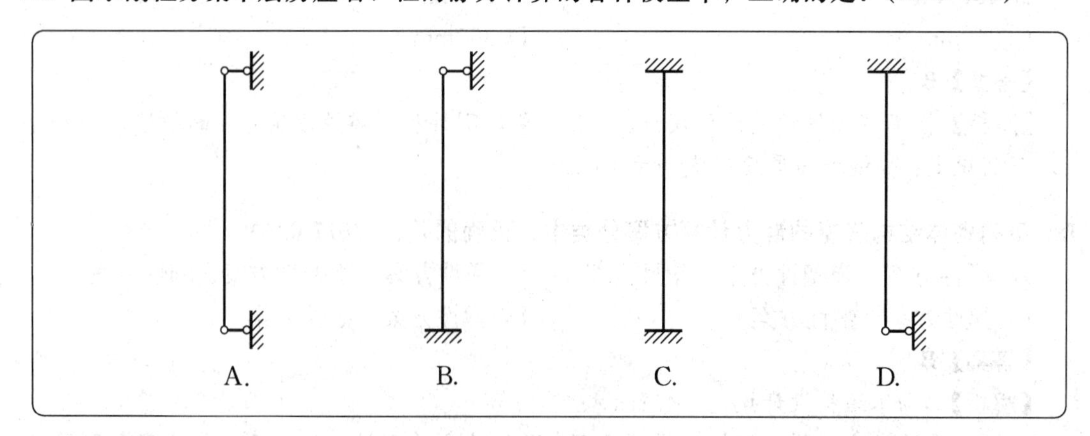

【答案】B

【解析】《砌体结构设计规范》规定：

4.2.5 刚性方案房屋的静力计算，应按下列规定进行：

1. 单层房屋：在荷载作用下，墙、柱可视为上端不动铰支承于屋盖，下端嵌固于基础的竖向构件。

23. 单层砌体结构房屋墙体采用刚性方案静力计算时，正确的计算简图是：(2018-021)

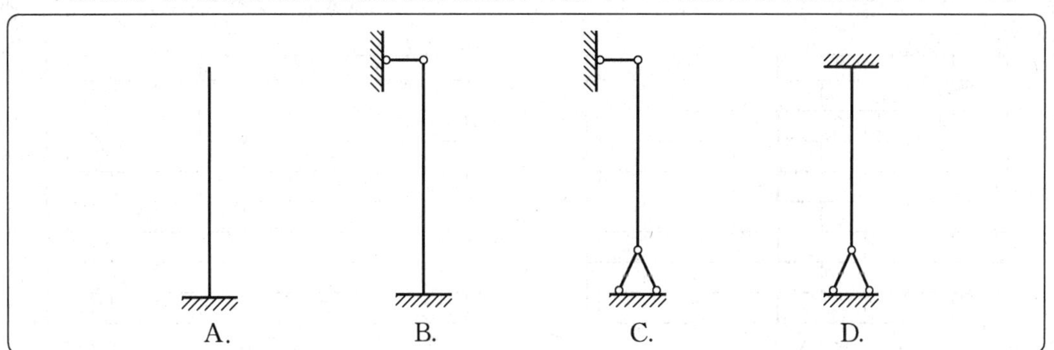

【答案】B

【解析】同题 22 解析。

24. 关于减小墙体高厚比的措施，有效的是：(2013-022)

A. 采用弹性静力计算方案　　B. 增大墙体高度

C. 增大门洞宽度　　D. 增大墙体厚度

【答案】D

【解析】《砌体结构设计规范》2.1.25 规定：

砌体墙、柱高厚比：砌体墙、柱的计算高度与规定厚度的比值。规定厚度对墙取墙厚，对柱取对应的边长，对带壁柱墙取截面的折算厚度。

25. 与墙体允许高厚比 [β] 无关的是：(2018-022)

A. 块体强度等级　　B. 砂浆强度等级

C. 不同施工阶段　　D. 砌体类型

【答案】C

【解析】根据《砌体结构设计规范》表 6.1.1 可知，允许高厚比 [β] 与砂浆强度等级、砌体类型、砌体强度等级、构件类型、支承约束条件、截面形式、墙体开洞、承重和非承重相关。

26. 砖砌无洞墙体高厚比不满足要求时，可采取的有效措施是：(2012-017)

A. 提高砌块的强度等级　　B. 提高砂浆的强度等级

C. 在墙体上开洞　　D. 减少作用于墙体上的荷载

【答案】B

【解析】同题 25 解析。

27. 砖砌体和钢筋混凝土构造柱组成的组合砖墙，为提高其轴心受压承载力，下列哪项措施无效？(2012-024)

A. 提高砂浆的强度等级　　B. 减小构造柱间距

C. 加大墙体高厚比　　D. 提高构造柱混凝土强度等级

【答案】C

【解析】根据《砌体结构设计规范》8.2.7 条，可知此题选 C。

28. 图示砌体结构属于轴心受拉破坏的是：(2019-018)

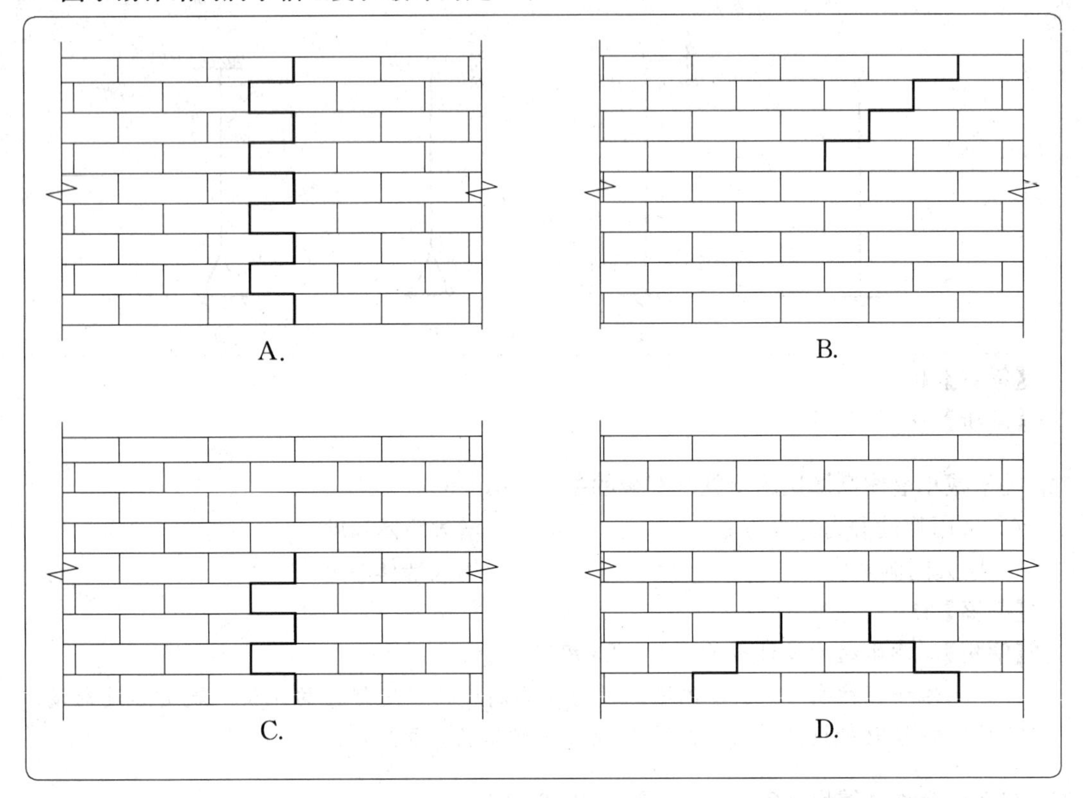

【答案】A

【解析】依据《砌体结构设计规范》3.2.2 条图示可知，选项 A 为轴心受拉破坏。

29. 属于砌体结构墙体典型温度裂缝形态的是：(2017-024)

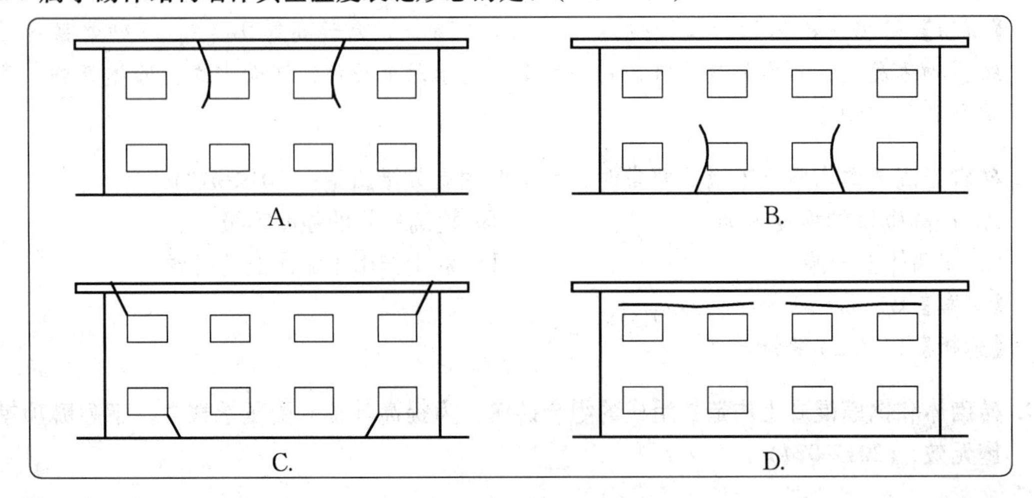

【答案】A

【解析】顶层墙体拉裂现象是典型的由于外部环境所产生的温度应力导致的。

30. 为了防止或减轻砌体结构房屋顶层墙体的裂缝，屋面刚性面层及砂浆找平层应设置分隔缝，并与女儿墙隔开。该分隔缝间距的最小限值是：(2013-019)

A. 5m

B. 6m

C. 7m

D. 8m

【答案】B

【解析】《砌体结构设计规范》规定：

6.5.2 房屋顶层墙体，宜根据情况采取下列措施：

1. 屋面应设置保温、隔热层。

2. 屋面保温（隔热）层或屋面刚性面层及砂浆找平层应设置分隔缝，分隔缝间距不宜大于6m，其缝宽不小于30mm，并与女儿墙隔开。

3. 采用装配式有檩体系钢筋混凝土屋盖和瓦材屋盖。

6. 顶层及女儿墙砂浆强度等级不低于M7.5（Mb7.5、Ms7.5）。

31. 防止或减轻砌体结构顶层墙体开裂的措施中，错误的是：(2018-023)

A. 屋面设置保温隔热层

B. 提高屋面板混凝土强度

C. 采用瓦材屋盖

D. 增加顶层墙体砌筑砂浆强度

【答案】B

【解析】同题30解析。

32. 下列关于夹心墙的构造要求，错误的是：(2012-019)

A. 夹心墙的夹层厚度不宜小于300mm

B. 叶墙间拉结件的作用为提高墙体的承载力和稳定性

C. 夹心墙外叶墙的最大横向支承间距不宜大于9m

D. 拉结件在叶墙上的搁置长度，不应小于叶墙厚度的2/3，并不应小于60mm

【答案】A

【解析】具体详见《砌体结构设计规范》6.4.1、6.4.4、6.4.5，可排除A选项。

33. 图示砌体房屋圈梁的做法中，错误的是：(2013-020)

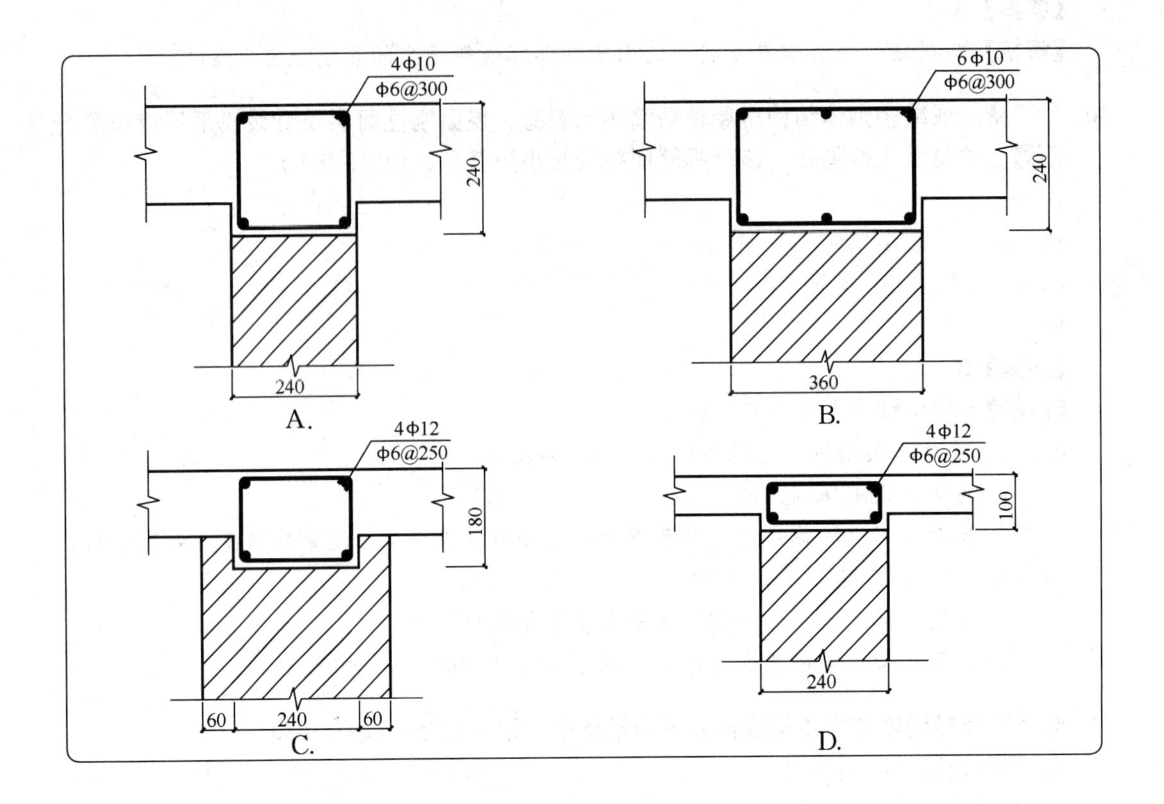

【答案】D

【解析】《砌体结构设计规范》7.1.5 规定：

圈梁应符合下列构造要求：

3. 混凝土圈梁的宽度宜与墙厚相同，当墙厚不小于 240mm 时，其宽度不宜小于墙厚的 2/3。圈梁高度不应小于 120mm。纵向钢筋数量不应少于 4 根，直径不应小于 10mm，绑扎接头的搭接长度按受拉钢筋考虑，箍筋间距不应大于 300mm。

D 选项圈梁高度小于 120mm，因而是错误的。

34. 多层房屋现浇钢筋混凝土圈梁的最小高度限值是：(2012-021)

A. 90mm

B. 120mm

C. 180mm

D. 240mm

【答案】B

【解析】同题 33 解析。

35. 砌体结构房屋中，下列圈梁构造做法正确的是：(2018-024)

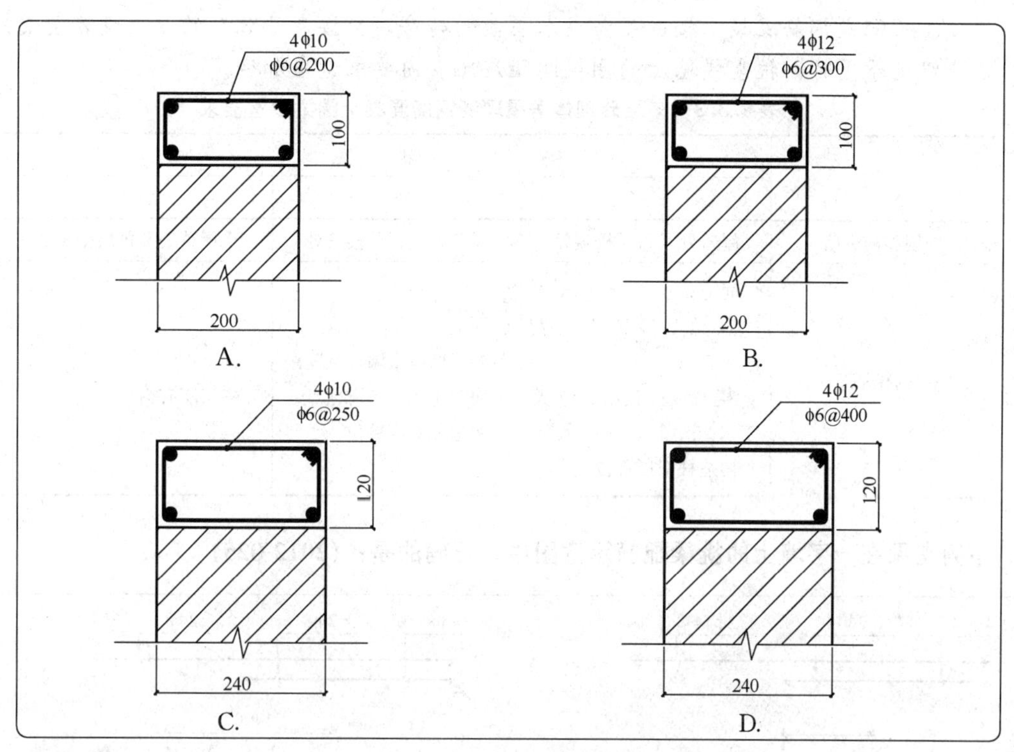

【答案】C

【解析】同题33解析。

36. 关于多层砌体工业房屋墙体中设置圈梁的说法，正确的是：(2013-023)

A. 仅在檐口标高处设置　　　　B. 可隔层设置

C. 应每层设置　　　　D. 不用设置

【答案】C

【解析】《砌体结构设计规范》7.1.3规定：

住宅、办公楼等多层砌体结构民用房屋，且层数为3～4层时，应在底层和檐口标高处各设置一道圈梁。当层数超过4层时，除应在底层和檐口标高处各设置一道圈梁外，至少应在所有纵、横墙上隔层设置。多层砌体工业房屋，应每层设置现浇混凝土圈梁。设置墙梁的多层砌体结构房屋，应在托梁、墙梁顶面和檐口标高处设置现浇钢筋混凝土圈梁。

37. 关于多层砖砌体房屋圈梁设置的做法，错误的是：(2019-048)

A. 装配式钢筋混凝土屋盖处的外墙可不设置圈梁

B. 现浇钢筋混凝土楼盖与墙体有可靠连接的房屋，应允许不另设圈梁

C. 圈梁应闭合，遇有洞口圈梁应上下搭接

D. 圈梁的截面高度不应小于120mm

【答案】A

【解析】《建筑抗震设计规范》7.3.3：

多层砖砌体房屋的现浇钢筋混凝土圈梁设置应符合下列要求：

①装配式钢筋混凝土楼、屋盖或木屋盖的砖房，应按表 7.3.3 的要求设置圈梁；纵墙承重时，抗震横墙上的圈梁间距应比表内要求适当加密。

表 7.3.3　多层砖砌体房屋现浇钢筋混凝土圈梁设置要求

墙类	烈　　度		
	6、7	8	9
外墙和内纵墙	屋盖处及每层楼盖处	屋盖处及每层楼盖处	屋盖处及每层楼盖处
内横墙	同上； 屋盖处间距不应大于 4.5m； 楼盖处间距不应大于 7.2m； 构造柱对应部位	同上； 各层所有横墙，且间距不应大于 4.5m； 构造柱对应部位	同上； 各层所有横墙

38. 下列支承在一字墙上的挑梁配筋示意图中，正确的是：(2012-025)

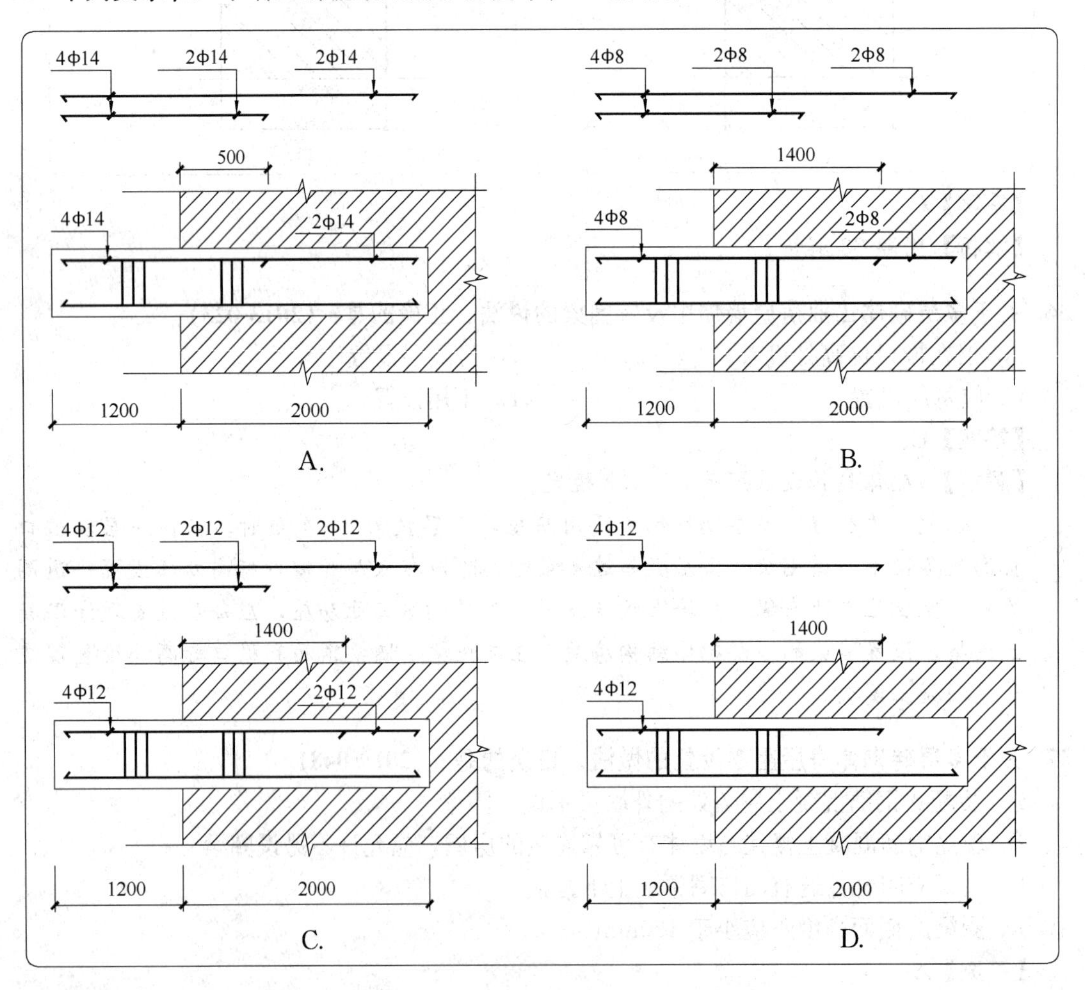

【答案】C

【解析】根据《砌体结构设计规范》7.4.6 规定：

挑梁设计除应符合现行国家标准《混凝土结构设计规范》GB 50010 的有关规定外，尚应满足下列要求：

1. 纵向受力钢筋至少应有 1/2 的钢筋面积伸入梁尾端，且不少于 2ϕ12。其余钢筋伸入支座的长度不应小于 $2l_1/3$；

2. 挑梁埋入砌体长度 l_1 与挑出长度 l 之比宜大于 1.2；当挑梁上无砌体时，l_1 与 l 之比宜大于 2。

39. 下列哪种尺寸混凝土试件的抗压强度标准值是确定混凝土强度等级的依据？(2012-027)

A. 边长为 150mm 的六棱柱体　　B. 直径为 250mm 的圆柱体

C. 边长为 150mm 的立方体　　D. 边长为 250mm 的立方体

【答案】C

【解析】同第四节题 3 解析。

40. 图示钢筋混凝土挑梁，埋入砌体长度满足要求的是：(2019-020)

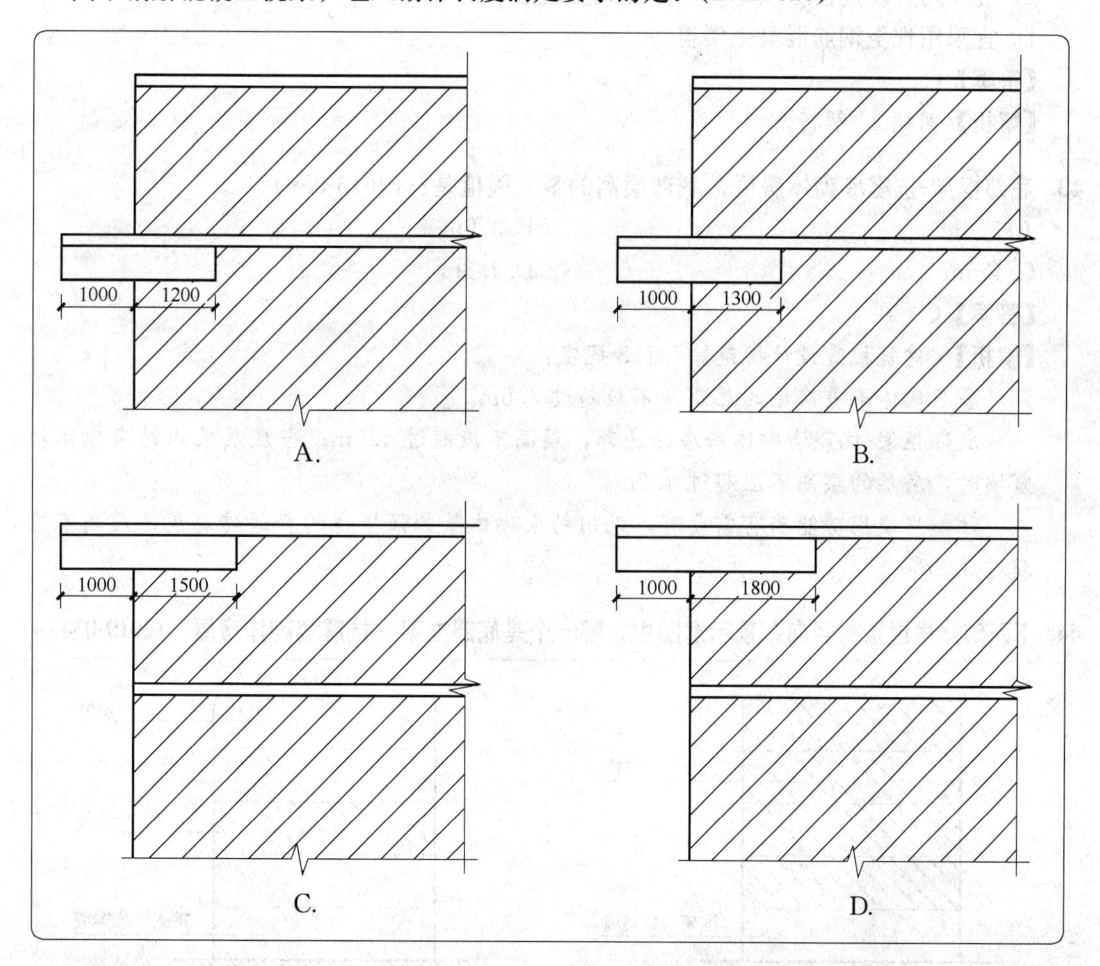

【答案】B

【解析】《砌体结构设计规范》7.4.6-2 规定，挑梁埋入砌体长度 L_1 与挑出长度 L 之比宜大于1.2；当挑梁上无砌体时，L_1与L之比宜大于2。

41. 下列抗震设防区多层砌体房屋结构布置中，错误的是：(2013-034)

A. 纵横向砌体抗震墙沿竖向应上下连续

B. 楼梯间应设置在房屋的尽端或转角处

C. 楼板局部大洞口的尺寸不宜超过楼板宽度的30%

D. 同一轴线的窗间墙宽度宜均匀

【答案】B

【解析】《建筑抗震设计规范》7.1.7规定：

4. 楼梯间不宜设置在房屋的尽端或转角处。

42. 下列砌体结构教学楼的设计要求中，错误的是：(2017-023)

A. 在房屋转角处不应设置转角窗

B. 抗震墙的布置沿竖向应上下连续

C. 楼梯间宜设置在房屋尽端，方便人员疏散

D. 宜采用现浇钢筋混凝土楼盖

【答案】C

【解析】同题41解析。

43. 底部框架-抗震墙砌体房屋，底部层高的最大限值是：(2013-036)

A. 3.6m　　　　B. 3.9m

C. 4.5m　　　　D. 4.8m

【答案】C

【解析】《建筑抗震设计规范》7.1.3规定：

多层砌体承重房屋的层高，不应超过3.6m。

底部框架-抗震墙砌体房屋的底部，层高不应超过4.5m；当底层采用约束砌体抗震墙时，底层的层高不应超过4.2m。

注：当使用功能确有需要时，采用约束砌体等加强措施的普通砖房屋，层高不应超过3.9m。

44. 下列砌体房屋结构竖向布置示意图中，哪一个是底部框架—抗震墙砌体房屋？(2019-034)

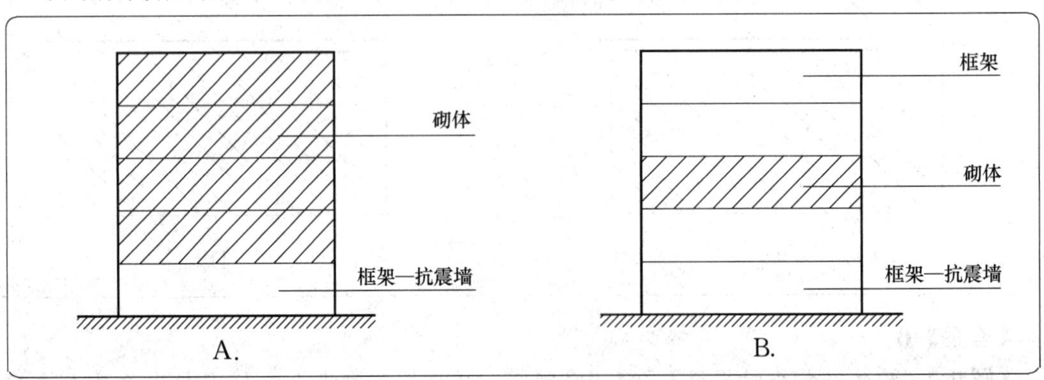

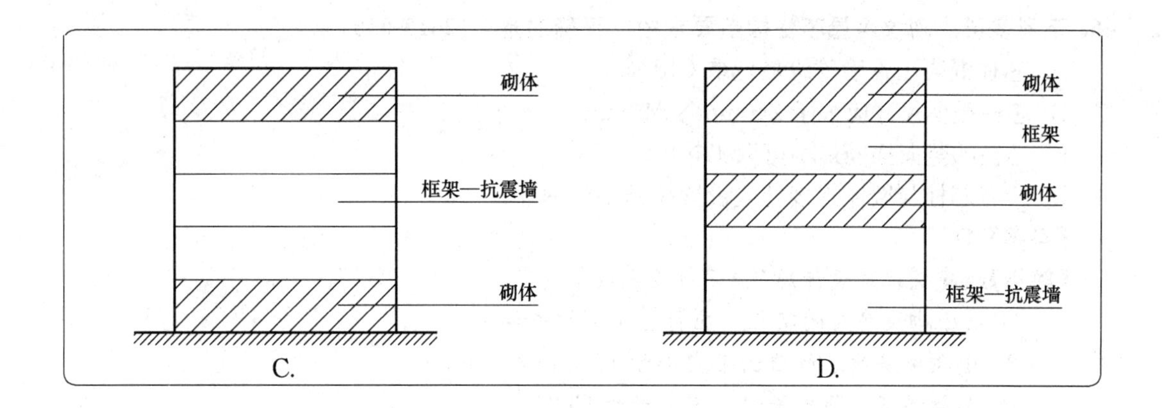

【答案】A

【解析】依据《底部框架—抗震墙砌体房屋抗震技术规程》2.1.1，底层框架—抗震墙砌体房屋：底层横向与纵向均为框架—抗震墙体系，第二层及其以上楼层为砌体墙承重体系构成的房屋。

45. 图示抗震设防区底部两层框架—抗震墙砌体房屋中，关于底层、底部第二层、第三层侧向刚度 K_1、K_2、K_3 的说法，错误的是：(2013-037)

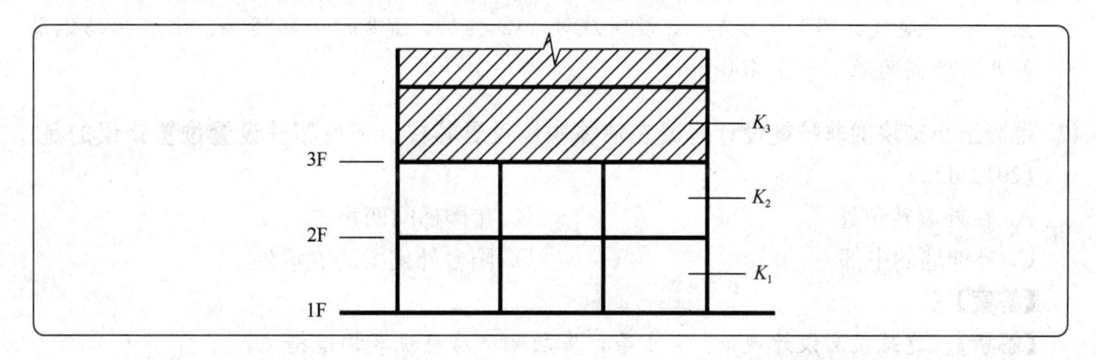

A. K_2 与 K_1 应接近

B. 6、7 度时，K_3 与 K_2 的比值不应大于 2.0，且不应小于 1.0

C. 8 度时，K_3 与 K_2 的比值不应大于 1.5，且不应小于 1.0

D. K_3 应小于 K_2

【答案】D

【解析】《建筑抗震设计规范》7.1.8 规定：

3. 底层框架—抗震墙砌体房屋的纵横两个方向，第二层计入构造柱影响的侧向刚度与底层侧向刚度的比值，6、7 度时不应大于 2.5，8 度时不应大于 2.0，且均不应小于 1.0。

4. 底部两层框架—抗震墙砌体房屋纵横两个方向，底层与底部第二层侧向刚度应接近，第三层计入构造柱影响的侧向刚度与底部第二层侧向刚度的比值，6、7 度时不应大于 2.0，8 度时不应大于 1.5，且均不应小于 1.0。

依据规范，K_3 不应小于 K_2，选项 D 是错误的。

46. 下列多层小砌块房屋芯柱构造要求中，正确的是：(2013-038)

A. 芯柱混凝土强度等级最低取 Cb15

B. 芯柱截面尺寸应大于 240mm×240mm

C. 芯柱的竖向插筋最小可取 1Φ10

D. 所有芯柱与墙体连接处应设置拉结钢筋网片

【答案】D

【解析】《建筑抗震设计规范》7.4.2 规定：

多层小砌块房屋的芯柱，应符合下列构造要求：

1. 小砌块房屋芯柱截面不宜小于 120mm×120mm。

2. 芯柱混凝土强度等级，不应低于 Cb20。

3. 芯柱的竖向插筋应贯通墙身且与圈梁连接；插筋不应小于 1Φ12，6、7 度时超过 5 层、8 度时超过 4 层和 9 度时，插筋不应小于 1Φ14。

4. 芯柱应伸入室外地面下 500mm 或与埋深小于 500mm 的基础圈梁相连。

5. 为提高墙体抗震受剪承载力而设置的芯柱，宜在墙体内均匀布置，最大净距不宜大于 2.0m。

6. 多层小砌块房屋墙体交接处或芯柱与墙体连接处应设置拉结钢筋网片，网片可采用直径 4mm 的钢筋点焊而成，沿墙高间距不大于 600mm，并应沿墙体水平通长设置。6、7 度时底部 1/3 楼层，8 度时底部 1/2 楼层，9 度时全部楼层，上述拉结钢筋网片沿墙高间距不大于 400mm。

47. 混凝土小砌块的非抗震设计房屋在墙体中应设置芯柱，下列芯柱设置位置错误的是：(2012-022)

A. 在外墙转角处　　B. 在楼梯间四角

C. 外伸墙的中部　　D. 阳台外挑梁的支承处

【答案】C

【解析】《建筑抗震设计规范》7.4 条，多层砌块房屋抗震构造措施：

7.4.1 多层小砌块房屋应按表 7.4.1 的要求设置钢筋混凝土芯柱。对外廊式和单面走廊式的多层房屋、横墙较少的房屋、各层横墙很少的房屋，尚应分别按本规范第 7.3.1 条第 2、3、4 款关于增加层数的对应要求，按表 7.4.1 的要求设置芯柱。

表 7.4.1　多层小砌块房屋芯柱设置要求

<table>
<tr><th colspan="4">房屋层数</th><th rowspan="2">设置部位</th><th rowspan="2">设置数量</th></tr>
<tr><th>6 度</th><th>7 度</th><th>8 度</th><th>9 度</th></tr>
<tr><td>四、五</td><td>三、四</td><td>二、三</td><td></td><td>外墙转角，楼、电梯间四角，楼梯斜梯段上下端对应的墙体处；
大房间内外墙交接处；
错层部位横墙与外纵墙交接处；
隔 12m 或单元横墙与外纵墙交接处</td><td rowspan="2">外墙转角，灌实 3 个孔；
内外墙交接处，灌实 4 个孔；
楼梯斜段上下端对应的墙体处，灌实 2 个孔</td></tr>
<tr><td>六</td><td>五</td><td>四</td><td></td><td>同上；
隔开间横墙（轴线）与外纵墙交接处</td></tr>
</table>

续表

房屋层数				设置部位	设置数量
6度	7度	8度	9度		
七	六	五	二	同上； 各内墙（轴线）与外纵墙交接处； 内纵墙与横墙（轴线）交接处和洞口两侧	外墙转角，灌实5个孔； 内外墙交接处；灌实4个孔； 内墙交接处；灌实4～5个孔； 洞口两侧各灌实1个孔
	七	≥六	≥三	同上； 横墙内芯柱间距不大于2m	外墙转角，灌实7个孔； 内外墙交接处，灌实5个孔； 内墙交接处，灌实4～5个孔； 洞口两侧各灌实1个孔

注：外墙转角、内外墙交接处、楼电梯间四角等部位，应允许采用钢筋混凝土构造柱替代部分芯柱。

48. 下列配筋砌块砌体剪力墙的构造规定中，正确的是：（2012-023）

A. 配置在孔洞或空腔中的钢筋面积不应小于孔洞或空腔面积的6%

B. 灌孔混凝土的强度等级不应低于Cb20

C. 剪力墙厚度可取为120mm

D. 当连梁采用配筋砌块砌体时，连梁高度可取200mm

【答案】B

【解析】根据《砌体结构设计规范》9.4.6条，配筋砌块砌体剪力墙、连梁的砌体材料强度等级应符合下列规定：③灌孔混凝土不应低于Cb20。

49. 下列多层小砌块房屋芯柱的构造要求，错误的是：（2012-047）

A. 芯柱混凝土强度等级不应低于Cb20

B. 芯柱的竖向插筋应贯通墙身且与圈梁连接

C. 芯柱应伸入室外地面下500mm

D. 芯柱的插筋不应小于4Φ16

【答案】D

【解析】同题46解析。

50. 关于多层砖砌体房屋的构造柱柱底的做法，不合理的是：（2013-046）

A. 必须单独设置基础

B. 仅与埋深200mm的基础圈梁相连

C. 应与埋深400mm的基础圈梁相连

D. 应伸入室外地面下500mm

【答案】A

【解析】《建筑抗震设计规范》7.4.3规定：

4. 构造柱可不单独设置基础，但应伸入室外地面下500mm，或与埋深小于500mm的基础圈梁相连。

51. 图示砌体结构构造柱做法中，正确的是：(2019-049)

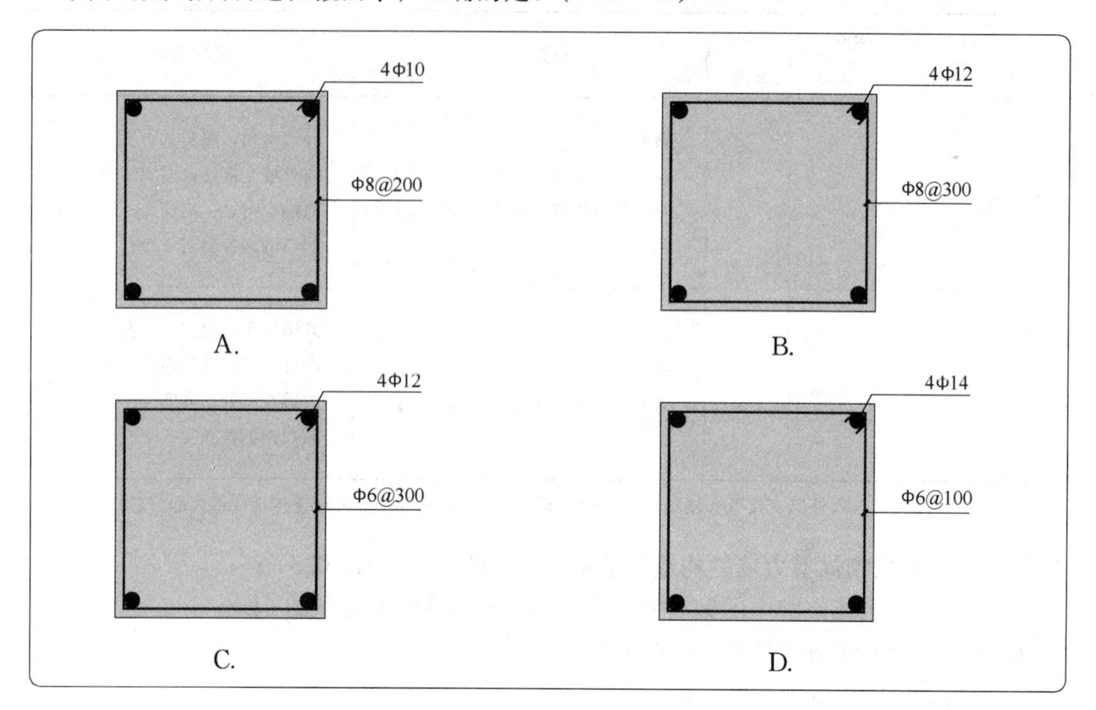

【答案】D

【解析】《建筑抗震设计规范》7.3.2 条，多层砖砌体房屋的构造柱应符合下列构造要求：

①构造柱最小截面可采用 180mm × 240mm（墙厚 190mm 时为 180mm × 190mm），纵向钢筋宜采用 4Φ12，箍筋间距不宜大于 250mm，且在柱上下端应适当加密；6、7 度时超过六层、8 度时超过五层和 9 度时，构造柱纵向钢筋宜采用 4Φ14，箍筋间距不应大于 200mm；房屋四角的构造柱应适当加大截面及配筋。故选 D。

52. 地震区配筋砌块砌体抗震墙的厚度，其最小限值是：(2013-047)

A. 120mm　　B. 160mm

C. 190mm　　D. 240mm

【答案】C

【解析】《建筑抗震设计规范》7.5.5 规定：

当 6 度设防的底层框架-抗震墙砌块房屋的底层采用约束小砌块砌体墙时，其构造应符合下列要求：

1. 墙厚不应小于 190mm，砌筑砂浆强度等级不应低于 Mb10，应先砌墙后浇框架。

53. 底部框架—抗震墙砌体房屋的楼盖作为过渡层的底板时，应采用现浇钢筋混凝土板，其最小板厚限值是：(2012-049)

A. 120mm　　B. 160mm

C. 180mm　　　　　　　　　　　　　　D. 200mm

【答案】A

【解析】《建筑抗震设计规范》7.5.7 规定，底部框架—抗震墙砌体房屋的楼盖应符合下列要求：

① 过渡层的底板应采用现浇钢筋混凝土板，板厚不应小于 120mm；并应少开洞、开小洞，当洞口尺寸大于 800mm 时，洞口周边应设置边梁。

54. 下列 3 层普通砌体结构房屋示意图中，层高设计正确的是：(2017-021)

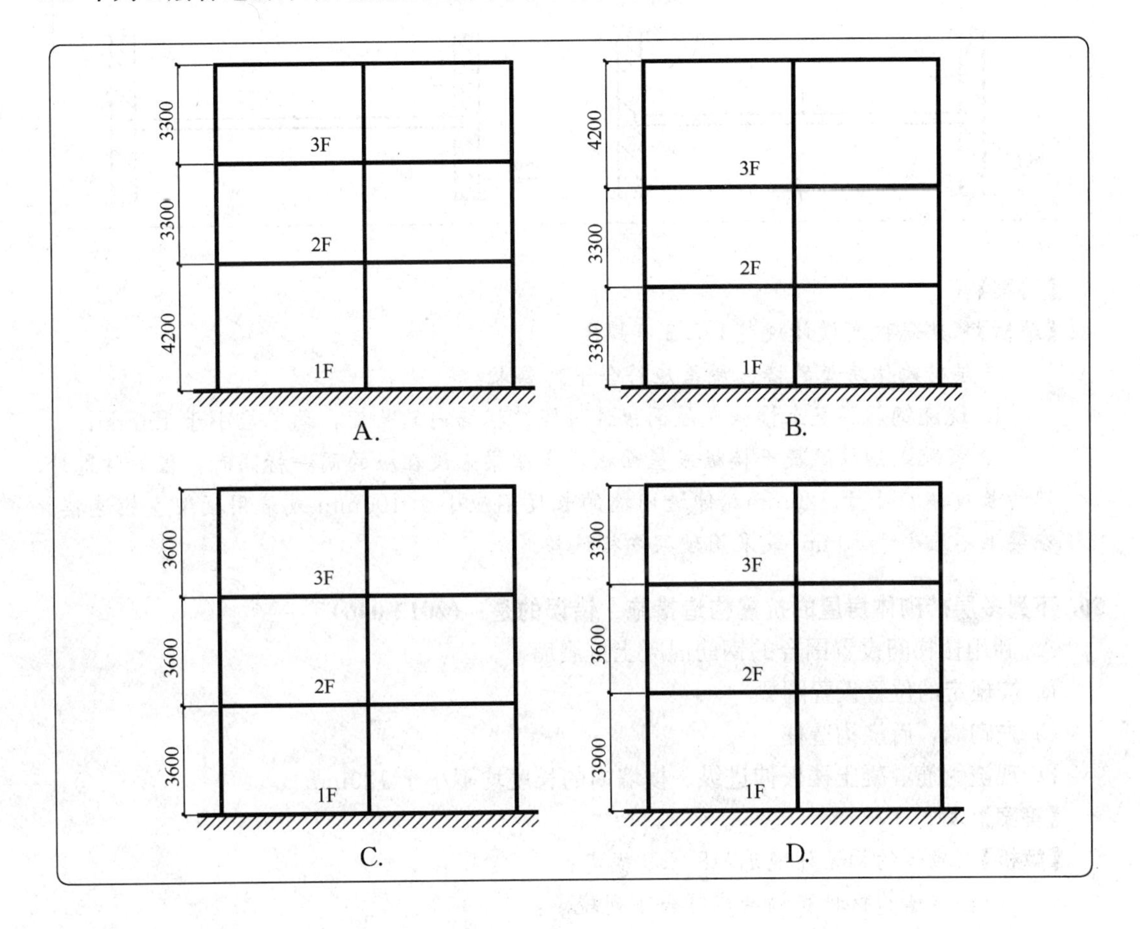

【答案】C

【解析】《砌体结构设计规范》10.1.4 规定：

砌体结构房屋的层高，应符合下列规定：

1. 多层砌体结构房屋的层高，应符合下列规定：

①多层砌体结构房屋的层高，不应超过 3.6m；

注：当使用功能确有需要时，采用约束砌体等加强措施的普通砖房屋，层高不应超过 3.9m。

55. 砌体结构房屋中，下列装配式钢筋混凝土楼面板的支承长度不满足要求的是：(2017-022)

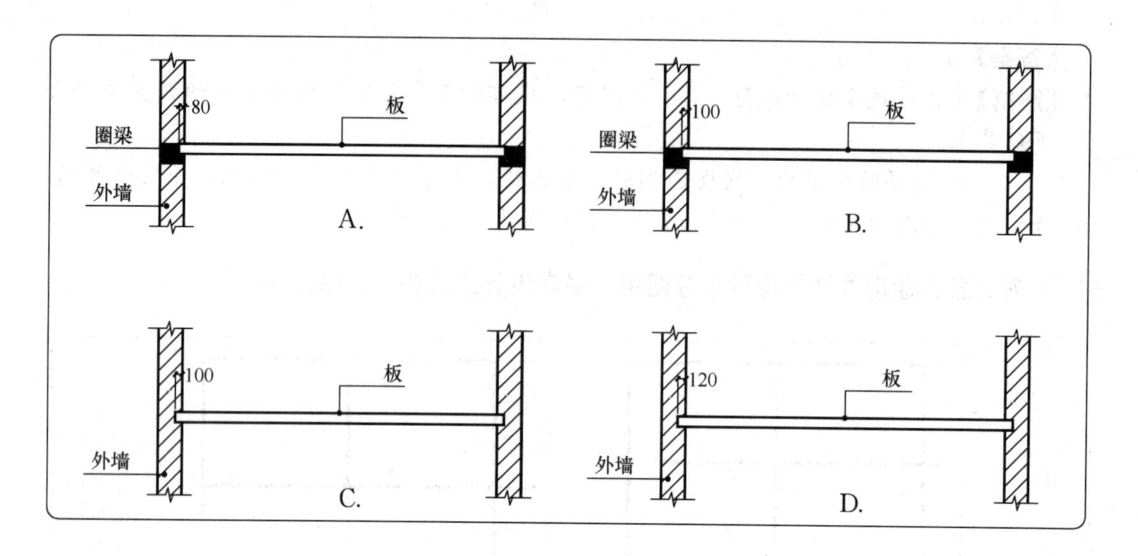

【答案】C

【解析】《建筑抗震设计规范》7.3.5 规定：

多层砖砌体房屋的楼、屋盖应符合下列要求：

1. 现浇钢筋混凝土楼板或屋面板伸进纵、横墙内的长度，均不应小于 120mm。

2. 装配式钢筋混凝土楼板或屋面板，当圈梁未设在板的同一标高时，板端伸进外墙的长度不应小于 120mm，伸进内墙的长度不应小于 100mm 或采用硬架支模连接，在梁上不应小于 80mm 或采用硬架支模连接。

56. 下列多层砖砌体房屋的抗震构造措施、错误的是：(2012-046)

A. 利用楼梯间设置围合的钢筋混凝土抗震墙

B. 按规定的位置设置圈梁

C. 先砌墙，后浇构造柱

D. 现浇钢筋混凝土楼板伸进纵、横墙内的长度均不小于 120mm

【答案】A

【解析】《砌体结构设计规范》8.2.9 规定：

组合砖墙的材料和构造应符合下列规定：

④ 组合砖墙砌体结构房屋应在基础顶面、有组合墙的楼层处设置现浇钢筋混凝土圈梁。圈梁的截面高度不宜小于 240mm；纵向钢筋数量不宜少于 4 根、直径不宜小于 12mm，纵向钢筋应伸入构造柱内，并应符合受拉钢筋的锚固要求；圈梁的箍筋直径宜采用 6mm、间距 200mm；

⑦ 组合砖墙的施工顺序应为先砌墙后浇混凝土构造柱。

《建筑抗震设计规范》7.3.5：

① 现浇钢筋混凝土楼板或屋面板伸进纵、横墙内的长度，均不应小于 120mm。

57. 地震区多层砖砌体房屋中，当采用装配式钢筋混凝土楼盖时，圈梁做法错误的是：(2017-025)

A. 外墙应每层设置混凝土圈梁

B. 内纵墙可隔层设置混凝土圈梁

C. 圈梁宜连续地设在同一水平面上，并形成封闭状

D. 当门窗顶与圈梁底临近时，圈梁可兼做门窗上方的过梁

【答案】B

【解析】《建筑抗震设计规范》7.3.3 规定：

多层砖砌体房屋的现浇钢筋混凝土圈梁设置应符合下列要求：

1. 装配式钢筋混凝土楼、屋盖或木屋盖的砖房，应按表 7.3.3 的要求设置圈梁；纵墙承重时，抗震横墙上的圈梁间距应比表内要求适当加密。

2. 现浇或装配整体式钢筋混凝土楼、屋盖与墙体有可靠连接的房屋，应允许不另设圈梁，但楼板沿抗震墙体周边均应加强配筋并应与相应的构造柱钢筋可靠连接。

表 7.3.3　多层砖砌体房屋构造柱设置要求

墙　类	烈　　度		
	6、7	8	9
外墙和内纵墙	屋盖处及每层楼盖处	屋盖处及每层楼盖处	屋盖处及每层楼盖处
内横墙	同上； 屋盖处间距不应大于 4.5m； 屋盖处间距不应大于 7.2m； 构造柱对应部位	同上； 各层所有横墙，且间距不应大于 4.5m； 构造柱对应部位	同上； 各层所有横墙

58. 关于单层砖柱厂房的做法，错误的是：(2012-035)

A. 厂房两端应设置砖承重山墙

B. 厂房屋盖宜采用轻型屋盖

C. 天窗应采用端砖壁承重

D. 纵、横向内隔墙宜采用砖抗震墙

【答案】C

【解析】《建筑抗震设计规范》9.3 单层砖柱厂房：

9.3.2　厂房的结构布置应符合下列要求，并宜符合本规范第 9.1.1 条的有关规定：

① 厂房两端均应设置砖承重山墙。

④ 天窗不应通至厂房单元的端开间，天窗不应采用端砖壁承重。

9.3.3　厂房的结构体系，尚应符合下列要求：

① 厂房屋盖宜采用轻型屋盖。

④ 纵、横向内隔墙宜采用抗震墙。

59. 下列单层砖柱厂房平面布置图中，正确的是：(2018-032)

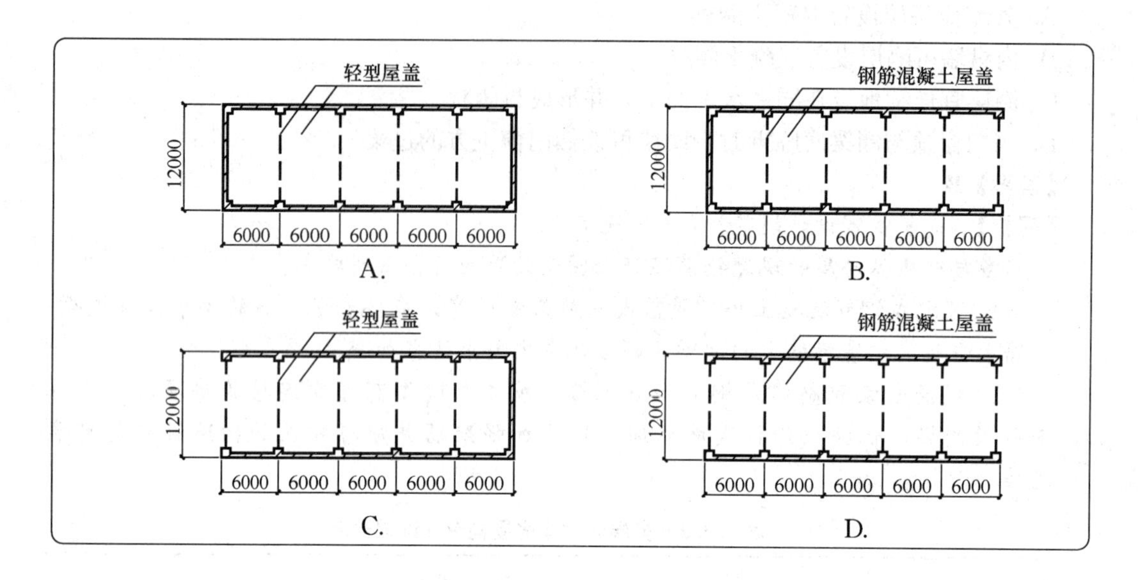

【答案】A

【解析】《建筑抗震设计规范》9.3 单层砖柱厂房规定：

9.3.2 厂房的结构布置应符合下列要求，并宜符合本规范第 9.1.1 条的有关规定：

1. 厂房两端均应设置砖承重山墙。

9.3.3 厂房的结构体系，尚应符合下列要求：

1. 厂房屋盖宜采用轻型屋盖。

60. 下列单层小剧场抗震设计的做法中，错误的是：(2018-033)

A. 8 度抗震时，大厅不应采用砖柱

B. 大厅和舞台之间宜设置防震缝分开

C. 前厅与大厅连接处的横墙，应设置钢筋混凝土抗震墙

D. 舞台口的柱和梁应采用钢筋混凝土结构

【答案】B

【解析】《建筑抗震设计规范》10.1.2 规定：

大厅、前厅、舞台之间，不宜设防震缝分开；大厅与两侧附属房屋之间可不设防震缝。但不设缝时应加强连接。

61. 位于 6 度抗震设防区的烧结普通砖砌体房屋，其最大层数限值是：(2012-034)

A. 3 层　　B. 5 层

C. 7 层　　D. 9 层

【答案】C

【解析】根据《建筑抗震设计规范》表 7.1.2 规定，6 度抗震设防区的烧结普通砖砌体房屋，其最大层数限值是 7 层。

62. 位于 7 度抗震区的多层砌体房屋，其最大高宽比的限值是：(2018-034)

A. 1.5　　B. 2.0

C. 2.5　　　　　　　　D. 3.0

【答案】C

【解析】《建筑抗震设计规范》7.1.4 规定：

多层砌体房屋总高度与总宽度的最大比值，宜符合表 7.1.4 的要求。

表 7.1.4　房屋最大高宽比

烈　度	6	7	8	9
最大高宽比	2.5	2.5	2.0	1.5

注：1. 单面走廊房屋的总宽度不包括走廊宽度；

2. 建筑平面接近正方形时，其高宽比宜适当减小。

第四节　钢筋混凝土结构

1. 关于混凝土材料特点的说法，错误的是：(2013-024)

A. 耐久性好　　　　B. 耐火性好

C. 自重大　　　　D. 抗裂性好

【答案】D

【解析】混凝土材料的特点：

①优点：原材料丰富，成本低；良好的可塑性；高强度；耐久性好；可用钢筋增强。

②缺点：自重大；脆性材料，抗压性能好，抗拉性能差。

2. 确定混凝土强度等级的依据是：(2019-022)

A. 轴心抗拉强度标准值　　　　B. 立方体抗压强度标准值

C. 轴心抗压强度设计值　　　　D. 立方体抗压强度设计值

【答案】B

【解析】混凝土强度等级依据立方体抗压强度标准值确定。

3. 确定混凝土强度等级的立方体标准试件，其养护龄期应为：(2017-027)

A. 7 天　　　　B. 14 天

C. 21 天　　　　D. 28 天

【答案】D

【解析】《混凝土结构合计规范》4.1.1 规定：

混凝土强度等级应按立方体抗压强度标准值确定。立方体抗压强度标准值系指按标准方法制作、养护的边长为 150mm 的立方体试件，在 28d 或设计规定龄期以标准试验方法测得的具有 95%保证率的抗压强度值。

4. 下列哪种尺寸混凝土试件的抗压强度标准值是确定混凝土强度等级的依据？(2012-027)

A. 边长为 150mm 的六棱柱体　　　　B. 直径为 250mm 的圆柱体

C. 边长为150mm的立方体　　D. 边长为250mm的立方体

【答案】C

【解析】同题3解析。

5. 关于混凝土物理和力学性能的说法，正确的是：(2017-028)

A. 强度越高，弹性模量越大　　B. 强度越高，导热系数越小

C. 强度越低，耐久性能越好　　D. 强度越低，收缩越大

【答案】A

【解析】依据《混凝土结构设计规范》4.1.5条，混凝土强度越高，弹性模量越大。

6. 当采用强度等级400MPa的钢筋时，钢筋混凝土结构的混凝土强度等级最低限值是：(2018-025)

A. C15　　B. C20

C. C25　　D. C30

【答案】C

【解析】《混凝土结构设计规范》4.1.2规定：

素混凝土结构的混凝土强度等级不应低于C15。

钢筋混凝土结构的混凝土强度等级不应低于C20。

采用强度等级400MPa及以上的钢筋时，混凝土强度等级不应低于C25。

预应力混凝土结构的混凝土强度等级不宜低于C40，且不应低于C30。

承受重复荷载的钢筋混凝土构件，混凝土强度等级不应低于C30。

7. 关于减少超长钢筋混凝土结构收缩裂缝的做法，错误的是：(2018-028、2019-027)

A. 设置伸缩缝　　B. 设置后浇带

C. 增配通长构造钢筋　　D. 采用高强混凝土

【答案】D

【解析】《预应力混凝土结构设计规范》7.4.7规定：

超长结构不宜采用C60及以上的高强混凝土。

高强混凝土收缩大。

8. 下列材料性能指标中，不属于钢筋力学性能指标的是：(2013-26)

A. 总伸长率　　B. 抗压强度设计值

C. 抗拉强度设计值　　D. 压缩系数

【答案】D

【解析】钢筋的力学性能指标包括屈服强度、抗性强度、伸长率及冷弯性能。屈服强度和抗拉强度是钢筋的强度指标；伸长率和冷弯性能是钢筋的塑性指标。

9. 图示普通钢筋的应力-应变曲线，e点的应力称为：(2017-029)

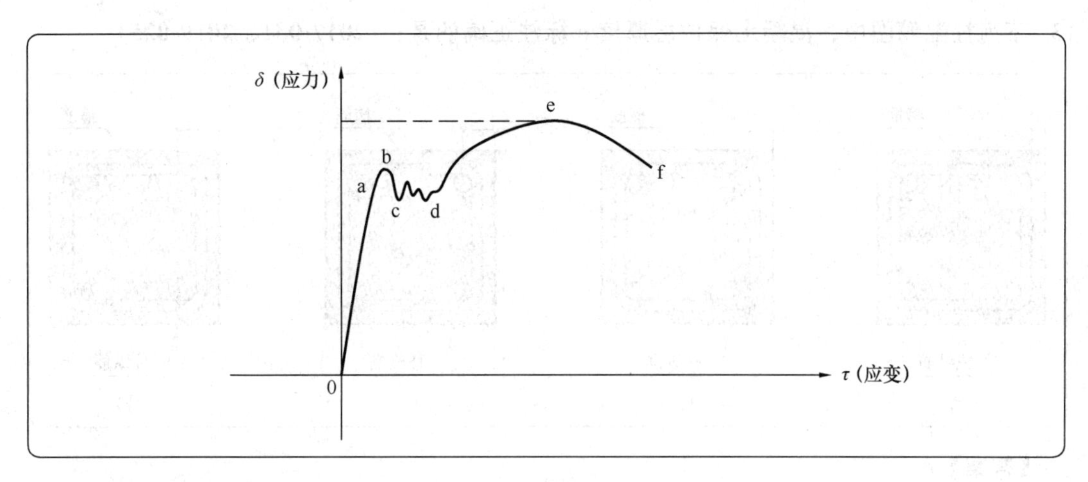

A. 比例极限　　B. 屈服极限
C. 极限强度　　D. 设计强度

【答案】C

【解析】强度极限：取试样名义应力的最大值。常称为材料的拉伸强度。

10. 混凝土结构设计中，限制使用的钢筋是：(2018-026)

A. HPB300　　B. HRB335
C. HRB400　　D. HRB500

【答案】A

【解析】《混凝土结构设计规范》4.2.1规定：

混凝土结构的钢筋应按下列规定选用：

1. 纵向受力普通钢筋可采用HRB400、HRB500、HRBF400、HRBF500、HRB335、RRB400、HPB300钢筋；梁、柱和斜撑构件的纵向受力普通钢筋宜采用HRB400、HRB500、HRBF400、HRBF500钢筋。

2. 箍筋宜采用HRB400、HRBF400、HRB335、HPB300、HRB500、HRBF500钢筋。

3. 预应力筋宜采用预应力钢丝、钢绞线和预应力螺纹钢筋。

11. 电梯机房的吊环应采用下列何种钢筋制作？(2012-028)

A. HPB300级钢筋　　B. HRB335级钢筋
C. HRB400级钢筋　　D. 冷轧带肋钢筋

【答案】A

【解析】《混凝土结构设计规范》9.7.6规定，吊环应采用HPB300钢筋或Q235B圆钢。

12. 混凝土预制构件吊环应采用的钢筋是：(2019-023)

A. HPB300　　B. HRB335
C. HRB400　　D. HRB500

【答案】A

【解析】同题11解析。

13. 下列柱配筋图中，混凝土保护层厚度 c 标注正确的是：(2017-031、2019-025)

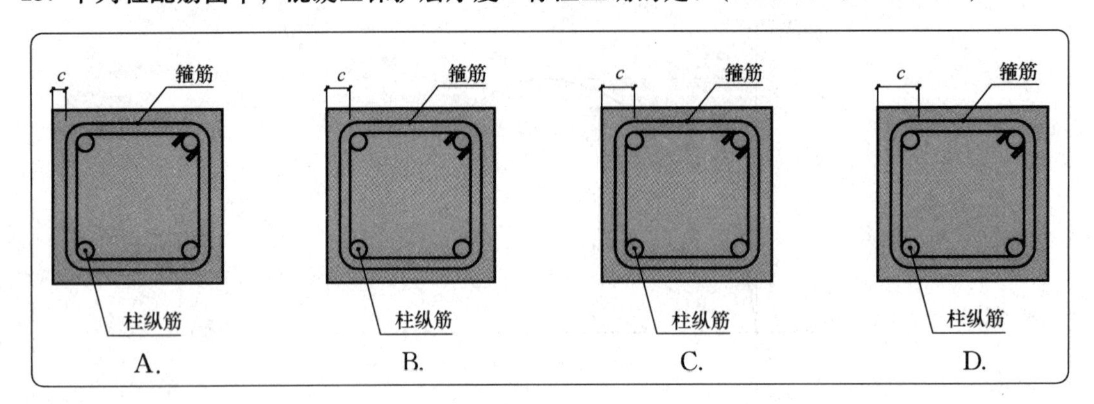

【答案】A

【解析】 混凝土保护层厚度 c：箍筋外表面到截面边缘的垂直距离。

14. 受力钢筋的混凝土保护层厚度与下列哪种因素无关？(2013-27)

A. 钢筋强度等级　　B. 环境类别

C. 结构构件类型　　D. 混凝土强度等级

【答案】A

【解析】《混凝土结构设计规范》8.2.1 规定：

构件中普通钢筋及预应力筋的混凝土保护层厚度应满足下列要求：

1. 构件中受力钢筋的保护层厚度不应小于钢筋的公称直径 d；

2. 设计使用年限为 50 年的混凝土结构，最外层钢筋的保护层厚度应符合表 8.2.1 的规定；设计使用年限为 100 年的混凝土结构，最外层钢筋的保护层厚度不应小于表 8.2.1 中数值的 1.4 倍。

表 8.2.1　混凝土保护层的最小厚度 c (mm)

环境类别	板、墙、壳	梁、柱、杆
一	15	20
二 a	20	25
二 b	25	35
三 a	30	40
三 b	40	50

注：1. 混凝土强度等级不大于 C25 时，表中保护层厚度数值应增加 5mm；

2. 钢筋混凝土基础宜设置混凝土垫层，基础中钢筋的混凝土保护层厚度应从垫层顶面算起，且不应小于 40mm。

15. 图示混凝土梁的斜截面破坏形态，属于斜压破坏的是：(2017-030)

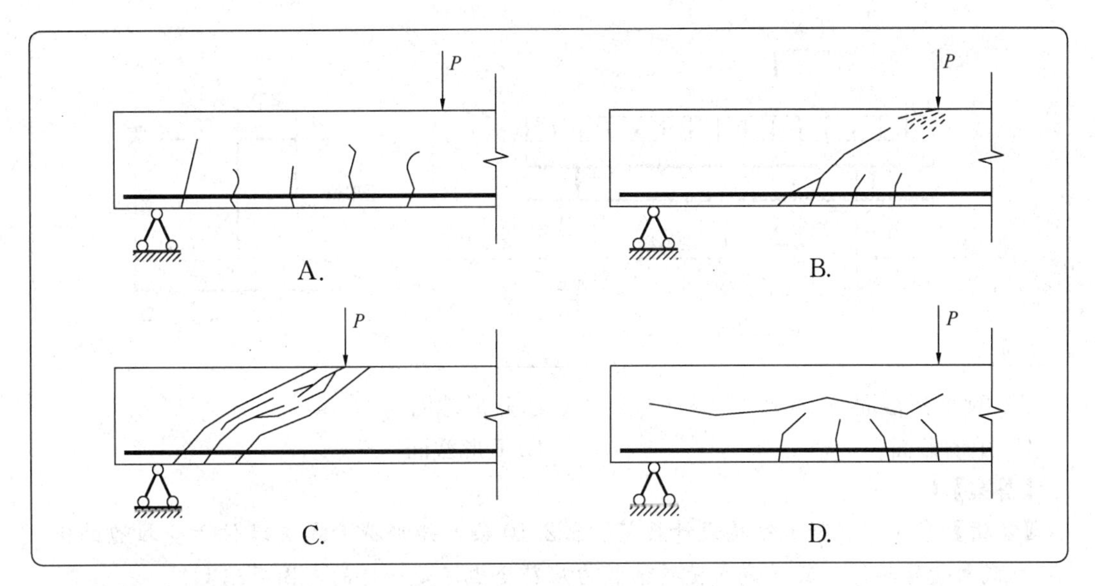

【答案】C

【解析】梁沿斜截面破坏的三种形态：

斜压破坏：出现几条平行斜裂缝，混凝土压碎，为脆性破坏。

斜拉破坏：出现一条主裂缝，为脆性破坏。

剪压破坏：有一条主裂缝，箍筋屈服，压区混凝土压碎，为延性破坏。

16. 钢筋混凝土梁若出现裂缝的情况，以下说法正确的是：(2012-029)

A. 不允许

B. 允许，但应满足构件变形的要求

C. 允许，但应满足裂缝宽度的要求

D. 允许，但应满足裂缝深度的要求

【答案】C

【解析】《混凝土结构设计规范》3.4.1 及 3.4.4 相关规定：

钢筋混凝土梁出现裂缝是允许的，只是要满足规定的最大裂缝宽度的要求。

17. 梁在正截面破坏时，当受拉、压钢筋还未达屈服强度，而受压区边缘纤维混凝土的压应变已达到其极限压应变值而破坏，这样的梁称为：(2012-030)

A. 无筋梁　　B. 少筋梁

C. 适筋梁　　D. 超筋梁

【答案】D

【解析】超筋梁，是指受拉钢筋配得过多的梁。破坏特点是受拉区混凝土裂缝开展不大，梁的挠度较小，但受压混凝土先达到极限压应变而被压碎，使整个构件破坏。超筋梁的破坏是在没有明显预兆的情况下突然发生的，为脆性破坏。

18. 如图所示钢筋混凝土框架梁，进行跨中正截面受弯承载力计算时，正确的截面形式是：(2013-032)

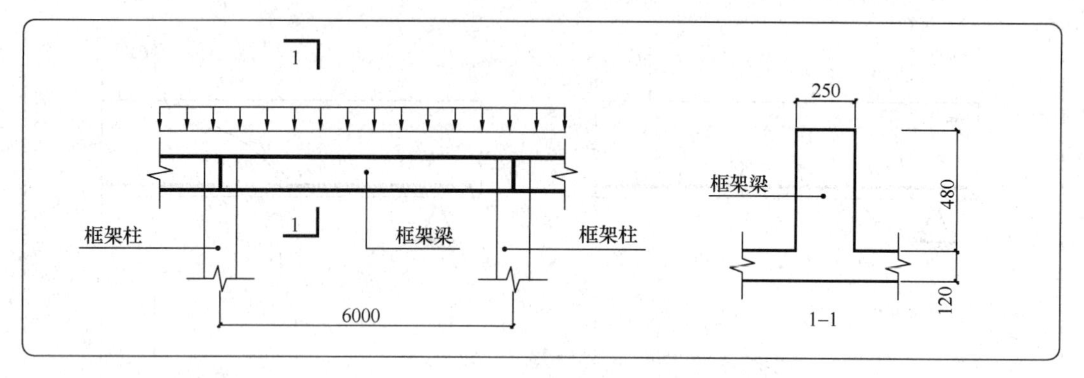

A. 倒 T 形截面　　　　　　　　　　B. L 形截面

C. 矩形截面　　　　　　　　　　　D. T 形截面

【答案】C

【解析】参照《混凝土结构设计规范》6.2.10 条，矩形截面或翼缘位于受拉边的倒 T 形截面受弯构件，其正截面受弯承载力应符合规定是一样的，因而选 C。

19. 图示受均布荷载的等截面梁，计算斜截面承载力时，剪力设计值的各项计算截面中，选择错误的是：(2013-028)

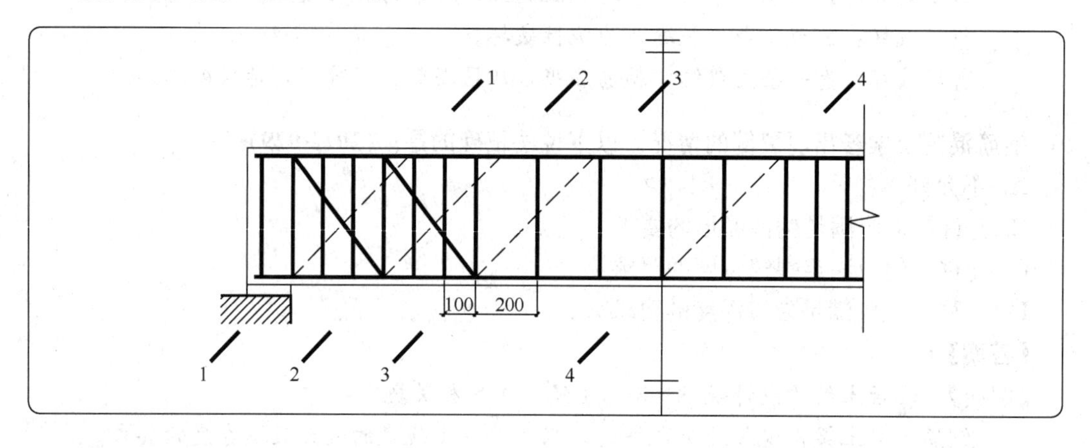

A. 1-1 截面

B. 2-2 截面

C. 3-3 截面

D. 4-4 截面

【答案】D

【解析】《混凝土结构设计规范》6.3.2 规定：

计算斜截面受剪承载力时，剪力设计值的计算截面应按下列规定采用：

1. 支座边缘处的截面（图 6.3.2*a*、图 6.3.2*b* 截面 1-1）；

2. 受拉区弯起钢筋弯起点处的截面（图 6.3.2*a* 截面 2-2、3-3）；

3. 箍筋截面面积或间距改变处的截面（图 6.3.2*b* 截面 4-4）；

4. 截面尺寸改变处的截面。

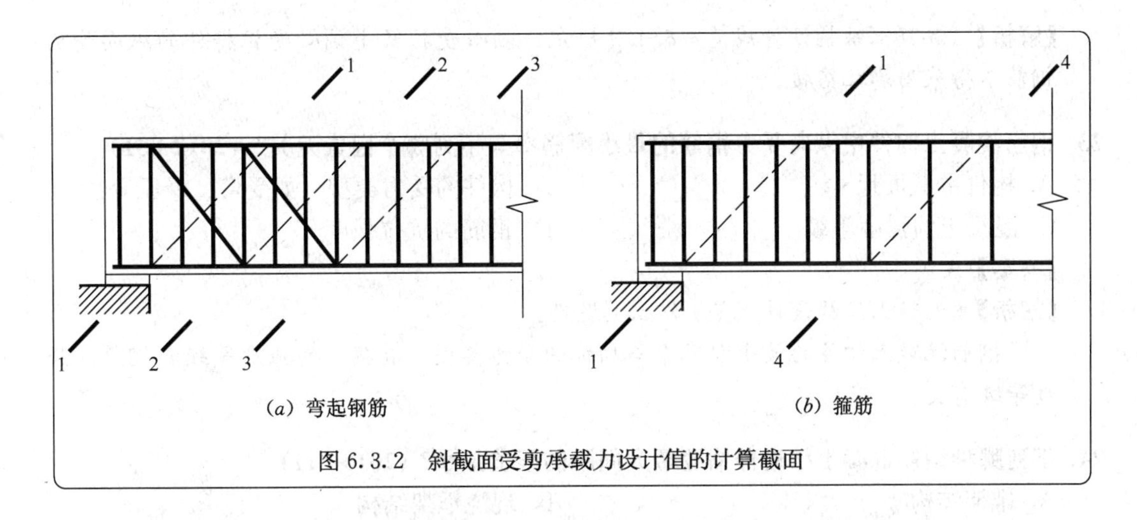

图 6.3.2 斜截面受剪承载力设计值的计算截面

20. 下列提高钢筋与混凝土之间结构强度的措施中，错误的是：(2013-029)

A. 提高混凝土强度等级　　B. 采用光面钢筋

C. 采用螺纹钢筋　　D. 增加钢筋

【答案】B

【解析】螺纹钢筋与混凝土的粘结强度远大于光面钢筋。

21. 下列框架梁内附加筋的做法中，错误的是：(2013-030)

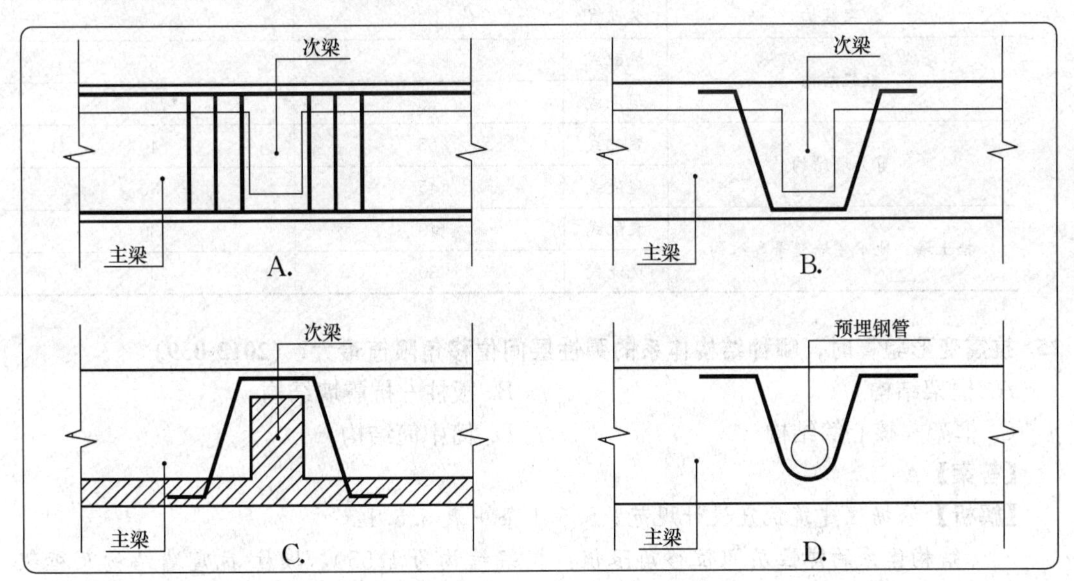

【答案】C

【解析】附加吊筋平直段必须置于次梁下部纵筋之下。

22. 下列钢筋混凝土轴心受拉构件纵向受力钢筋的连接方式中，错误的是：(2013-031)

A. 绑扎连接　　B. 闪光连接

C. 机械连接　　D. 电弧焊接

【答案】A

【解析】《混凝土结构设计规范》8.4.2 规定：轴心受拉及小偏心受拉杆件的纵向受力钢筋不得采用绑扎搭接。

23. 钢筋混凝土构件中纵向受力钢筋的最小配筋率与下列哪个因素无关？(2012-031)

A. 构件的截面尺寸　　B. 构件的受力类型（如受弯、受压等）

C. 混凝土的强度等级　　D. 钢筋的抗拉强度

【答案】A

【解析】《混凝土结构设计规范》8.5.1 规定：

钢筋混凝土构件的最小配筋率与构件的受力类型、混凝土的强度等级和钢筋的强度等级有关。

24. 下列哪种钢筋混凝土结构伸缩缝最大间距的限值最小？(2010-011)

A. 排架结构　　B. 现浇框架结构

C. 装配式框架结构　　D. 现浇剪力墙结构

【答案】D

【解析】根据《混凝土结构设计规范》8.1.1 钢筋混凝土结构伸缩缝的最大间距可按表 8.1.1 确定。

表 8.1.1　钢筋混凝土结构伸缩缝最大间距（m）

结构类别		室内或土中	露天
排架结构	装配式	100	70
框架结构	装配式	75	50
	现浇式	55	35
剪力墙结构	装配式	65	40
	现浇式	45	30
挡土墙、地下室墙壁等类结构	装配式	40	30
	现浇式	30	20

25. 抗震变形验算时，哪种结构体系的弹性层间位移角限值最大？(2013-039)

A. 框架结构　　B. 板柱—抗震墙结构

C. 框架—核心筒结构　　D. 筒中筒结构

【答案】A

【解析】依据《建筑抗震设计规范》5.5.1 条中表 5.5.1：

结构体系的弹性层间位移角限值：框架结构为 1/550，板柱-抗震墙结构及框架-核心筒结构为 1/800，筒中筒结构为 1/1000，因而选 A。

26. 下列减少受弯构件挠度的措施中，错误的是：(2017-032)

A. 增大纵向受拉钢筋配筋率　　B. 提高混凝土强度等级

C. 缩短受弯构件跨度　　D. 降低构件截面高度

【答案】D

【解析】挠度与截面刚度、材料弹性模量、支承条件、荷载有关。在荷载相同的情况下，将支承由简支改为固定、加大截面刚度（梁高、宽，加大高度更有效）、采用高弹性模量的材料，都可以有效减小挠度。最简单的办法就是加大梁截面的高度。

27. 图示承受均布荷载的悬臂梁，可能发生的弯曲裂缝是：(2018-027)

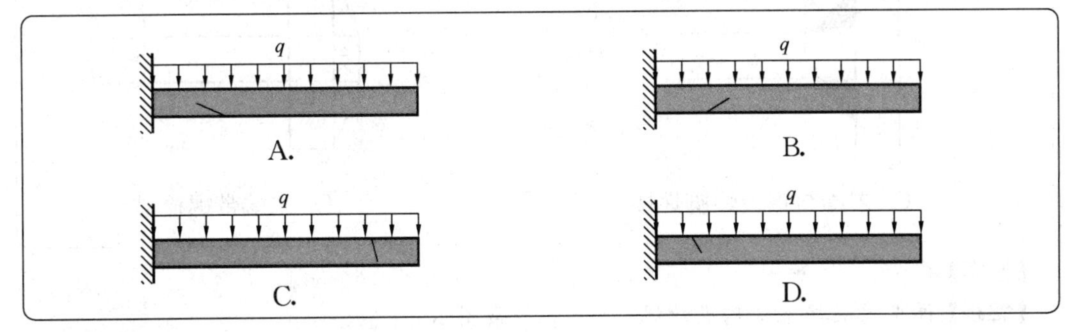

【答案】D

【解析】悬臂梁根部弯矩最大，上部受拉，因而选D。

28. 图示均布荷载作用下的悬臂梁，可能出现的弯曲裂缝形状是：(2019-024)

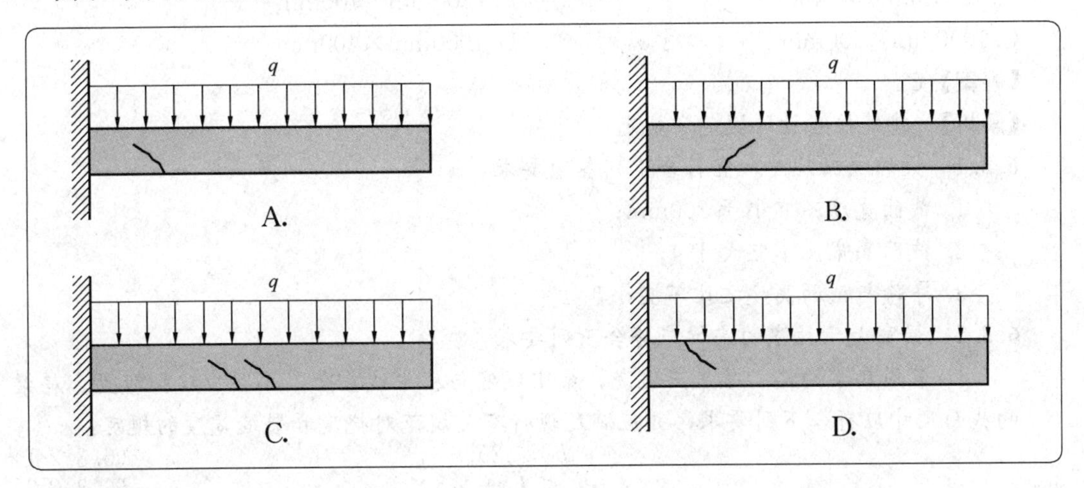

【答案】D

【解析】同题27解析。

29. 图示纵向钢筋机械锚固形式中，错误的是：(2018-029)

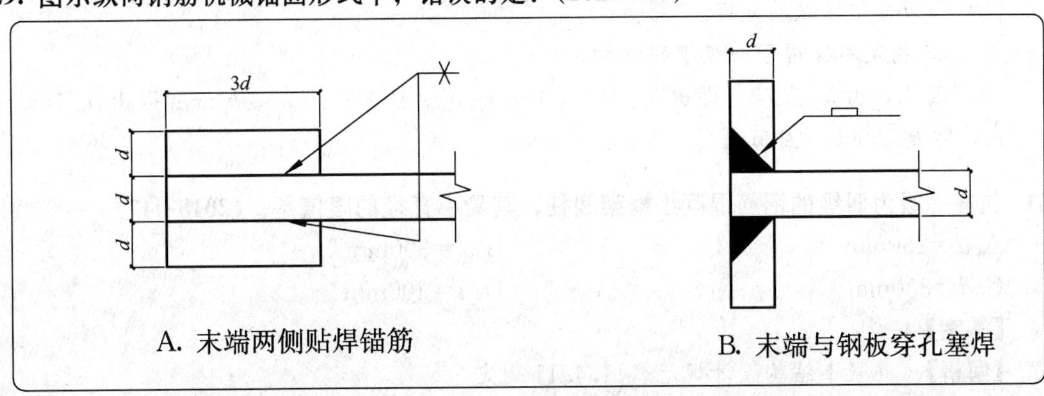

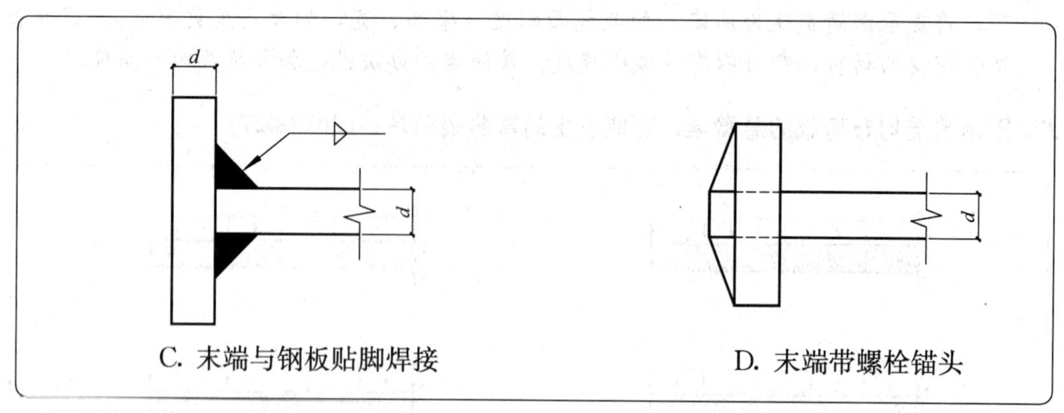

C. 末端与钢板贴脚焊接　　　D. 末端带螺栓锚头

【答案】C

【解析】详见《混凝土结构设计规范》8.3.3条图示。

30. 某地下车库顶板采用宽扁梁结构，已知柱尺寸为500mm×500mm，柱两轴间尺寸为8.1m×8.1m，合理的扁梁截面尺寸（宽×高）是：（2013-048）

A. 1200mm×500mm　　B. 1200mm×400mm

C. 1000mm×500mm　　D. 1000mm×400mm

【答案】C

【解析】《建筑抗震设计规范》规定：

6.3.1 梁的截面尺寸，宜符合下列各项要求：

1. 截面宽度不宜小于200mm；
2. 截面高宽比不宜大于4；
3. 净跨与截面高度之比不宜小于4。

6.3.2 梁宽大于柱宽的扁梁应符合下列要求：

1. 采用扁梁的楼、屋盖应现浇，梁中线宜与柱中线重合，扁梁应双向布置。扁梁的截面尺寸应符合下列要求，并应满足现行有关规范对挠度和裂缝宽度的规定：

$$b_b \leqslant 2b_c \quad (6.3.2\text{-}1)$$

$$b_b \leqslant b_c + h_b \quad (6.3.2\text{-}2)$$

$$h_b \geqslant 16d \quad (6.3.2\text{-}3)$$

式中：b_c——柱截面宽度，原形截面取柱直径的0.8倍；

b_b、h_b——分别为梁截面宽度和高度；

d——柱纵筋直径。

2. 扁梁不宜用于一级框架结构。

因此，由$b_b \leqslant 2b_c$，得出$b_b \leqslant 2 \times 500$，即$b_b \leqslant 1000$；由$b_b \leqslant b_c + h_b$得出$h_b \geqslant b_b - b_c$，即$h_b \geqslant 500$，因而选C。

31. 抗震等级为四级的钢筋混凝土框架圆柱，其最小直径的限值是：（2018-047）

A. d=250mm　　B. d=300mm

C. d=350mm　　D. d=400mm

【答案】C

【解析】《混凝土结构设计规范》11.4.11规定

框架柱的截面尺寸应符合下列要求：

1. 矩形截面柱，抗震等级为四级或层数不超过 2 层时，其最小截面尺寸不宜小于 300mm，一、二、三级抗震等级且层数超过 2 层时不宜小于 400mm；圆柱的截面直径，抗震等级为四级或层数不超过 2 层时不宜小于 350mm，一、二、三级抗震等级且层数超过 2 层时不宜小于 450mm。

32. 图示钢筋混凝土框架结构设置防震缝的最小宽度的限值，正确的是：(2018-048)

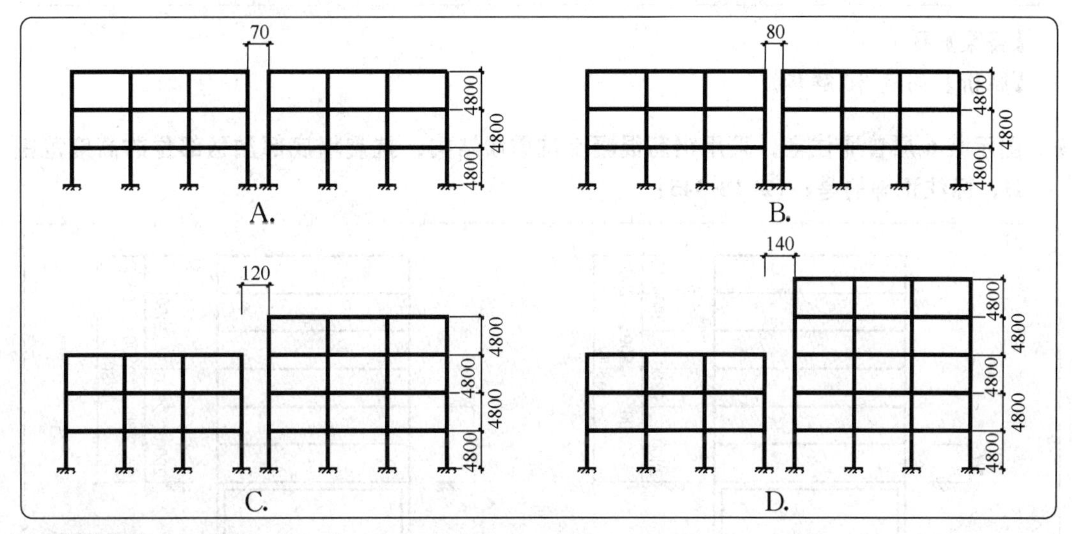

【答案】C

【解析】《建筑抗震设计规范》6.1.4 规定：

钢筋混凝土房屋需要设置防震缝时，应符合下列规定：

1. 防震缝宽度应分别符合下列要求：

① 框架结构（包括设置少量抗震墙的框架结构）房屋的防震缝宽度，当高度不超过 15m 时不应小于 100mm；高度超过 15m 时，6 度、7 度、8 度和 9 度分别每增加高度 5m、4m、3m 和 2m，宜加宽 20mm。

② 框架-抗震墙结构房屋的防震缝宽度不应小于本款①项规定数值的 70%，抗震墙结构房屋的防震缝宽度不应小于本款①项规定数值的 50%；且均不宜小于 100mm。

③ 防震缝两侧结构类型不同时，宜按需要较宽防震缝的结构类型和较低房屋高度确定缝宽。

33. 图示钢筋混凝土框架结构设置防震缝的最小宽度限制，正确的是：(2019-045)

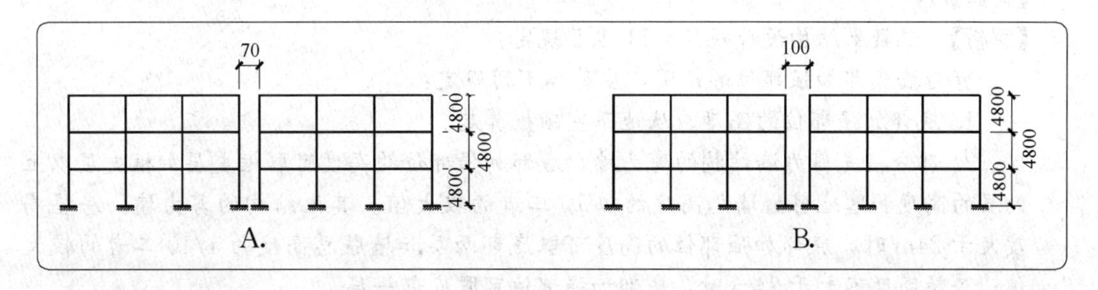

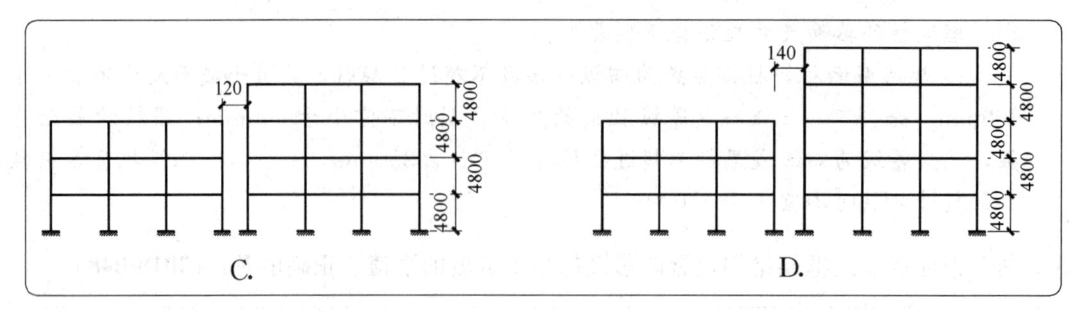

【答案】B

【解析】同题 32 解析。

34. 图示某 6 层普通住宅，采用钢筋混凝土抗震墙结构，抗震墙底部加强部位的高度范围 *H*，标注正确的是：(2018-045)

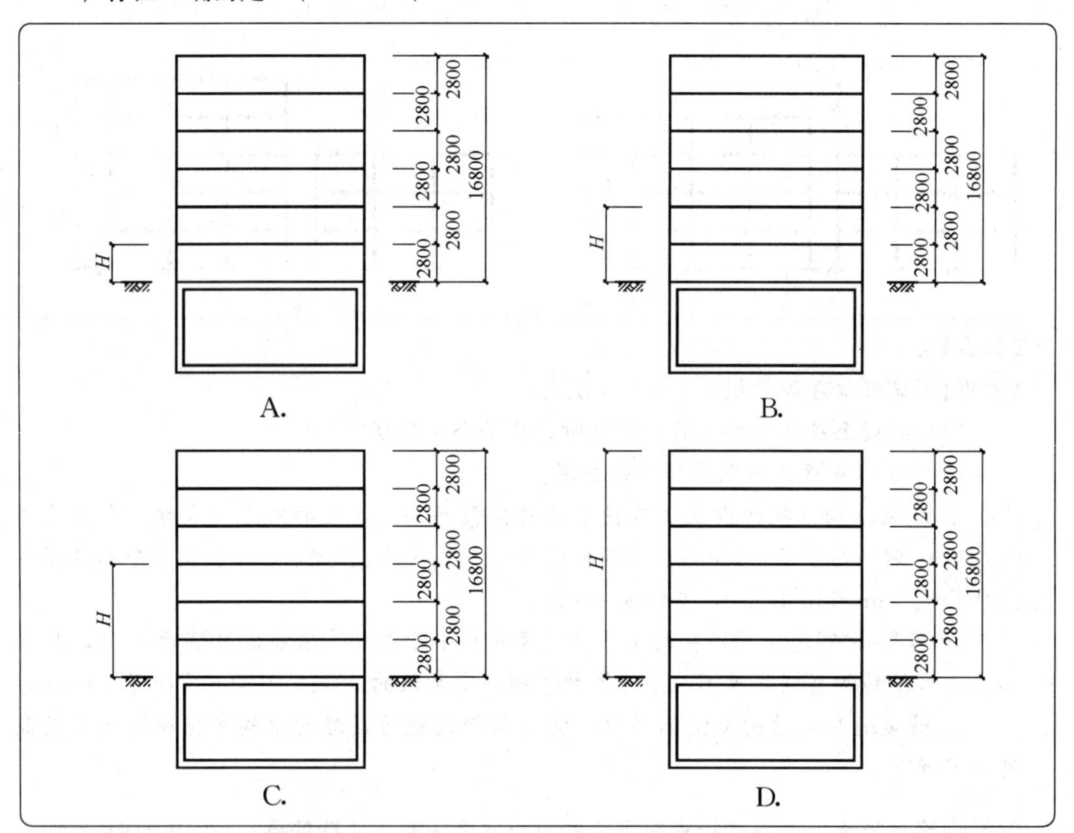

【答案】A

【解析】《混凝土结构设计规范》11.1.5 规定：

剪力墙底部加强部位的范围，应符合下列规定：

1. 底部加强部位的高度应从地下室顶板算起。

2. 部分框支剪力墙结构的剪力墙，底部加强部位的高度可取框支层加框支层以上两层的高度和落地剪力墙总高度的 1/10 二者的较大值。其他结构的剪力墙，房屋高度大于 24m 时，底部加强部位的高度可取底部两层和墙肢总高度的 1/10 二者的较大值；房屋高度不大于 24m 时，底部加强部位可取底部一层。

35. 图示结构平面布置图，其结构体系是：（2019-036）

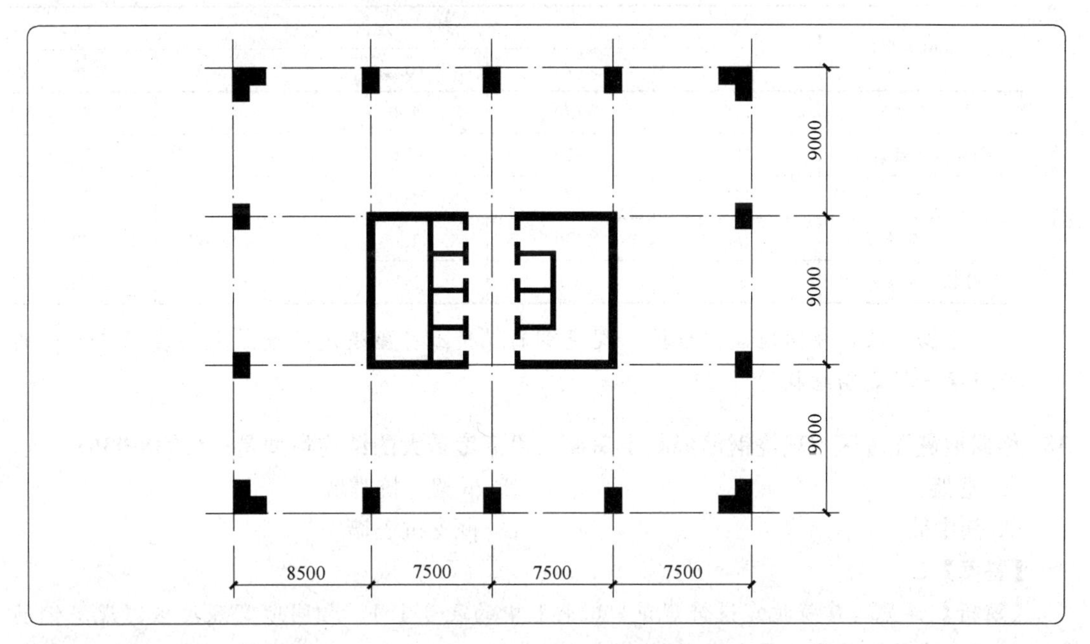

A. 框架结构　　　　B. 抗震墙结构

C. 框架—核心筒结构　　　　D. 筒中筒结构

【答案】C

【解析】《高层建筑混凝土结构技术规程》2.1.8，框架—核心筒结构：由核心筒与外围的稀柱框架组成的筒体结构。

36. 相同抗震设防区，现浇钢筋混凝土房屋适用最小的结构形式为：（2019-035）

A. 框架　　　　B. 框架—抗震墙

C. 部分框支抗震墙　　　　D. 框架—核心筒

【答案】A

【解析】详见《建筑抗震设计规范》6.1.1 中的表 6.1.1，相同地震烈度区，现浇钢筋混凝土房屋适用高度最小的是框架结构。

37. 下列何种结构类型的现浇钢筋混凝土房屋适用的最大高度限值最小？（2012-045）

A. 板柱—抗震墙　　　　B. 框架—抗震墙

C. 部分框支抗震墙　　　　D. 抗震墙

【答案】A

【解析】详见《建筑抗震设计规范》6.1.1 中的表 6.1.1：

表 6.1.1　现浇钢筋混凝土房屋适用的最大高度（m）

结构类型	烈度				
	6	7	8（0.2g）	8（0.3g）	9
框架	60	50	40	35	24
框架—抗震墙	130	120	100	80	50

续表

结构类型		烈　度				
		6	7	8（0.2g）	8（0.3g）	9
抗震墙		140	120	100	80	60
部分框支抗震墙		120	100	80	50	不应采用
筒体	框架—核心筒	150	130	100	90	70
	筒中筒	180	150	120	100	80
板柱—抗震墙		80	70	55	40	不应采用

根据上表，相同地震烈度区，现浇钢筋混凝土房屋适用高度最大高度限值最小的是板柱—抗震墙结构。

38. 相同地震烈度区，现浇钢筋混凝土房屋适用高度最大的结构类型是：(2018-036)

A. 框架　　B. 框架—抗震墙

C. 筒中筒　　D. 框支抗震墙

【答案】C

【解析】详见《建筑抗震设计规范》6.1.1 中的表 6.1.1，相同地震烈度区，现浇钢筋混凝土房屋适用高度最大的是筒中筒结构。

39. 图示坡屋面屋顶折板配筋构造正确的是：(2019-026)

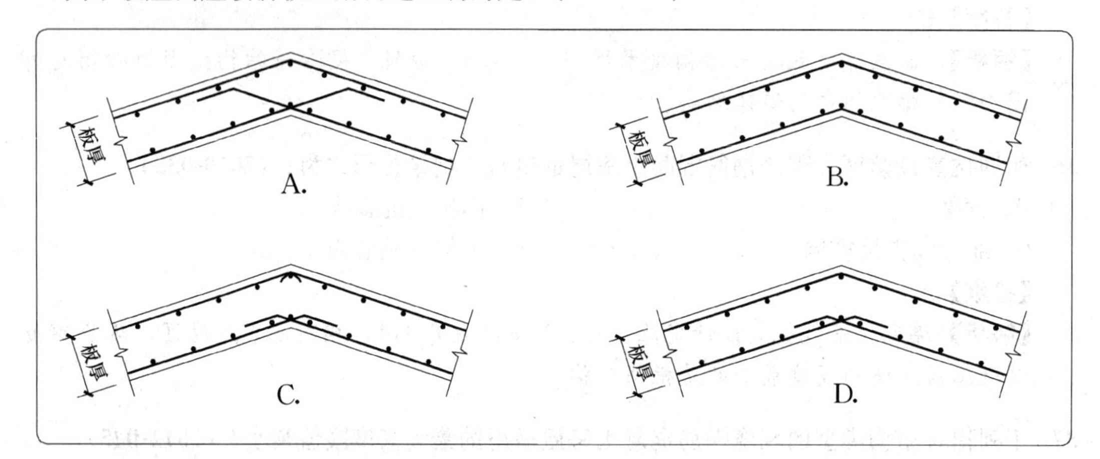

【答案】A

【解析】详图集 11G101-1 第 88 页，竖向折梁钢筋构造（一）。

40. 图示梁折角处纵向钢筋的配筋方式正确的是：(2012-032)

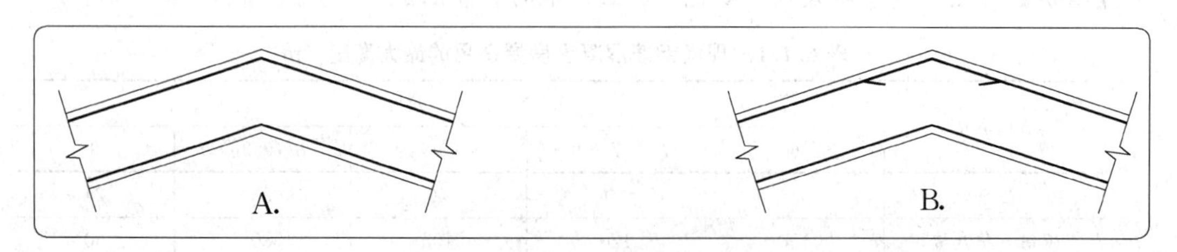

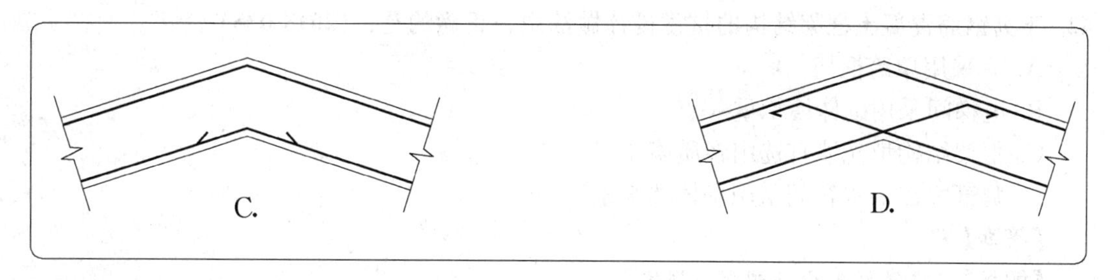

【答案】D

【解析】详图集 11G101-1 第 88 页，竖向折梁钢筋构造（一）。

41. 下列框架顶层端节点梁、柱纵向钢筋锚固与搭接示意图中，正确的是：(2018-037)

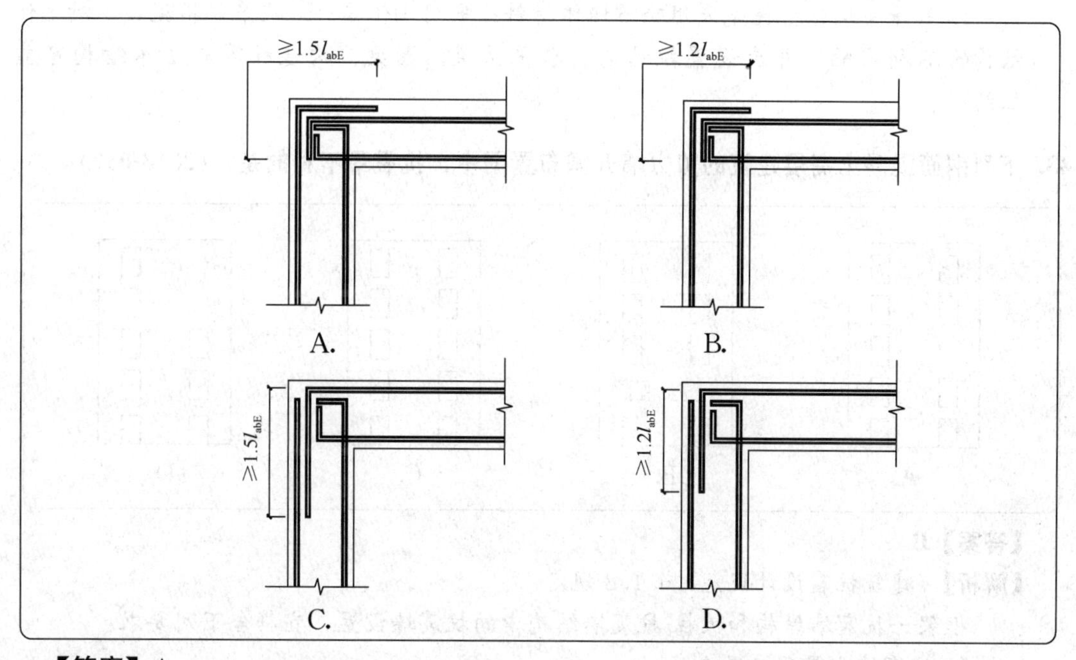

【答案】A

【解析】详见《混凝土结构设计规范》11.6.7 条图 11.6.7（g）、（h）。

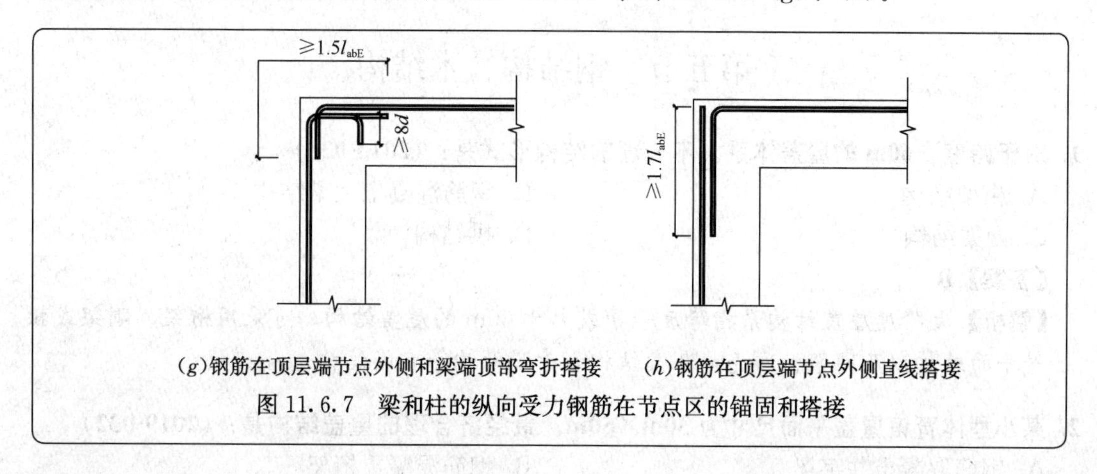

（g）钢筋在顶层端节点外侧和梁端顶部弯折搭接　（h）钢筋在顶层端节点外侧直线搭接

图 11.6.7　梁和柱的纵向受力钢筋在节点区的锚固和搭接

42. 下列钢筋混凝土框架结构的抗震设计做法中，正确的是：(2018-038)

A. 宜采用单跨框架

B. 电梯间采用砌体墙承重

C. 框架结构填充墙宜选用轻质墙体

D. 局部突出的水箱间采用砌体墙承重

【答案】C

【解析】《建筑抗震设计规范》规定：

6.1.16 框架的填充墙应符合本规范第13章的规定。

13.3.2 非承重墙体的材料、选型和布置，应根据烈度、房屋高度、建筑体型、结构层间变形、墙体自身抗侧力性能的利用等因素，经综合分析后确定，并应符合下列要求：

1. 非承重墙体宜优先采用轻质墙体材料；采用砌体墙时，应采取措施减少对主体结构的不利影响，并应设置拉结筋、水平系梁、圈梁、构造柱等与主体结构可靠拉结。

43. 下列钢筋混凝土高层建筑的剪力墙开洞布置图中，抗震最不利的是：(2018-039)

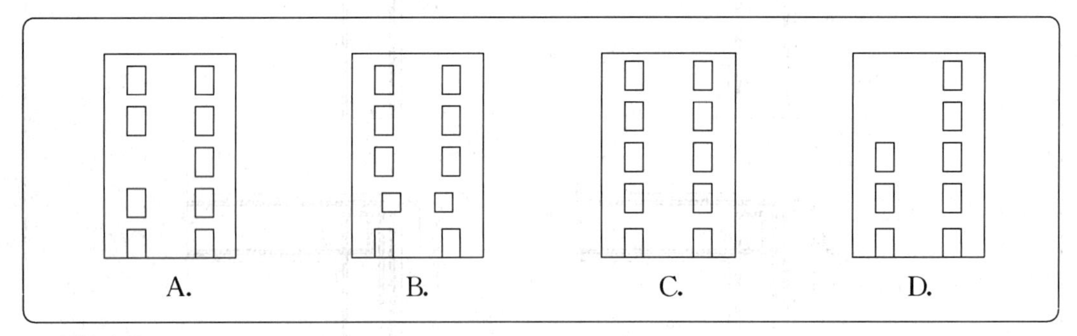

【答案】B

【解析】《建筑抗震设计规范》6.1.8规定：

框架—抗震墙结构和板柱-抗震墙结构中的抗震墙设置，宜符合下列要求：

1. 抗震墙宜贯通房屋全高。

5. 抗震墙洞口宜上下对齐；洞边距端柱不宜小于300mm。

第五节 钢结构、木结构

1. 对于跨度≥60m的屋盖体系，不合理的结构形式是：(2013-033)

A. 桁架结构　　　　B. 钢筋混凝土大梁结构

C. 网架结构　　　　D. 拱结构

【答案】B

【解析】大跨度屋盖结构系指跨度等于或大于60m的屋盖结构，可采用桁架、刚架或拱等平面结构以及网架、网壳、悬索结构和索膜结构等空间结构。

2. 某小型体育馆屋盖平面尺寸为30m×50m，最经济合理的屋盖结构是：(2019-032)

A. 钢筋混凝土井字梁　　　　B. 钢筋混凝土桁架

C. 钢屋架　　　　D. 预应力混凝土大梁

【答案】C

【解析】《建筑抗震设计规范》9.1.3 厂房屋架的设置，应符合下列要求：

① 厂房宜采用钢屋架或重心较低的预应力混凝土、钢筋混凝土屋架。

② 跨度不大于 15m 时，可采用钢筋混凝土屋面梁。

③ 跨度大于 24m，或 8 度Ⅲ、Ⅳ类场地和 9 度时，应优先采用钢屋架。

④ 柱距为 12m 时，可采用预应力混凝土托架（梁）；当采用钢屋架时，亦可采用钢托架（梁），故选 C。

3. 关于钢材特性的说法，错误的是：(2017-033)

A. 强度高　　　　B. 耐腐蚀性差

C. 可焊性好　　　　D. 耐火性好

【答案】D

【解析】钢材特性：强度高，塑性及韧性好，耐冲击，性能可靠，易于加工成板材，型材和线材，具有良好的焊接和铆接性能。易锈蚀，维护费用高，耐火性差，生产能耗大。

4. 关于钢结构特点的说法，错误的是：(2012-033)

A. 强度高　　　　B. 自重轻

C. 防火好　　　　D. 易腐蚀

【答案】C

【解析】同题 3 解析。

5. 关于钢结构优点的说法，错误的是：(2018-030)

A. 结构强度高　　　　B. 结构自重轻

C. 施工周期短　　　　D. 防火性能好

【答案】D

【解析】同题 3 解析。

6. 常用于可拆卸钢结构的连接方式是：(2019-030)

A. 焊接连接　　　　B. 普通螺栓连接

C. 高强度螺栓连接　　　　D. 铆钉连接

【答案】B

【解析】《钢结构设计标准》11.1.3 C 级螺栓宜用于沿其杆轴方向受拉的连接，在下列情况下可用于抗剪连接：

① 承受静力荷载或间接承受动力荷载结构中的次要连接；

② 承受静力荷载的可拆卸结构的连接；

③ 临时固定构件用的安装连接。

本题普通螺栓即使为 C 级螺栓，故选 B。

7. 下列抗震设防区木结构房屋结构布置中，正确的是：(2013-035)

A. 木结构房屋应采用木柱与砖柱混合承重

B. 木结构房屋应采用木柱与砖墙混合承重

C. 木结构房屋山墙应设置端屋架

D. 地震区木结构房屋最大层数为 3 层，总高度不应超过 9m

【答案】C

【解析】《建筑抗震设计规范》规定：

11.3.2 木结构房屋不应采用木柱与砖柱或砖墙等混合承重；山墙应设置端屋架（木梁），不得采用硬山搁檩。

11.3.3 木结构房屋的高度应符合下列要求：

1. 木柱木屋架和穿斗木构架房屋，6～8 度时不宜超过 2 层，总高度不宜超过 6m；9 度时宜建单层，高度不应超过 3.3m。

2. 木柱木梁房屋宜建单层，高度不宜超过 3m。

8. 下列木结构的防护措施中，错误的是：(2019-031)

A. 在桁架和大梁的支座下应设置防潮层

B. 在木桩下应设置柱墩，严禁将桩直接埋入土中

C. 处于房屋隐蔽部分的木屋盖结构，应采用封闭式吊顶，不得留设通风孔洞

D. 露天木结构，除从结构上采取通风防潮措施外，尚应进行防腐、防虫处理

【答案】C

【解析】《木结构设计标准》11.2.9 规定，木结构的防水防潮措施应按下列规定设置：

① 当桁架和大梁支承在砌体或混凝土上时，桁架和大梁的支座下应设置防潮层；

② 支承在砌体或混凝土上的木柱底部应设置垫板，严禁将木柱直接砌入砌体中，或浇筑在混凝土中；

③ 在木结构隐蔽部位应设置通风孔洞。

故此题选 C。

9. 地震区木结构柱的竖向连接，正确的是：(2017-034)

A. 采用螺栓连接　　B. 采用榫头连接

C. 采用铆钉接头　　D. 不能有接头

【答案】D

【解析】《建筑抗震设计规范》11.3.9 规定：

2. 柱子不能有接头。

10. 下列普通木结构设计和构造要求中，错误的是：(2018-031)

A. 木材宜用于结构的受压构件

B. 木材宜用于结构的受弯构件

C. 木材受弯构件的受拉边不得开缺口

D. 木屋盖采用内排水时，宜采用木制天沟

【答案】D

【解析】《木结构设计标准》7.1.4 规定：

方木原木结构设计应符合下列要求：

4. 木屋盖宜采用外排水，采用内排水时，不应采用木制天沟。

第六节 建 筑 抗 震

1. 关于抗震设防目标的说法，错误的是：(2017-041、2018-044、2019-040)

A. 多遇地震不坏　　B. 设防地震不裂

C. 设防地震可修　　D. 罕遇地震不倒

【答案】B

【解析】《建筑抗震设计规范》1.0.1 规定：

为贯彻执行国家有关建筑工程、防震减灾的法律法规并实行以预防为主的方针，使建筑经抗震设防后，减轻建筑的地震破坏，避免人员伤亡，减少经济损失，制定本规范。按本规范进行抗震设计的建筑，其基本的抗震设防目标是：

当遭受低于本地区抗震设防烈度的多遇地震影响时，主体结构不受损坏或不需修理可继续使用（小震不坏）；

当遭受相当于本地区抗震设防烈度的设防地震影响时，可能发生损坏，但经一般性修理仍可继续使用（中震可修）；

当遭受高于本地区抗震设防烈度的罕遇地震影响时，不致倒塌或发生危及生命的严重破坏。使用功能或其他方面有专门要求的建筑，当采用抗震性能化设计时，具有更具体或更高的抗震设防目标（大震不倒）。

2. 关于某高层建筑第 7、第 8 标准层所受的水平地震剪力 $V7$、$V8$ 的说法，正确的是：(2013-043)

A. $V7>V8$　　B. $V7<V8$

C. $V7=V8$　　D. 不能确定

【答案】B

【解析】由《建筑抗震设计规范》5.2.5 条可知，抗震验算时，结构任一楼层的水平地震剪力与其下的楼层重力荷载代表值的总和成正比，因而楼层越高，所受的水平地震剪力越大。

3. 应按高于本地区抗震设防烈度要求加强其抗震措施的建筑是：(2018-043)

A. 高层住宅　　B. 多层办公楼

C. 大学学生宿舍　　D. 小学教学楼

【答案】D

【解析】《建筑工程抗震设防分类标准》规定：

3.0.3 各抗震设防类别建筑的抗震设防标准，应符合下列要求：

2. 重点设防类，应按高于本地区抗震设防烈度一度的要求加强其抗震措施；但抗震设防烈度为 9 度时应按比 9 度更高的要求采取抗震措施；地基基础的抗震措施，应符合有关规定。同时，应按本地区抗震设防烈度确定其地震作用。

6.0.8 教育建筑中，幼儿园、小学、中学的教学用房以及学生宿舍和食堂，抗震设防类别应不低于重点设防类。

4. 下列建筑的抗震设防类别属于重点设防类的是：(2013-040)

A. 小学教学楼　　B. 高层住宅

C. 多层办公楼　　D. 大学学生宿舍

【答案】A

【解析】 同3题。

5. 不属于抗震重点设防类的建筑是：(2017-042)

A. 大学宿舍楼　　B. 小学食堂

C. 大型体育馆　　D. 大型博物馆

【答案】A

【解析】《建筑工程抗震设防分类标准》规定：

6.0.3 体育建筑中，规模分级为特大型的体育场，大型、观众席容量很多的中型体育场和体育馆（含游泳馆），抗震设防类别应划为重点设防类。

6.0.6 博物馆和档案馆中，大型博物馆，存放国家一级文物的博物馆，特级、甲级档案馆，抗震设防类别应划为重点设防类。

6.0.8 教育建筑中，幼儿园、小学、中学的教学用房以及学生宿舍和食堂，抗震设防类别应不低于重点设防类。

6. 属于抗震标准设防类的建筑是：(2019-046)

A. 普通住宅　　B. 中小学教学楼

C. 甲级档案馆　　D. 省级信息中心

【答案】A

【解析】《建筑工程抗震设防分类标准》规定：

6.0.6 博物馆和档案馆中，大型博物馆，存放国家一级文物的博物馆，特级、甲级档案馆，抗震设防类别应划为重点设防类。

6.0.8 教育建筑中，幼儿园、小学、中学的教学用房以及学生宿舍和食堂，抗震设防类别应不低于重点设防类。

6.0.10 电子信息中心的建筑中，省部级编制和贮存重要信息的建筑，抗震设防类别应划为重点设防类。

国家级信息中心建筑的抗震设防标准应高于重点设防类。

6.0.12 居住建筑的抗震设防类别不应低于标准设防类。

7. 下列结构体系布置的设计要求，错误的是：(2018-042)

A. 应具有合理的传力路径　　B. 应具备必要的抗震承载力

C. 宜具有一道抗震防线　　D. 宜具有合理的刚度分布

【答案】C

【解析】《建筑抗震设计规范》3.5.3规定：

结构体系尚宜符合下列各项要求：

1. 宜有多道抗震防线。

2. 宜具有合理的刚度和承载力分布，避免因局部削弱或突变形成薄弱部位，产生过大的应力集中或塑性变形集中。

3. 结构在两个主轴方向的动力特性宜相近。

8. 与确定建筑工程的抗震设防标准无关的是：(2018-041)

A. 建筑场地的现状　　B. 抗震设防烈度

C. 设计地震动参数　　D. 建筑抗震设防类别

【答案】A

【解析】从《建筑工程抗震设防分类标准》3.0.3条可以看出，各抗震设防类别建筑的抗震设防标准，与抗震设防烈度、建筑抗震设防类别、相关的设计地震动参数有关。

9. 下列何项指标与建筑的场地类别划分无关？(2012-051)

A. 场地的覆盖层厚度　　B. 场地土的承载力特征值

C. 岩石的剪切波速　　D. 土层的等效剪切波速

【答案】B

【解析】《建筑抗震设计规范》4.1.2规定，建筑场地的类别划分，应以土层等效剪切波速和场地覆盖层厚度为准。

10. 下列划分为建筑抗震不利地段的是：(2018-040)

A. 稳定岩基　　B. 坚硬土

C. 液化土　　D. 泥石流

【答案】C

【解析】《建筑抗震设计规范》规定：

4.1.1 选择建筑场地时，应按表4.1.1划分对建筑抗震有利、一般、不利和危险的地段。

表4.1.1 有利、一般、不利和危险地段的划分

地段类别	地质、地形、地貌
有利地段	稳定基岩，坚硬土，开阔、平坦、密实、均匀的中硬土等
一般地段	不属于有利、不利和危险的地段
不利地段	软弱土，液化土，条状突出的山嘴，高耸孤立的山丘，陡坡，陡坎，河岸和边坡的边缘，平面分布上的成因、岩性、状态明显不均匀的土层（含故河道、疏松的断层破碎带、暗埋的塘浜沟谷和半填半挖地基），高含水量的可塑黄土，地表存在结构性裂缝等
危险地段	地震时可能发生滑坡、崩塌、地陷、地裂、泥石流等及发震断裂带上可能发生地表位错的部位

11. 下列建筑场地中，划分为抗震危险地段的是：(2017-043)

A. 软弱土　　B. 液化土

C. 泥石流区域　　D. 稳定基岩

【答案】C

【解析】同题10解析。

12. 下列结构设计中，不属于抗震设计内容的是：(2019-042)

A. 结构平面布置　　B. 地震作用计算

C. 抗震构造措施　　D. 普通楼板分布筋设计

【答案】D

【解析】根据《建筑抗震设计规范》，结构的抗震设计包括：结构平面布置、地震作用计算、抗震构造措施等。

13. 关于抗震设计对建筑形式要求的说法，下列哪项全面且正确？(2013-045)

Ⅰ. 建筑设计宜择优选用规则形体

Ⅱ. 不规则建筑应按规定采取加强措施

Ⅲ. 特别不规则的建筑应进行专门研究和论证，采取特别加强措施

Ⅳ. 不应采用严重不规则的建筑

A. Ⅰ+Ⅱ+Ⅲ+Ⅳ　　B. Ⅰ+Ⅱ+Ⅳ

C. Ⅰ+Ⅲ+Ⅳ　　D. Ⅰ+Ⅱ+Ⅲ

【答案】A

【解析】《建筑抗震设计规范》3.4.1规定：

建筑设计应根据抗震概念设计的要求明确建筑形体的规则性。不规则的建筑应按规定采取加强措施；特别不规则的建筑应进行专门研究和论证，采取特别的加强措施；严重不规则的建筑不应采用。

14. 判断建筑的平面及竖向不规则类型时，属于平面不规则类型的是：(2013-041)

A. 楼层承载力突变　　B. 楼板局部不连续

C. 侧向刚度不规则　　D. 竖向抗侧力构件不连续

【答案】B

【解析】《建筑抗震设计规范》3.4.3规定：

建筑形体及其构件布置的平面、竖向不规则性，应按下列要求划分：

1. 混凝土房屋、钢结构房屋和钢-混凝土混合结构房屋存在表3.4.3-1所列举的某项平面不规则类型或表3.4.3-2所列举的某项竖向不规则类型以及类似的不规则类型，应属于不规则的建筑。

表3.4.3-1　平面不规则的主要类型

不规则类型	定义和参考指标
扭转不规则	在规定的水平力作用下，楼层的最大弹性水平位移（层间位移），大于该楼层两端弹性水平位移（或层间位移）平均值的1.2倍
凸凹不规则	平面凹进的尺寸，大于相应投影方向总尺寸的30%
楼板局部不连续	楼板的尺寸和平面刚度急剧变化，例如，有效楼板宽度小于该层楼板典型宽度的50%，或开洞面积大于该层楼面面积的30%，或较大的楼层错层

表 3.4.3-2 竖向不规则的主要类型

不规则类型	定义和参考指标
侧向刚度不规则	该层的侧向刚度小于相邻上一层的 70%，或小于其上相邻三个楼层侧向刚度平均值的 80%；除顶层或出屋面小建筑外，局部收进的水平向尺寸大于相邻下一层的 25%
竖向抗侧力构件不连续	竖向抗侧力构件（柱、抗震墙、抗震支撑）的内力由水平转换构件（梁、桁架等）向下传递
楼层承载力突变	抗侧力结构的层间受剪承载力小于相邻上一楼层的 80%

2. 砌体房屋、单层工业厂房、单层空旷房屋、大跨屋盖建筑和地下建筑的平面和竖向不规则性的划分，应符合本规范有关章节的规定。

3. 当存在多项不规则或某项不规则超过规定的参考指标较多时，应属于特别不规则的建筑。

15. 图示竖向形体规则的建筑是：(2019-044)

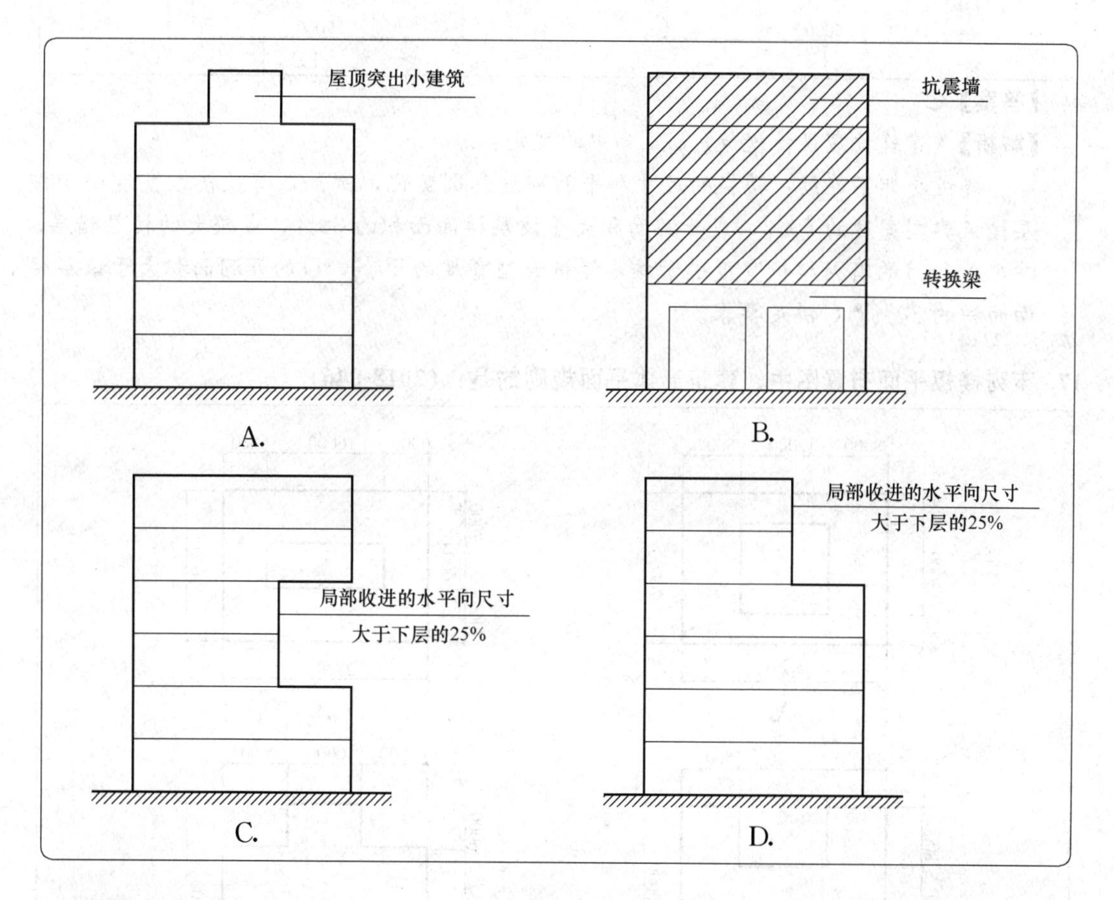

【答案】A

【解析】同题 14 解析。

16. 下列楼板平面布置图中，建筑形体平面规则的是：(2017-040)

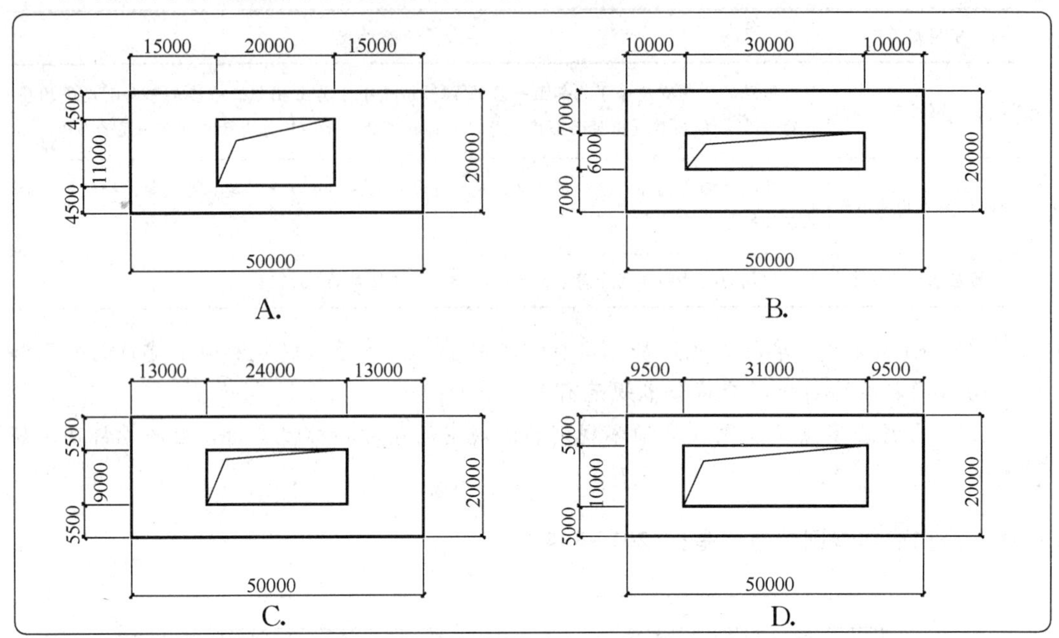

【答案】C

【解析】《建筑抗震设计规范》3.4.3 中的规定：

楼板局部不连续：楼板的尺寸和平面刚度急剧变化，例如，有效楼板宽度小于该层楼板典型宽度的 50%，或开洞面积大于该层楼面面积的 30%，或较大的楼层错层。

A 和 B 的有效楼板宽度小于该层楼板典型宽度的 50%，D 的开洞面积大于该层楼面面积的 30%，C 满足要求。

17. 下列楼板平面布置图中，建筑形体平面规则的是：(2018-046)

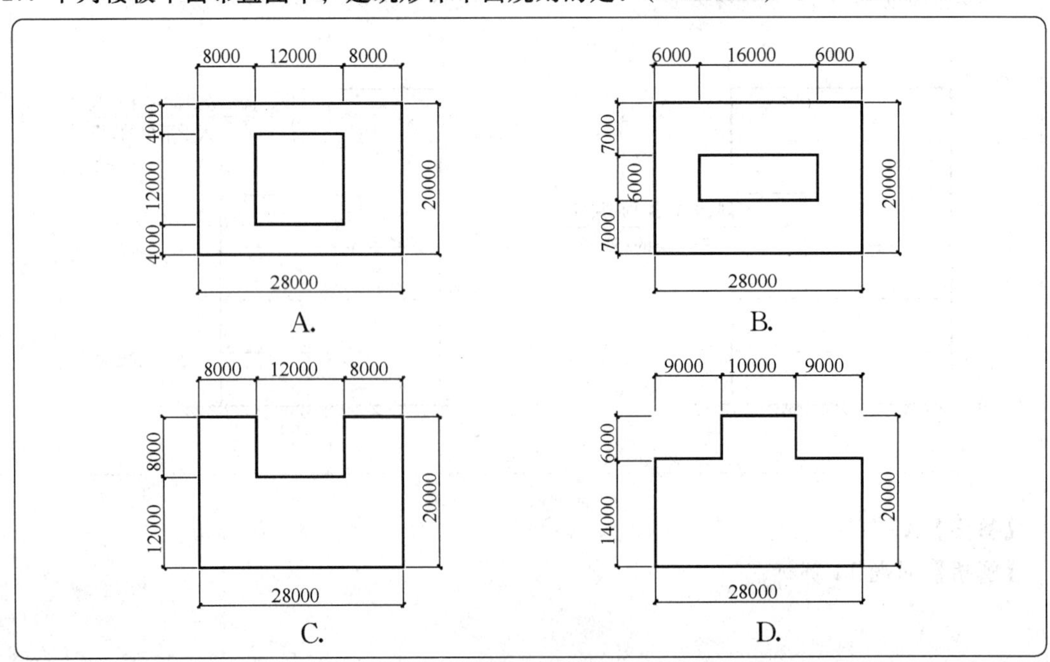

【答案】D

【解析】根据《建筑抗震设计规范》3.4.3 可知：

A 和 B 的有效楼板宽度小于该层楼板典型宽度的 50%；

C 的平面凹进的尺寸，大于相应投影方向总尺寸的 30%；

D 的平面凹进的尺寸，小于相应投影方向总尺寸的 30%，因而选 D。

18. 下列建筑中，需要计算竖向地震作用的是：(2013-042)

A. 7 度抗震设防区的大跨度结构
B. 7 度抗震设防区的高层建筑
C. 8 度抗震设防区的长悬臂结构
D. 8 度抗震设防区的多层住宅

【答案】C

【解析】《建筑抗震设计规范》规定：

5.1.1 各类建筑结构的地震作用，应符合下列规定：

4. 8、9 度时的大跨度和长悬臂结构及 9 度时的高层建筑，应计算竖向地震作用。

注：8、9 度时采用隔震设计的建筑结构，应按有关规定计算竖向地震作用。

19. 下列结构不需要考虑竖向地震作用的是：(2019-043)

A. 6 度时的跨度大于 24m 的屋架
B. 7 度（0.15g）时的大跨度结构
C. 8 度时的长悬臂结构
D. 9 度时的高层建筑

【答案】B

【解析】依据《建筑抗震设计规范》5.1.1-4 条，8、9 度时的大跨度和长悬臂结构及 9 度时的高层建筑，应计算竖向地震作用。故排除选项 C 和 D；

5.3.2 条，跨度、长度小于本规范第 5.1.2 条第 5 款规定且规则的平板型网架屋盖和跨度大于 24m 的屋架、屋盖横梁及托架的竖向地震作用标准值，宜取其重力荷载代表值和竖向地震作用系数的乘积；竖向地震作用系数可按表 5.3.2 采用。故选项 A 也需要考虑竖向地震作用，故选 B。

20. 为满足框架柱轴压比限值验算要求，下列做法错误的是：(2017-049)

A. 提高混凝土强度等级
B. 提高纵筋的强度等级
C. 加大柱截面面积
D. 减小柱的轴压力

【答案】B

【解析】《建筑抗震设计规范》6.3.6 注 1 规定：

轴压比指柱组合的轴压力设计值与柱的全截面面积和混凝土轴心抗压强度设计值乘积之比值。

可见提高混凝土强度等级、加大柱截面面积、减小柱的轴压力都有助于减小轴压比。

21. 抗震设计时，房屋总高度取值错误的是：(2017-035)

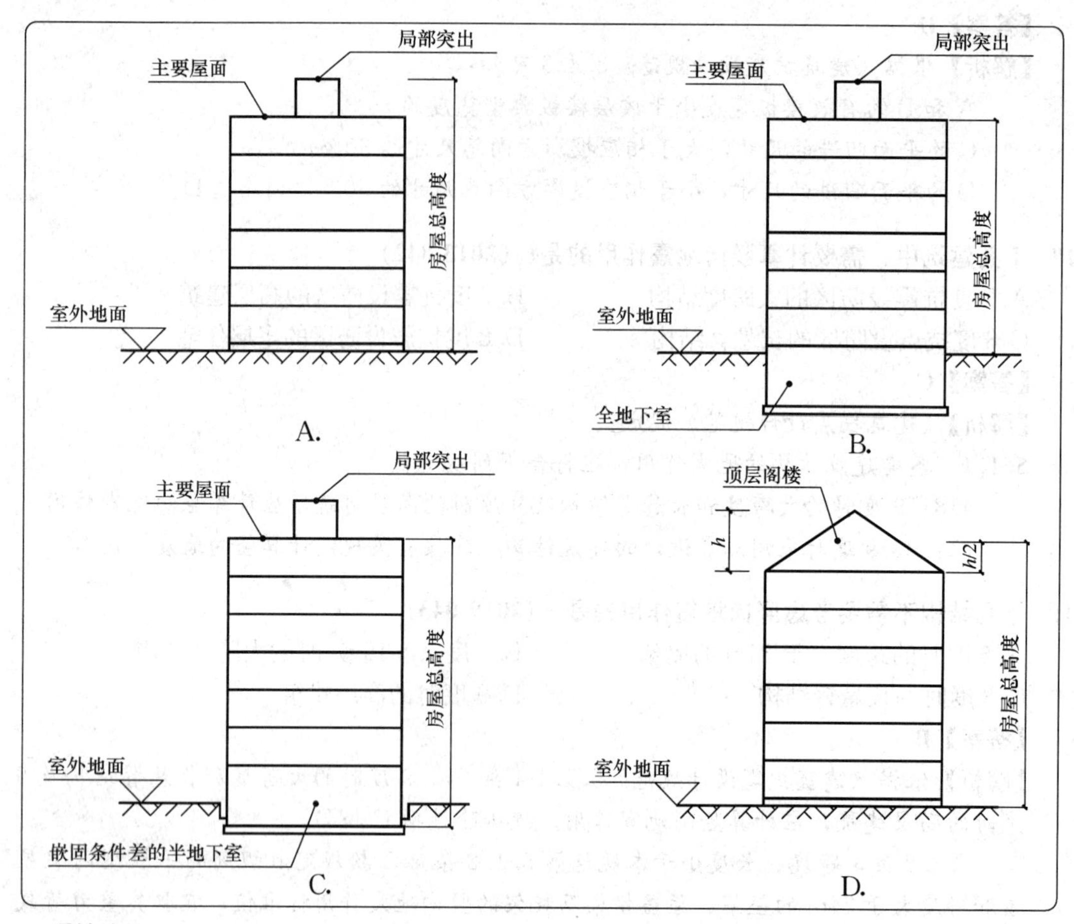

【答案】A

【解析】《建筑抗震设计规范》7.1.2 注 1 规定：

房屋的总高度指室外地面到主要屋面板板顶或檐口的高度，半地下室从地下室室内地面算起，全地下室和嵌固条件好的半地下室应允许从室外地面算起；对带阁楼的坡屋面应算到山尖墙的 1/2 高度处。

22. 在建筑抗震设计中，“强柱弱梁”是指框架结构塑性铰出现部位在：(2012-044、2013-044)

A. 柱端　　B. 梁端

C. 柱中　　D. 梁中

【答案】B

【解析】《工程抗震术语标准》6.1.11 规定：

强柱弱梁：使框架结构塑性铰优先出现在梁端而非柱端的设计原则和要求。

23. 所谓强柱弱梁是指框架结构塑性铰出现在下列哪个部位的设计要求？(2017-046)

A. 梁端　　B. 柱端

C. 梁中　　D. 柱中

【答案】A

【解析】同题 22 解析。

24. 有抗震设防的单层工业厂房，下列做法错误的是：(2012-048)

A. 多跨厂房宜等高布置

B. 多跨厂房宜等长布置

C. 厂房的贴建房屋宜布置在厂房角部

D. 厂房内的工作平台宜与厂房主体结构脱开

【答案】C

【解析】《建筑抗震设计规范》9.1.1 条，本节主要适用于装配式单层钢筋混凝土柱厂房，其结构布置应符合下列要求：

① 多跨厂房宜等高和等长，高低跨厂房不宜采用一端开口的结构布置；

② 厂房的贴建房屋和构筑物，不宜布置在厂房角部和紧邻防震缝处；

⑥ 厂房内的工作平台、刚性工作间宜与厂房主体结构脱开。

25. 下列单层钢筋混凝土厂房结构平面布置图中，正确的是：(图中省略抗风柱及支撑布置）(2017-036)

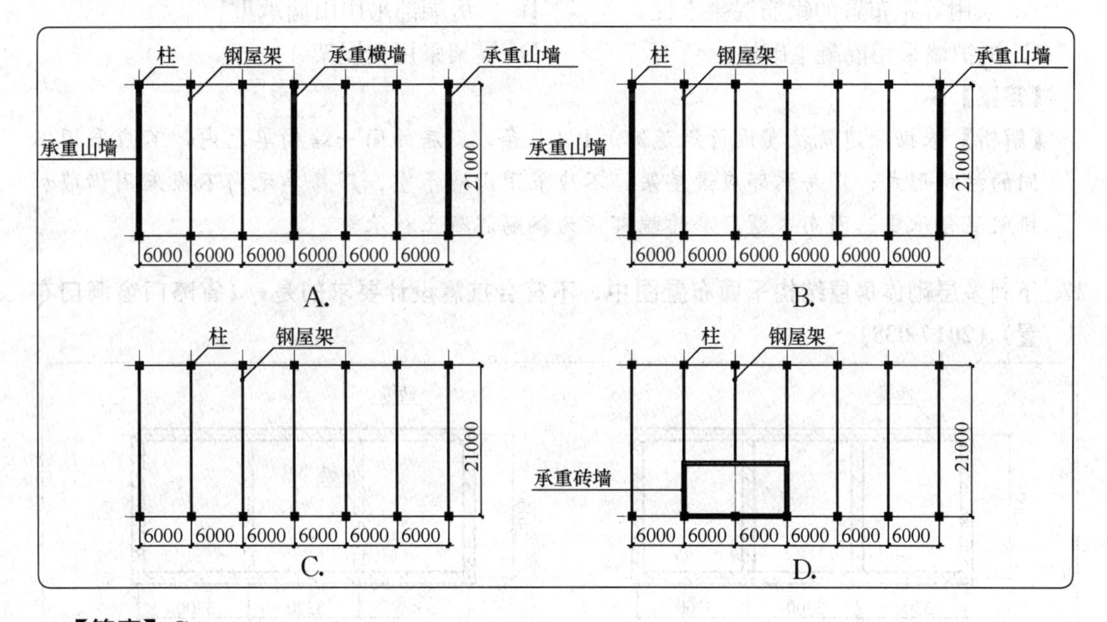

【答案】C

【解析】《建筑抗震设计规范》9.1.1 规定：

本节主要适用于装配式单层钢筋混凝土柱厂房，其结构布置应符合下列要求：

7. 厂房的同一结构单元内，不应采用不同的结构形式；厂房端部应设屋架，不应采用山墙承重；厂房单元内不应采用横墙和排架混合承重。

26. 图示单层钢筋混凝土厂房平面布置图，下列做法错误的是：(2019-033)

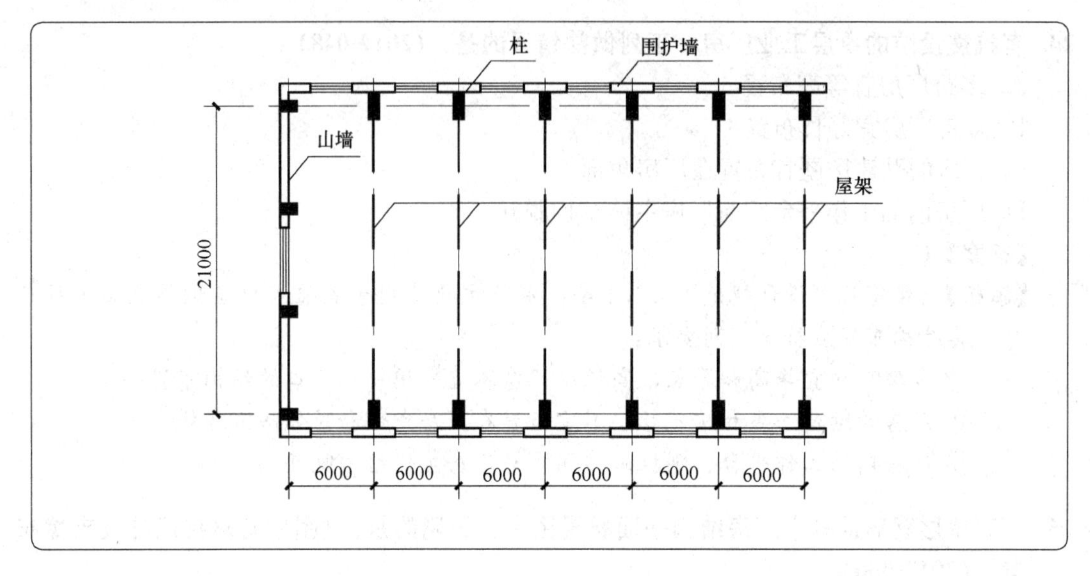

A. 采用等距布置的钢筋混凝土柱　　B. 厂房端部采用山墙承重

C. 围护墙采用混凝土砌块　　D. 屋架采用钢屋架

【答案】B

【解析】依据《建筑抗震设计规范》9.1.1-7条，厂房的同一结构单元内，不应采用不同的结构形式；厂房端部应设屋架，不应采用山墙承重；厂房单元内不应采用横墙和排架混合承重。因而本题厂房的端部应为钢筋混凝土柱承重。

27. 下列多层砌体房屋结构平面布置图中，不符合抗震设计要求的是：(省略门窗洞口布置)(2017-038)

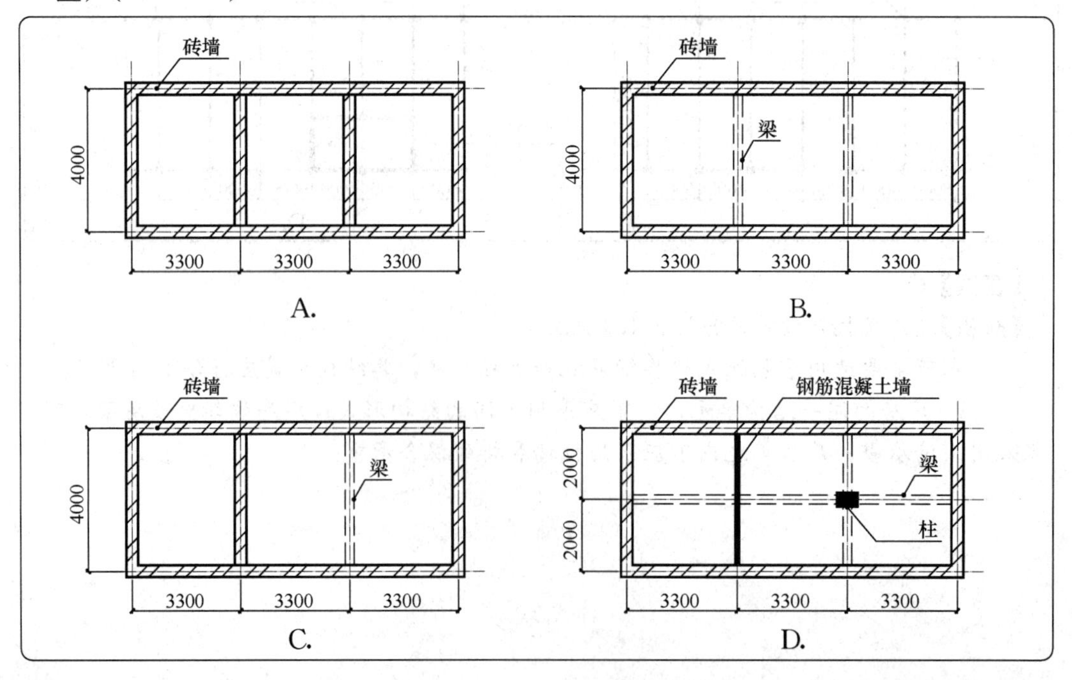

【答案】D

【解析】《建筑抗震设计规范》7.1.7 规定：

多层砌体房屋的建筑布置和结构体系，应符合下列要求：

1. 应优先采用横墙承重或纵横墙共同承重的结构体系。不应采用砌体墙和混凝土墙混合承重的结构体系。

28. 底部框架—抗震墙砌体房屋中，底部抗震墙选用错误的是：(2017-039)

A. 普通砖墙
B. 约束砌块砌体墙
C. 钢筋砌块砌体墙
D. 钢筋混凝土墙

【答案】A

【解析】《建筑抗震设计规范》7.1.8 规定：

底部框架—抗震墙砌体房屋的结构布置，应符合下列要求：

2. 房屋的底部，应沿纵横两方向设置一定数量的抗震墙，并应均匀对称布置。6度且总层数不超过4层的底层框架—抗震墙砌体房屋，应允许采用嵌砌于框架之间的约束普通砖砌体或小砌块砌体的砌体抗震墙，但应计入砌体墙对框架的附加轴力和附加剪力并进行底层的抗震验算，且同一方向不应同时采用钢筋混凝土抗震墙和约束砌体抗震墙；其余情况，8度时应采用钢筋混凝土抗震墙，6、7度时应采用钢筋混凝土抗震墙或配筋小砌块砌体抗震墙。

29. 抗震设计时，控制多层砌体房屋最大高宽比的主要目的是：(2017-044)

A. 防止过大的地基沉降
B. 避免顶层结构构件过早破坏
C. 提高纵墙的承载力
D. 保证房屋的稳定性

【答案】D

【解析】《建筑抗震设计规范》第7.1.4条文说明规定：

若砌体房屋考虑整体弯曲进行验算，目前的方法即使在7度时，超过3层就不满足要求，与大量的地震宏观调查结果不符。实际上，多层砌体房屋一般可以不做整体弯曲验算，但为了保证房屋的稳定性，限制了其高宽比。

30. 下列多层砌体房屋地震破坏的主要特点中，错误的是：(2017-045)

A. 主要受力墙体出现多道剪切裂缝
B. 内外墙交接处出现破坏
C. 条形基础出现分段断裂
D. 无可靠拉结的预制楼板塌落

【答案】C

【解析】多层砌体房屋地震破坏主要是上部结构的破坏。

31. 关于钢筋混凝土结构中砌体填充墙的抗震设计要求，错误的是：(2017-050)

A. 填充墙应与框架柱可靠连接
B. 墙长大于5m时，墙顶与梁宜有拉结
C. 填充墙可根据功能要求随意布置
D. 楼梯间的填充墙应采用钢丝网砂浆抹面

【答案】C

【解析】《建筑抗震设计规范》13.3.4 规定：

钢筋混凝土结构中的砌体填充墙，尚应符合下列要求：

1. 填充墙在平面和竖向的布置，宜均匀对称，宜避免形成薄弱层或短柱。

2. 砌体的砂浆强度等级不应低于 M5；实心块体的强度等级不宜低于 MU2.5，空心块体的强度等级不宜低于 MU3.5；墙顶应与框架梁密切结合。

3. 填充墙应沿框架柱全高每隔 500～600mm 设 2Φ6 拉筋，拉筋伸入墙内的长度，6、7 度时宜沿墙全长贯通，8、9 度时应全长贯通。

4. 墙长大于 5m 时，墙顶与梁宜有拉结；墙长超过 8m 或层高 2 倍时，宜设置钢筋混凝土构造柱；墙高超过 4m 时，墙体半高宜设置与柱连接且沿墙全长贯通的钢筋混凝土水平系梁。

5. 楼梯间和人流通道的填充墙，尚应采用钢丝网砂浆面层加强。

32. 下列框架结构烧结多孔砖砌体填充墙的构造要求，错误的是：(2018-049)

A. 填充墙应沿框架柱全高每隔 500～600mm 设 2Φ6 拉筋

B. 墙长 6m 时，墙顶与梁宜有拉结

C. 墙长 6m 时，应设置钢筋混凝土构造柱

D. 墙高超过 4m 时，墙体半高处宜设通长圈梁

【答案】C

【解析】《建筑抗震设计规范》13.3.4 规定：

钢筋混凝土结构中的砌体填充墙，尚应符合下列要求：

3. 填充墙应沿框架柱全高每隔 500～600mm 设 2Φ6 拉筋，拉筋伸入墙内的长度，6、7 度时宜沿墙全长贯通，8、9 度时应全长贯通。

4. 墙长大于 5m 时，墙顶与梁宜有拉结；墙长超过 8m 或层高 2 倍时，宜设置钢筋混凝土构造柱；墙高超过 4m 时，墙体半高宜设置与柱连接且沿墙全长贯通的钢筋混凝土水平系梁。

33. 下列框架柱与填充墙连接图中，构造做法错误的是：(2019-047)

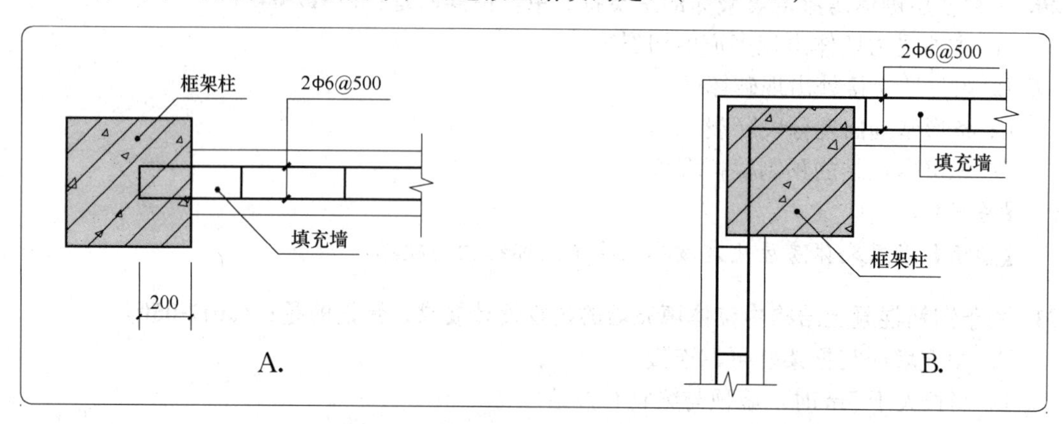

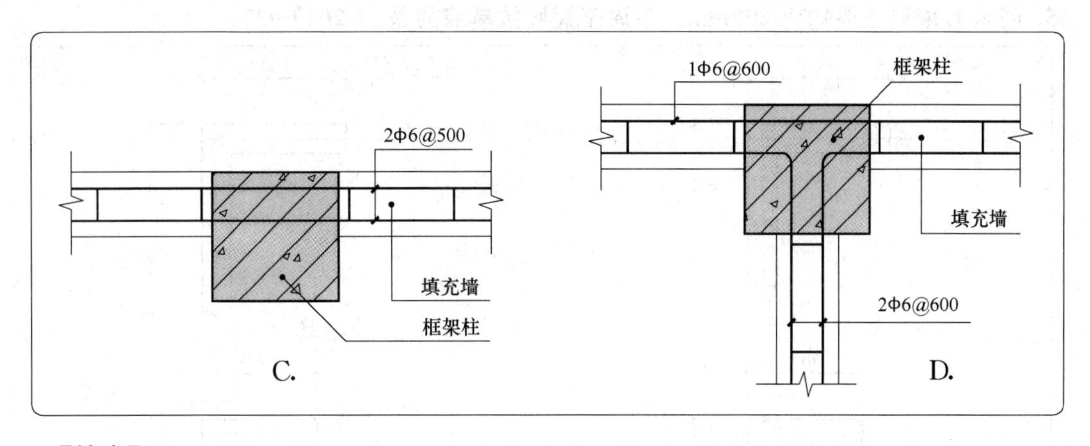

【答案】D

【解析】同题 33 解析。

34. 下列框架柱与填充墙连接图中，构造做法错误的是：(2017-037)

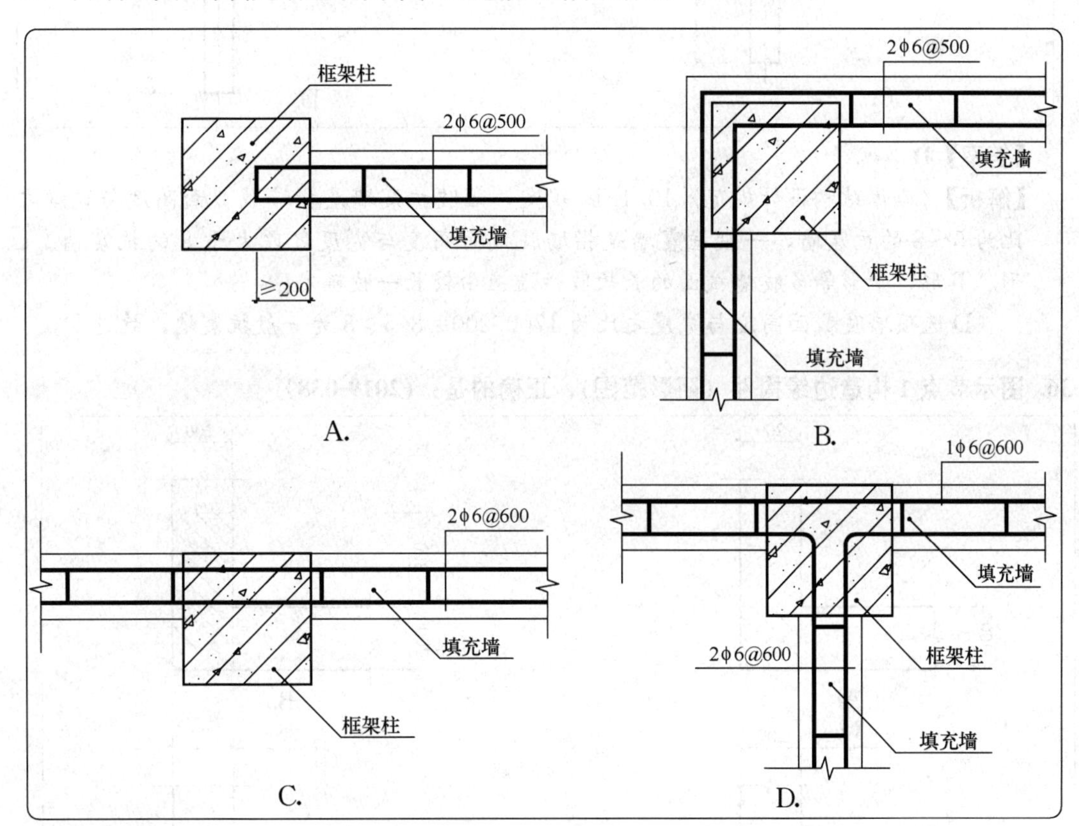

【答案】D

【解析】同题 33 解析。

35. 图示 L 墙肢墙厚均为 200mm，不属于短肢抗震墙的是：(2019-037)

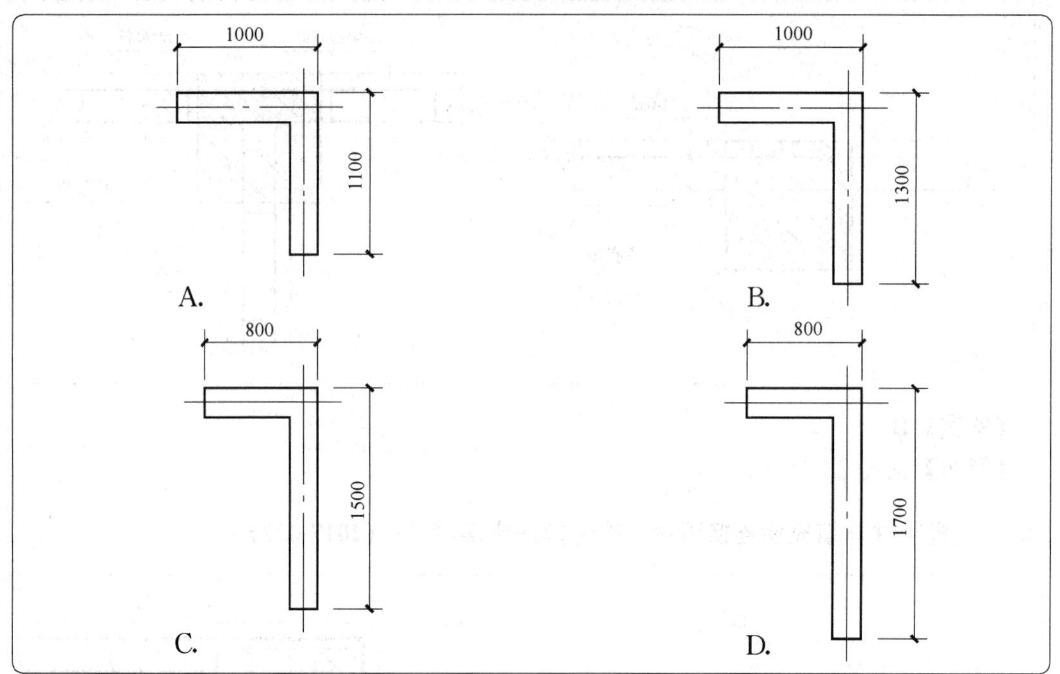

【答案】D

【解析】《砌体结构设计规范》10.1.10 规定，短肢抗震墙是指墙肢截面高度与宽度之比为 5～8 的抗震墙，一般抗震墙是指墙肢截面高度与宽度之比大于 8 的抗震墙。L 形、T 形、十形等多肢墙截面的长短肢性质应由较长一肢确定。

D 选项墙肢截面高度与宽度之比为 1700/200＝8.5＞8 为一般抗震墙，故选 D。

36. 图示节点 1 构造边缘构件（阴影范围），正确的是：(2019-038)

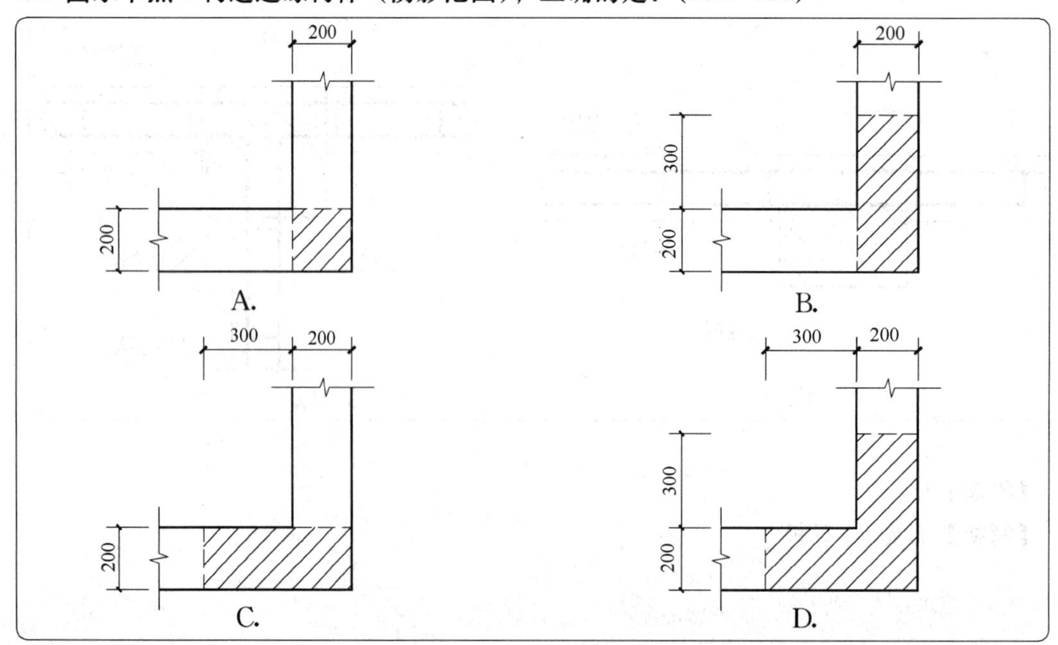

【答案】D

【解析】《建筑抗震设计规范》图 6.4.5-2，转角构造边缘构件应选（d），即选项 D。

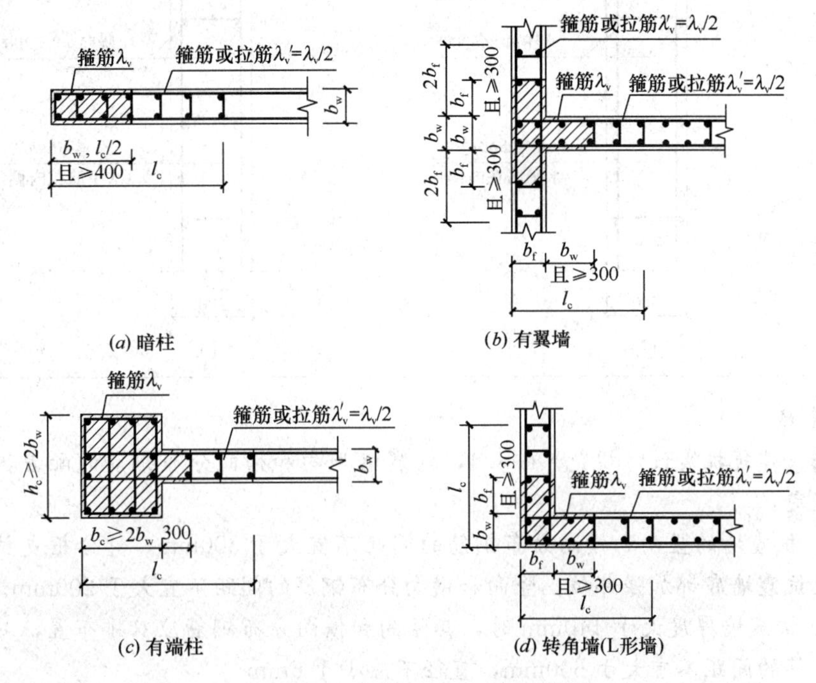

图 6.4.5-2 抗震墙的约束边缘构件

37. 抗震墙 1 配筋做法正确的是：(2019-039)

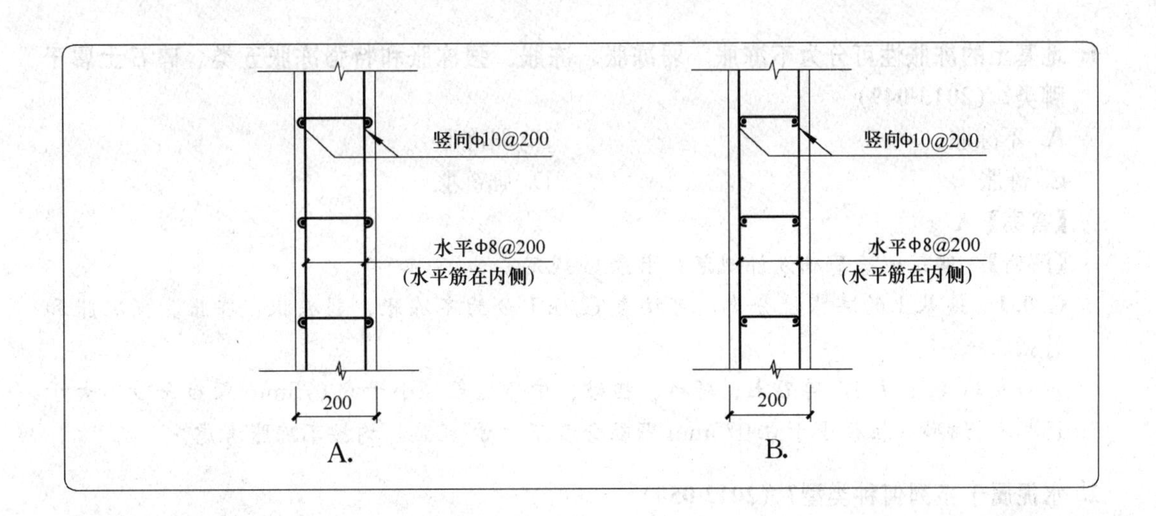

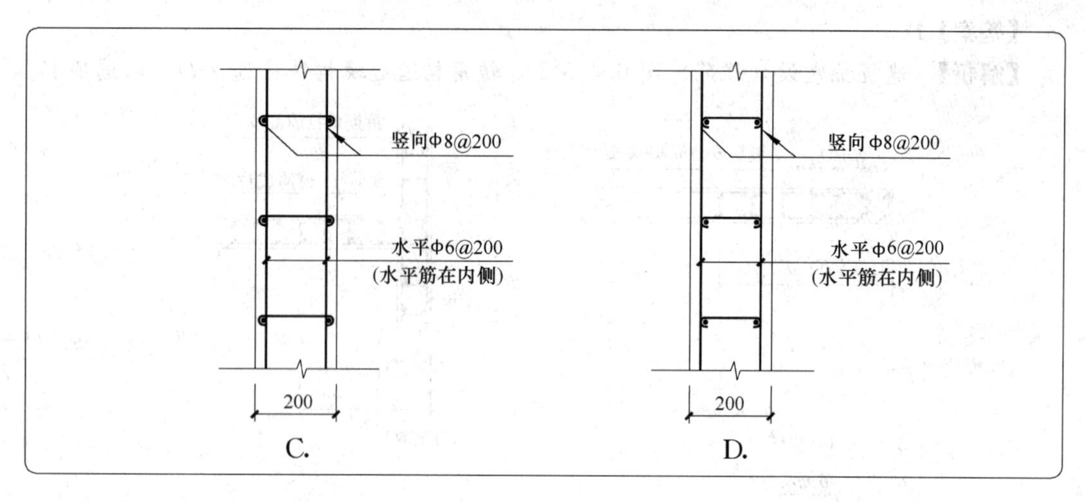

【答案】B

【解析】《建筑抗震设计规范》6.4.4，抗震墙竖向和横向分布钢筋的配置，尚应符合下列规定：

① 抗震墙的竖向和横向分布钢筋的间距不宜大于300mm，部分框支抗震墙结构的落地抗震墙底部加强部位，竖向和横向分布钢筋的间距不宜大于200mm。

② 抗震墙厚度大于140mm时，其竖向和横向分布钢筋应双排布置，双排分布钢筋间拉筋的间距不宜大于600mm，直径不应小于6mm。

③ 抗震墙竖向和横向分布钢筋的直径，均不宜大于墙厚的1/10且不应小于8mm；竖向钢筋直径不宜小于10mm。

第七节 地基与基础

1. 地基土的冻胀性可分为不冻胀、弱冻胀、冻胀、强冻胀和特强冻胀五类。碎石土属于哪类？(2013-049)

A. 不冻胀　　B. 弱冻胀

C. 冻胀　　D. 强冻胀

【答案】A

【解析】《建筑地基基础设计规范》附录G规定：

G.0.1 地基土的冻胀性分类，可按表G.0.1分为不冻胀、弱冻胀、冻胀、强冻胀和特强冻胀。

表G.0.1注6：碎石土、砾砂、粗砂、中砂（粒径小于0.075mm颗粒含量不大于15%）、细砂（粒径小于0.075mm颗粒含量不大于10%）均按不冻胀考虑。

2. 水泥属于下列何种类型？(2012-050)

A. 碎石土　　B. 砂土

C. 黏性土　　D. 圆砾

【答案】C

【解析】水泥在混凝土中起胶凝作用，属于黏性土。

3. 砂土的密实度可分为松散、稍密、中密和密实，其划分指标是：(2013-050)

A. 砂土的重度　　B. 砂土中粒径大于 2mm 的颗粒含量

C. 标准贯入试验锤击数 N　　D. 砂土的含水量

【答案】C

【解析】《建筑地基基础设计规范》4.1.8 规定：

砂土的密实度，可按表 4.1.8 分为松散、稍密、中密、密实。

表 4.1.8　砂土的密实度

标准贯入试验锤击数 N	密实度
$N \leqslant 10$	松散
$10 < N \leqslant 15$	稍密
$15 < N \leqslant 30$	中密
$N > 30$	密实

注：当用静力触探探头阻力判定砂土的密实度时，可根据当地经验确定。

4. 不能直接作为建筑物天然地基持力层的土层是：(2018-050)

A. 岩石　　B. 砂土

C. 泥炭质土　　D. 粉土

【答案】C

【解析】《建筑地基基础设计规范》4.1.12 条文说明规定：

淤泥和淤泥质土有机质含量为 5%～10%时的工程性质变化较大，应予以重视。

随着城市建设的需要，有些工程遇到泥炭或泥炭质土。泥炭或泥炭质土是在湖相和沼泽静水、缓慢的流水环境中沉积，经生物化学作用形成，含有大量的有机质，具有含水量高、压缩性高、孔隙比高和天然密度低、抗剪强度低、承载力低的工程特性。泥炭、泥炭质土不应直接作为建筑物的天然地基持力层，工程中遇到时应根据地区经验处理。

5. 不可直接作为建筑物天然地基持力层的土层是：(2017-051)

A. 淤泥　　B. 黏土

C. 粉土　　D. 泥岩

【答案】A

【解析】同题 4 解析。

6. 不可直接作为建筑物天然地基持力层的土层是：(2019-051)

A. 淤泥　　B. 黏土

C. 粉土　　D. 泥岩

【答案】A

【解析】同题 4 解析。

7. 地坪垫层以下及基础底标高以上的压实填土，最小压实系数应为：(2013-051)

A. 0.90　　B. 0.94

C. 0.96　　　　　　　　　　　　D. 0.97

【答案】B

【解析】《建筑地基基础设计规范》6.3.7 规定：

压实填土的质量以压实系数 λ_c 控制，并应根据结构类型、压实填土所在部位按表 6.3.7 确定。

表 6.3.7 注 2：地坪垫层以下及基础底面标高以上的压实填土，压实系数不应小于 0.94。

8. 地坪垫层以下及基础底标高以上的压实填土，最小压实系数应为下列何值？（2012-053）

A. 0.75　　　　　　　　　　　　B. 0.85

C. 0.94　　　　　　　　　　　　D. 0.97

【答案】C

【解析】同题 7 解析。

9. 下列图示中，哪一项属于软弱地基？（2012-054）

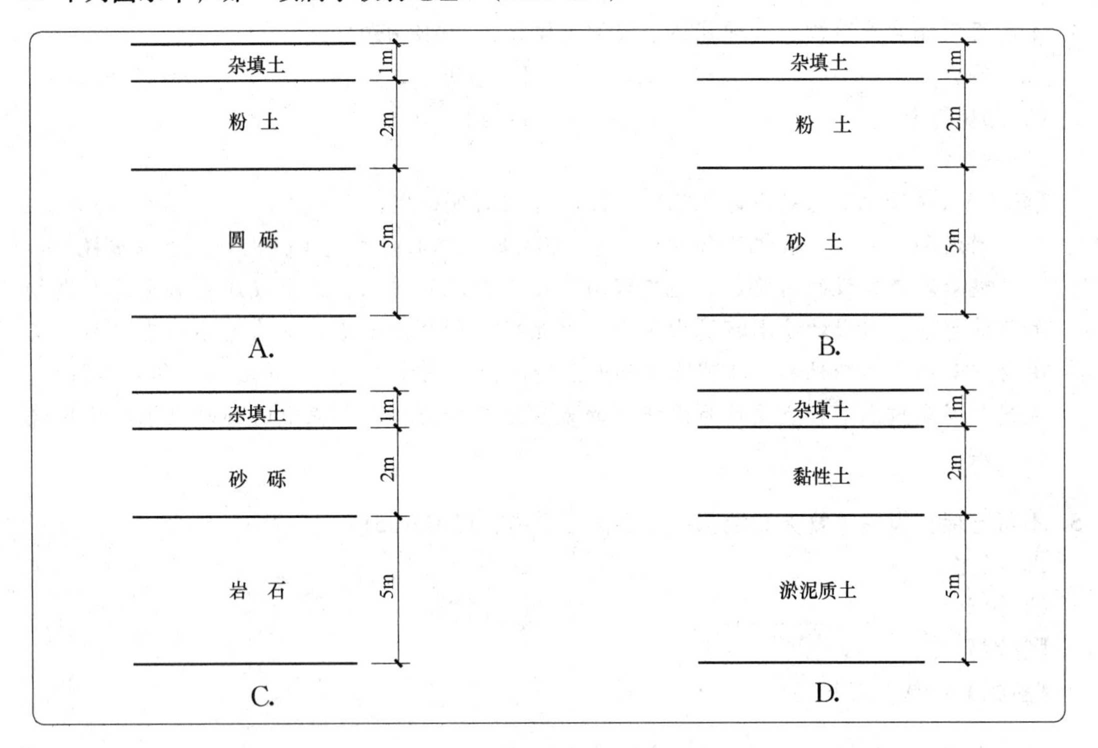

【答案】D

【解析】《建筑地基基础设计规范》7.1.1 规定，当地基压缩层主要由淤泥、淤泥质土、冲填土、杂填土或其他高压缩性土层构成时应按软弱地基进行设计。在建筑地基的局部范围内有高压缩性土层时，应按局部软弱土层处理。

10. 下列哪项是地基土的载荷试验承载力代表值？（2020-018）

A. 特征值　　　　　　　　　　　B. 平均值

C. 标准值　　　　　　　　　　　D. 设计值

【答案】A

【解析】《建筑地基基础设计规范》4.2.2 规定：

地基土工程特性指标的代表值应分别为标准值、平均值及特征值。抗剪强度指标应取标准值，压缩性指标应取平均值，载荷试验承载力应取特征值。

11. 地基承载力特征值需修正时，与下列何项无关？(2017-055)

A. 基础底面宽度　　B. 基础埋置深度

C. 基础承受荷载　　D. 基础底面以下土的重度

【答案】C

【解析】《建筑地基基础设计规范》5.2.4 规定：

当基础宽度大于 3m 或埋置深度大于 0.5m 时，从载荷试验或其他原位测试、经验值等方法确定的地基承载力特征值，尚应按下式修正：

$$f_a = f_{ak} + \eta_b \gamma (b-3) + \eta_d \gamma_m (d-0.5) \quad (5.2.4)$$

式中：f_a——修正后的地基承载力特征值（kPa）；

f_{ak}——地基承载力特征值（kPa），按本规范第 5. 2.3 条的原则确定；

η_b、η_d——基础宽度和埋置深度的地基承载力修正系数，按基底下土的类别查表 5.2.4 取值；

γ——基础底面以下土的重度（kN/m^3），地下水位以下取浮重度；

b——基础底面宽度（m），当基础底面宽度小于 3m 时按 3m 取值，大于 6m 时按 6m 取值；

γ_m——基础底面以上土的加权平均重度（kN/m^3），位于地下水位以下的土层取有效重度；

d——基础埋置深度（m），宜自室外地面标高算起。在填方整平地区，可自填土地面标高算起，但填土在上部结构施工后完成时，应从天然地面标高算起。对于地下室，当采用箱形基础或筏基时，基础埋置深度自室外地面标高算起；当采用独立基础或条形基础时，应从室内地面标高算起。

12. 砌体承重结构地基变形允许值的控制指标是：(2012-052)

A. 整体倾斜　　B. 局部倾斜

C. 沉降差　　D. 沉降量

【答案】B

【解析】依据《建筑地基基础设计规范》5.3.3-1 条，由于建筑地基不均匀、荷载差异很大、体型复杂等因素引起的地基变形，对于砌体承重结构应由局部倾斜值控制；对于框架结构和单层排架结构应由相邻柱基的沉降差控制；对于多层或高层建筑和高耸结构应由倾斜值控制；必要时尚应控制平均沉降量。

13. 关于岩土工程勘察报告成果的说法，错误的是：(2017-052)

A. 应提供各岩土层的物理力学性质指标

B. 应提供地下水对建筑材料的腐蚀性

C. 应提供地基承载力及变形计算参数

D. 不需提供地基基础设计方案建议

【答案】D

【解析】《岩土工程勘察规范》GB 50021—2001（2009 年版）规定：

14.3.3 岩土工程勘察报告应根据任务要求、勘察阶段、工程特点和地质条件等具体情况编写，并应包括下列内容：

1. 勘察目的、任务要求和依据的技术标准；
2. 拟建工程概况；
3. 勘察方法和勘察工作布置；
4. 场地地形、地貌、地层、地质构造、岩土性质及其均匀性；
5. 各项岩土性质指标，岩土的强度参数、变形参数、地基承载力的建议值；
6. 地下水埋藏情况、类型、水位及其变化；
7. 土和水对建筑材料的腐蚀性；
8. 可能影响工程稳定的不良地质作用的描述和对工程危害程度的评价；
9. 场地稳定性和适宜性的评价。

14.3.4 岩土工程勘察报告应对岩土利用、整治和改造的方案进行分析论证，提出建议；对工程施工和使用期间可能发生的岩土工程问题进行预测，提出监控和预防措施的建议。

14. 岩土工程勘察报告中不需要提供的资料是：（2019-050）

A. 各岩土层的物理力学性质指标　　B. 地下水埋藏情况

C. 地下室结构设计方案建议　　D. 地基基础设计方案建议

【答案】C

【解析】同题 13 解析。

15. 下列地基处理方案中，属于复合地基做法的是：（2017-054、2019-054）

A. 换填垫层　　B. 机械压实

C. 灰土桩　　D. 真空预压

【答案】C

【解析】《建筑地基处理技术规范》规定：

2.1.2 复合地基　composite ground，composite foundation

部分土体被增强或被置换，形成由地基土和竖向增强体共同承担荷载的人工地基。

2.1.16 灰土桩复合地基　composite foundation with compacted soil-lime columns

用灰土填入孔内分层夯实形成竖向增强体的复合地基。

16. 某位于稳定土坡坡顶上的砌体房屋，其离斜坡面最近的条形基础布置如图所示，已知 $a \geq 3.5b - d/\tan\beta$，条形基础外边缘至斜坡面的最小距离 L 是：（2013-053）

A. 1.5m　　B. 2.5m

C. 3.5m　　D. 4.5m

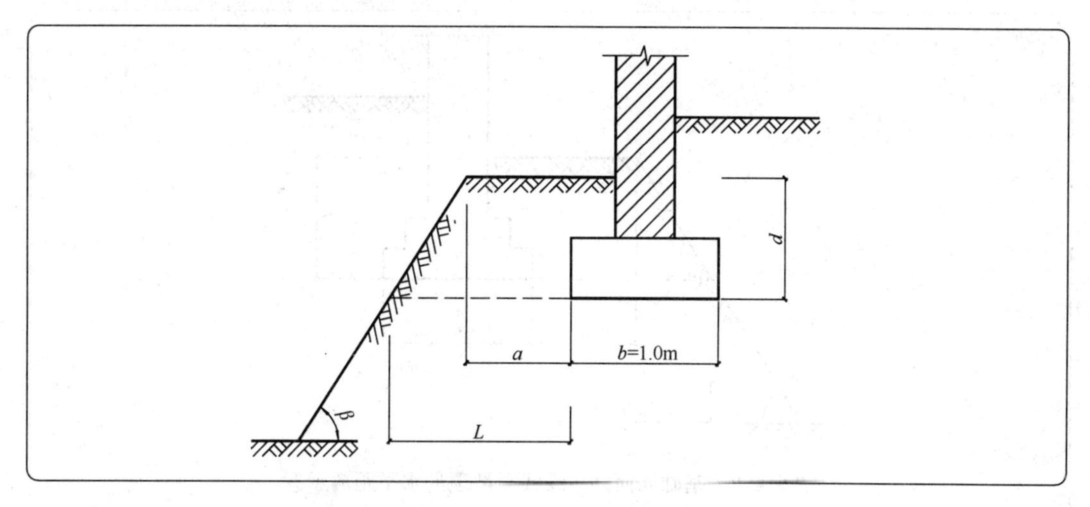

【答案】C

【解析】《建筑地基基础设计规范》5.4.2 规定：

位于稳定土坡坡顶上的建筑，应符合下列规定：

1. 对于条形基础或矩形基础，当垂直于坡顶边缘线的基础底面边长小于或等于3m时，其基础底面外边缘线至坡顶的水平距离（图5.4.2）应符合下式要求，且不得小于2.5m：

条形基础

$$a \geqslant 3.5b-(d/\tan\beta) \tag{5.4.2-1}$$

矩形基础

$$a \geqslant 2.5b-(d/\tan\beta) \tag{5.4.2-2}$$

式中：a——基础底面外边缘线至坡顶的水平距离（m）；

b——垂直于坡顶边缘线的基础底面边长（m）；

d——基础埋置深度（m）；

β——边坡坡角（°）。

$$\tan\beta=\frac{d}{L-a}$$

$$3.5b \leqslant a+\frac{d}{\tan\beta}$$

$$3.5b \leqslant a+L-a$$

$$3.5b \leqslant L$$

$$L \geqslant 3.5$$

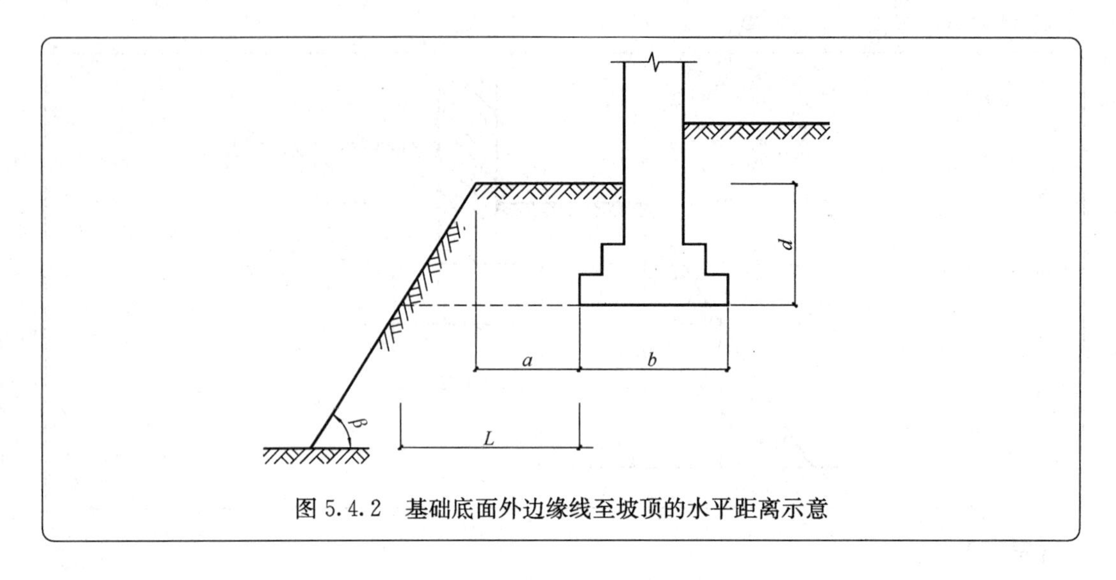

图 5.4.2　基础底面外边缘线至坡顶的水平距离示意

17. 关于钻孔灌注桩构造的说法，错误的是：(2013-055)

A. 钻孔灌注桩的主筋保护层厚度不应小于 50mm

B. 钻孔灌注桩的构造钢筋笼长度不宜小于桩长的 2/3

C. 钻孔灌注桩的最小中心距为桩身直径的 2.0 倍

D. 钻孔灌注桩的混凝土强度等级不应低于 C25

【答案】C

【解析】《建筑地基基础设计规范》规定：

8.5.3　桩和桩基的构造，应符合下列规定：

1. 摩擦型桩的中心距不宜小于桩身直径的 3 倍；扩底灌注桩的中心距不宜小于扩底直径的 1.5 倍，当扩底直径大于 2m 时，桩端净距不宜小于 1m。在确定桩距时尚应考虑施工工艺中挤土等效应对邻近桩的影响。

5. 设计使用年限不少于 50 年时，非腐蚀环境中预制桩的混凝土强度等级不应低于 C30，预应力桩不应低于 C40，灌注桩的混凝土强度等级不应低于 C25。

8. 桩身纵向钢筋配筋长度应符合下列规定：

④钻孔灌注桩构造钢筋的长度不宜小于桩长的 2/3；桩施工在基坑开挖前完成时，其钢筋长度不宜小于基坑深度的 1.5 倍。

11. 灌注桩主筋混凝土保护层厚度不应小于 50mm；预制桩不应小于 45mm，预应力管桩不应小于 35mm；腐蚀环境中的灌注桩不应小于 55mm。

18. 关于桩基础的做法，错误的是：(2019-055)

A. 竖向受压桩按受力情况可分为摩擦型桩和端承型桩

B. 同一结构单元内的桩基，可采用部分摩擦桩和部分端承桩

C. 地基基础设计等级为甲级的单桩竖向承载力特征值应通过静荷载试验确定

D. 承台周围回填土的压实系数不应小于 0.94

【答案】B

【解析】《建筑地基基础设计规范》8.5.2-5 规定：同一结构单元内的桩基，不宜选用

压缩性差异较大的土层作桩端持力层，不宜采用部分摩擦桩和部分端承桩，故选 B。

19. 钢筋混凝土柱下独立基础属于：(2017-053)

A. 无筋扩展基础　　　　B. 扩展基础

C. 柱下条形基础　　　　D. 筏形基础

【答案】B

【解析】《建筑地基基础工程施工规范》2.0.26 规定：

钢筋混凝土扩展基础：指柱下现浇钢筋混凝土独立基础和墙下钢筋混凝土条形基础。

20. 下列钢筋混凝土独立基础的构造要求，错误的是：(2012-055)

A. 混凝土强度等级不应低于 C20

B. 锥形基础的边缘高度不宜小于 200mm

C. 柱子最小插筋不应小于 8Φ20

D. 垫层的厚度不宜小于 70mm

【答案】C

【解析】《建筑地基基础设计规范》：

8.2 扩展基础

8.2.1 扩展基础的构造，应符合下列规定：

① 锥形基础的边缘高度不宜小于 200mm，且两个方向的坡度不宜大于 1∶3；阶梯形基础的每阶高度，宜为 300～500mm。

② 垫层的厚度不宜小于 70mm，垫层混凝土强度等级不宜低于 C10。

③ 扩展基础受力钢筋最小配筋率不应小于 0.15%，底板受力钢筋的最小直径不应小于 10mm，间距不应大于 200mm，也不应小于 100mm。墙下钢筋混凝土条形基础纵向分布钢筋的直径不应小于 8mm；间距不应大于 300mm；每延米分布钢筋的面积不应小于受力钢筋面积的 15%。当有垫层时钢筋保护层的厚度不应小于 40mm；无垫层时不应小于 70mm。

④ 混凝土强度等级不应低于 C20。

21. 图示基础型式中，名称错误的是：(2018-053)

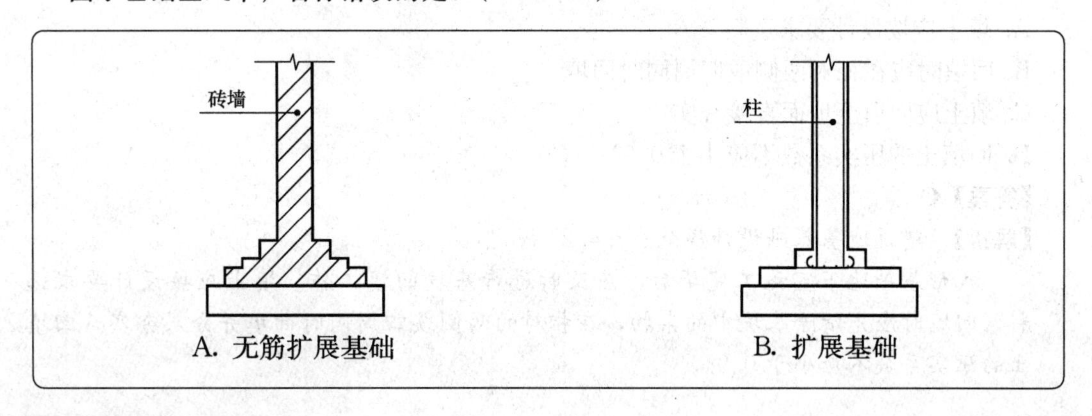

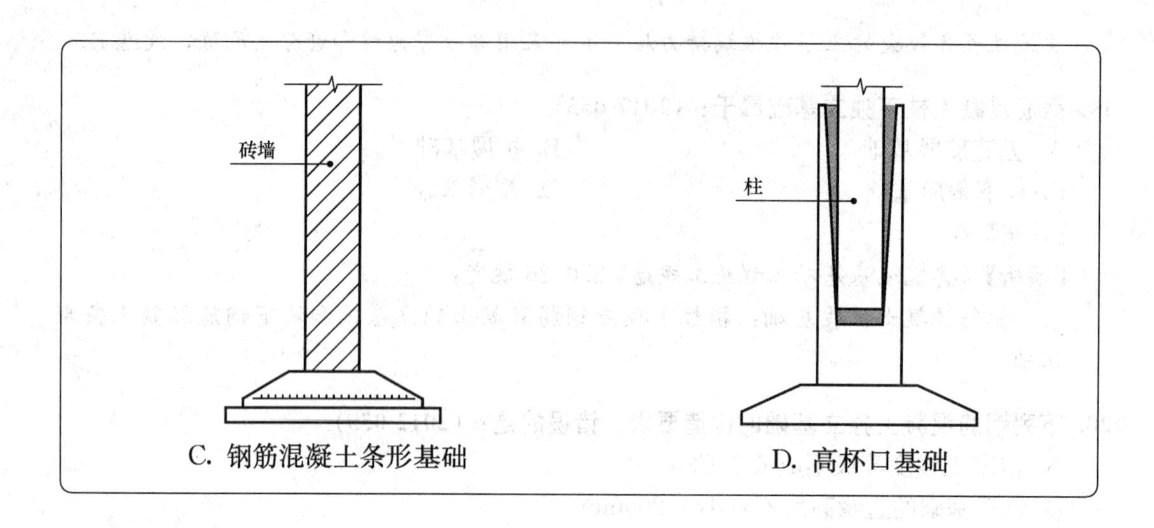

C. 钢筋混凝土条形基础　　D. 高杯口基础

【答案】B

【解析】B为无筋扩展基础。

22. 下列基坑开挖做法中，错误的是：(2018-054)

A. 基坑土方开挖应严格按照设计要求进行，不得超挖

B. 基坑周边堆载不能超过设计规定

C. 土方开挖及验槽完成后应立即施工垫层

D. 当地基基础设计等级为丙级时，不用进行基坑监测

【答案】D

【解析】《建筑地基基础设计规范》规定：

9.1.9 基坑土方开挖应严格按设计要求进行，不得超挖。基坑周边堆载不得超过设计规定。土方开挖完成后应立即施工垫层，对基坑进行封闭，防止水浸和暴露，并应及时进行地下结构施工。

10.3.2 基坑开挖应根据设计要求进行监测，实施动态设计和信息化施工。

23. 筏形基础地下室施工完毕后，应及时进行基坑回填工作，下列做法错误的是：(2018-055)

A. 填土应按设计要求选料

B. 回填时应在相对两侧或四周同时回填

C. 填土应回填至地面直接夯实

D. 回填土的压实系数不应小于0.94

【答案】C

【解析】《建筑地基基础设计规范》8.4.24规定：

筏形基础地下室施工完毕后，应及时进行基坑回填工作。填土应按设计要求选料，回填时应先清除基坑中的杂物，在相对的两侧或四周同时回填并分层夯实，回填土的压实系数不应小于0.94。

24. 下列基础做法错误的是：(2018-051)

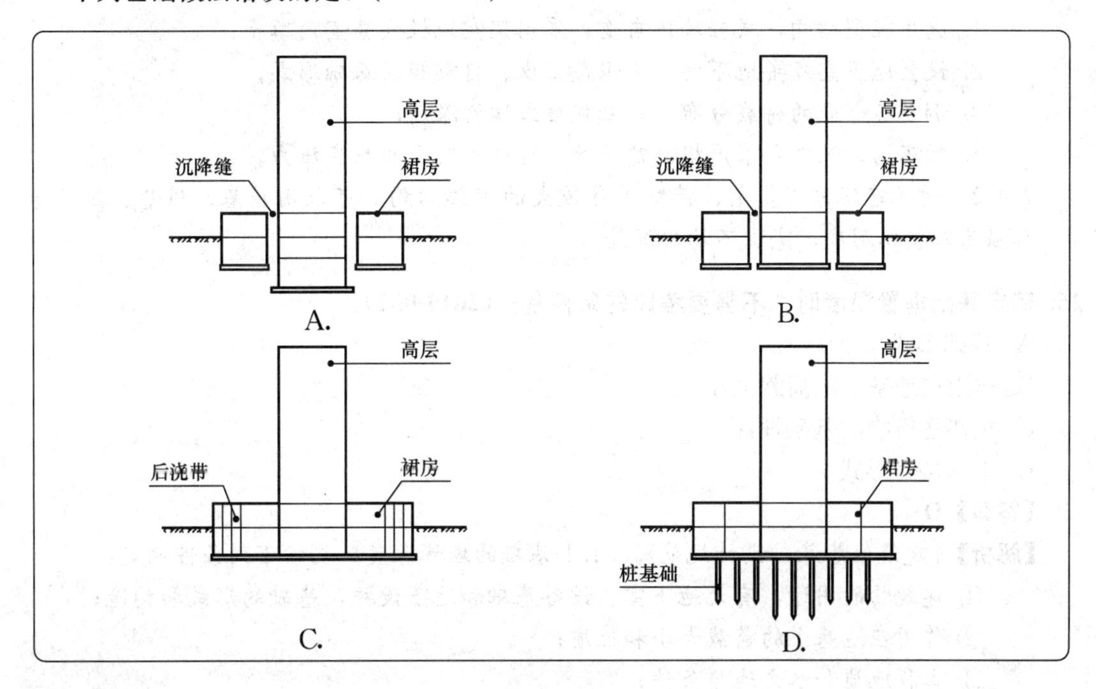

【答案】B

【解析】《建筑地基基础设计规范》8.4.20 规定：

带裙房的高层建筑筏形基础应符合下列规定：

1. 当高层建筑与相连的裙房之间设置沉降缝时，高层建筑的基础埋深应大于裙房基础的埋深至少 2m。地面以下沉降缝的缝隙应用粗砂填实（图 8.4.20a）。

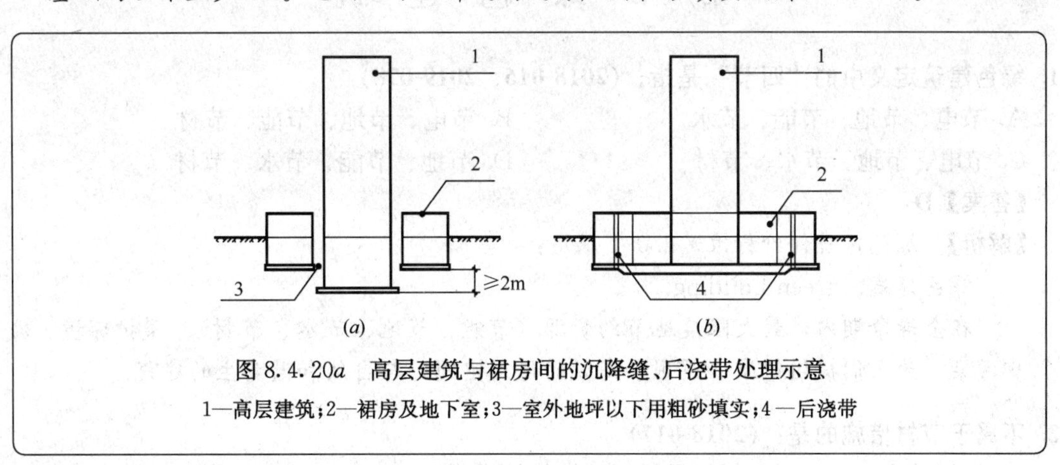

图 8.4.20*a* 高层建筑与裙房间的沉降缝、后浇带处理示意

1—高层建筑；2—裙房及地下室；3—室外地坪以下用粗砂填实；4—后浇带

25. 下列减少建筑物沉降和不均匀沉降的结构措施中，错误的是：(2018-052、2019-053)

A. 选用轻型结构　　　　B. 设置地下室

C. 采用桩基，减少不均匀沉降　　　　D. 减少基础整体刚度

【答案】D

【解析】《建筑地基基础设计规范》规定：

7.4.1 为减少建筑物沉降和不均匀沉降，可采用下列措施：

1. 选用轻型结构，减轻墙体自重，采用架空地板代替室内填土；

2. 设置地下室或半地下室，采用覆土少、自重轻的基础形式；

3. 调整各部分的荷载分布、基础宽度或埋置深度；

4. 对不均匀沉降要求严格的建筑物，可选用较小的基底压力。

7.4.2 对于建筑体型复杂、荷载差异较大的框架结构，可采用箱基、桩基、筏基等加强基础整体刚度，减少不均匀沉降。

26. 确定基础埋置深度时，不需要考虑的条件是：(2019-052)

A. 基础形式

B. 作用在地基上的荷载大小

C. 相邻建筑物的基础埋深

D. 上部楼盖形式

【答案】D

【解析】《建筑地基基础设计规范》5.1.1 基础的埋置深度，应按下列条件确定：

① 建筑物的用途，有无地下室、设备基础和地下设施，基础的形式和构造；

② 作用在地基上的荷载大小和性质；

③ 工程地质和水文地质条件；

④ 相邻建筑物的基础埋深；

⑤ 地基土冻胀和融陷的影响。

故此题选 D。

第八节 绿 色 建 筑

1. 绿色建筑定义中的“四节”是指：(2018-016、2019-028)

A. 节电、节地、节能、节水

B. 节电、节地、节能、节材

C. 节电、节地、节水、节材

D. 节地、节能、节水、节材

【答案】D

【解析】《绿色建筑评价标准》2.0.1 规定：

绿色建筑 green building

在全寿命期内，最大限度地节约资源（节能、节地、节水、节材）、保护环境、减少污染，为人们提供健康、适用和高效的使用空间，与自然和谐共生的建筑。

2. 不属于节材措施的是：(2018-017)

A. 根据受力特点选择材料用量最少的结构体系

B. 合理采用高性能结构材料

C. 在大跨度结构中，优先采用钢结构

D. 因美观要求采用建筑形体不规则的结构

【答案】D

【解析】《绿色建筑评价标准》规定：

7.1.3 建筑造型要素应简约，且无大量装饰性构件。

3. 下列绿色建筑设计的做法中，错误的是：(2019-029)

A. 对结构构件进行优化设计

B. 采用规则的建筑形体

C. 装修工程宜二次装修设计

D. 采用工业化生产的预制构件

【答案】C

【解析】同题2解析。

4. 绿色建筑设计中，应优先选用的建筑材料是：(2018-018)

A. 不可再利用的建筑材料

B. 不可再循环的建筑材料

C. 以各种废弃物为原料生产的建筑材料

D. 高耗能的建筑材料

【答案】C

【解析】《绿色建筑评价标准》规定：

7.2.13 使用以废弃物为原料生产的建筑材料，评价总分值为5分，并按下列规则评分：

1. 采用一种以废弃物为原料生产的建筑材料，其占同类建材的用量比例达到30%，得3分；达到50%，得5分。

2. 采用两种及以上以废弃物为原料生产的建筑材料，每一种用量比例均达到30%，得5分。

5. 居住建筑的节能设计中，将严寒和寒冷地区共划分为几个气候子区？(2012-072)

A. 3个

B. 4个

C. 5个

D. 6个

【答案】C

【解析】《严寒和寒冷地区居住建筑节能设计标准》：

3.0.1 严寒和寒冷地区城镇的气候区属应符合现行国家标准《民用建筑热工设计规范》GB 50176的规定，严寒地区分为3个二级区（1A、1B、1C区），寒冷地区分为2个二级区（2A、2B区）。

第二章 建 筑 设 备

建筑设备涉及的系统众多，每一个系统内部都自成体系，同时与外部系统相关联，整个建筑构成一个复杂的系统网络。

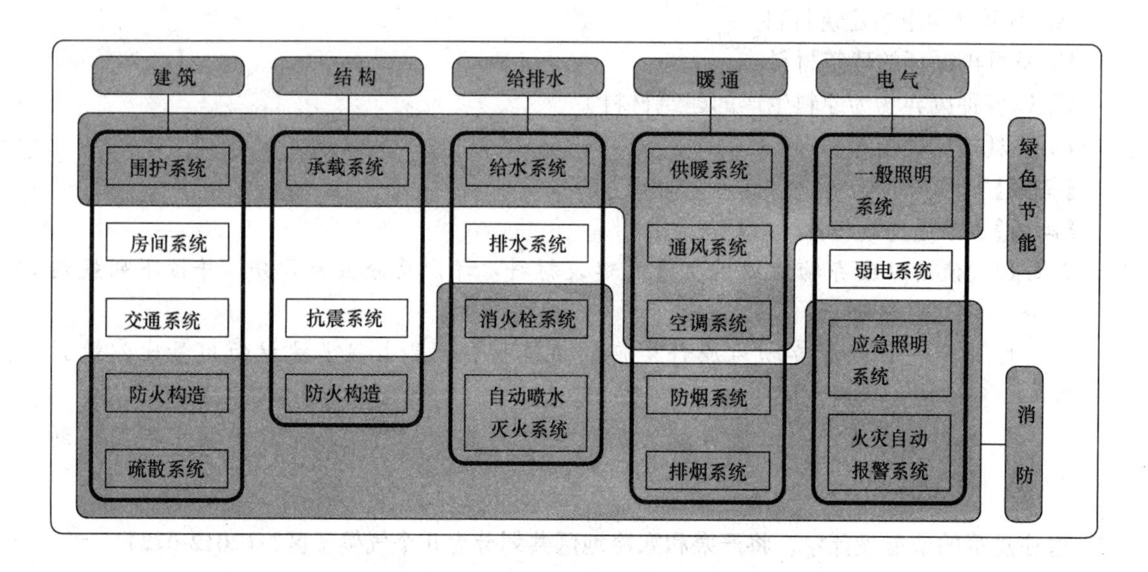

图 2-0-1 建筑系统

图 2-0-1 是建筑系统纵横关系的粗略表达，考生在复习的过程中，首先要明确的是系统功能及其特点，系统的组成及其运作方式，然后以历年真题所涉及的考点、规范中的强制性条文及各个子系统与建筑系统的关系来补充具体的系统要点，做到整体与细节兼备，对相关知识点掌握的也会更加牢固。

建筑设备所涉及的规范较多，具体详见表 2-0-1。

建筑设备部分相关规范列表 **表 2-0-1**

分类	名称	编号	施行
通用规范	建筑设计防火规范	GB 50016—2014（2018 年版）	2015 年 5 月 1 日
	绿色建筑评价标准	GB/T 50378—2019	2019 年 8 月 1 日
建筑给水排水	建筑给水排水设计标准	GB 50015—2019	2020 年 3 月 1 日
	城市污水再生利用 城市杂用水水质	GB-T 18920—2020	2021 年 2 月 1 日
	民用建筑节水设计标准	GB 50555—2010	2010 年 12 月 1 日
	消防给水及消火栓系统技术规范	GB 50974—2014	2014 年 10 月 1 日
	自动喷水灭火系统施工及验收规范	GB 50261—2017	2018 年 1 月 1 日

续表

分类	名称	编号	施行
采暖、通风与空调	民用建筑供暖通风与空气调节设计规范	GB 50736—2012	2012年10月1日
	锅炉房设计标准	GB 50041—2020	2020年7月1日
	供热计量技术规程	JGJ 173—2009	2009年7月1日
	城镇燃气设计规范	GB 50028—2006（2020版）	2006年11月1日
	建筑防烟排烟系统技术标准	GB 51251—2017	2018年8月1日
建筑电气	民用建筑电气设计标准	GB 51348—2019	2020年8月1日
	20kV及以下变电所设计规范	GB 50053—2013	2014年7月1日
	电力工程电缆设计标准	GB 50217—2018	2018年9月1日
	公共建筑节能设计标准	GB 50189—2015	2015年10月1日
	建筑照明设计标准	GB 50034—2013	2014年6月1日
	火灾自动报警系统设计规范	GB 50116—2013	2014年5月1日
	安全防范工程技术标准	GB 50348—2018	2018年12月1日
	建筑物防雷设计规范	GB 50057—2010	2011年10月1日
	住宅建筑电气设计规范	JGJ 242—2011	2012年4月1日

第一节 给水排水系统

一、要点综述

1. 生活给水

这部分真题的考点分布于水源选择、水质要求、水量及用水定额、水池水箱的相关要点、水泵房设置要求、管道井与管道敷设、管材附件及水表设置等。

2. 热水系统

这部分真题考点分布于热水供应系统选择、水温标准、管材和管道敷设等。

3. 生活排水

这部分真题考点分布于相关术语、系统选择、地漏及存水弯设置管道敷设、通气管设置。

4. 雨水排水

这部分真题考点分布于系统选择、相关概念、管道敷设等。

二、真题解析

1. 下列选项中，属于传统水源的是：(2017-061)

A. 地下水　　B. 雨水

C. 海水　　D. 再生水

【答案】A

【解析】传统水源一般指地表水如江河和地下水。非传统水源是指不同于传统地表供水和地下供水的水源，包括再生水、雨水、海水等。

2. 小区应优先利用的水资源是：(2013-058)

A. 雨水　　B. 再生水

C. 循环、重复利用水　　　　D. 废水

【答案】C

【解析】《建筑给水排水设计标准》3.1.7 规定：

小区给水系统设计应综合利用各种水资源，充分利用再生水、雨水等非传统水源；优先采用循环和重复利用给水系统。

3. 小区给水系统设计以下哪项错误？(2012-058)

A. 不宜实行分质供水　　　　B. 优先采用循环系统

C. 重复利用给水系统　　　　D. 充分利用再生水、雨水

【答案】A

【解析】同题 2 解析。

4. 下列小区给水系统设计原则，错误的是：(2019-058)

A. 优先采用二次加压系统

B. 宜实行分质供水系统

C. 充分利用再生水、雨水等非传统水源

D. 优先采用循环和重复利用给水系统

【答案】A

【解析】同题 2 解析。

5. 人工景观用水水源不得采用：(2017-056)

A. 市政自来水　　　　B. 河水

C. 雨水　　　　D. 市政中水

【答案】A

【解析】《民用建筑节水设计标准》4.1.5 规定：

景观用水水源不得采用市政自来水和地下井水。

6. 下列用水使用生活杂用水，错误的是：(2018-056)

A. 冲厕　　　　B. 淋浴

C. 洗车　　　　D. 浇花

【答案】B

【解析】《城市污水再生利用 城市杂用水水质》3.2 规定：

城市杂用水：用于冲厕、车辆冲洗、城市绿化、道路清扫、消防、建筑施工的非饮用的再生水。

7. 下列卫生器具或场所用水，哪一项不应使用生活杂用水？(2019-057)

A. 冲洗便器　　　　B. 浇洒道路

C. 绿化灌溉　　　　D. 洗衣机

【答案】D

【解析】同题 6 解析。

8. 下列哪种用水，不属于居住小区的正常用水的是：(2013-056)

A. 水景　　B. 道路

C. 消防　　D. 管网漏失

【答案】C

【解析】《建筑给水排水设计标准》3.7.1 规定：

建筑给水设计用水量应根据下列用水量确定：

1. 居民生活用水量；

2. 公共建筑用水量；

3. 绿化用水量；

4. 水景、娱乐设施用水量；

5. 道路、广场用水量；

6. 公用设施用水量；

7. 未预见用水量及管网漏失水量；

8. 消防用水量。

9. 其他用水量

注：消防用水量仅用于校核管网计算，不计入正常用水量。

9. 以下哪项不属于居住小区正常用水量？(2012-056)

A. 绿化用水　　B. 道路娱乐设施用水

C. 消防用水　　D. 公共设施用水

【答案】C

【解析】同题 8 解析。

10. 关于小区给水设计用水量的确定，下列用水量不计入正常用水量的是：(2018-057)

A. 绿化用水量　　B. 消防用水量

C. 管网漏失水量　　D. 道路浇洒用水量

【答案】B

【解析】同题 8 解析。

11. 下列公共建筑的生活用水定额中，已包含有员工生活用水的建筑是：(2019-056)

A. 商场　　B. 养老院

C. 托儿所　　D. 图书馆

【答案】A

【解析】《建筑给水排水设计标准》3.2.2 条的表 3.2.2 中注 2：除注明外，均不含员工生活用水。表中商场及宾馆客房，注明了员工用水量，故选 A。

12. 冲洗小轿车用水量多的方式是：(2013-057)

A. 循环　　B. 高压水枪

C. 抹车、微水冲洗　　D. 蒸汽

【答案】B

【解析】《建筑给水排水设计标准》3.2.7 规定：

汽车冲洗用水定额应根据冲洗方式、车辆用途、道路路面等级和沾污程度等确定，汽车冲洗最高日用水定额可按表 3.2.7 计算。

表 3.2.7 汽车冲洗最高日用水定额（L/辆·次）

<table>
<tr><th>冲洗方式</th><th>高压水枪冲洗</th><th>循环用水冲洗补水</th><th>抹车、微水冲洗</th><th>蒸汽冲洗</th></tr>
<tr><td>轿车</td><td>40～60</td><td>20～30</td><td>10～15</td><td>3～5</td></tr>
<tr><td>公共汽车</td><td rowspan="2">80～120</td><td rowspan="2">40～60</td><td rowspan="2">15～30</td><td rowspan="2">—</td></tr>
<tr><td>载重汽车</td></tr>
</table>

注：当汽车冲洗设备用水定额有特殊要求时，其值应按产品要求确定。

13. 哪种冲洗轿车的方式用水最省？(2012-057)

A. 蒸汽冲洗　　B. 抹车、微水冲洗

C. 高压水枪冲洗　　D. 循环用水冲洗补水

【答案】A

【解析】同题 12 解析。

14. 建筑物内允许设置在生活饮用水池上方的房间是：(2013-059)

A. 浴室　　B. 盥洗

C. 厨房　　D. 泵房

【答案】D

【解析】《建筑给水排水设计标准》3.8.1 规定：

生活用水水池（箱）应符合下列规定：

3. 建筑物内的水池（箱）不应毗邻配电所或在其上方不宜毗邻居住用房或在其下方。

15. 下列生活饮用水池（箱）的设计中，错误的是：(2017-059)

A. 采用独立结构形式

B. 设在专用房间内

C. 水池（箱）间的上层不应有厕所

D. 水池（箱）内贮水 72 小时内不能更新时，应设置水消毒处理装置

【答案】D

【解析】《建筑给水排水设计标准》3.3.19 规定：

生活饮用水水池（箱）内贮水更新时间不宜超过 48h。

16. 下列关于建筑内生活用水高位水箱的设计，正确的是：(2018-058)

A. 利用水箱间的墙壁做水箱壁板

B. 利用水箱间的地板做水箱底板

C. 利用建筑屋面楼梯间顶板做水箱顶盖

D. 设置在水箱间并采用独立的结构形式

【答案】D

【解析】《建筑给水排水设计标准》3.3.16 规定：

建筑物内的生活饮用水水池（箱）体，应采用独立结构形式，不得利用建筑物的本体结构作为水池（箱）的壁板、底板及顶盖。生活饮用水水池（箱）与消防用水水池（箱）并列设置时，应有各自独立的分隔墙。

17. 关于生活饮用水水池的设计要求，下列哪项是错误的？(2019-060)

A. 生活饮用水池与其他用水水池并列设置时，宜共用分隔墙

B. 宜设在专用房间内

C. 不得接纳消防管道试压水、泄压水等

D. 溢流管应有防止生物进入水池的措施

【答案】A

【解析】同题16解析。

18. 下列生活饮用水池的配管和构造，不需要设置防止生物进入水池措施的是：(2018-059)

A. 检修孔　　　　B. 通气管

C. 溢流管　　　　D. 进水管

【答案】D

【解析】《建筑给水排水设计标准》3.3.18规定：

生活饮用水水池（箱）的构造和配管，应符合下列规定：

1. 人孔、通气管、溢流管应有防止生物进入水池（箱）的措施；

2. 进水管宜在水池（箱）的溢流水位以上接入。

19. 下列生活饮用水箱的配管设计，错误的是：(2019-059)

A. 溢流管直排屋面

B. 泄水管接入伸顶通气管

C. 进水管在水箱的溢流水位以上接入

D. 通气管设有防止生物进入水箱的措施

【答案】B

【解析】同题18解析。

20. 下列图示中，正确的是：(2017-060)

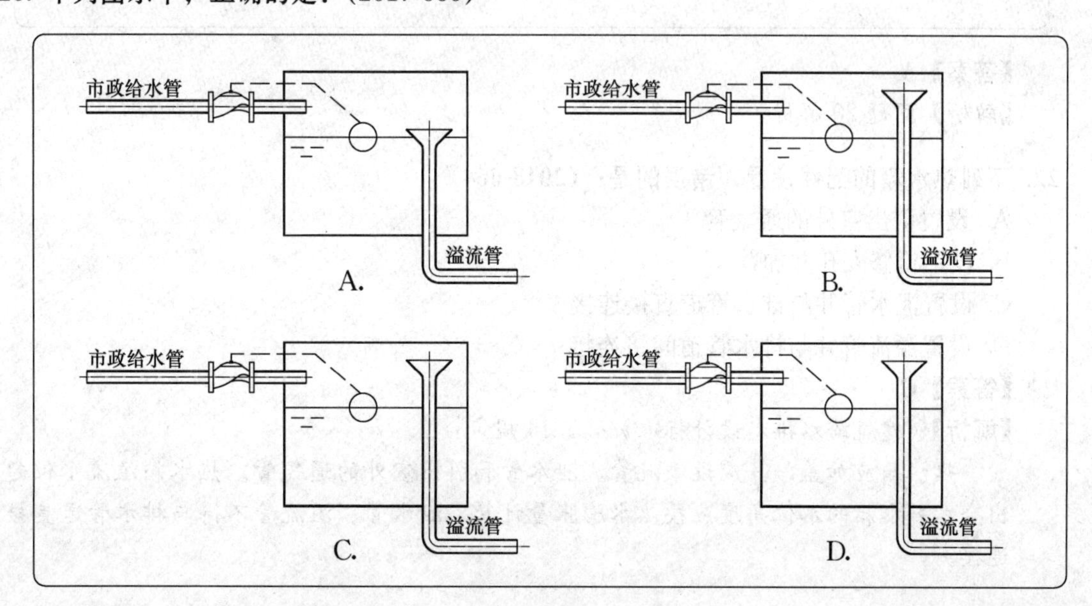

【答案】A

【解析】《建筑给水排水设计标准》3.3.5 规定：生活饮用水水池（箱）进水管应符合下列规定：

1 进水管口最低点高出溢流边缘的空气间隙不应小于 25mm，可不大于 150mm；

2 当进水管从最高水位以上进入水池（箱），管口为淹没出流时，应采取真空破坏器等防虹吸回流措施；

3 不存在虹吸回流的低位生活饮用水贮水池（箱），其进水管不受本条限制，但进水管仍宜从最高水面以上进入水池。

21. 以下饮用水箱配管示意图哪个正确？(1-2008-055、1-2009-033、1-2011-047、1-2012-045)

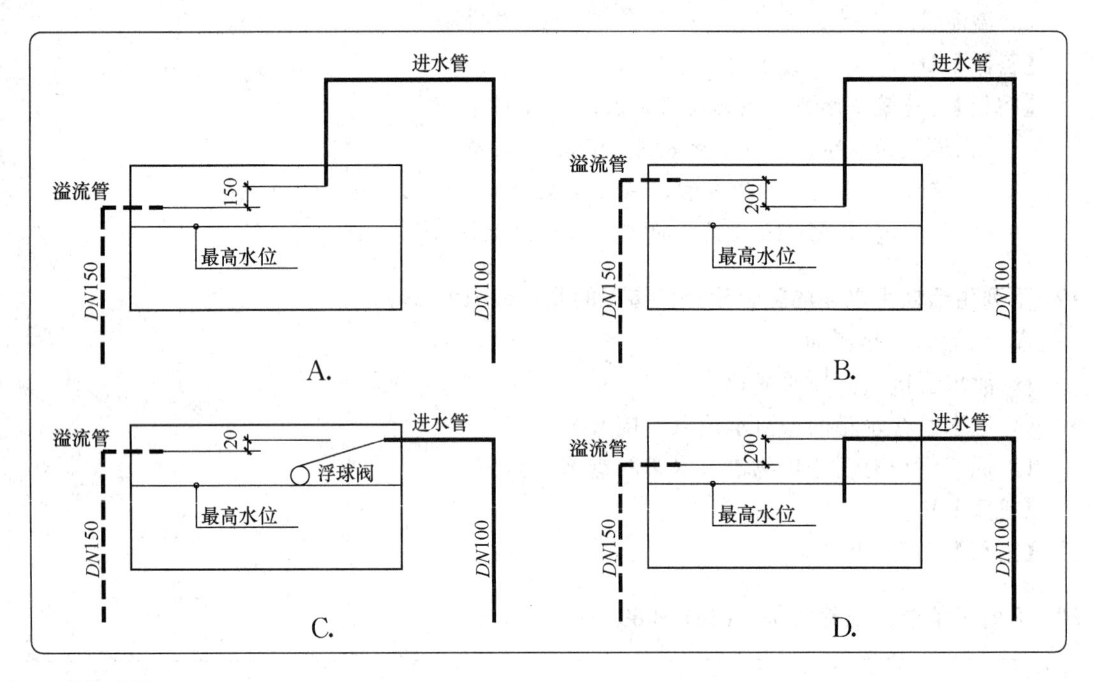

【答案】A

【解析】同题 20 解析。

22. 下列热水箱的配件设置，错误的是：(2018-064)

A. 设置引出室外的通气管

B. 设置检修人孔并加盖

C. 设置泄水管并与排水管道直接连接

D. 设置溢流管并与排水管道间接连接

【答案】C

【解析】《建筑给水排水设计标准》6.5.14 规定：

热水箱应加盖，并应设溢流管、泄水管和引出室外的通气管。热水箱溢流水位超出冷水补水箱的水位高度应按热水膨胀量计算。泄水管、溢流管不得与排水管道直接连接。

23. 关于水泵房设计要求中，错误的是：(2017-057)

A. 通风良好　　B. 允许布置在居住用房下层

C. 设置排水设施　　D. 水泵基础设置减振装置

【答案】B

【解析】《建筑给水排水设计标准》3.9.9 规定：

民用建筑物内设置的生活给水泵房不应毗邻居住用房或在其上层或下层，水泵机组宜设在水池（箱）的侧面、下方，其运行噪声应符合现行国家标准《民用建筑隔声设计规范》GB 50118 的规定。

24. 下列关于建筑物内给水泵房采取的减振防噪措施，错误的是：(2018-060)

A. 管道支架采用隔振支架

B. 减少墙面开窗面积

C. 利用楼面作为水泵机组的基础

D. 水泵吸水管和出水管上均设置橡胶软接头

【答案】C

【解析】《建筑给水排水设计标准》3.9.10 规定：

建筑物内的给水泵房，应采用下列减振防噪措施：

① 应选用低噪声水泵机组；

② 吸水管和出水管上应设置减振装置；

③ 水泵机组的基础应设置减振装置；

④ 管道支架、吊架和管道穿墙、楼板处，应采取防止固体传声措施；

⑤ 必要时，泵房的墙壁和顶棚应采取隔音吸音处理。

25. 下列管道井的设计中，错误的是：(2017-058)

A. 每层设检修门

B. 管道井的尺寸应根据管道数量、管径大小、排列方式等确定

C. 需进人维修的管道井，应考虑工作通道

D. 检修门内开

【答案】D

【解析】《建筑给水排水设计标准》3.5.19 规定

管道井尺寸应根据管道数量、管径、间距、排列方式、维修条件，结合建筑平面和结构形式等确定。需进人维修管道的管井，维修人员的工作通道净宽度不宜小于 0.6m。管道井应每层设外开检修门。

管道井的井壁和检修门的耐火极限和管道井的竖向防火隔断应符合现行国家标准《建筑设计防火规范》的规定。

26. 以下哪条管道与城镇给水管道可直接连接？(2012-059)

A. 自备水源供水管　　B. 生活给水管

C. 中水管　　D. 回用雨水管

【答案】B

【解析】依据《建筑给水排水设计标准》

3.1.2 自备水源的供水管道严禁与城镇给水管道直接连接

3.1.3 中水、回用雨水等非生活饮用水管道严禁与生活饮用水管道连接

故此题选B。

27. 小区室外管道敷设错误的是：(2013-061)

A. 沿区内道路敷设　　　　B. 不得设于绿化草地下

C. 敷设在人行道下　　　　D. 敷设在慢车道下

【答案】B

【解析】《建筑给水排水设计标准》3.13.16规定：

小区的室外给水管道应沿区内道路敷设，宜平行于建筑物敷设在人行道、慢车道或草地下；管道外壁距建筑物外墙的净距不宜小于1m，且不得影响建筑物的基础。

28. 给水管道上阀门的选用要求，以下哪项错误？(2012-060)

A. 耐腐蚀　　　　B. 经久耐用

C. 阀门承压大于或等于所在管道压力　　　　D. 镀铜铁杆铁芯阀门

【答案】D

【解析】《建筑给水排水设计标准》3.5.3规定，给水管道阀门材质应根据耐腐蚀、管径、压力等级、使用温度等因素确定，可采用全铜、全不锈钢、铁壳铜芯和全塑阀门等。

29. 下列哪种给水管上的阀门不设过滤器？(2013-060)

A. 截止阀　　　　B. 减压阀

C. 温度调节阀　　　　D. 自动水位控制阀

【答案】A

【解析】《建筑给水排水设计标准》3.5.15规定：

给水管道的管道过滤器设置应符合下列规定：

1. 减压阀、持压泄压阀、倒流防止器、自动水位控制阀，温度调节阀等阀件前应设置过滤器。

30. 下列塑料给水管道的布置与敷设，正确的是：(2019-061)

A. 布置在灶台上边缘

B. 与水加热器直接连接

C. 穿越屋面处，采取了可靠的防水措施，不再设套管

D. 在不结冻地区露天明设，不需采取保温等任何措施

【答案】C

【解析】依据《建筑给水排水设计标准》：

3.6.8-1 塑料给水管道不得布置在灶台上边缘；明设的塑料给水立管距灶台边缘不得小于0.4m，距燃气热水器边缘不宜小于0.2m。达不到此要求时，应有保护措施。

3.6.8-2 塑料给水管道不得与水加热器或热水炉直接连接，应有不小于0.4m的金属管段过渡。

故选项A及选项B错误。

3.6.17 给水管道穿越下列部位或接管时，应设置防水套管：

① 穿越地下室或地下构筑物的外墙处；

② 穿越屋面处；

注：有可靠的防水措施时，可不设套管。

故选项C正确。

③ 穿越钢筋混凝土水池（箱）的壁板或底板连接管道时。

3.6.19 在室外明设的给水管道，应避免受阳光直接照射，塑料给水管还应有有效保护措施；在结冻地区应做绝热层，绝热层的外壳应密封防渗。

选项D错误。

31. 下列给水系统节水节能措施中，错误的是：(2018-063)

A. 体育场卫生间的洗手盆选用普通水嘴

B. 冷水机组的冷凝废热作为生活热水的预热热源

C. 地下室生活饮用水池设水位监视和溢流报警装置

D. 小区的室外给水系统，充分利用城镇给水管网的水压直接供水

【答案】A

【解析】《建筑给水排水设计标准》规定：

3.2.14-1 公共场所的卫生间洗手盆宜采用感应式水嘴或自闭式水嘴等限流节水装置。

32. 以下哪个部位可不设置倒流防止器？(2019-069)

A. 从市政管网上直接抽水的水泵吸水管

B. 从市政管网直接供给商用锅炉、热水机组的进水管

C. 从市政管网单独接出的消防用水管

D. 从市政管网单独接出的枝状生活用水管

【答案】D

【解析】《建筑给水排水设计标准》：

3.2.5 从给水饮用水管道上直接供下列用水管道时，应在这些用水管道的下列部位设置倒流防止器：

② 从城镇生活给水管网直接抽水的水泵的吸水管上；

③ 利用城镇给水管网水压且小区引入管无倒流防止设施时，向商用的锅炉、热水机组、水加热器、气压水罐等有压容器或密闭容器注水的进水管上。

3.2.5A 从小区或建筑物内生活饮用水管道系统上接至下列用水管道或设备时应设置倒流防止器：

① 单独接出消防用水管道时，在消防用水管道的起端。

33. 允许室内给水管道穿越下列用房的是：(2018-061)

A. 食堂烹饪间　　B. 电梯机房

C. 音像库房　　D. 通信机房

【答案】A

【解析】《建筑给水排水设计标准》3.6.2 规定：室内给水管道布置应符合下列规定：

1　不得穿越变配电房、电梯机房、通信机房、大中型计算机房、计算机网络中心、音像库房等遇水会损坏设备和引发事故的房间；

2　不得在生产设备、配电柜上方通过；

3　不得妨碍生产操作、交通运输和建筑物的使用。

34. 集中热水供应系统确定原水的水处理影响因素，不包括以下哪条？(2012-062)

A. 水质　　B. 气候

C. 水量　　D. 水温

【答案】B

【解析】《建筑给水排水设计标准》6.2.3 规定，集中热水供应系统的原水的防垢、防腐处理，应根据水质、水量、水温、水加热设备的构造、使用要求等因素经技术经济比较按下列规定确定。

35. 热水系统的选择与以下哪条无关？(2013-062)

A. 耗热量　　B. 用水点分布

C. 热源条件　　D. 气候

【答案】D

【解析】热水供应系统的选择，应根据使用要求、耗热量及用水点分布情况，结合热源条件确定。

36. 关于集中热水供应系统优先采用的热源，错误的是：(2017-062)

A. 工业余热、废热　　B. 地热

C. 太阳能　　D. 天然气

【答案】D

【解析】《建筑给水排水设计标准》第 6.3.1 条规定：

1　采用具有稳定、可靠的余热；废热、地热，当以地热为热源时，应按地热水的水温、水质和水压，采取相应的技术措施处理满足使用要求；

2　当日照时数大于 1400h/年且年太阳辐射量大于 4200MJ/m^2 及年极端最低气温不低于−45℃的地区，采用太阳能。

3　在夏热冬暖、夏热冬冷地区采用空气源热泵。

37. 下列可作为某工厂集中热水供应系统热源的选择，不宜首选利用的是：(2018-062)

A. 废热　　B. 燃油

C. 太阳能　　D. 工业余热

【答案】B

【解析】同题 36 解析。

38. 宾馆、住宅卫生器具热水使用水温，以下哪条正确？(2012-063)

A. 沐浴器 37～40℃　　B. 浴盆 37℃

C. 盥洗槽水嘴 35℃　　D. 洗涤盆 30℃

【答案】A

【解析】《建筑给水排水设计标准》表 6.2.1-2 规定，宾馆、住宅卫生器具热水使用水温：沐浴器为 37～40℃，浴盆为 40℃，盥洗槽水嘴 30℃，洗涤盆 50℃。

39. 热水使用水温标准以下错误的是：(2013-063)

A. 实验室洗脸盆 50℃　　B. 幼儿园洗涤盆 50℃

C. 医院洗手盆 35℃　　D. 医院浴盆 37℃

【答案】D

【解析】详见《建筑给水排水设计标准》6.2.1 条：

盥洗池水嘴、住宅洗脸盆、实验室洗手盆：30℃。

洗手盆（除实验室）：35℃。

淋浴器：托儿所 30℃，幼儿园为 35℃，其他均为 37～40℃（幼儿皮肤娇嫩）。

浴盆：托儿所、幼儿园为 35℃，其他均为 40℃。

实验室洗脸盆、幼儿园住宅及餐饮业洗涤盆为 50℃。

40. 下列关于管道直饮水系统设计要求，错误的是：(2019-062)

A. 管道直饮水系统必须独立设置

B. 应设循环管道

C. 供水、回水管网应同程布置

D. 循环管网内水的停留时间不应超过 24h

【答案】D

【解析】《建筑给水排水设计标准》5.7.3 管道直饮水系统应符合下列规定：

③ 管道直饮水系统必须独立设置；

⑥ 管道直饮水应设循环管道，其供、回水管网应同程布置，循环管网内水的停留时间不应超过 12h；从立管接至配水龙头的支管管段长度不宜大于 3m。

故选 D。

41. 关于建筑内开水间设计，错误的是：(2017-063)

A. 应设给水管　　B. 应设排污排水管

C. 排水管道应采用金属排水管　　D. 排水管道应采用普通塑料管

【答案】D

【解析】《建筑给水排水设计标准》6.9.10 规定：

开水间、饮水处理间应设给水管、排污排水用地漏。给水管管径可按设计小时饮水量计算。开水器、开水炉排污、排水管道应采用金属排水管或耐热塑料排水管。

42. 关于地下室中卫生器具、脸盆的排水管装置，正确的是：(2017-068)

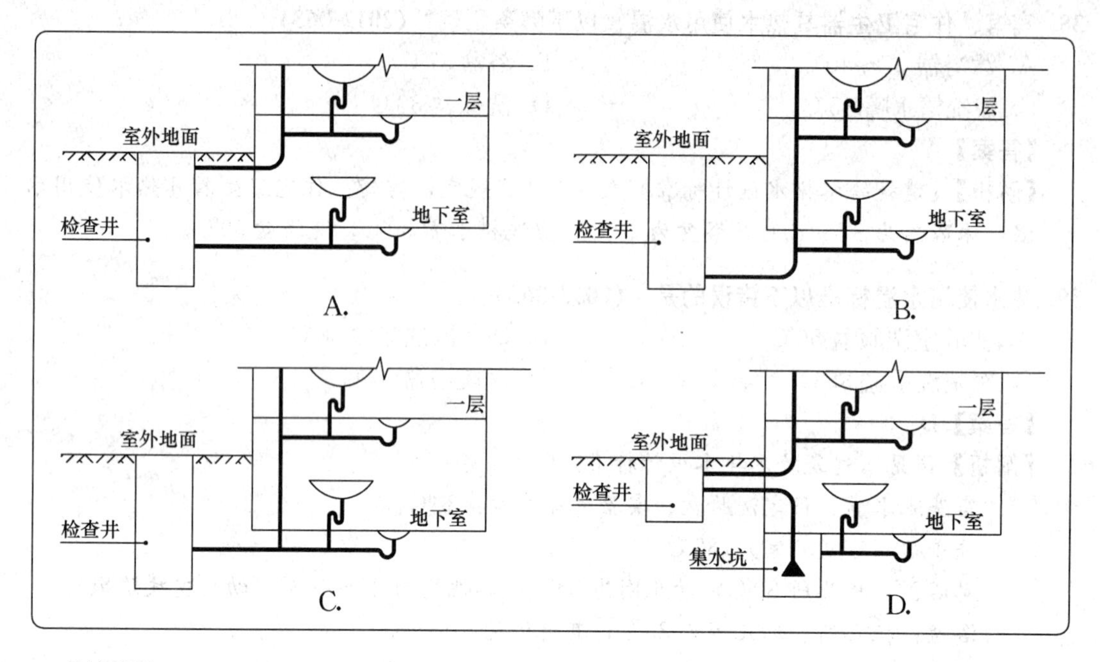

【答案】D

【解析】《建筑给水排水设计标准》4.8.1 规定：

建筑物室内地面低于室外地面时，应设置污水集水池、污水泵或成品污水提升装置。

43. 下列居民日常生活排水中，不属于生活废水的是：(2018-066)

A. 洗衣水　　B. 洗菜水

C. 粪便水　　D. 淋浴水

【答案】C

【解析】《建筑给水排水设计标准》规定：

2.1.39　生活污水：人们日常生活中排泄的粪便污水。

2.1.40　生活废水：人们日常生活中排泄的洗涤水。

44. 下列哪一类建筑排水不需要单独收集处理？(2019-067)

A. 生活废水　　B. 机械自动洗车台冲洗水

C. 实验室有毒有害废水　　D. 营业餐厅厨房含油脂的洗涤废水

【答案】A

【解析】《建筑给水排水设计标准》4.2.4 下列建筑排水应单独排水至水处理或回收构筑物：

① 职工食堂、营业餐厅的厨房含有大量油脂的废水；

② 洗车冲洗水；

③ 含有致病菌，放射性元素等超过排放标准的医疗、科研机构的污水；

④ 水温超过 40℃的锅炉排污水；

⑤ 用作中水水源的生活排水；

⑥ 实验室有害有毒废水。

故选 A。

45. 关于养老院的给排水设计要求，哪项是错误的？(2019-070)

A. 非传统水源可为冲厕用水

B. 宜采用坐便器

C. 浴盆的热水管道应有防烫伤措施

D. 老年人使用的公共卫生间应选用方便无障碍使用与通行的洁具

【答案】A

【解析】《老年人照料设施建筑设计标准》7.1.1 规定，老年人照料设施给水系统供水水质应符合现行国家标准的规定。非传统水源可用于室外绿化及道路浇洒，但不应进入建筑内老年人可触及的生活区域。

46. 小区室外排水管道应优先采用：(2013-068)

A. 埋地排水塑料管　　B. 铸铁管

C. 复合管　　D. 镀锌钢管

【答案】A

【解析】《建筑给水排水设计标准》4.10.8 规定：

小区室外生活排水管道系统，宜采用埋地排水塑料管和塑料污水排水检查井。

47. 排水管的敷设，以下哪条错误？(2012-068)

A. 不得穿越卧室　　B. 可设于卧室的墙内

C. 不宜穿越橱窗、壁柜　　D. 不得穿越住宅客厅、餐厅

【答案】B

【解析】《建筑给水排水设计标准》：

4.3.3-6　排水管道不得穿越住宅客厅、餐厅，排水立管不宜靠近与卧室相邻的内墙；

4.4.1-7　排水管道不宜穿越橱窗、壁柜，不得穿越贮藏室；

4.4.2-1　排水管道不得穿越卧室、客房、病房和宿舍等人员居住的房间。

48. 下列关于排水系统水封设置的说法，错误的是：(2018-065)

A. 存水弯的水封深度不得小于 50mm

B. 可以采用活动机械密封代替水封

C. 卫生器具排水管段上不得重复设置水封

D. 水封装置能隔断排水管道内的有害气体窜入室内

【答案】B

【解析】《建筑给水排水设计标准》规定：

4.3.11　水封装置的水封深度不得小于 50mm。严禁采用活动机械活瓣替代水封，严禁采用钟式结构地漏。

4.3.13　卫生器具排水管段上不得重复设置水封。

49. 关于建筑排水通气立管设置，错误的是：(2017-069)

A. 通气立管不得接纳器具污水　　B. 不得以吸气阀替代通气管

C. 通气管可接纳雨水　　D. 不得与风管连接

【答案】C

【解析】《建筑给水排水设计标准》4.7.6 规定：

通气立管不得接纳器具污水、废水和雨水，不得与风道和烟道连接。

50. 高出屋面通气管设置错误的是：(2013-069)

A. 高出屋面大于 0.3m　　B. 大于积雪厚度

C. 经常有人停留的屋面小于 2m　　D. 顶端应装设风帽或网罩

【答案】C

【解析】《建筑给水排水设计标准》规定：

4.7.12 高出屋面的通气管设置应符合下列要求：

1 通气管高出屋面不得小于 0.3m，且应大于最大积雪厚度，通气管顶端应装设风帽或网罩；

2 在通气管口周围 4m 以内有门窗时，通气管口应高出窗顶 0.6m 或引向无门窗一侧；

3 在经常有人停留的平屋面上，通气管口应高出屋面 2m；

4 通气管口不宜设在建筑物挑出部分的下面。

51. 高出屋面通气立管的设置要求，以下哪条错误？(2012-069)

A. 通气口宜设于雨棚下　　B. 高出屋面不得小于 0.3m

C. 高出屋面应大于最大积雪厚度　　D. 顶端应设风帽

【答案】A

【解析】同题 50 解析。

52. 小区雨水口的设置，错误的是：(2013-070)

A. 建筑雨落水管附近　　B. 地下通道最低处

C. 绿地低洼点　　D. 小区空地

【答案】B

【解析】《建筑给水排水设计标准》5.3.3 规定：

下列部位宜布置雨水口：

1. 道路交汇处和路面最低点；

2. 地下坡道入口处。

53. 下列关于建筑雨水排水工程的设计，错误的是：(2019-068)

A. 建筑物雨水管道单独设置

B. 建筑屋面雨水排水工程设置溢流设施

C. 建筑屋面各汇水范围内的雨水排水立管宜设 1 根

D. 下沉式广场地面排水设置雨水集水池和排水泵排水

【答案】C

【解析】依据《建筑给水排水设计标准》5.2.27 条，建筑屋面各汇水范围内，雨水排水立管不宜少于2根。选项C错误，故选C。

54. 下列关于雨水排水系统的设计，错误的是：(2018-067)

A. 高层建筑裙房屋面的雨水应单独排放

B. 多层建筑阳台雨水排水系统宜单独设置

C. 阳台雨水立管就近直接接入庭院雨水管道

D. 生活阳台雨水可利用洗衣机排水口和地漏排水

【答案】C

【解析】《建筑给水排水设计标准》规定：

5.2.22 裙房屋面的雨水应单独排放，不得汇入高层建筑屋面排水管道系统。

5.2.24 阳台、露台雨水系统设置应符合下列规定：

1 高层建筑阳台、露台雨水系统应单独设置

2 多层建筑阳台、露台雨水系统宜单独设置

4 当住宅阳台、露台雨水排入室内地面或雨水控制利用设施时，雨落水管应采取断接方式；当阳台、露台雨水排入小区污水管道时应设水封井。

6 当生活阳台设有生活排水设备及地漏时，应设专用排水立管接入污水排水系统，可不另设阳台雨水排水地漏。

55. 关于建筑阳台雨水排水设计，错误的是：(2017-070)

A. 多层建筑阳台雨水宜设独立排水立管

B. 阳台雨水立管底部应间接排水

C. 当生活阳台设有生活排水设备及地漏时，可不另设阳台雨水排水地漏

D. 高层建筑阳台雨水与屋面雨水共用排水立管

【答案】D

【解析】同题54解析。

56. 下列关于住宅内管道布置要求的说法，错误的是：(2019-066)

A. 污水管道不得穿越客厅

B. 雨水管道可以穿越客厅

C. 污水管道不得穿越卧室内壁柜

D. 雨水管道不得穿越卧室内壁柜

【答案】B

【解析】《住宅设计规范》8.1.7下列设施不应设置在住宅套内，应设置在共用空间内：①公共功能的管道，包括给水总立管、消防立管、雨水立管、采暖（空调）供回水总立管和配电和弱电干线（管）等，设置在开敞式阳台的雨水立管除外。

57. 合理布置天沟有利于防渗漏和构造处理，以下天沟分界部位哪条错误？(2012-070)

A. 伸缩缝

B. 沉降缝

C. 屋面高度变化处

D. 施工缝

【答案】C

【解析】《建筑给水排水设计标准》5.2.8规定，天沟、檐沟排水不得流经变形缝和防火墙。

第二节　消防给水与自动喷水灭火系统

1. 自动喷水灭火系统用水对水质的要求，不包括以下哪项？(2012-064)

A. 无污染　　　　B. 无病毒

C. 无腐蚀　　　　D. 无悬浮物

【答案】B

【解析】《自动喷水灭火系统设计规范》10.1.1 规定，系统用水应无污染、无腐蚀、无悬浮物。可由市政或企业的生产、消防给水管道供给，也可由消防水池或天然水源供给，并应确保持续喷水时间内的用水量。

2. 下列建筑物及场所可不设置消防给水系统的是：(2018-070)

A. 耐火等级为二级的Ⅳ级修车库

B. 停车数量为 6 辆的停车场

C. 停车数量为 7 辆且耐火等级为一级的汽车库

D. 停车数量为 8 辆且耐火等级为二级的汽车库

【答案】A

【解析】《汽车库、修车库、停车场设计防火规范》规定：

7.1.2　符合下列条件之一的汽车库、修车库、停车场，可不设置消防给水系统：

1. 耐火等级为一、二级且停车数量不大于 5 辆的汽车库；
2. 耐火等级为一、二级的Ⅳ类修车库；
3. 停车数量不大于 5 辆的停车场。

3.《自动喷水灭火系统设计规范》的适用范围不包括以下哪条？(2012-067)

A. 新建民用建筑　　　　B. 改建民用建筑

C. 核电站　　　　D. 新建工业建筑

【答案】C

【解析】《自动喷水灭火系统设计规范》1.0.2：

本规范适用于新建、扩建、改建的民用与工业建筑中自动喷水灭火系统的设计。

本规范不适用于火药、炸药、弹药、火工品工厂、核电站及飞机库等特殊功能建筑中自动喷水灭火系统的设计。

4. 不计入室内消防用水的是：(2013-064)

A. 消火栓　　　　B. 自动喷淋

C. 消防软管卷盘　　　　D. 泡沫

【答案】C

【解析】 老规范 GB 50016—2006 第 8.4.1 条规定：消防软管卷盘可以供非专业消防人员使用，其消防用水量可不计入消防用水总量。

5. 消防水泵应保证在自动火灾报警后多长时间内启动？(2012-066)

A. 120 秒　　　　B. 100 秒

C. 60 秒　　　　　　　　　　　　　　　　D. 30 秒

【答案】D

【解析】《水电工程设计防火规范》：

11.2.3　消防水泵应符合下列要求：

① 消防水泵应设置备用泵，其工作能力不应小于一台主要水泵的能力。

② 消防水泵应保证在火警后 30s 内启动。

6. 消防水泵在火警后应保证在哪个时间内启动？(2013-066)

A. 30s　　　　　　　　　　　　　　　　B. 60s

C. 80s　　　　　　　　　　　　　　　　D. 100s

【答案】A

【解析】同题 5 解析。

7. 根据消防水泵房的设计要求，错误的是：(2017-064)

A. 疏散门直通室外或安全出口

B. 独立建造的泵房，其耐火等级不低于三级

C. 建筑内的泵房，应设在地下二层及以上

D. 设在建筑内的地下水泵房，室内地面与室外出入口地坪高差应小于 10m

【答案】B

【解析】《建筑设计防火规范》规定：

8.1.6　消防水泵房的设置应符合下列规定：

1. 单独建造的消防水泵房，其耐火等级不应低于二级；

2. 附设在建筑内的消防水泵房，不应设置在地下三层及以下或室内地面与室外出入口地坪高差大于 10m 的地下楼层；

3. 疏散门应直通室外或安全出口。

8. 下列关于建筑内消防水泵房的设计，错误的是：(2018-068)

A. 设置在地下三层　　　　　　　　　　B. 疏散门直通安全出口

C. 室内温度不得低于 5℃　　　　　　　D. 泵房地面应设排水设施

【答案】A

【解析】同题 7 解析。

9. 可不设置灭火器的部位是：(2017-065)

A. 多层住宅的公共部位　　　　　　　　B. 公共建筑的公共部位

C. 乙类厂房内　　　　　　　　　　　　D. 高层住宅户内

【答案】D

【解析】《建筑设计防火规范》规定：

8.1.10　高层住宅建筑的公共部位和公共建筑内应设置灭火器，其他住宅建筑的公共部位宜设置灭火器。

厂房、仓库、储罐（区）和堆场，应设置灭火器。

10. 室外消火栓设置间距不应大于以下哪个数据？（2012-065）

A. 120m　　　　B. 150m

C. 180m　　　　D. 200m

【答案】B

【解析】《消防给水及消火栓系统技术规范》7.3.2 规定，建筑室外消火栓的数量应根据室外消火栓设计流量和保护半径经计算确定，保护半径不应大于 150.0m，每个室外消火栓的出流量宜按 10～15L/s 计算。

11. 应设室内消火栓灭火系统的建筑是：（2017-066）

A. 建筑占地面积大于 300m² 的厂房

B. 耐火等级为三、四级且建筑体积不大于 3000m³ 的丁类厂房

C. 存有与水接触能引起燃烧爆炸的库房

D. 粮食仓库远离城镇且无人值守

【答案】A

【解析】《建筑设计防火规范》规定：

8.2.1 下列建筑或场所应设置室内消火栓系统：

① 建筑占地面积大于 300m² 的厂房和仓库；

② 高层公共建筑和建筑高度大于 21m 的住宅建筑；

注：建筑高度不大于 27m 的住宅建筑，设置室内消火栓系统确有困难时，可只设置干式消防竖管和不带消火栓箱的 *DN*65 的室内消火栓。

③ 体积大于 5000m³ 的车站、码头、机场的候车（船、机）建筑、展览建筑、商店建筑、旅馆建筑、医疗建筑、老年人照料设施和图书馆建筑等单、多层建筑；

④ 特等、甲等剧场，超过 800 个座位的其他等级的剧场和电影院等以及超过 1200 个座位的礼堂、体育馆等单、多层建筑；

⑤ 建筑高度大于 15m 或体积大于 10000m³ 的办公建筑、教学建筑和其他单、多层民用建筑。

8.2.2 本规范第 8.2.1 条未规定的建筑或场所和符合本规范第 8.2.1 条规定的下列建筑或场所，可不设置室内消火栓系统，但宜设置消防软管卷盘或轻便消防水龙：

① 耐火等级为一、二级且可燃物较少的单、多层丁、戊类厂房（仓库）。

② 耐火等级为三、四级且建筑体积不大于 3000m³ 的丁类厂房；耐火等级为三、四级且建筑体积不大于 5000m³ 的戊类厂房（仓库）。

③ 粮食仓库、金库、远离城镇且无人值班的独立建筑。

④ 存有与水接触能引起燃烧爆炸的物品的建筑。

⑤ 室内无生产、生活给水管道，室外消防用水取自储水池且建筑体积不大于 5000m³ 的其他建筑。

12. 室内消火栓设置错误的是：（2013-065）

A. 栓口离地面宜为 1.1m　　　　B. 出水方向宜向下

C. 与设置墙面成 90°角　　　　D. 消防电梯前室无须设置

【答案】D

【解析】《消防给水及消火栓系统技术规范》7.4.5 规定：消防电梯前室应设置室内消火栓，并应计入消火栓使用数量。

13. 下列建筑的室内消火栓系统需设消防水泵接合器，错误的是：(2017-067)

A. 4 层公共建筑

B. 超过 4 层的厂房

C. 高层建筑

D. 建筑面积大于 10000m^2 的地下建筑

【答案】A

【解析】《建筑设计防火规范》规定：

8.1.3 自动喷水灭火系统、水喷雾灭火系统、泡沫灭火系统和固定消防炮灭火系统等系统以及下列建筑的室内消火栓给水系统应设置消防水泵接合器：

1. 超过 5 层的公共建筑；
2. 超过 4 层的厂房或仓库；
3. 其他高层建筑；
4. 超过 2 层或建筑面积大于 10000m^2的地下建筑（室）。

14. 下列建筑物的消防设施可不设置消防水泵接合器的是：(2018-069)

A. 展览厅的固定消防炮灭火系统

B. 特殊重要设备室的水喷雾灭火系统

C. 半地下放映场所的自动喷水灭火系统

D. 无地下室 3 层商场室内消火栓给水系统

【答案】D

【解析】同题 13 解析。

15. 下列建筑物和场所可不采取消防排水措施的是：(2019-065)

A. 仓库

B. 消防水泵房

C. 防排烟管道井的井底

D. 设有消防给水系统的地下室

【答案】C

【解析】《消防给水及消火栓系统技术规范》9.2.1 条，下列建筑物和场所应采取消防排水措施：①消防水泵房；②设有消防给水系统的地下室；③消防电梯的井底；④仓库。故此题选 C。

16. 下列消防控制室的位置选择要求，错误的是：(2019-099)

A. 当设在首层时，应有直通室外的安全出口

B. 应设在交通方便和消防人员容易找到并可接近的部位

C. 不应与防灾监控、广播等用房相临近

D. 应设在发生火灾时不易延燃的部位

【答案】C

【解析】《建筑设计防火规范》8.1.7 条，设置火灾自动报警系统和需要联动控制的消防设备的建筑（群）应设置消防控制室。消防控制室的设置应符合下列规定：

① 单独建造的消防控制室，其耐火等级不应低于二级；

② 附设在建筑内的消防控制室，宜设置在建筑内首层或地下一层，并宜布置在

靠外墙部位；

③ 不应设置在电磁场干扰较强及其他可能影响消防控制设备正常工作的房间附近；

④疏散门应直通室外或安全出口。

第三节 建筑采暖系统

1. 设置了集中采暖的地区，应优先选择下列哪项作为采暖系统热源？(2013-071)

A. 蓄热电锅炉　　B. 空气源热泵

C. 燃气锅炉　　D. 城市热网

【答案】D

【解析】《民用建筑供暖通风与空气调节设计规范》规定：

8.1.1 供暖空调冷源与热源应根据建筑物规模、用途、建设地点的能源条件、结构、价格以及国家节能减排和环保政策的相关规定等，通过综合论证确定，并应符合下列规定：

1. 有可供利用的废热或工业余热的区域，热源宜采用废热或工业余热。当废热或工业余热的温度较高、经技术经济论证合理时，冷源宜采用吸收式冷水机组。

2. 在技术经济合理的情况下，冷、热源宜利用浅层地能、太阳能、风能等可再生能源。当采用可再生能源受到气候等原因的限制无法保证时，应设置辅助冷、热源。

3. 不具备本条第1、2款的条件，但有城市或区域热网的地区，集中式空调系统的供热热源宜优先采用城市或区域热网。

2. 下列哪一项不能作为供暖系统热源？(2017-071)

A. 城市热网　　B. 锅炉

C. 散热器　　D. 燃气热泵

【答案】C

【解析】散热器是散热设备。

3. 户式空气源热泵的设置，做法错误的是：(2018-073)

A. 保证进、排风通畅　　B. 靠近厨房排烟出口

C. 与周围建筑保持一定距离　　D. 考虑室外机换热器便于清扫

【答案】B

【解析】《民用建筑供暖通风与空气调节设计规范》8.3.3 规定：

空气源热泵或风冷制冷机组室外机的设置，应符合下列规定：

1. 确保进风与排风通畅，在排出空气与吸入空气之间不发生明显的气流短路；

2. 避免受污浊气流影响；

3. 噪声和排热符合周围环境要求；

4. 便于对室外机的换热器进行清扫。

4. 住宅建筑中，下列哪种采暖方式舒适度最高？(2013-072)

A. 散热器采暖　　　　B. 地面辐射采暖
C. 热风采暖　　　　D. 顶板辐射采暖

【答案】B

【解析】地面辐射采暖被公认是目前舒适度最高的供暖方式。

5. 热水地板辐射采暖系统于地板内加热管无坡敷设，为排除加热管内的空气采取下列哪项措施？（2012-073）

A. 采用低温热水　　　　B. 限制管内最小流速
C. 增加管道系统压力　　　　D. 采用塑料管材

【答案】B

【解析】《民用建筑供暖通风与空气调节设计规范》5.9.6，供暖系统水平管道的敷设应有一定的坡度，坡向应有利于排气和泄水。供回水支、干管的坡度宜采用0.003，不得小于0.002；立管与散热器连接的支管，坡度不得小于0.01；当受条件限制，供回水干管（包括水平单管串联系统的散热器连接管）无法保持必要的坡度时，局部可无坡敷设，但该管道内的水流速不得小于0.25m/s。

6. 寒冷地区净高为8m的酒店大堂，最适合采用哪种末端散热设备？（2017-072）

A. 对流型散热器　　　　B. 低温地板辐射
C. 电散热器　　　　D. 暖风机

【答案】B

【解析】《旅馆建筑设计规范》规定：

6.2.14　旅馆建筑供暖系统的设置应符合下列规定：

2. 严寒和寒冷地区旅馆建筑的门厅、大堂等高大空间以及室内游泳池人员活动地面等，宜设置低温地面辐射供暖系统。

7. 带底商的多层住宅建筑，关于集中采暖系统设置的说法，正确的是：（2013-073）

A. 应采用单管顺序式系统　　　　B. 底商应设置采暖热计量校正
C. 应选用砂模铸铁散热器　　　　D. 应降低供回水温差

【答案】B

【解析】A选项的单管顺序式系统不利于分户计量，C选项的砂模铸铁散热器属于淘汰产品，D选项降低供回水温差不利于节能，因而选B。

8. 设计燃气锅炉房时，下列哪个房间与相邻控制值班室的隔墙可以开门、窗？（2013-077）

A. 燃气调压间　　　　B. 水质化验间
C. 锅炉间　　　　D. 燃气计量间

【答案】B

【解析】《锅炉房设计规范》规定：

15.1.1　锅炉房的火灾危险性分类和耐火等级应符合下列要求：

3. 燃气调压间应属于甲类生产厂房，其建筑不应低于二级耐火等级，与锅炉房贴邻的调压间应设置防火墙与锅炉房隔开，其门窗应向外开启并不应直接通向锅炉房，地面应采用不产生火花地坪。

15.1.3 燃油、燃气锅炉房锅炉间与相邻的辅助间之间的隔墙，应为防火墙；隔墙上开设的门应为甲级防火门；朝锅炉操作面方向开设的玻璃大观察窗，应采用具有抗爆能力的固定窗。

可以看出，燃气调压间及其相关的燃气计量间，锅炉间都是危险性相对较高的空间，因而选 B。

9. 设置在建筑物的锅炉房，下列说法错误的是：(2019-077)

A. 应设置在靠外墙部位　　B. 出入口应不少于 2 个

C. 不宜通过窗井泄爆　　D. 人员出入口至少有 1 个直通室外

【答案】C

【解析】《锅炉房设计规范》：

4.1.3 当锅炉房和其他建筑物相连或设置在其内部时，严禁设置在人员密集场所和重要部门的上一层、下一层、贴邻位置以及主要通道、疏散口的两旁，并应设置在首层或地下室一层靠建筑物外墙部位。

4.3.7 锅炉房出入口的设置，必须符合下列规定：

① 出入口不应少于 2 个。但对独立锅炉房，当炉前走道总长度小于 12m，且总建筑面积小于 $200m^2$ 时，其出入口可设 1 个；

② 非独立锅炉房，其人员出入口必须有 1 个直通室外；

③ 锅炉房为多层布置时，其各层的人员出入口不应少于 2 个。楼层上的人员出入口，应有直接通向地面的安全楼梯。

10. 多层住宅采暖采用热量表分户热计量时，应采用下列哪种热水采暖系统形式？(2012-071)

A. 垂直布置上供下回式　　B. 双管上供下回式

C. 双管下供下回式　　D. 共用立管水平分环式

【答案】B

【解析】双管上供下回式便于分户热计量。

11. 关于供热计量装置的规定，错误的是：(2013-081)

A. 集中供热的新建建筑必须安装热计量装置

B. 既有建筑的节能改造必须安装热计量装置

C. 热源和热力站必须安装供热量自动控制装置

D. 热计量装置必须安装在供水管上

【答案】D

【解析】《民用建筑供暖通风与空气调节设计规范》5.10.3 规定：

用于热量结算的热量表的选型和设置应符合下列规定：

1. 热量表应根据公称流量选型，并校核在系统设计流量下的压降。公称流量可按设计流量的 80%确定；

2. 热量表的流量传感器的安装位置应符合仪表安装要求，且宜安装在回水管上。

12. 燃气系统及燃气管道设计中，下列哪项是错误的？(2012-085)

A. 燃气密度比空气大的燃气的管道不应设在地下室

B. 锅炉的燃气系统宜采用高压燃气系统

C. 燃气管道不应穿过通风沟

D. 燃气调压装置宜设在独立的建筑物内

【答案】B

【解析】燃气锅炉所用燃气宜采用低压（<5kPa）和中压（5～150kPa）系统，不宜采用高压系统。

13. 设置在地下室的燃气锅炉房，可以使用哪种燃料？(2013-085)

A. 液化石油气　　B. 矿井气

C. 天然气　　D. 人工煤气

【答案】C

【解析】《锅炉房设计规范》3.0.3 规定：

锅炉房燃料的选用，应做到合理利用能源和节约能源，并与安全生产、经济效益和环境保护相协调，选用的燃料应有其产地、元素成分分析等资料和相应的燃料供应协议，并应符合下列规定：

1. 设在其他建筑物内的锅炉房，应选用燃油或燃气燃料；

2. 选用燃油作燃料时，不宜选用重油或渣油；

3. 地下、半地下、地下室和半地下室锅炉房，严禁选用液化石油气或相对密度大于或等于 0.75 的气体燃料。

14. 热水地面辐射供暖系统供水温度宜采用：(2018-071)

A. 25℃　　B. 45℃

C. 65℃　　D. 85℃

【答案】B

【解析】《民用建筑供暖通风与空气调节设计规范》5.4.1 规定：

热水地面辐射供暖系统供水温度宜采用 35～45℃，不应大于 60℃；供回水温差不宜大于 10℃，且不宜小于 5℃。

15. 下列各建筑，适合采用明装散热器的是：(2018-072)

A. 幼儿园　　B. 养老院

C. 医院用房　　D. 普通住宅

【答案】D

【解析】《民用建筑供暖通风与空气调节设计规范》5.3.9 规定：

除幼儿园、老年人和特殊功能要求的建筑外，散热器应明装。必须暗装时，装饰罩应有合理的气流通道、足够的通道面积，并方便维修。散热器的外表面应刷非金属性涂料。

16. 下列哪个场所的散热器应暗装或加防护罩？(2019-071)

A. 办公建筑　　B. 酒店建筑

C. 幼儿园　　　　　　　　　　　　　　D. 医院门诊楼

【答案】C

【解析】同题15解析。

17. 寒冷地区的住宅建筑，当增大外墙的热阻且其他条件不变时，房间供暖热负荷如何变化？(2019-078)

A. 增大　　　　　　　　　　　　　　B. 减小

C. 不变　　　　　　　　　　　　　　D. 不确定

【答案】B

【解析】《民用建筑热工设计规范》2.1.7，热阻：表征围护结构本身或其中某层材料阻抗传热能力的物理量。由热阻的定义可知，外墙热阻增大，房间供暖负荷将减小。

18. 关于建筑围护结构设计要求的说法，正确的是：(2018-079)

A. 建筑热工设计与室内温湿度状况无关

B. 外墙的热桥部位内表面温度不应低于室内空气湿球温度

C. 严寒地区外窗的传热系数对供暖能耗影响大

D. 夏热冬暖地区外窗的传热系数对空调能耗影响大

【答案】C

【解析】《公共建筑节能设计标准》第3.3.1、3.3.2条文说明规定：

严寒和寒冷地区冬季室内外温差大、供暖期长，建筑围护结构传热系数对供暖能耗影响很大，供暖期室内外温差传热的热量损失占主导地位。因此，在严寒、寒冷地区主要考虑建筑的冬季保温，对围护结构传热系数的限值要求相对高于其他气候区。在夏热冬暖和夏热冬冷地区，空调期太阳辐射得热是建筑能耗的主要原因，因此，对窗和幕墙的玻璃（或其他透光材料）的太阳得热系数的要求高于北方地区。

19. 下列防止外门冷风渗透的措施，哪项是错误的？(2019-072)

A. 设置门斗　　　　　　　　　　　　B. 设置热空气幕

C. 经常开启的外门采用转门　　　　　D. 门斗内设置散热器

【答案】D

【解析】《民用建筑供暖通风与空气调节设计规范》：

5.8.1 对严寒地区公共建筑经常开启的外门，应采取热空气幕等减少冷风渗透的措施。

5.8.2 对寒冷地区公共建筑经常开启的外门，当不设门斗和前室时，宜设置热空气幕。

20. 下列哪项与内保温外墙传热系数无关。(2019-080)

A. 保温材料导热系数　　　　　　　　B. 热桥断面面积比

C. 外墙表面太阳辐射反射率　　　　　D. 外墙主体厚度

【答案】C

【解析】由于是内保温外墙，因而外墙传热系数与选项C无关，故选C。

21. 下列哪项不属于可再生能源？(2018-080)

A. 生物质能　　　　B. 地热能

C. 太阳能　　　　D. 核能

【答案】D

【解析】《绿色建筑评价标准》规定：

2.0.4 可再生能源 renewable energy

风能、太阳能、水能、生物质能、地热能和海洋能等非化石能源的统称。

22. 下列哪项不符合绿色建筑评价创新项的要求？(2018-081)

A. 围护结构热工性能比国家现行相关节能标准规定提高10%

B. 应用建筑信息模型（BIM）技术

C. 通过分析计算采取措施使单位建筑面积碳排放强度降低10%

D. 进行节约能源资源技术创新有明显效益

【答案】A

【解析】《绿色建筑评价标准》11.1.1规定：

绿色建筑评价时，应按本章规定对加分项进行评价。加分项包括性能提高和创新两部分。

选项A属于性能提高，不属于创新。

23. 严寒地区新建住宅设计集中供暖时，热量表需设于专用表计小室中。下列对专用表计小室的要求正确的是：(2018-082)

A. 有地下室的建筑，设置在地下室专用空间内，空间净高不低于2.0m，表计前操作净距离不小于0.8m

B. 有地下室的建筑，设置在地下室专用空间内，空间净高不低于2.4m，表计前操作净距离不小于1.0m

C. 无地下室的建筑，在楼梯间下部设置表计小室，操作面净高不低于2.0m，表计前操作净距离不小于0.8m

D. 无地下室的建筑，在楼梯间下部设置表计小室，操作面净高不低于1.0m，表计前操作净距离不小于0.8m

【答案】A

【解析】《供热计量技术规程》5.1.4规定：

专用表计小室的设置，应符合下列要求：

1. 有地下室的建筑，宜设置在地下室的专用空间内，空间净高不应低于2.0m，前操作面净距离不应小于0.8m。

2. 无地下室的建筑，宜于楼梯间下部设置小室，操作面净高不应低于1.4m，前操作面净距离不应小于1.0m。

24. 关于新建住宅建筑热计量表的设置，错误的是：(2019-079)

A. 应设置楼栋热计量表

B. 楼栋热计量表可设置在热力入口小室内

C. 分户热计量的户用热表可作为热量结算点

D. 分户热量表应设置在户内

【答案】D

【解析】《严寒和寒冷地区居住建筑节能设计标准》：

5.1.9 集中供暖系统的热量计量应符合下列规定：

① 锅炉房和热力站的总管上，应设置计量总供热量的热量计量装置；

② 建筑物的热力入口处，必须设置热量表，作为该建筑物供暖耗热量的结算点；

③ 室内供暖系统根据设备形式和使用条件设置热计量装置。

25. 居民燃气用气设备严禁设置在：(2019-084)

A. 外走廊　　B. 生活阳台

C. 卧室内　　D. 厨房内

【答案】C

【解析】《住宅设计规范》8.4.3-1 条，燃气设备严禁设置在卧室内。

26. 关于夏热冬暖地区建筑内燃气管线的敷设，下列说法中错误的是：(2019-085)

A. 立管不得敷设在卫生间内　　B. 管线不得穿过电缆沟

C. 管线不得敷设在设备层内　　D. 立管可沿外墙外侧敷设

【答案】C

【解析】卫生间由于经常处于封闭状态且为潮湿环境，对管路的腐蚀有很大的影响，立管不允许经过主要为了安全，选项 A 正确；燃气管线穿过电缆沟易引起爆炸，选项 B 正确；夏热冬暖地区建筑内燃气管线立管可沿外墙外侧敷设，选项 D 正确；故此题选 C。

第四节　通风与空调系统

1. 设计利用穿堂风进行自然通风的板式建筑，其迎风面与夏季最多风向的夹角宜为：(2018-075)

A. 0℃　　B. 30℃

C. 45℃　　D. 90℃

【答案】D

【解析】《民用建筑供暖通风与空气调节设计规范》6.2.1 规定：

利用自然通风的建筑在设计时，应符合下列规定：

1. 利用穿堂风进行自然通风的建筑，其迎风面与夏季最多风向宜成 60°～90°角，且不应小于 45°，同时应考虑可利用的春秋季风向以充分利用自然通风。

2. 夏热冬冷地区采用侧窗自然进风、屋顶天窗自然排风的方式排除车间余热时，下列哪种做法有误？(2012-075)

A. 冬季进风口距离室内地面不宜小于 4.0m

B. 夏季进风口距室内地面不应大于 1.2m

C. 屋顶天窗应设在正压区

D. 进风口应避开室内热源和污染源

【答案】C

【解析】屋顶处于正压区时应避免设置排风窗，以避免空气倒灌，故选C。

3. 下列哪项不属于被动式通风技术？（2018-074）

A. 捕风装置　　B. 屋顶风机

C. 太阳能烟囱　　D. 无动力风帽

【答案】B

【解析】《民用建筑供暖通风与空气调节设计规范》6.2.9 规定：

宜结合建筑设计，合理利用被动式通风技术强化自然通风。被动通风可采用下列方式：

1. 当常规自然通风系统不能提供足够风量时，可采用捕风装置加强自然通风；

2. 当采用常规自然通风难以排除建筑内的余热、余湿或污染物时，可采用屋顶无动力风帽装置，无动力风帽的接口直径宜与其连接的风管管径相同；

3. 当建筑物利用风压有局限或热压不足时，可采用太阳能诱导等通风方式。

4. 对于散发有害物质的生产车间，在设计车间通风系统时，应优先采用下列哪种通风方式？（2013-074）

A. 全面通风　　B. 局部通风

C. 自然通风　　D. 诱导通风

【答案】B

【解析】《民用建筑供暖通风与空气调节设计规范》6.1.5 规定：

对建筑物内放散热、蒸汽或有害物质的设备，宜采用局部排风。当不能采用局部排风或局部排风达不到卫生要求时，应辅以全面通风或采用全面通风。

5. 采用下列哪种方法改善室内空气品质是错误的？（2012-074）

A. 保证必要的新风量　　B. 提高房间的通风效率

C. 减少室内污染物的产生　　D. 降低室内温度

【答案】D

【解析】改善室内空气品质的综合措施包括：保证必要的通风量，提高通风系统的效率，加强通风与空调系统的管理，减少污染物的产生，注意引入新风的品质。

6. 关于通风系统设计要求的说法，正确的是：（2013-075）

A. 机械进风系统的进风口应高于排风口

B. 要求空气清洁的房间，室内应保持负压

C. 事故排风系统的排风口与进风口的水平距离不应小于6m

D. 因建筑空间建造成有爆炸危险气体排出的死角处，应设置导流设施

【答案】D

【解析】《民用建筑供暖通风与空气调节设计规范》6.3.2 规定：

建筑物全面排风系统吸风口的布置，应符合下列规定：

1. 位于房间上部区域的吸风口，除用于排除氢气与空气混合物时，吸风口上缘至顶棚平面或屋顶的距离不大于0.4m；

2. 用于排除氢气与空气混合物时，吸风口上缘至顶棚平面或屋顶的距离不大于0.1m；

3. 用于排出密度大于空气的有害气体时，位于房间下部区域的排风口，其下缘至地板距离不大于0.3m；

4. 因建筑结构造成有爆炸危险气体排出的死角处，应设置导流设施。

6.3.2 为强制性条款，需重点关注，依据第4点，选D。

7. 有吊顶的空调房间，当要求单位面积送风量较大而进风速度较小时，应采用下列哪种送风口？(2012-080)

A. 散流器　　B. 孔板型送风口

C. 条缝型送风口　　D. 旋转型送风口

【答案】B

【解析】《民用建筑供暖通风与空气调节设计规范》7.4.2-2条，设有吊顶时，应根据空调区的高度及对气流的要求，采用散流器或孔板送风。当单位面积送风量较大，且人员活动区内的风速或区域温差要求较小时，应采用孔板送风。

8. 公共建筑机械通风系统新风入口的空气流速宜为？(2017-075)

A. 越小越好　　B. 0.5～1.0m/s

C. 3.5～4.5m/s　　D. 越大越好

【答案】C

【解析】《民用建筑供暖通风与空气调节设计规范》6.6.5规定：

机械通风的进排风口风速宜按表6.6.5采用。

表6.6.5　机械通风系统的进排风口空气流速（m/s）

部位		新风入口	风机出口
空气流速	住宅和公共建筑	3.5～4.5	5.0～10.5
	机房、库房	4.5～5.0	8.0～14.0

9. 关于空调机房设计的说法，错误的是：(2013-076)

A. 空调机房宜设置在所服务的空调区域附近

B. 大型空调机房应有单独的外门及搬运设备的出入口

C. 空调机房应采用丙级防火门

D. 空调机房应设置地漏等排水设施

【答案】C

【解析】《建筑设计防火规范》6.2.7规定：

通风、空气调节机房和变配电室开向建筑内的门应采用甲级防火门，消防控制室和其他设备房开向建筑内的门应采用乙级防火门。

10. 在风机盘管加新风的舒适性空调系统中，新风送入方式最合理的是：(2013-080)

A. 新风直接送入室内　　B. 新风送入吊顶内

C. 新风送入走廊内　　　　　　　　　D. 新风送入内风机盘管回风箱内

【答案】A

【解析】《民用建筑供暖通风与空气调节设计规范》7.3.10 规定：

风机盘管加新风空调系统设计，应符合下列规定：

1. 新风宜直接送入人员活动区。

11. 在采用多联机空调系统的建筑中，关于安装室外机的要求，错误的是：(2017-079)

A. 应确保室外机安装处通风良好　　　B. 应避免污浊气流的影响

C. 应将室外机设置在密闭隔声罩内　　D. 应便于清扫室外机的换热器

【答案】C

【解析】室外机设置在密闭隔声罩内则无法保证通风良好。

12. 关于多联机空调室外机布置位置的说法，下列哪项是错误的？(2019-076)

A. 受多联机空调系统最大配管长度限制

B. 受室内机和室外机之间最大高差限制

C. 应远离油烟排放口

D. 应远离噪声源

【答案】D

【解析】《多联机空调系统工程技术规程》：

3.4.2　多联机空调系统的系统划分，应符合下列规定：

③ 室内、外机组之间以及室内机组之间的最大管长与最大高差，均不应超过产品技术要求；

3.4.5　室外机布置宜美观、整齐，并应符合下列规定：

① 应设置在通风良好、安全可靠的地方，且应避免其噪声、气流等对周围环境的影响；

② 应远离高温或含腐蚀性、油雾等有害气体的排风；

③ 侧排风的室外机排风不应与当地空调使用季节的主导风向相对，必要时可增加挡风板。

13. 下列哪项不属于组合式空调机组的组成部分？(2012-078)

A. 空气冷却器　　　　　　　　　　B. 风机盘管

C. 通风机　　　　　　　　　　　　D. 空气过滤器

【答案】B

【解析】《组合式空调机组》3.1，组合式空调机组：由各种空气处理功能段组装而成的一种空气处理设备。适用于阻力大于等于 100Pa 的空调系统。

14. 下列公共建筑内的房间，应保持相对周边区域正压的是：(2017-073)

A. 公共卫生间　　　　　　　　　　B. 厨房

C. 办公室　　　　　　　　　　　　D. 公共浴室

【答案】C

【解析】《民用建筑供暖通风与空气调节设计规范》规定：

6.3.5 公共厨房通风应符合下列规定：

2. 采用机械排风的区域，当自然补风满足不了要求时，应采用机械补风。厨房相对于其他区域应保持负压，补风量应与排风量相匹配，且宜为排风量的80%～90%。严寒和寒冷地区宜对机械补风采取加热措施。

6.3.6 公共卫生间和浴室通风应符合下列规定：

1. 公共卫生间应设置机械排风系统。公共浴室宜设气窗；无条件设气窗时，应设独立的机械排风系统。应采取措施保证浴室、卫生间对更衣室以及其他公共区域的负压。

15. 下列空调系统中，占用机房面积和管道空间最大的是：(2017-076)

A. 全空气系统　　B. 风机盘管加新风系统

C. 多联机空调系统　　D. 辐射板空调系统

【答案】A

【解析】由于空气比热较小，需要较多的空气量才能满足室内消除余热、余湿，或补给房间所需热量和湿度的要求，因此机房面积和管道空间尺寸较大。

16. 下列哪种空调系统占用的管道空调最大？(2012-079)

A. 全空气系统　　B. 风机盘管系统

C. 多联机系统　　D. 水环热泵系统

【答案】A

【解析】同题15解析。

17. 矩形截面的通风、空调风管，其长宽比不宜大于：(2019-074)

A. 2　　B. 4

C. 6　　D. 8

【答案】B

【解析】《民用建筑供暖通风与空气调节设计规范》：

6.6.1 通风、空调系统的风管，宜采用圆形、扁圆形或长、短边之比不宜大于4的矩形截面。风管的截面尺寸宜按现行国家标准《通风与空调工程施工质量验收规范》GB 50243的有关规定执行。

18. 办公建筑采用下列哪个空调系统时需要的空调机房（或新风机房）面积最大？(2019-075)

A. 风机盘管+新风空调系统　　B. 全空气空调系统

C. 多联机+新风换气机空调系统　　D. 辐射吊顶+新风空调系统

【答案】B

【解析】同题15解析。

19. 下列哪种建筑物不合适采用分散设置的风冷、水冷或蒸发冷却式空调机组？(2013-077)

A. 普通住宅　　B. 超高层办公楼

C. 经济性旅馆　　　　　　　　　　D. 高级公寓

【答案】B

【解析】面积大、房间集中及各房间热湿负荷比较接近的场所宜选用集中式空调系统，如超高层办公楼。

20. 对于一般舒适性空气调节系统，下列空调冷、热水参数哪个是不常用的？(2013-079)

A. 空气调节冷水供水温度：5～9℃，一般为7℃

B. 空气调节冷水供回水温差：5～10℃，一般为5℃

C. 空气调节热水供水温度：40～65℃，一般为60℃

D. 空气调节热水供回水温差：2～4℃，一般为3℃

【答案】D

【解析】依据老规范《采暖通风与空气调节设计规范》GB 50019—2003 6.4.1条，应选D。

而新规范中，这部分内容变化较大：

8.5.1 空调冷水、空调热水参数应考虑对冷热源装置、末端设备、循环水泵功率的影响等因素，并按下列原则确定：

1. 采用冷水机组直接供冷时，空调冷水供水温度不宜低于5℃，空调冷水供回水温差不应小于5℃；有条件时，宜适当增大供回水温差。

6. 采用市政热力或锅炉供应的一次热源通过换热器加热的二次空调热水时，其供水温度宜根据系统需求和末端能力确定。对于非预热盘管，供水温度宜采用50～60℃，用于严寒地区预热时，供水温度不宜低于70℃。空调热水的供回水温差，严寒和寒冷地区不宜小于15℃，夏热冬冷地区不宜小于10℃。

21. 某事故排风口与机械送风系统进风口的高差小于5m，则其水平距离不应小于多少？(2017-074)

A. 10m　　　　　　　　　　B. 20m

C. 30m　　　　　　　　　　D. 40m

【答案】B

【解析】《民用建筑供暖通风与空气调节设计规范》6.3.9 规定：

事故通风应符合下列规定：

6. 事故排风的室外排风口应符合下列规定：

① 不应布置在人员经常停留或经常通行的地点以及邻近窗户、天窗、室门等设施的位置。

② 排风口与机械送风系统的进风口的水平距离不应小于20m；当水平距离不足20m时，排风口应高出进风口，并不宜小于6m。

22. 住宅厨房和卫生间安装的竖向排风道，应具备下列哪些功能？(2019-073)

A. 防火、防结露和均匀排气　　　　B. 防火、防倒灌和均匀排气

C. 防结露、防倒灌和均匀排气　　　D. 防火、防结露和防倒灌

【答案】B

【解析】《民用建筑供暖通风与空气调节设计规范》：

6.3.4 住宅通风系统设计应符合下列规定：

4 厨房、卫生间宜设竖向排风道，竖向排风道应具有防火、防倒灌及均匀排气的功能，并应采取防止支管回流和竖井泄漏的措施。顶部应设置防止室外风倒灌装置。

23. 下列机房中，需要考虑泄压的是：(2017-077)

A. 电制冷冷水机组机房　　B. 直接膨胀式空调机房

C. 燃气吸收式冷水机组机房　　D. 吸收式热泵机组机房

【答案】C

【解析】《民用建筑供暖通风与空气调节设计规范》8.10.4 规定：

直燃吸收式机组机房的设计应符合下列规定：

5. 应设置泄压口，泄压口面积不应小于机房占地面积的 10%（当通风管道或通风井直通室外时，其面积可计入机房的泄压面积）；泄压口应避开人员密集场所和主要安全出口。

24. 建筑围护结构的热工性能权衡判断，是对比设计建筑和参照建筑的下列哪项内容？(2017-078)

A. 设计日空调冷热负荷　　B. 设计日供暖负荷

C. 全年供暖和空调能耗　　D. 设计日供暖和空调能耗

【答案】C

【解析】《公共建筑节能设计标准》3.4.2 规定：

建筑围护结构热工性能的权衡判断，应首先计算参照建筑在规定条件下的全年供暖和空气调节能耗，然后计算设计建筑在相同条件下的全年供暖和空气调节能耗，当设计建筑的供暖和空气调节能耗小于或等于参照建筑的供暖和空气调节能耗时，应判定围护结构的总体热工性能符合节能要求。当设计建筑的供暖和空气调节能耗大于参照建筑的供暖和空气调节能耗时，应调整设计参数重新计算，直至设计建筑的供暖和空气调节能耗不大于参照建筑的供暖和空气调节能耗。

25. 下列哪项做法会使空调风系统的输配能耗增加：(2017-080)

A. 减少风系统送风距离　　B. 减少风管截面积

C. 提高风机效率　　D. 加大送风温差

【答案】B

【解析】减少风管截面积，要保证一定的送风量，必然要加大风速，从而使输配能耗增加。

26. 全空气系统过渡季或冬季增大新风比运行，其主要目的是：(2019-081)

A. 利用室外新风带走室内余热　　B. 利用室外新风给室内除湿

C. 过渡季或冬季人员新风需求量大　　D. 过渡季或冬季需要更大的室内正压

【答案】A

【解析】过渡季空调系统采用全新风或增大新风比运行消除空调余热，不仅可以节省空气处理所需消耗的能量，还能有效改善空调区内空气品质。

27. 下列空调系统，需要配置室外冷却塔的是：(2018-076)

A. 分体式空调器系统　　B. 多联式空调机系统

C. 冷源是风冷冷水机组的空调系统　　D. 冷源是水冷冷水机组的空调系统

【答案】D

【解析】对于水冷式空调系统需要配置室外冷却塔，它是通过冷却水与空气的直接接触将冷却水中的热量带走。通常水被冷却塔的喷头雾化喷出，通过风机使空气在冷却塔中流动，带走水珠的热量。

28. 下列哪一项不会出现在空调系统中？(2018-077)

A. 报警阀　　B. 冷却盘管

C. 防火阀　　D. 风机

【答案】A

【解析】风管穿越防火的关键位置是需设防火阀，冷却盘管和风机是常用的空调设备，因而选A。

29. 关于分体式空调系统关键部件（蒸发器、冷凝器均指制冷工况部件）位置的说法，正确的是：(2018-078)

A. 蒸发器、电辅加热在室外　　B. 冷凝器、电辅加热在室内

C. 压缩机、蒸发器在室内　　D. 压缩机、冷凝器在室外

【答案】D

【解析】压缩机、冷凝器在室外，蒸发器在室内。

30. 一住宅楼房间装有半密闭式燃气热水器，房间门与地面应留有间隙，间隙宽度应符合下列哪项要求？(2018-085)

A. ≮5mm　　B. ≮10mm

C. ≮20mm　　D. ≮30mm

【答案】D

【解析】《城镇燃气设计规范》规定：

10.4.5　家用燃气热水器的设置应符合下列要求：

3. 装有半密闭式热水器的房间，房间门或墙的下部应设有效截面积不小于 $0.02m^2$ 的格栅，或在门与地面之间留有不小于30mm的间隙。

第五节　防排烟系统

1. 某4层办公室建筑的疏散内走廊长度65m，两端可设置满足自然排烟面积要求的可开启外窗。关于走廊防、排烟的做法，正确的是：(2013-082)

A. 采用自然排烟方式　　B. 设置机械加压设施

C. 设置机械排烟设施　　D. 不设置排烟设施

【答案】C

【解析】《建筑防烟排烟系统技术标准》规定：

4.3.1 采用自然排烟系统的场所应设置自然排烟窗（口）。

4.4.12 排烟口的设置应按本标准第 4.6.3 条经计算确定，且防烟分区内任一点与最近的排烟口之间的水平距离不应大于 30m。

2. 下列四种条件的疏散走道，可能不需要设计机械排烟的是：(2018-083)

A. 长度 80m，走道两端设通风窗　　B. 长度 70m，走道中点设通风窗

C. 长度 30m，走道一端设通风窗　　D. 长度 25m，无通风窗

【答案】C

【解析】同题 1 解析。

3. 敷设有机械排烟管道的竖井，其检修门应采用：(2013-083)

A. 隔音密闭门　　B. 丙级防火

C. 乙级防火门　　D. 甲级防火门

【答案】C

【解析】《建筑防烟排烟系统技术标准》规定：

4.4.11 设置排烟管道的管道井应采用耐火极限不小于 1.00h 的隔墙与相邻区域分隔；当墙上必须设置检修门时，应采用乙级防火门。

4. 下列哪类用房的排风系统不应与其排烟系统合用？(2012-076)

A. 汽车库排风系统　　B. 室内游泳池排风系统

C. 配电室排风系统　　D. 厨房排油烟系统

【答案】D

【解析】《民用建筑供暖通风与空气调节设计规范》6.1.6 凡属下列情况之一时，应单独设置排风系统：

1. 两种或两种以上的有害物质混合后能引起燃烧或爆炸时；
2. 混合后能形成毒害更大或腐蚀性的混合物、化合物时；
3. 混合后易使蒸汽凝结并聚积粉尘时；
4. 散发剧毒物质的房间和设备；
5. 建筑物内设有储存易燃易爆物质的单独房间或有防火防爆要求的单独房间；
6. 有防疫的卫生要求时。

5. 当一个排烟系统负担两个或两个以上防烟分区的排烟时，其排烟系统排烟量应按最大防烟分区面积不小于 $120m^3/(h \cdot m^2)$ 计算，按此规定，正确的说法是：(2013-084)

A. 应按此风量选择排烟风机　　B. 应按此风量确定各防烟分区支管规格

C. 应按此风量确定各防烟分区排烟口规格　　D. 各排烟分区的风量应按此要求确定

【答案】A

【解析】依据防烟分区计算系统排烟量，并按此风量选择排烟风机。

6. 封闭楼梯间不能满足自然通风要求时，下列措施正确的是：(2017-081)

A. 设置机械排烟系统　　B. 设置机械加压送风系统

C. 设置机械排风系统　　D. 设置空调送风系统

【答案】B

【解析】《建筑设计防火规范》规定：

6.4.2 封闭楼梯间除应符合本规范第6.4.1条的规定外，尚应符合下列规定：

1. 不能自然通风或自然通风不能满足要求时，应设置机械加压送风系统或采用防烟楼梯间。

7. 公共建筑某区域净高为5.5m，采用自然排烟，设计烟层底部高度为最小清晰高度，自然排烟窗下沿不应低于下列哪个高度？(2019-082)

A. 4.4m　　B. 2.75m

C. 2.15m　　D. 1.5m

【答案】C

【解析】依据《建筑防烟排烟系统技术标准》4.6.9条，走道、室内空间净高不大于3m的区域，其最小清晰高度不宜小于其净高的1/2，其他区域的最小清晰高度应按下式计算：

$$H_q = 1.6 + 0.1 \cdot H' \quad (4.6.9)$$

式中：H_q——最小清晰高度（m）；H'——对于单层空间，取排烟空间的建筑净高度（m）；对于多层空间，取最高疏散层的层高（m）。

本题 $H_q = 1.6 + 0.1 \times 5.5 = 2.15$m，故选C。

8. 暖通规范规定了除尘风管的最小风速，其目的主要是考虑了下列哪个因数？(2012-077)

A. 经济性　　B. 磨损性

C. 堵塞风管　　D. 吸声影响

【答案】C

【解析】《工业建筑供暖通风与空气调节设计规范》6.7.6-2规定，除尘系统风管设计风速应根据气体含尘浓度、粉尘密度和粒径、气体温度、气体密度等因素确定，并应以正常运转条件下管道内不发生粉尘沉降为基本原则。

9. 地下车库面积1800m²，净高3.5m，对其排烟系统的要求，正确的是：(2018-084)

A. 不需要排烟

B. 不需划分防烟分区

C. 每个防烟分区排烟风机排烟量不小于35000m³/h

D. 每个防烟分区排烟风机排烟量不小于42000m³/h

【答案】B

【解析】《汽车库、修车库、停车场设计防火规范》规定：

8.2.2 防烟分区的建筑面积不宜大于2000m²，且防烟分区不应跨越防火分区。防烟分区可采用挡烟垂壁、隔墙或从顶棚下突出不小于0.5m的梁划分。

10. 机械加压的进风口不应与排烟风机的出风口设在同一面，当确有困难时，进风口和排烟口水平布置时两者边缘最小水平距离不应小于：(2019-083)

A. 10.0m　　B. 20.0m

C. 25.0m　　　　D. 30.0m

【答案】B

【解析】依据《建筑防烟排烟系统技术标准》3.3.5-3条，送风机的进风口不应与排烟风机的出风口设在同一面上。当确有困难时，送风机的进风口与排烟风机的出风口应分开布置，且竖向布置时，送风机的进风口应设置在排烟出口的下方，其两者边缘最小垂直距离不应小于6.0m；水平布置时，两者边缘最小水平距离不应小于20.0m。故此题选B。

第六节　建筑供配电

1. 下列哪一个单位是用来表示无功功率的？(2012-086)

A. kW　　　　B. kV

C. kA　　　　D. kvar

【答案】D

【解析】无功功率的单位为kvar。

2. 由低压电网供电的220V照明负荷，当线路电流大于60A时，宜采用220/380W三相供电，其最主要理由是下面的哪一个？(2013-086)

A. 减小计算负荷　　　　B. 降低三相低压配电系统的不平衡

C. 抑制高次谐波　　　　D. 减小无功补偿容量

【答案】B

【解析】《民用建筑电气设计标准》3.4.6规定：

为降低三相低压配电系统的不平衡，宜采取下列措施：

1. 220V单相用电设备接入220/380V三相系统时，宜使三相负荷平衡；

2. 由地区公共低压电网供电的220V用电负荷，线路电流小于或等于60A时，宜采用220V单相供电；大于60A时，宜采用220/380V三相供电。

3. 每套住宅的用电负荷应根据套内建筑面积和用电负荷计算确定，但不应小于下列哪个数值？(2018-087)

A. 8kW　　　　B. 6kW

C. 4kW　　　　D. 2.5kW

【答案】D

【解析】《住宅设计规范》8.7.1规定：

每套住宅的用电负荷应根据套内建筑面积和用电负荷计算确定，且不应小于2.5kW。

4. 关于普通住宅楼的电气设计，每套住宅供电电源负荷等级应为：(2018-086)

A. 三级负荷　　　　B. 二级负荷

C. 一级负荷　　　　D. 一级负荷中的特别重要负荷

【答案】A

【解析】《民用建筑电气设计标准》规定：

3.2.1 用电负荷应根据供电可靠性的要求及中断供电所造成的损失或影响程度确定，并符合下列要求：

1. 符合下列情况之一时，应为一级负荷：

① 中断供电将造成人身伤害；

② 中断供电将造成重大损失或重大影响；

③ 中断供电将影响重要用电单位的正常工作，或造成人员密集的公共场所秩序严重混乱。特别重要场所不允许中断供电的负荷应定为一级负荷中的特别重要负荷。

2. 符合下列情况之一时，应为二级负荷：

① 中断供电将造成较大损失或较大影响；

② 中断供电将影响重要用电单位的正常工作或造成人员密集的公共场所秩序混乱。

3. 不属于一级和二级的用电负荷应为三级负荷。

5. 当建筑物内有一、二、三级负荷时，向其同时供电的两路电源中的一路中断供电后，另一路应能满足：(2019-086)

A. 一级负荷的供电　　B. 二级负荷的供电

C. 三级负荷的供电　　D. 全部一级负荷及二级负荷的供电

【答案】A

【解析】依据《民用建筑电气设计标准》3.2.8条，一级负荷应由双重电源供电，另一个电源不应同时受到损坏。

6. 配变电所应尽量深入负荷中心最主要的目的是：(2013-087)

A. 节能、节材　　B. 维护管理方便

C. 线路敷设方便　　D. 计量和收费方便

【答案】A

【解析】《20kV及以下变电所设计规范》规定：

2.0.1 变电所的所址应根据下列要求，经技术经济等因素综合分析和比较后确定：

1. 宜接近负荷中心；

第2.0.1条文说明：本条主要从节能、施工和安全运行方面规定了变电所所址选择的条件。

7. 变配电所不宜设置在地下室的最底层，主要原因是：(2013-088)

A. 地下室潮湿，通风量较大

B. 设备运输不便

C. 运行人员工作环境较差

D. 地下室的最底层易被水淹，容易造成设备损坏，影响人身安全

【答案】D

【解析】《20kV及以下变电所设计规范》2.0.4规定：

在多层或高层建筑物的地下层设置非充油电气设备的配电所、变电所时，应符合下列规定：

1. 当有多层地下层时，不应设置在最底层；当只有地下一层时，应采取抬高地面和防止雨水、消防水等积水的措施。

2. 应设置设备运输通道。

3. 应根据工作环境要求加设机械通风、去湿设备或空气调节设备。

8. 变配电所直接通向室外的门应是：(2013-089)

A. 甲级防火门　　B. 乙级防火门

C. 丙级防火门　　D. 普通门

【答案】C

【解析】《民用建筑电气设计标准》规定：

4.10.3 民用建筑内的变电所对外开的门应为防火门，并应符合下列规定：

⑥ 当变电所设置在建筑首层，且向室外开门的上层有窗或非实体墙时。变电所直接通向室外的门应为丙级防火门。

9. 某配变电所位于多层建筑的一层，该配电所通向相邻房间的门应该是？(2012-087)

A. 甲级防火门　　B. 乙级防火门

C. 丙级防火门　　D. 普通门

【答案】B

【解析】依据《民用建筑电气设计标准》规定：

4.10.3 民用建筑内的变电所对外开的门应为防火门，并应符合下列规定：

③ 变电所位于多层建筑物的首层时，通向相邻房间或过道的门应为乙级防火门。

⑤ 变电所通向汽车库的门。

10. 变配电所通向汽车库的门应是：(2013-092)

A. 甲级防火门　　B. 乙级防火门

C. 丙级防火门　　D. 普通门

【答案】A

【解析】同题9解析。

11. 在采暖地区的配变电所中，下列哪个房间需要设采暖装置？(2012-088)

A. 装有电缆表的低压配电室　　B. 变压器室

C. 值班室　　D. 仓储间

【答案】C

【解析】《民用建筑电气设计标准》4.11.4：在供暖地区，控制室（值班室）应供暖，供暖计算温度为18℃。在严寒地区，当配电室内温度影响电气设备元件和仪表正常运行时，应设供暖装置。控制室和配电装置室内的供暖装置，应采取防止渗漏措施，不应有法兰、螺纹接头和阀门等。

12. 关于配变电所设计要求中，下列哪一项是错误的？(2018-088)

A. 低压配电装置室的耐火等级不应低于三级

B. 10kV配电装置室的耐火等级不应低于二级

C. 难燃介质的电力变压器室的耐火等级不应低于三级

D. 低压电容器室的耐火等级不应低于三级

【答案】C

【解析】《民用建筑电气设计标准》4.10.1 规定：

可燃油油浸变压器室以及电压为 35kV、20kV 或 10kV 的配电装置室和电容器室的耐火等级不得低于二级。

4.10.2 非燃或难燃介质的配电变电器室以及低压配电装置室和电容器的耐火等级不宜低于二级。

13. 关于柴油发电机房及发电机组的设计要求中，下列说法错误的是：(2017-089)

A. 机组应采取消声措施　　B. 机组应采取减振措施

C. 机房应采取隔声措施　　D. 机房不可设置在首层

【答案】D

【解析】《民用建筑电气设计标准》6.1.2 规定：

1 机房宜布置在建筑的首层、地下室、裙房屋面。当地下为三层及以上时，不宜设置在最底层，并靠近变电所设置。机房宜靠建筑外墙布置，应有通风、防潮、机组的排烟、消声和减振等措施并满足环保要求。

14. 关于柴油发电机房设计要求中，下列说法正确的是：(2018-089)

A. 机房设置无环保要求　　B. 发电机间不应贴邻浴室

C. 发电机组不宜靠近一级负荷　　D. 发电机组不宜靠近配变电所

【答案】B

【解析】《民用建筑电气设计标准》6.1.2 规定：

3 发电机间、控制室及配电室不应设在厕所、浴室或其他经常积水场所的正下方或贴邻。

15. 暗敷的电气管路穿过下列哪个部位时，需设补偿装置？(2013-090)

A. 建筑物变形缝　　B. 承重墙

C. 防火墙　　D. 设备基础

【答案】A

【解析】《民用建筑电气设计标准》规定：

8.3.7 金属导管暗敷布线时，应符合下列规定：

1 不应穿过设备基础；

2 当穿过建筑物基础时，应加防水套管保护；

3 当穿过建筑物变形缝时，应设补偿装置。

16. 下列哪种条件下电缆不应采用直埋敷设方式？(2013-091)

A. 寒冷地区有冻土层的地区　　B. 有流沙层土壤

C. 回填土地带　　D. 有化学腐蚀或杂散电流腐蚀土壤

【答案】D

【解析】《电力工程电缆设计规范》规定：

5.3.1　直埋敷设电缆的路径选择，宜符合下列规定：

1. 应避开含有酸、碱强腐蚀或杂散电流电化学腐蚀严重影响的地段。

2. 无防护措施时，宜避开白蚁危害地带、热源影响和易遭外力损伤的区段。

17. 关于普通绝缘铜导线的敷设方式，下列说法正确的是：(2017-090)

A. 可在室外挑檐下以绝缘子明敷设　　B. 可在抹灰层内直接敷设

C. 可在顶棚内直接敷设　　D. 可在墙体内直接敷设

【答案】A

【解析】《民用建筑电气设计标准》规定：

8.2.1　直敷布线可用于正常环境室内场所和挑檐下的室外场所。

8.2.2　建筑物顶棚内、墙体及顶棚的抹灰层、保温层及装饰面板内或易受机械损伤的场所不应采用直敷布线。

18. 室外电缆沟的设置要求不包括以下哪项？(2017-091)

A. 电缆沟应防止进水　　B. 电缆沟内应满足排水要求

C. 电缆沟内应设通风系统　　D. 电缆沟盖板应满足荷载要求

【答案】C

【解析】依据《民用建筑电气设计标准》8.7.3 可知，此题选 C。

19. 关于电缆的敷设，那种情况不需要采取防火措施？(2017-093)

A. 电缆沟进入建筑物处　　B. 电缆水平进入电气竖井处

C. 电气竖井内的电缆垂直穿越楼板处　　D. 电缆在室外直埋敷设

【答案】D

【解析】依据《民用建筑电气设计标准》8.7.2 规定，可知选择 D 符合题意。

20. 在建筑物内，消防用电设备的配电线路，应采用下列哪种敷设方式？(2012-091)

A. 穿金属管在混凝土楼板中敷设，保护层厚度大于 30mm

B. 穿塑料管明敷，距生活用电线路不小于 300mm

C. 穿塑料线槽明敷，采取防火保护措施

D. 穿金属管明敷，距生活用电线路不小于 300mm

【答案】A

【解析】《建筑设计防火规范》10.1.10 规定，消防配电线路应满足火灾时连续供电的需要，其敷设应符合下列规定：

① 明敷时（包括敷设在吊顶内），应穿金属导管或采用封闭式金属槽盒保护，金属导管或封闭式金属槽盒应采取防火保护措施；当采用阻燃或耐火电缆并敷设在电缆井、沟内时，可不穿金属导管或采用封闭式金属槽盒保护；当采用矿物绝缘类不燃性电缆时，可直接明敷。

② 暗敷时，应穿管并应敷设在不燃性结构内且保护层厚度不应小于 30mm。

21. 消防用电设备的配电线路，下列哪种敷设方式不满足防火要求？(2017-092)

A. 采用矿物绝缘电缆直接明敷

B. 穿钢管明敷在混凝土结构表面，钢管采取防火保护措施

C. 穿普通金属封闭线槽明敷在不燃烧体结构表面

D. 穿钢管暗敷在不燃烧体结构内，结构保护层厚度不应小于 30mm

【答案】C

【解析】依据《民用建筑电气设计标准》8.3.2 规定，可知选项 C 符合题意。

22. 关于汽车库消防设备的供电，下列说法错误的是：(2019-087)

A. 配电设备应有明显标志

B. 消防应急照明线路可与其他照明线路同管设置

C. 消防配电线路应与其他动力配电线路分开设置

D. 消防用电设备应采用专用供电回路

【答案】B

【解析】依据《汽车库、修车库、停车场设计防火规范》9.0.2 条，按一、二级负荷供电的消防用电设备的两个电源或两个回路，应能在最末一级配电箱处自动切换。消防用电设备的配电线路应与其他动力、照明等配电线路分开设置。消防用电设备应采用专用供电回路，其配电设备应有明显标志。故此题选 B。

23. 低压电气线路中保护线（PE 线）的颜色应是：(2012-093)

A. 红色　　B. 黄色

C. 绿色　　D. 绿/黄双色

【答案】D

【解析】《住宅装饰装修工程施工规范》16.1.4 规定，配线时，相线与零线的颜色应不同；同一住宅相线（L）颜色应统一，零线（N）宜用蓝色，保护线（PE）必须用黄绿双色线。

24. 下列哪种配电线路需要设置剩余电流动作（漏电）保护？(2012-092)

A. 电梯的配电回路　　B. 设置在室内排风机的配电回路

C. 住宅的插座回路　　D. 公共区域的照明回路

【答案】C

【解析】《住宅设计规范》8.7.2 规定：

住宅供电系统的设计，应符合下列规定：

4. 除壁挂式分体空调电源插座外，电源插座回路应设置剩余电流保护装置。

25. 关于住宅楼内配电线路，下列说法错误的是：(2018-090)

A. 应采用符合安全要求的敷设方式配线　　B. 应采用符合防火要求的敷设方式配线

C. 套内应采用铜芯导体绝缘线　　D. 套内宜采用铝合金导体绝缘线

【答案】D

【解析】《住宅设计规范》规定：

8.7.2 住宅供电系统的设计，应符合下列规定：

2. 电气线路应采用符合安全和防火要求的敷设方式配线，套内的电气管线应采用穿管暗敷设方式配线。导线应采用铜芯绝缘线，每套住宅进户线截面不应小于

$10mm^2$，分支回路截面不应小于 $2.5mm^2$。

26. 建筑物内电气设备的金属外壳（外露可导电部分）、金属管道和金属构件（外界可导电部分）等应实行等电位联结，其主要作用是：(2012-095)

A. 防止对电子设备的干扰　　B. 防电击

C. 预防电气火灾　　D. 防静电

【答案】B

【解析】《低压配电设计规范》5.2.4 条文说明：等电位联结可以更有效地降低接触电压值，还可以防止由建筑物外传入的故障电压对人身造成危害，提高电气安全水平。故选 B。

27. 关于电力缆线敷设，下列说法正确的是：(2018-091)

A. 配电线路穿金属导管保护可紧贴通风管道外壁敷设

B. 电力电缆可与丙类液体管道同一管沟内敷设

C. 电力电缆可与热力管道同一管沟内敷设

D. 电力电缆可与燃气管道同一管沟内敷设

【答案】A

【解析】《建筑设计防火规范》10.2.3 规定：

配电线路不得穿越通风管道内腔或直接敷设在通风管道外壁上，穿金属导管保护的配电线路可紧贴通风管道外壁敷设。

28. 下列哪个说法跟电气节能无关？(2018-092)

A. 配电系统三相负荷宜平衡　　B. 配电系统的总等电位联结

C. 配变电所应靠近负荷中心　　D. 配变电所应靠近大功率用电设备

【答案】B

【解析】《公共建筑节能设计标准》规定：

6.2.2 配变电所应靠近负荷中心、大功率用电设备。

6.2.5 配电系统三相负荷的不平衡度不宜大于15%。单相负荷较多的供电系统，宜采用部分分相无功自动补偿装置。

第七节　建筑照明系统

1. 用于荧光灯进行功率因数补偿的电容器，下列哪种设置方式节能效果最好？(2013-093)

A. 按照明回路集中补偿，设置在照明配电箱处

B. 分散补偿，电容器布置在每个灯具上，与光源配套

C. 集中补偿，设置在变电所低压配电室

D. 集中补偿，设置在变电所高压配电室

【答案】C

【解析】《民用建筑电气设计标准》3.6.1 规定：

35kV及以下无功补偿宜在配电变压器低压侧集中补偿，补偿基本无功功率的电容器组，宜在变电所内集中设置，有高压负荷时宜考虑高压无功补偿。

2. 关于教室黑板灯的控制开关的设置，正确的是：(2013-094)

A. 黑板灯的开关应单独设置

B. 黑板灯的开关与讲台的插座一起设置开关

C. 黑板灯与教室照明的灯具可一起设置开关

D. 黑板灯与教室的插座可一起设置开关

【答案】A

【解析】本题解析源于旧规范，《民用建筑电气设计规范》10.8.2规定：

学校电气照明设计应符合下列规定：

5. 教室照明的控制应沿平行外窗方向顺序设置开关，黑板照明开关应单独装设。走廊照明开关的设置宜在上课后关掉部分灯具。

3. 关于住宅的卫生间允许安装电热水器用的220V插座的位置及保护开关的做法，正确的是：(2013-095)

A. 安装位置无要求，且不要求设置剩余电流保护开关

B. 安装位置有要求，但不要求设置剩余电流保护开关

C. 安装位置无要求，但要求设置剩余电流保护开关

D. 在一定区域安装，并要求设置动作电流值30mA的剩余电流保护开关

【答案】D

【解析】《住宅建筑电气设计规范》规定：

8.5.5 住宅建筑所有电源插座底边距地1.8m及以下时，应选用带安全门的产品。

8.5.6 对于装有淋浴或浴盆的卫生间，电热水器电源插座底边距地不宜低于2.3m，排风机及其他电源插座宜安装在3区。

4. 为节省电能，室内一般照明不应采用下列哪种光源？(2017-094)

A. 荧光高压汞灯　　B. 细管直管形荧光灯

C. 小功率陶瓷金属卤化物灯　　D. 发光二极管（LED）

【答案】A

【解析】《建筑照明设计标准》规定：

6.2.4 一般照明不应采用荧光高压汞灯。

5. 电气照明设计中，下列哪种做法不能有效节省电能：(2018-093)

A. 采用高能效光源　　B. 采用高能效镇流器

C. 采用限制眩光灯具　　D. 采用智能灯控系统

【答案】C

【解析】《公共建筑节能设计标准》6.3.2、6.3.8规定：

设计选用的光源、镇流器的能效不宜低于相应能效标准的节能评价值。

大空间、多功能、多场景场所的照明，宜采用智能照明控制系统。

6. 在住宅小区室外照明设计中，下列说法不正确的是：(2018-094)

A. 应采用防爆型灯具　　B. 应采用高能效光源

C. 应采用寿命长的光源　　D. 应避免光污染

【答案】A

【解析】《公共建筑节能设计标准》6.3.4 光源的选择原则：

7. 室外景观、道路照明应选择安全、高效、长寿、安全、稳定的光源。

7. 在确定照明方案时，下列哪种方法不宜采用？(2018-095)

A. 考虑不同类型建筑对照明的特殊要求

B. 为节省电能，降低规定的照度标准值

C. 处理好电气照明与天然采光的关系

D. 处理好光源、灯具与照明效果的关系

【答案】B

【解析】依据《民用建筑电气设计规范》规定：

10.1.2 照明方案应根据不同类型建筑对照明的特殊要求，处理好电气照明与天然采光的关系，照明器具与照明品质的关系。

10.1.3 照明设计应采用高效光源和灯具及节能控制技术，合理采用智能照明控制系统。

10.1.4 电气照明除应符合本标准外，尚应符合现行国家标准《建筑照明设计标准》GB 50034 的规定。

8. 在发生火灾时，下列何处的应急照明需要保证正常照明时的照度？(2012-097)

A. 百货商场营业厅　　B. 展览厅

C. 火车站候车室　　D. 防烟排烟机房

【答案】D

【解析】《建筑设计防火规范》10.3.3 规定，消防控制室、消防水泵房、自备发电机房、配电室、防排烟机房以及发生火灾时仍需正常工作的消防设备房应设置备用照明，其作业面的最低照度不应低于正常照明的照度。

9. 建筑物内的下列哪个部位需要做辅助（局部）等电位联接？(2012-096)

A. 住宅卫生间　　B. 卧室

C. 办公室　　D. 教室

【答案】A

【解析】《住宅设计规范》8.7.2 规定：

住宅供电系统的设计，应符合下列规定：

5. 设有洗浴设备的卫生间应作局部等电位联结。

10. 在住宅设计中，下列哪种做法跟电气安全无关？(2018-096)

A. 供电系统的接地形式　　B. 卫生间做局部等电位联结

C. 插座回路设置剩余电流保护装置　　D. 楼梯照明采用节能自熄开关

【答案】D

【解析】《住宅设计规范》8.7.2 规定：

住宅供电系统的设计，应符合下列规定：

1. 应采用 TT、TN-C-S 或 TN-S 接地方式，并应进行总等电位联结；

4. 除壁挂式分体空调电源插座外，电源插座回路应设置剩余电流保护装置；

5. 设有洗浴设备的卫生间应作局部等电位联结。

11. 在住宅电气设计中，错误的做法是：(2019-096)

A. 供电系统进行总等电位联结

B. 卫生间的洗浴设备做局部等电位联结

C. 厨房固定金属洗菜盆做局部等电位联结

D. 每幢住宅的总电源进线设剩余电流动作保护

【答案】C

【解析】《住宅设计规范》8.7.2 住宅供电系统的设计，应符合下列规定：

① 应采用 TT、TN-C-S 或 TN-S 接地方式，并应进行总等电位联结；

② 设有洗浴设备的卫生间应做局部等电位联结；

③ 每幢住宅的总电源进线应设剩余电流动作保护或剩余电流动作报警。

12. 关于住宅户内配电箱中的电源总开关的设置，下列说法正确的是：(2018-097)

A. 应只断开相线，不断开中性线和保护线（PE 线）

B. 应只断开中性线，不断开相线和保护线（PE 线）

C. 应同时断开相线和中性线，不断开保护线（PE 线）

D. 应同时断开相线、中性线和保护线（PE 线）

【答案】C

【解析】《住宅设计规范》8.7.3 规定：

每套住宅应设置户配电箱，其电源总开关装置应采用可同时断开相线和中性线的开关电器。

13. 关于可燃料仓库的电气设计，下列说法错误的是：(2019-097)

A. 库内都应采用防爆灯具

B. 库内采用的低温灯具应采用隔热防火措施

C. 配电箱应设置在仓库外

D. 开关应设置在仓库外

【答案】A

【解析】《建筑设计防火规范》10.2.5 条，可燃材料仓库内宜使用低温照明灯具，并应对灯具的发热部件采取隔热等防火措施，不应使用卤钨灯等高温照明灯具；配电箱及开关应设置在仓库外。故选 A。

第八节 其他电气系统

1. 关于火灾报警系统的设置，下列说法错误的是：(2018-100)

A. 歌舞娱乐放映游艺场所应设火灾自动报警系统
B. 图书或文物的珍藏库应设火灾自动报警系统
C. 中型幼儿园的儿童用房应设火灾自动报警系统
D. 总面积为 $2000m^2$ 的商店应设火灾自动报警系统

【答案】D

【解析】《建筑设计防火规范》8.4.1 规定：

下列建筑或场所应设置火灾自动报警系统：

3. 任一层建筑面积大于 $1500m^2$ 或总建筑面积大于 $3000m^2$ 的商店、展览、财贸金融、客运和货运等类似用途的建筑，总建筑面积大于 $500m^2$ 的地下或半地下商店；

4. 图书或文物的珍藏库，每座藏书超过 50 万册的图书馆，重要的档案馆；

7. 大、中型幼儿园的儿童用房等场所，老年人照料设施，任一层建筑面积大于 $1500m^2$ 或总建筑面积大于 $3000m^2$ 的疗养院的病房楼、旅馆建筑和其他儿童活动场所，不少于 200 床位的医院门诊楼、病房楼和手术部等；

8. 歌舞娱乐放映游艺场所。

2. 下列哪个场所或部位应选择点式感烟探测器？(2012-099)

A. 厨房
B. 柴油发电机房
C. 车库
D. 办公室

【答案】D

【解析】《火灾自动报警系统设计规范》5.2.2 规定，下列场所宜选择点型感烟火灾探测器：

① 饭店、旅馆、教学楼、办公楼的厅堂、卧室、办公室、商场、列车载客车厢等；

② 计算机房、通信机房、电影或电视放映室等；

③ 楼梯、走道、电梯机房、车库等；

④ 书库、档案库等。

3. 下列哪个场所或部位，可以不考虑设置可燃气体报警装置？(2019-100)

A. 宾馆餐厅
B. 公建内的燃气锅炉房
C. 仓库中的液化气储存间
D. 仓库中使用燃气加工的部位

【答案】A

【解析】《火灾自动报警系统设计规范》8.2.2 条，可燃气体探测器宜设置在可能产生可燃气体部位附近。

4. 某多层建筑，地下室两层，设有应急广播，当首层发生火灾时，应先接通哪几层的应急广播？(2013-098)

A. 首层、地下室一层、地上二层
B. 首层、地下室一、二层、地上二层
C. 首层、地上其他层

D. 首层、地下各层

【答案】无（此题为旧规范题）

【解析】《火灾自动报警系统设计规范》规定：

4.8.8 消防应急广播系统的联动控制信号应由消防联动控制器发出。当确认火灾后，应同时向全楼进行广播。

5. 根据终端数量的多少有线电视系统可分为：(2013-099)

A. A、B、C、D四类

B. A、B、C三类

C. A、B两类

D. A、B、C、D、E五类

【答案】A

【解析】本题源自旧规范《民用建筑电气设计规范》15.2.1规定：

有线电视系统规模宜按用户终端数量分为下列四类：

A类：10000户以上；

B类：2001～10000户；

C类：301～2000户；

D类：300户以下。

6. 我国关于正常环境下人身电击安全交流电压限值是下列哪一个？(2012-094)

A. 25V

B. 50V

C. 75V

D. 100V

【答案】B

【解析】本题源自旧规范《民用建筑电气设计规范》7.7.4规定，接地故障保护（间接接触防护）应符合下列规定：

2. 本节接地故障保护措施只适用于防电击保护分类为Ⅰ类的电气设备，设备所在的环境为正常环境，人身电击安全电压限值为50V。

7. 喷水池0、1区的供电线路，采用交流安全特低电压供电时，正确答案是：(2013-096)

A. 允许进入的喷水池，电压不应大于12V，不允许进入的喷水池，电压不应大于36V

B. 允许进入的喷水池，电压不应大于12V，不允许进入的喷水池，电压不应大于50V

C. 允许进入的喷水池，电压不应大于24V，不允许进入的喷水池，电压不应大于50V

D. 允许进入和不允许进入的喷水池，电压均不应大于24V

【答案】B

【解析】本题源自旧规范《民用建筑电气设计规范》12.9.4规定：

喷水池的安全防护应符合下列规定：

3. 喷水池的0、1区的供电回路的保护，可采用下列任一种方式：

① 对于允许人进入的喷水池，应采用安全特低电压供电，交流电压不应大于12V；不允许人进入的喷水池，可采用交流电压不大于50V的安全特低电压供电；

有关喷水池的区域划分图示详见《城市夜景照明设计规范》JGJ/T 163—2008的C.0.1条款。

0区—水池内部；

1 区—离水池边缘 2m 的垂直面内，其高度止于距地面或人能达到的水平面的 2.5m 处；对于跳台或滑槽，该区的范围包括离其边缘 1.5m 的垂直面内，其高度止于人能达到的最高水平面的 2.5m 处。

8. 当利用金属屋面做建筑物防雷的接闪器时，需要屋面金属板的厚度满足规范要求，这主要是考虑：(2012-098)

A. 防止雷电流的热效应使金属屋面穿孔

B. 防止雷电流的电动力效应使屋面变形

C. 屏蔽雷电的电磁干扰

D. 减轻雷击声音的影响

【答案】A

【解析】《建筑物防雷设计规范》5.2.7 条文说明：已证实，铁板遭雷击时，仅当其厚度小于 4mm 时才有可能与闪击通道接触处由于熔化而烧穿。

9. 关于建筑物防雷设计，下列说法错误的是：(2018-098)

A. 应考查地质、地貌情况

B. 应调查气象等条件

C. 应了解当地雷电活动规律

D. 不应利用建筑物金属结构做防雷装置

【答案】D

【解析】《建筑物防雷设计规范》规定：

1.0.3 建（构）筑物防雷设计，应在认真调查地理、地质、土壤、气象、环境等条件和雷电活动规律，以及被保护物的特点等基础上，详细研究并确定防雷装置的形式及其布置。

10. 关于建筑物的防雷要求，下列说法正确的是：(2019-098)

A. 不分类

B. 分为两类

C. 分为三类

D. 分为四类

【答案】C

【解析】《建筑物防雷设计规范》3.0.1 建筑物应根据建筑物的重要性、使用性质、发生雷电事故的可能性和后果，按防雷要求分为三类。故选 C。

11. 下列条件的建（构）筑物，防雷等级属于二类的是：(2013-097)

A. 年预计雷击次数大于 0.25 次/a 的住宅

B. 年预计雷击次数等于或大于 0.05 次/a 且小于或等于 0.25 次/a 的住宅

C. 年预计雷击次数等于或大于 0.01 次/a 且小于或等于 0.05 次/a 人员密集的公共建筑物

D. 平均雷暴日大于 15 次/a 的地区，高度在 15m 及以上水塔、烟囱等故意的高耸建筑物

【答案】A

【解析】《建筑物防雷设计规范》规定：

3.0.3 在可能发生对地闪击的地区，遇下列情况之一时，应划为第二类防雷建筑物：

9. 预计雷击次数大于 0.05 次/a 的部、省级办公建筑物和其他重要或人员密集的

公共建筑物以及火灾危险场所。

10. 预计雷击次数大于0.25次/a的住宅、办公楼等一般性民用建筑物或一般性工业建筑物。

3.0.4 在可能发生对地闪击的地区，遇下列情况之一时，应划为第三类防雷建筑物：

1. 省级重点文物保护的建筑物及省级档案馆。

2. 预计雷击次数大于或等于0.01次/a，且小于或等于0.05次/a的部、省级办公建筑物和其他重要或人员密集的公共建筑物，以及火灾危险场所。

3. 预计雷击次数大于或等于0.05次/a，且小于或等于0.25次/a的住宅、办公楼等一般性民用建筑物或一般性工业建筑物。

4. 在平均雷暴日大于15d/a的地区，高度在15m及以上的烟囱、水塔等孤立的高耸建筑物；在平均雷暴日小于或等于15d/a的地区，高度在20m及以上的烟囱、水塔等孤立的高耸建筑物。

12. 关于住宅小区安防监控中心的设置，下列说法错误的是：(2018-099)

A. 可与小区管理中心合用

B. 不应对家庭入侵报警系统进行监控

C. 应预留与接警中心联网的接口

D. 应做好自身的安防设施

【答案】B

【解析】《安全防范工程技术规范》5.2.8规定：

监控中心的设计应符合下列规定：

1. 监控中心宜设在小区地理位置的中心，避开噪声、污染、振动和较强电磁场干扰的地方。可与住宅小区管理中心合建，使用面积应根据设备容量确定。

2. 监控中心设在一层时，应设内置式防护窗（或高强度防护玻璃窗）及防盗门。

3. 各安防子系统可单独设置，但由监控中心统一接收、处理来自各子系统的报警信息。

4. 应留有与接处警中心联网的接口。

5. 应配置可靠的通信工具，发生警情时，能及时向接处警中心报警。

13. 关于住宅（不含别墅）的家庭安防系统，正确的是：(2013-100)

A. 应设置电子巡查系统

B. 应设置视频监控系统

C. 应设置电子周界防护系统

D. 应设置访客对讲系统

【答案】D

【解析】《安全防范工程技术规范》5.2.7规定：

家庭安全防护应符合下列规定：

1. 住宅一层宜安装内置式防护窗或高强度防护玻璃窗。

2. 应安装访客对讲系统，并配置不间断电源装置。访客对讲系统主机安装在单元防护门上或墙体主机预埋盒内，应具有与分机对讲的功能。分机设置在住户室内，应具有门控功能，宜具有报警输出接口。

3. 访客对讲系统应与消防系统互联，当发生火警时，（单元门口的）防盗门锁应能自动打开。

4. 宜在住户室内安装至少一处以上的紧急求助报警装置。紧急求助报警装置应具有防拆卸、防破坏报警功能，且有防误触发措施；安装位置应适宜，应考虑老年人和未成年人的使用要求，选用触发件接触面大、机械部件灵活、可靠的产品。求助信号应能及时报至监控中心（在设防状态下）。

第三章　真 题 与 答 案

说明：因全套真题中的个别试题通过所有渠道均无法搜索到准确信息，为保证本书真题的准确真实性，缺失试题的答案以“/”表示。

第一节　2017 年真题与答案

一、2017 年真题

1. 在不考虑自重的情况下，图示结构杆件受力最大的是：

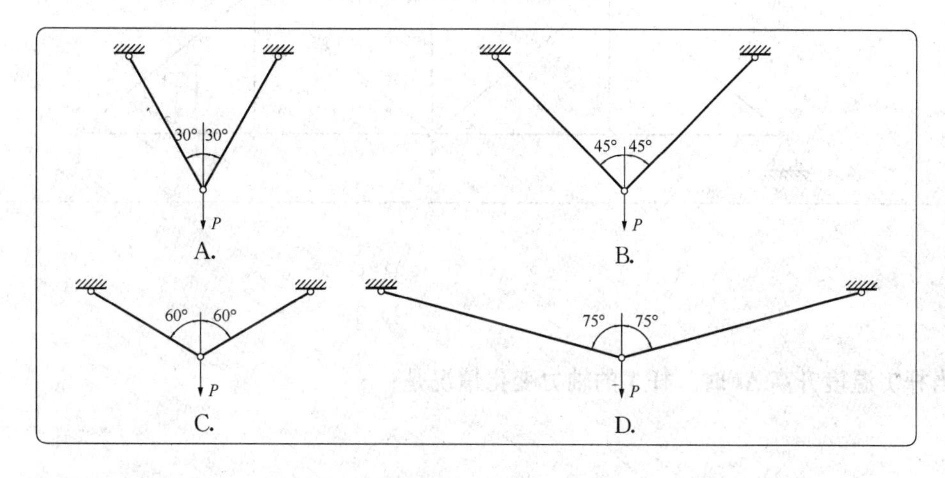

2. 下列结构计算简图与相对应的支座反力中，错误的是：

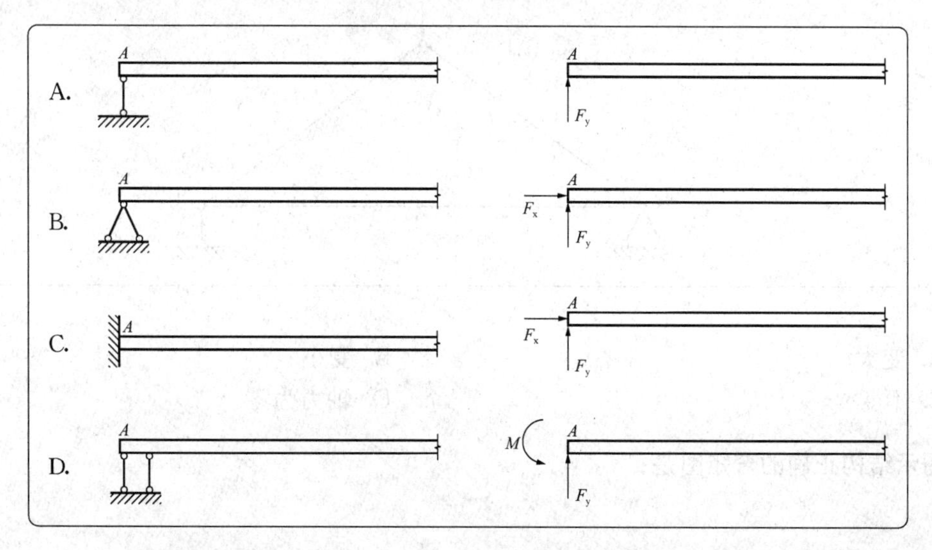

3. 图示截面面积相同时，抗弯最有利的是：

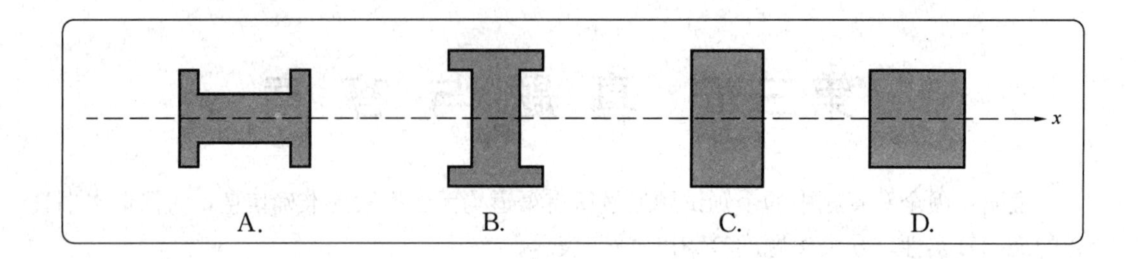

4. 图示桁架的零杆数是：

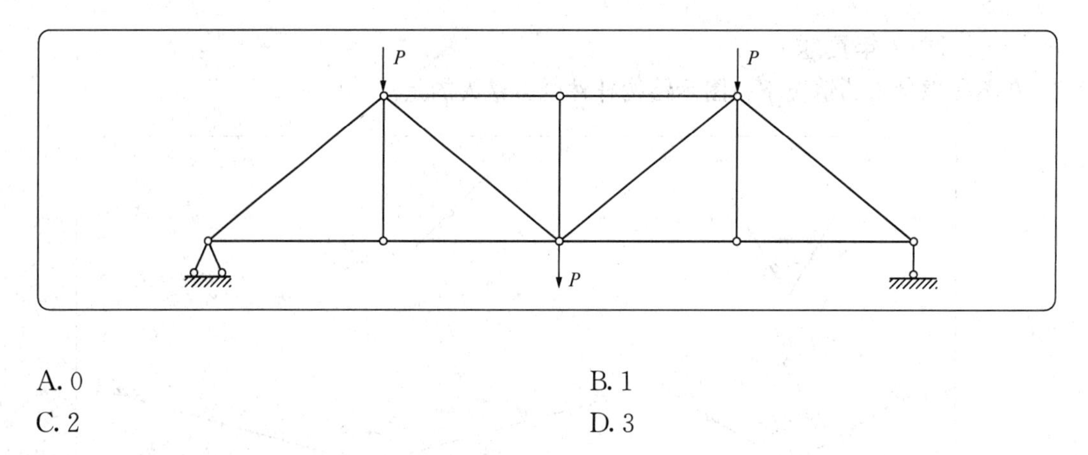

A. 0　　　　B. 1

C. 2　　　　D. 3

5. 当杆 1 温度升高 Δt 时，杆 1 的轴力变化情况是：

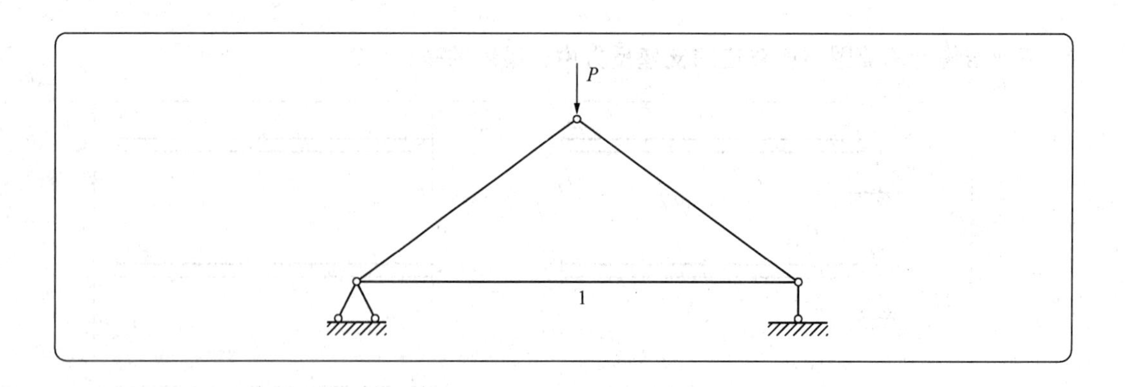

A. 变大　　　　B. 变小

C. 不变　　　　D. 轴力为零

6. 图示结构正确的弯矩图是：

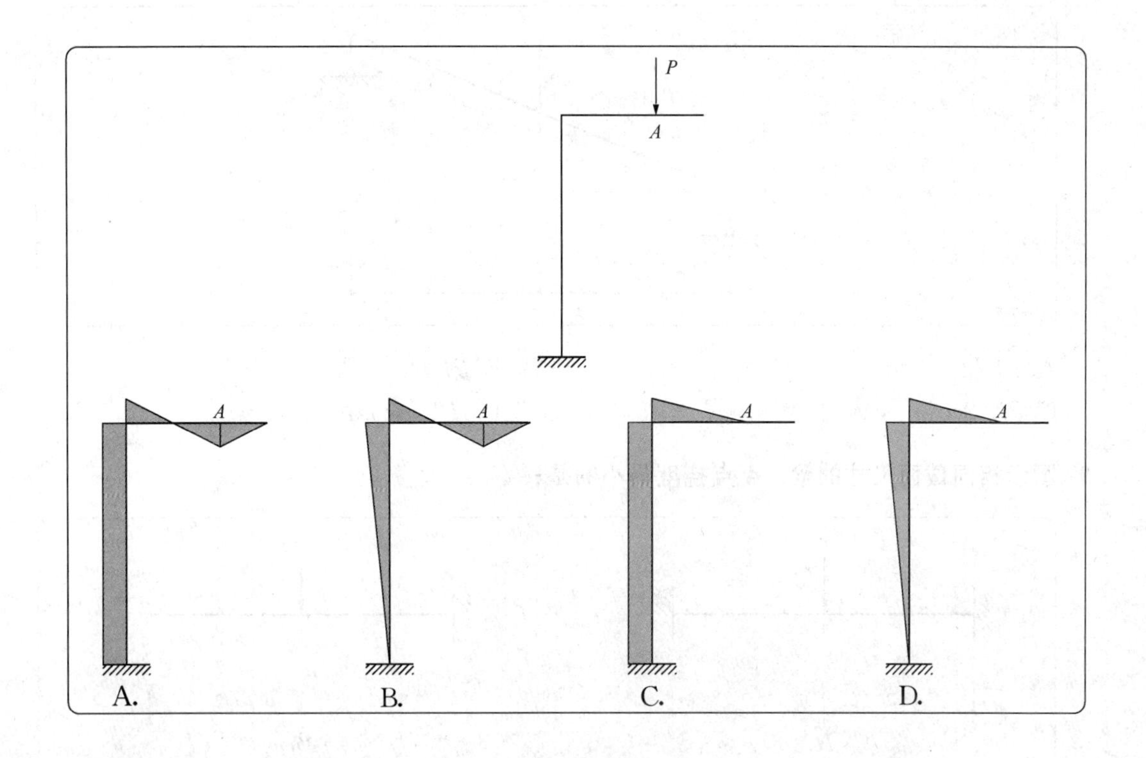

7. 图示工字形截面梁受弯时，其横截面上正应力沿截面高度方向的分布图是：

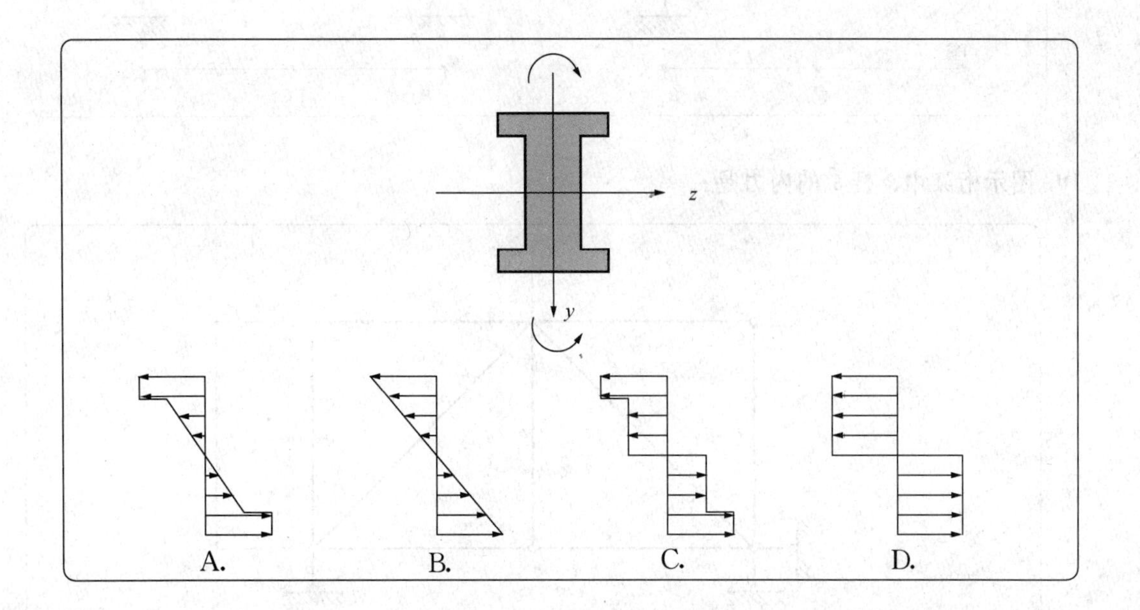

8. 图示简支梁跨中截面 C 的弯矩是：

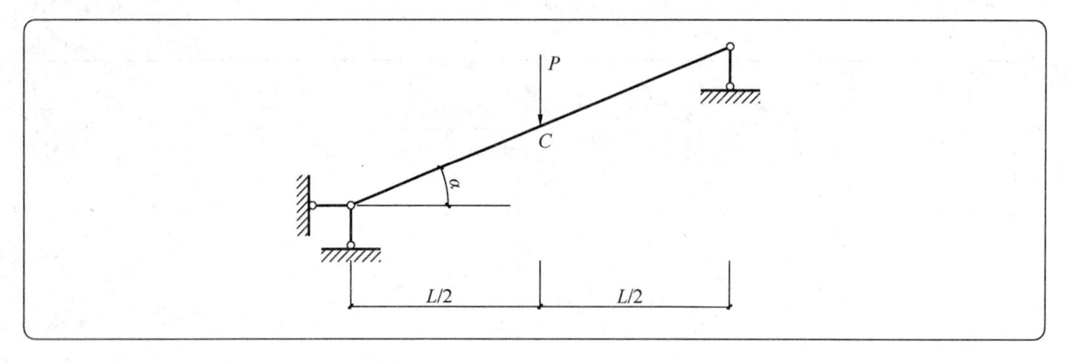

A. $PL/2$　　　　B. $PL/4$

C. $PL/2\cos\alpha$　　　　D. $PL/4\cos\alpha$

9. 图示相同截面尺寸的梁，A 点挠度最小的是：

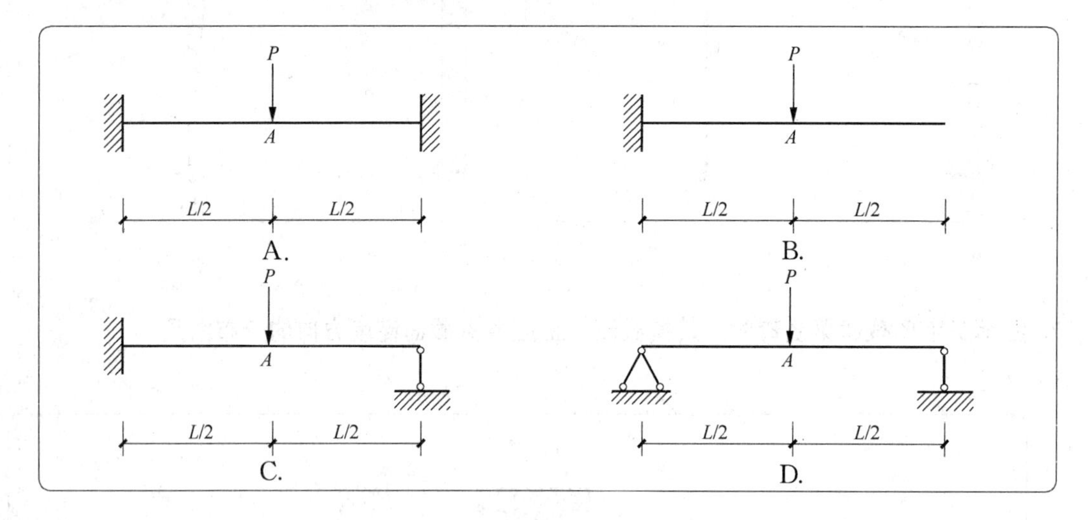

10. 图示桁架中，杆 1 的内力是：

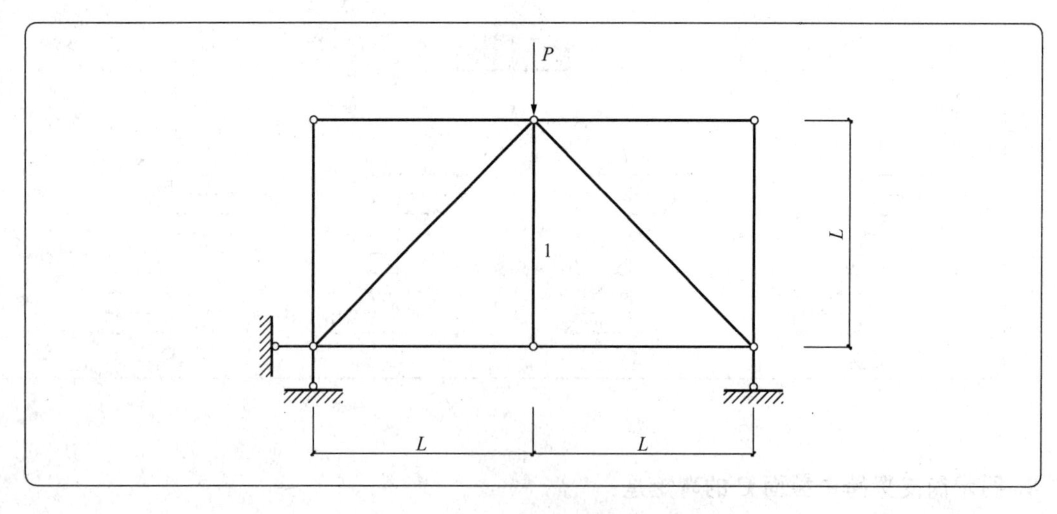

A. P　　　　B. $P/2$

C. $P/3$　　　　D. 0

11. 图示梁横截面上剪应力分布图，正确的是：

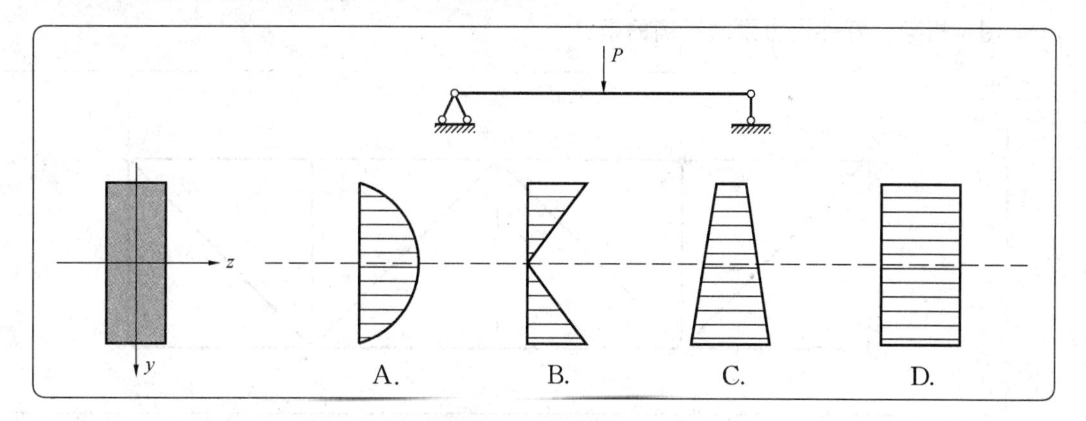

12. 下列不同平面形状的建筑物，风荷载体型系数最小的是：

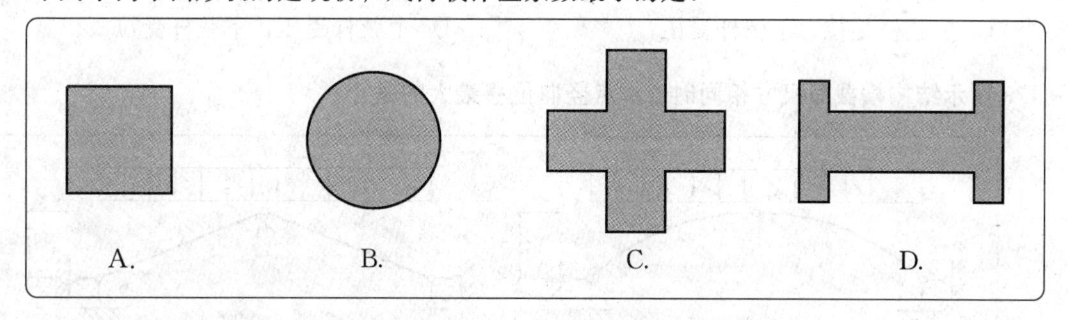

13. 除对雪荷载敏感的结构外，建筑物基本雪压重现期的取值是：

A. 100 年　　　　B. 50 年

C. 30 年　　　　D. 10 年

14. 建筑结构设计的极限状态分为：

A. 短期效应极限状态，长期效应极限状态

B. 基本组合极限状态，标准组合极限状态

C. 永久组合极限状态，偶然组合极限状态

D. 承载能力极限状态，正常使用极限状态

15. 图示具有合理拱轴线的拱结构，其构件主要受力状态是：

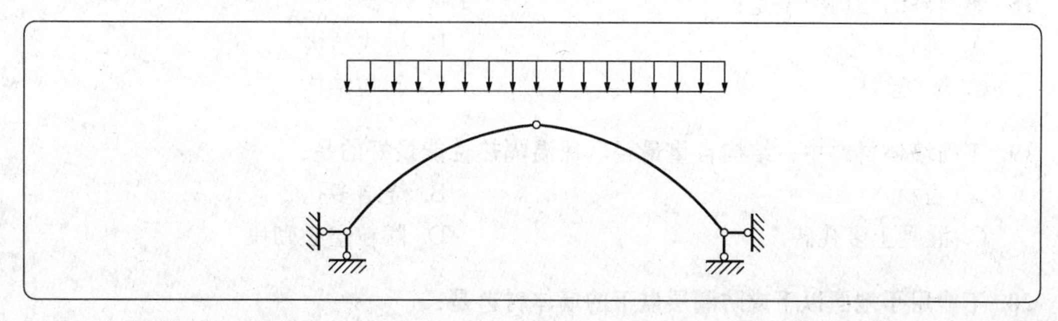

A. 受弯　　B. 受剪
C. 受拉　　D. 受压

16. 图示桁架，杆件内力说法正确的是：

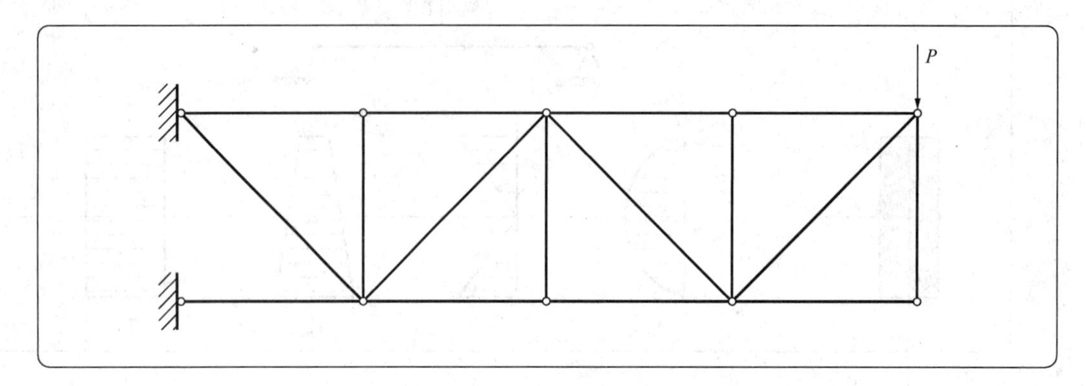

A. 上、下弦杆均受拉　　B. 上、下弦杆均受压
C. 上弦杆受拉，下弦杆受压　　D. 上弦杆受压，下弦杆受拉

17. 图示结构横截面尺寸相同时，A 点竖向位移最大的是：

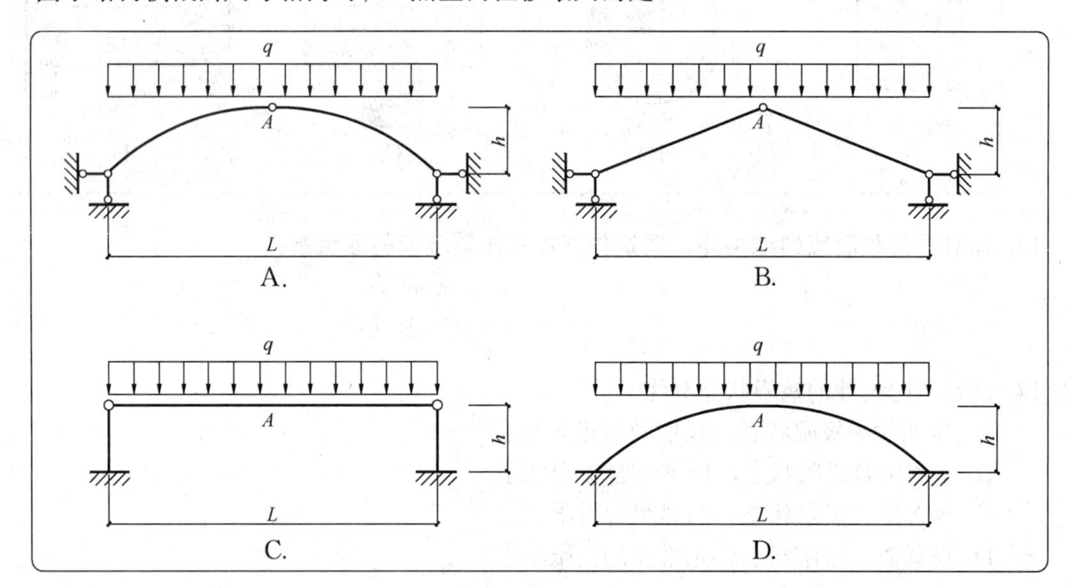

18. 赵州桥的结构类型是：

A. 梁式结构　　B. 拱式结构
C. 框架结构　　D. 斜拉结构

19. 下列墙体材料中，结构自重最轻、保温隔热性能最好的是：

A. 石材　　B. 烧结多孔砖
C. 混凝土多孔砖　　D. 陶粒空心砌块

20. 不能用于地面以下或防潮层以下的墙体材料是：

A. 烧结普通砖　　　　　　　　　　B. 混凝土砌块

C. 水泥砂浆　　　　　　　　　　　D. 石灰砂浆

21. 下列三层普通砌体结构房屋示意图中，层高设计正确的是：

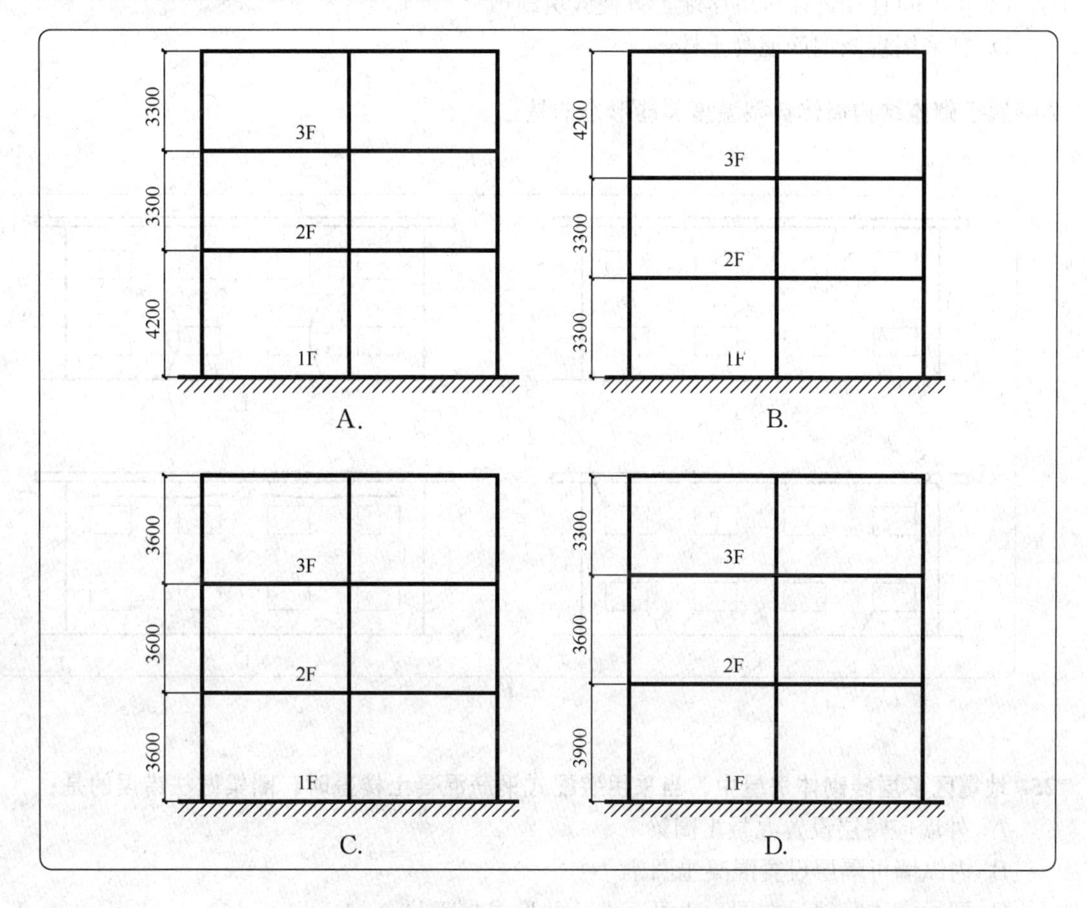

22. 砌体结构房屋中，下列装配式钢筋混凝土楼面板的支承长度不满足要求的是：

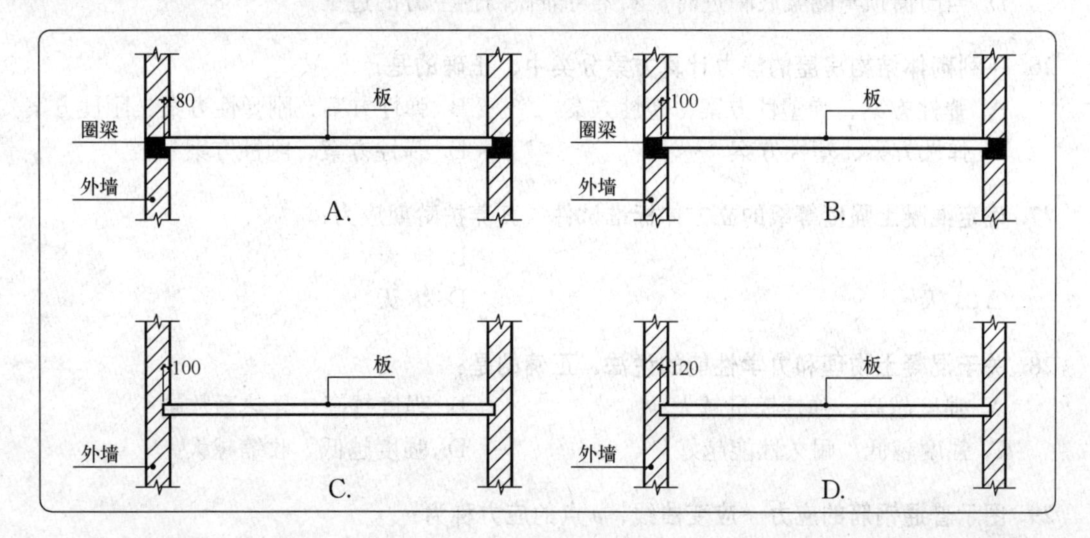

23. 下列砌体结构教学楼的设计要求中，错误的是：

A. 在房屋转角处不应设置转角窗

B. 抗震墙的布置沿竖向应上下连续

C. 楼梯间宜设置在房屋尽端，方便人员疏散

D. 宜采用现浇钢筋混凝土楼盖

24. 属于砌体结构墙体典型温度裂缝形态的是：

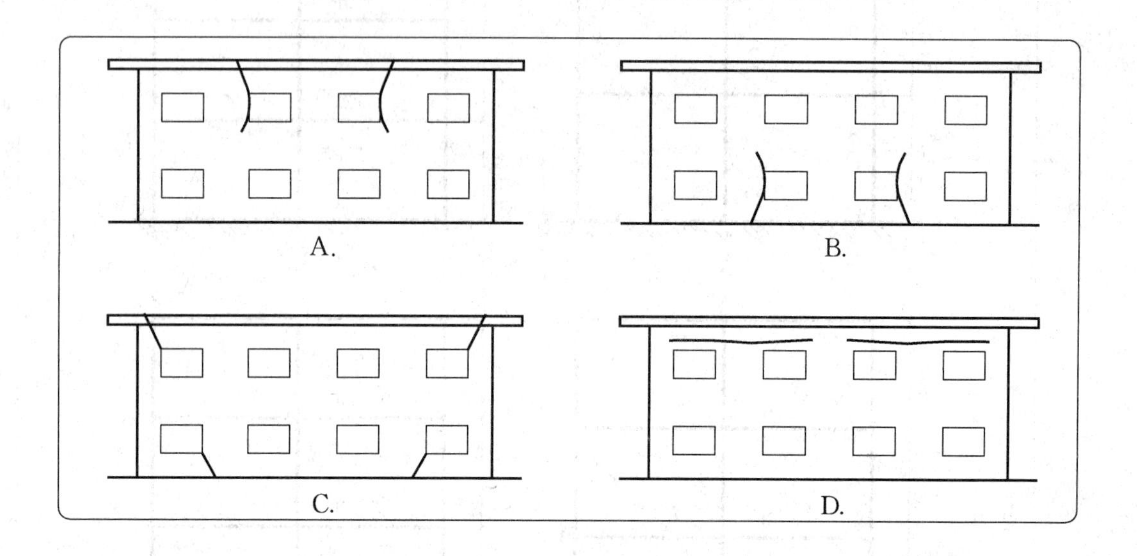

25. 地震区多层砖砌体房屋中，当采用装配式钢筋混凝土楼盖时，圈梁做法错误的是：

A. 外墙应每层设置混凝土圈梁

B. 内纵墙可隔层设置混凝土圈梁

C. 圈梁宜连续地设在同一水平面上，并形成封闭状

D. 当门窗顶与圈梁底临近时，圈梁可兼做门窗上方的过梁

26. 下列砌体结构房屋的静力计算方案分类中，正确的是：

A. 弹性方案、弹塑性方案、塑性方案　　B. 弹性方案、刚弹性方案、刚性方案

C. 弹性方案、塑性方案　　D. 弹性方案、刚性方案

27. 确定混凝土强度等级的立方体标准试件，其养护龄期应为：

A. 7 天　　B. 14 天

C. 21 天　　D. 28 天

28. 关于混凝土物理和力学性能的说法，正确的是：

A. 强度越高，弹性模量越大　　B. 强度越高，导热系数越小

C. 强度越低，耐久性能越好　　D. 强度越低，收缩越大

29. 图示普通钢筋的应力—应变曲线，*e* 点的应力称为：

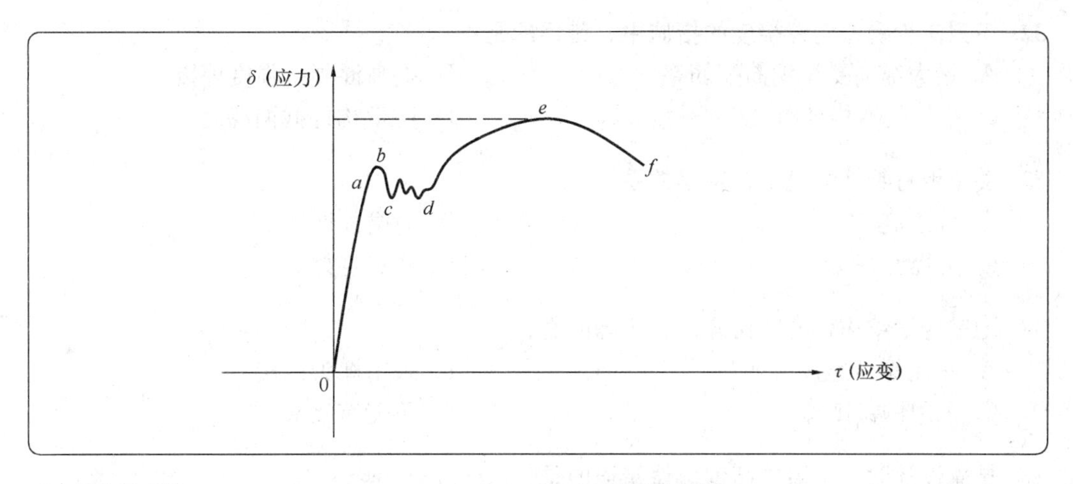

A. 比例极限　　　　　　　　　　　　　B. 屈服极限

C. 极限强度　　　　　　　　　　　　　D. 设计强度

30. 图示混凝土梁的斜截面破坏形态，属于斜压破坏的是：

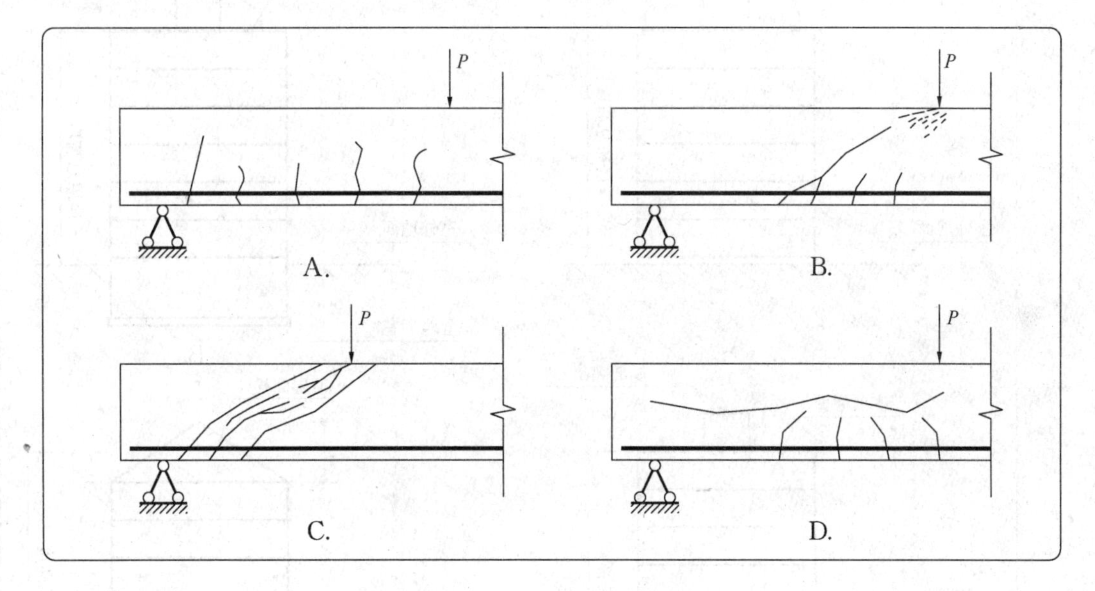

31. 下列柱配筋图中，混凝土保护层厚度 *C* 标注正确的是：

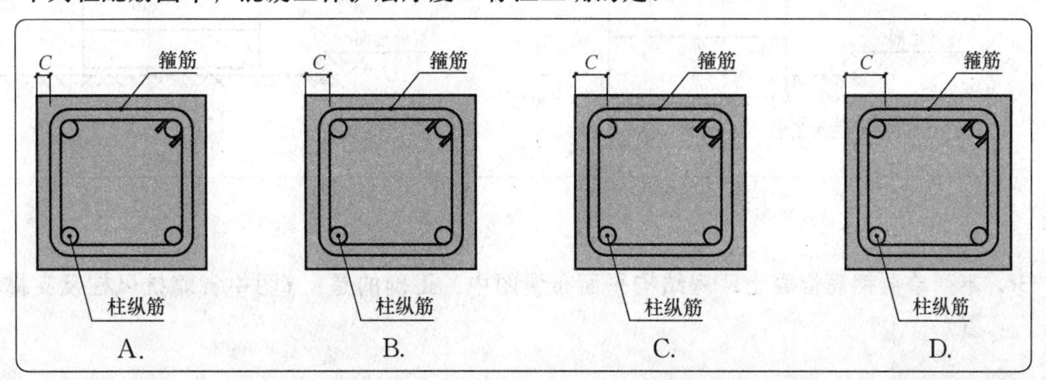

32. 下列减少受弯构件挠度的措施中，错误的是：

A. 增大纵向受拉钢筋配筋率　　B. 提高混凝土强度等级

C. 缩短受弯构件跨度　　D. 降低构件截面高度

33. 关于钢材特性的说法，错误的是：

A. 强度高　　B. 耐腐蚀性差

C. 可焊性好　　D. 耐火性好

34. 地震区木结构柱的竖向连接，正确的是：

A. 采用螺栓连接　　B. 采用榫头连接

C. 采用铆钉接头　　D. 不能有接头

35. 抗震设计时，房屋总高度取值错误的是：

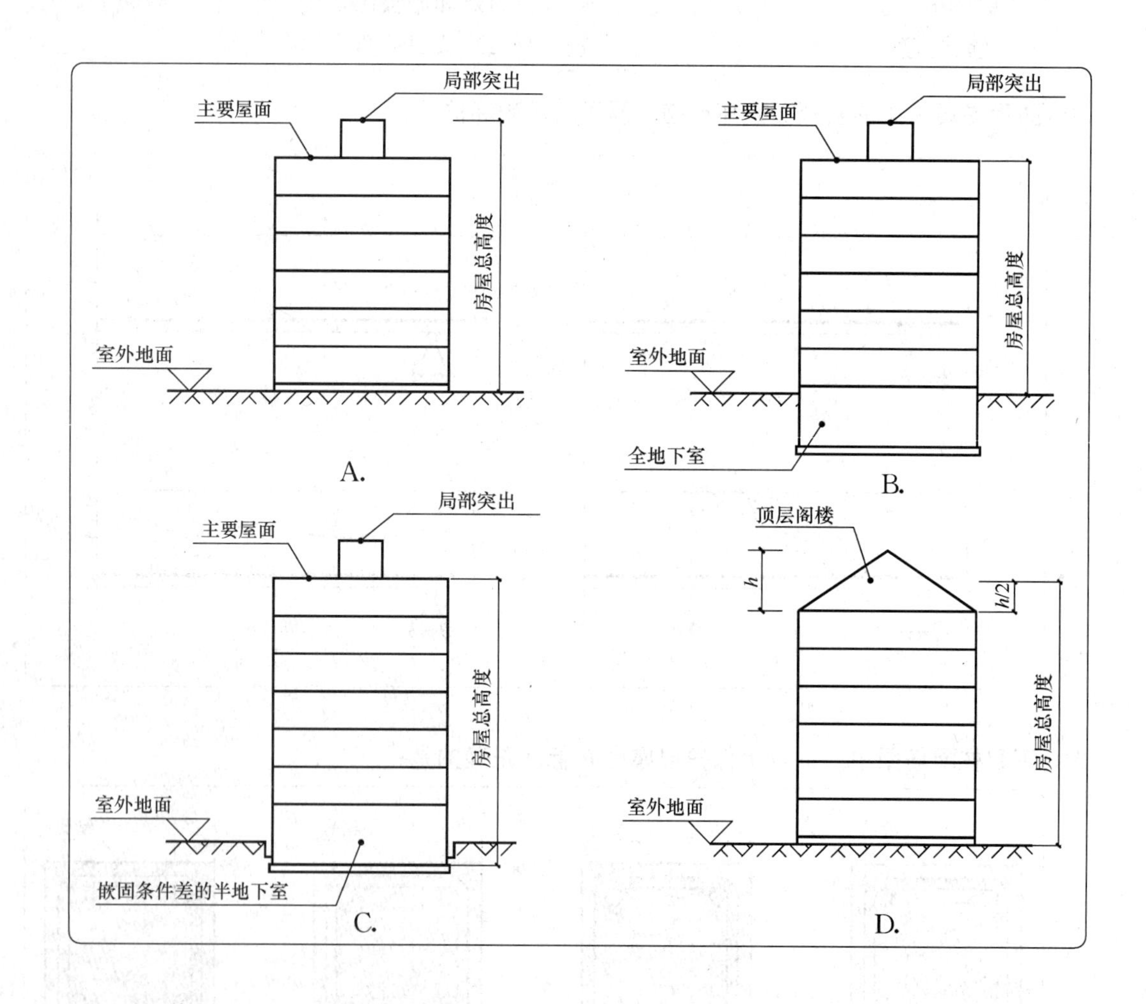

36. 下列单层钢筋混凝土厂房结构平面布置图中，正确的是：（图中省略抗风柱及支撑布置）

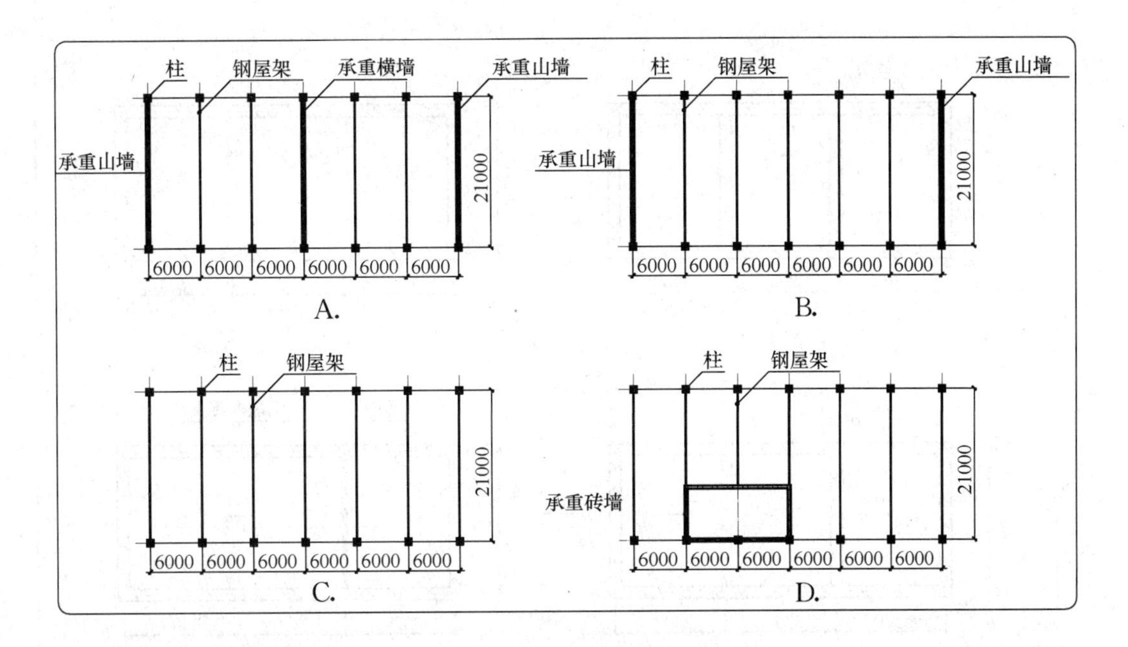

37. 下列框架柱与填充墙连接图中，构造做法错误的是：

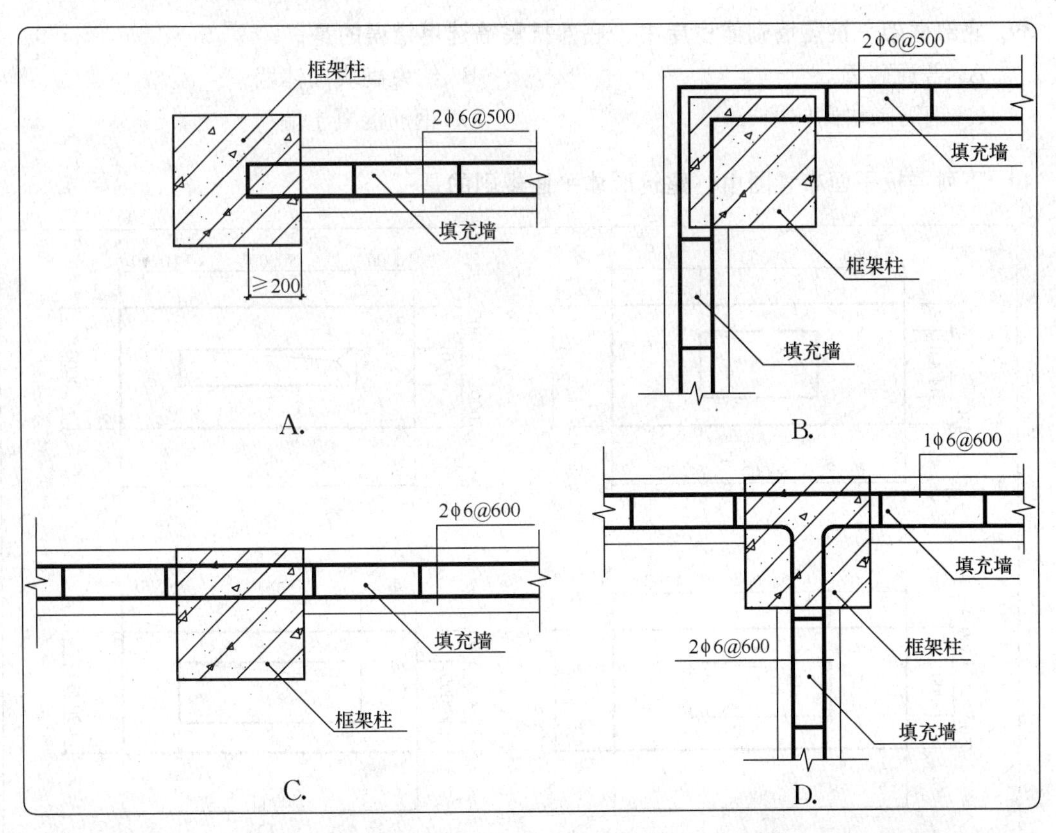

38. 下列多层砌体房屋结构平面布置图中，不符合抗震设计要求的是：（省略门窗洞口布置）

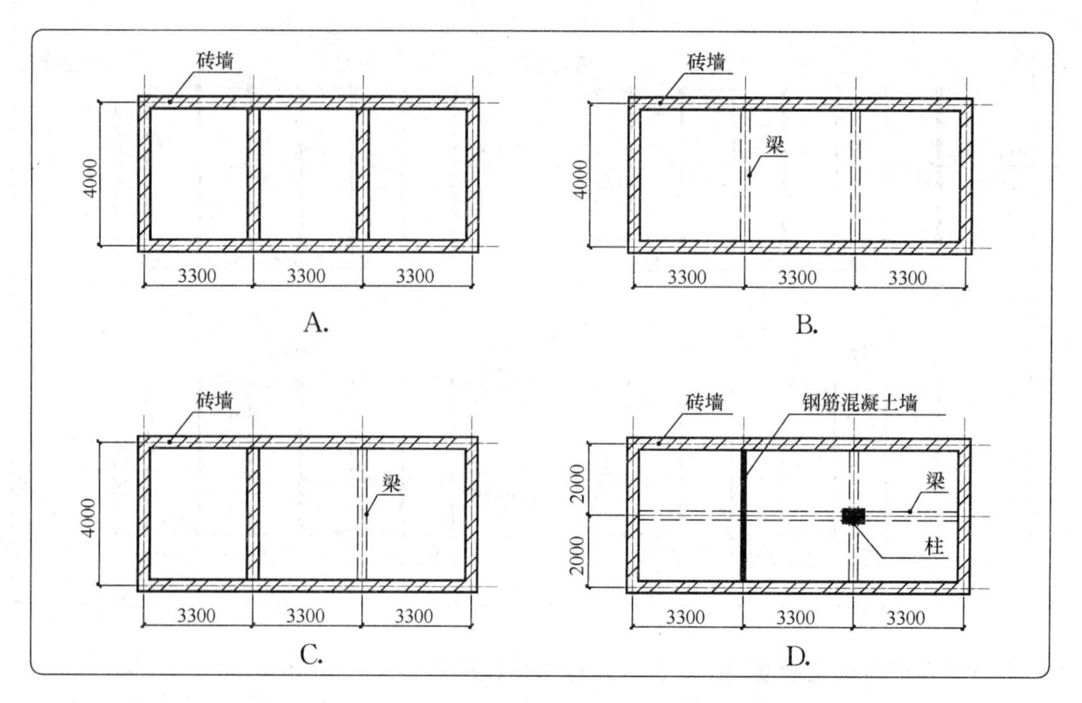

39. 底部框架—抗震墙砌体房屋中，底部抗震墙选用错误的是：

A. 普通砖墙　　B. 约束砌块砌体墙

C. 钢筋砌块砌体墙　　D. 钢筋混凝土墙

40. 下列楼板平面布置图中，建筑形体平面规则的是：

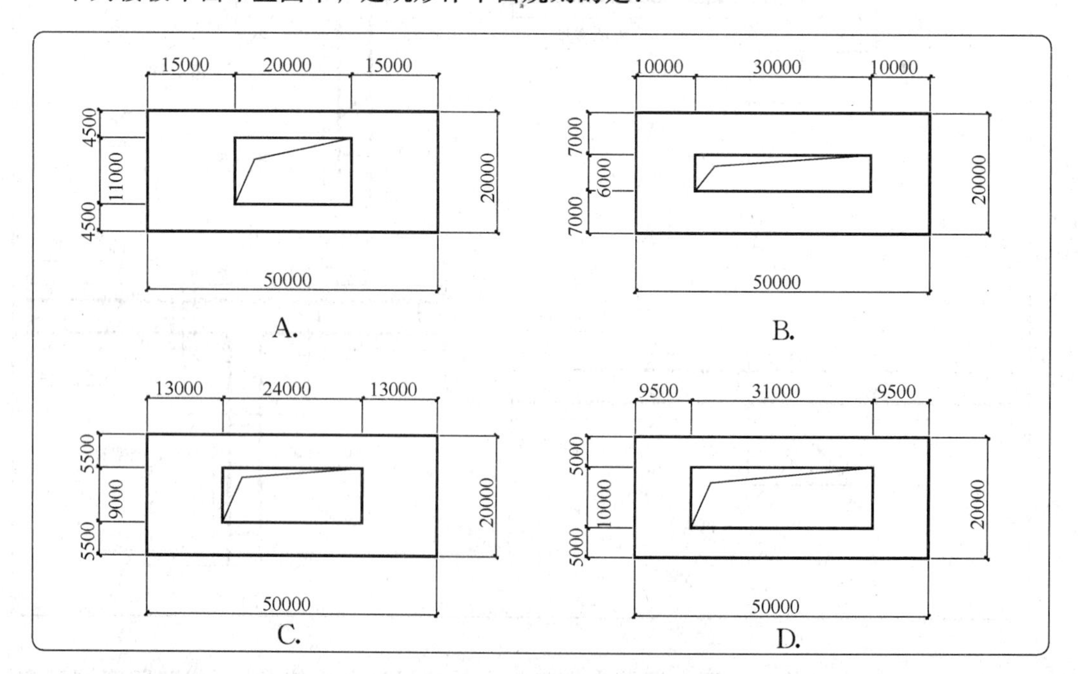

41. 关于抗震设防目标的说法，错误的是：

A. 多遇地震不坏　　B. 设防地震不裂

C. 设防地震可修　　D. 罕遇地震不倒

42. 不属于抗震重点设防类的建筑是：

A. 大学宿舍楼　　B. 小学食堂

C. 大型体育馆　　D. 大型博物馆

43. 下列建筑场地中，划分为抗震危险地段的是：

A. 软弱土　　B. 液化土

C. 泥石流区域　　D. 稳定基岩

44. 抗震设计时，控制多层砌体房屋最大高宽比的主要目的是：

A. 防止过大的地基沉降　　B. 避免顶层结构构件过早破坏

C. 提高纵墙的承载力　　D. 保证房屋的稳定性

45. 下列多层砌体房屋地震破坏的主要特点中，错误的是：

A. 主要受力墙体出现多道剪切裂缝　　B. 内外墙交接处出现破坏

C. 条形基础出现分段断裂　　D. 无可靠拉结的预制楼板塌落

46. 所谓强柱弱梁是指框架结构塑性铰出现在下列哪个部位的设计要求？

A. 梁端　　B. 柱端

C. 梁中　　D. 柱中

47. 题目缺失

48. 题目缺失

49. 为满足框架柱轴压比限值验算要求，下列做法错误的是：

A. 提高混凝土强度等级　　B. 提高纵筋的强度等级

C. 加大柱截面面积　　D. 减小柱的轴压力

50. 关于钢筋混凝土结构中砌体填充墙的抗震设计要求，错误的是：

A. 填充墙应与框架柱可靠连接

B. 墙长大于5m时，墙顶与梁宜有拉结

C. 填充墙可根据功能要求随意布置

D. 楼梯间的填充墙应采用钢丝网砂浆抹面

51. 不可直接作为建筑物天然地基持力层的土层是：

A. 淤泥　　B. 黏土

C. 粉土　　D. 泥岩

52. 关于岩土工程勘察报告成果的说法，错误的是：

A. 应提供各岩土层的物理力学性质指标

B. 应提供地下水对建筑材料的腐蚀性

C. 应提供地基承载力及变形计算参数

D. 不需提供地基基础设计方案建议

53. 钢筋混凝土柱下独立基础属于：

A. 无筋扩展基础　　B. 扩展基础

C. 柱下条形基础　　D. 筏形基础

54. 下列地基处理方案中，属于复合地基做法的是：

A. 换填垫层　　B. 机械压实

C. 灰土桩　　D. 真空预压

55. 地基承载力特征值需修正时，与下列何项无关？

A. 基础底面宽度　　B. 基础埋置深度

C. 基础承受荷载　　D. 基础底面以下土的重度

56. 人工景观用水水源不得采用：

A. 市政自来水　　B. 河水

C. 雨水　　D. 市政中水

57. 关于水泵房设计要求中，错误的是：

A. 通风良好　　B. 允许布置在居住用房下层

C. 设置排水设施　　D. 水泵基础设置减振装置

58. 下列管道井的设计中，错误的是：

A. 每层设检修门

B. 管道井的尺寸应根据管道数量、管径大小、排列方式等确定

C. 需进人维修的管道井，应考虑工作通道

D. 检修门内开

59. 下列生活饮用水池（箱）的设计中，错误的是：

A. 采用独立结构形式

B. 设在专用房间内

C. 水池（箱）间的上层不应有厕所

D. 水池（箱）内贮水 72h 内不能更新时，应设置水消毒处理装置

60. 下列图示中，正确的是：

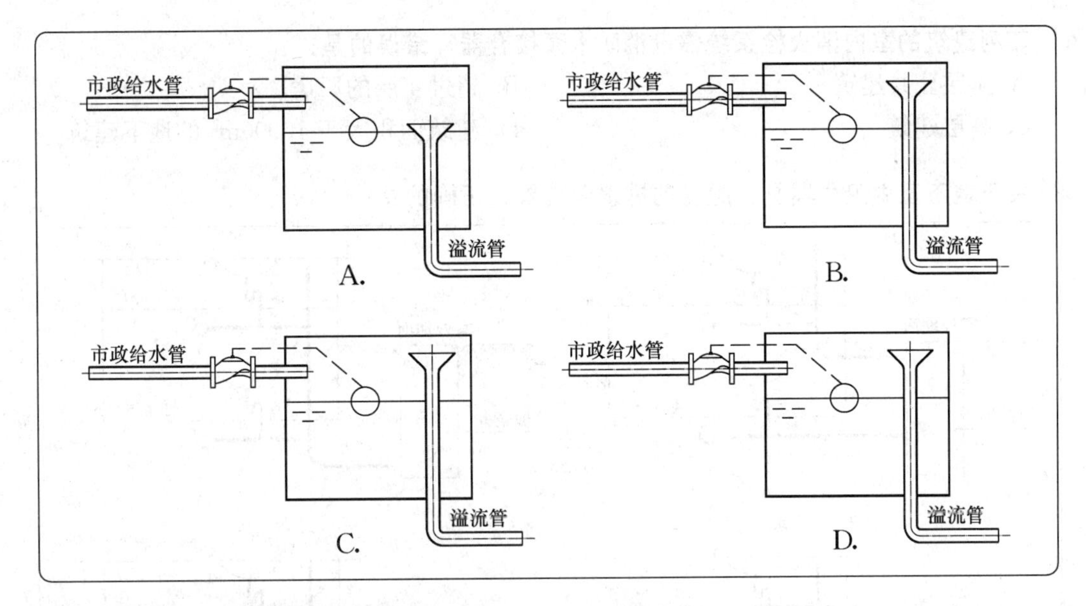

61. 下列选项中，属于传统水源的是：

A. 地下水　　B. 雨水

C. 海水　　D. 再生水

62. 关于集中热水供应系统优先采用的热源，错误的是：

A. 工业余热、废热　　B. 地热

C. 太阳能　　D. 天然气

63. 关于建筑内开水间设计，错误的是：

A. 应设给水管　　B. 应设排污排水管

C. 排水管道应采用金属排水管　　D. 排水管道应采用普通塑料管

64. 根据消防水泵房的设计要求，错误的是：

A. 疏散门直通室外或安全出口

B. 独立建造的泵房，其耐火等级不低于三级

C. 建筑内的泵房，应设在地下二层及以上

D. 设在建筑内的地下水泵房，室内地面与室外出入口地坪高差应小于10m

65. 可不设置灭火器的部位是：

A. 多层住宅的公共部位　　B. 公共建筑的公共部位

C. 乙类厂房内　　D. 高层住宅户内

66. 应设室内消火栓灭火系统的建筑是：

A. 建筑占地面积大于300m^2的厂房

B. 耐火等级为三、四级且建筑体积大于3000m^3 的丁类厂房

C. 存有与水接触能引起燃烧爆炸的库房

D. 粮食仓库远离城镇且无人值守

67. 下列建筑的室内消火栓系统需设消防水泵接合器，错误的是：

A. 4 层公共建筑　　B. 超过 4 层的厂房

C. 高层建筑　　D. 建筑面积大于 10000m^2 的地下建筑

68. 关于地下室中卫生器具、脸盆的排水管装置，正确的是：

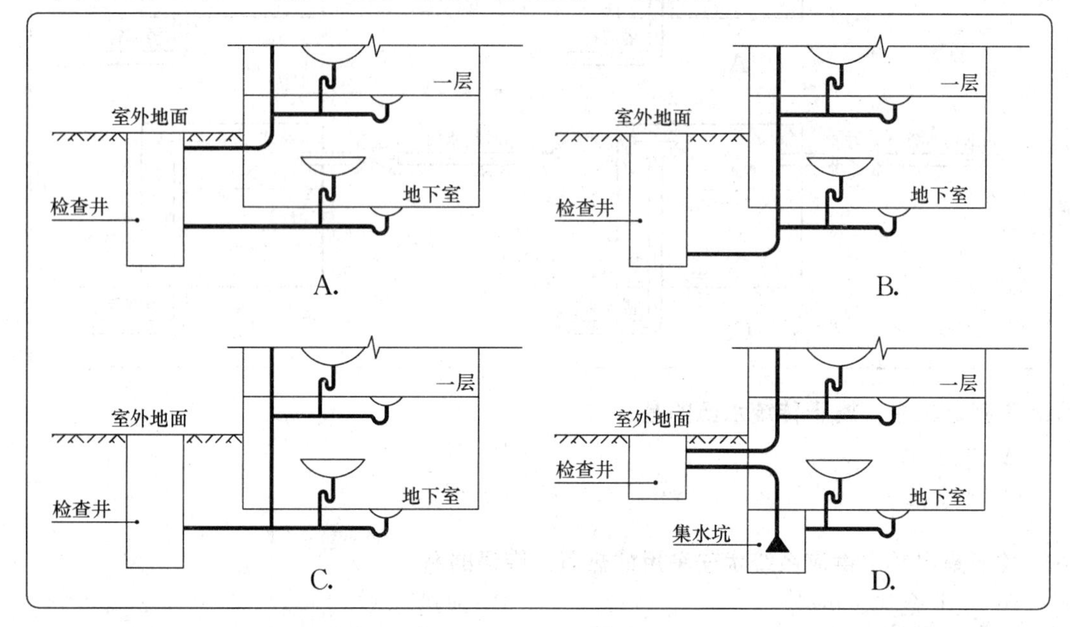

69. 关于建筑排水通气立管设置，错误的是：

A. 通气立管不得接纳器具污水　　B. 不得以吸气阀替代通气管

C. 通气管可接纳雨水　　D. 不得与风管连接

70. 关于建筑阳台雨水排水设计，错误的是：

A. 多层建筑阳台雨水宜设独立排水立管

B. 阳台雨水立管底部应间接排水

C. 当生活阳台设有生活排水设备及地漏时，可不另设阳台雨水排水地漏

D. 高层建筑阳台雨水与屋面雨水共用排水立管

71. 下列哪一项不能作为供暖系统热源？

A. 城市热网　　B. 锅炉

C. 散热器　　D. 燃气热泵

72. 寒冷地区净高为 8m 的酒店大堂，最适合采用哪种末端散热设备？

A. 对流型散热器　　B. 低温地板辐射

C. 电散热器　　D. 暖风机

73. 下列公共建筑内的房间，应保持相对周边区域正压的是：

A. 公共卫生间　　B. 厨房

C. 办公室　　D. 公共浴室

74. 某事故排风口与机械送风系统进风口的高差小于 5m，则其水平距离不应小于多少?

A. 10m　　B. 20m

C. 30m　　D. 40m

75. 公共建筑机械通风系统新风入口的空气流速宜为?

A. 越小越好　　B. 0.5～1.0m/s

C. 3.5～4.5m/s　　D. 越大越好

76. 下列空调系统中，占用机房面积和管道空间最大的是:

A. 全空气系统　　B. 风机盘管加新风系统

C. 多联机空调系统　　D. 辐射板空调系统

77. 下列机房中，需要考虑泄压的是:

A. 电制冷冷水机组机房　　B. 直接膨胀式空调机房

C. 燃气吸收式冷水机组机房　　D. 吸收式热泵机组机房

78. 建筑围护结构的热工性能权衡判断，是对比设计建筑和参照建筑的下列哪项内容?

A. 设计日空调冷热负荷　　B. 设计日供暖负荷

C. 全年供暖和空调能耗　　D. 设计日供暖和空调能耗

79. 在采用多联机空调系统的建筑中，关于安装室外机的要求，错误的是:

A. 应确保室外机安装处通风良好　　B. 应避免污浊气流的影响

C. 应将室外机设置在密闭隔声罩内　　D. 应便于清扫室外机的换热器

80. 下列哪项做法会使空调风系统的输配能耗增加:

A. 减少风系统送风距离　　B. 减少风管截面积

C. 提高风机效率　　D. 加大送风温差

81. 封闭楼梯间不能满足自然通风要求时，下列措施正确的是:

A. 设置机械排烟系统　　B. 设置机械加压送风系统

C. 设置机械排风系统　　D. 设置空调送风系统

82. 题目缺失

83. 题目缺失

84. 地下车库面积 1800m^2、净高 3.5m，对其排烟系统的要求，正确的是:

A. 不需要排烟

B. 不需划分防烟分区

C. 每个防烟分区排烟风机排烟量不小于 35000m^3/h

D. 每个防烟分区排烟风机排烟量不小于 42000m^3/h

85. 题目缺失

86. **题目缺失**

87. **题目缺失**

88. **题目缺失**

89. **关于柴油发电机房及发电机组的设计要求中，下列说法错误的是：**

A. 机组应采取消声措施　　B. 机组应采取减振措施

C. 机房应采取隔声措施　　D. 机房不可设置在首层

90. **关于普通绝缘铜导线的敷设方式，下列说法正确的是：**

A. 可在室外挑檐下以绝缘子明敷设　　B. 可在抹灰层内直接敷设

C. 可在顶棚内直接敷设　　D. 可在墙体内直接敷设

91. **室外电缆沟的设置要求不包括以下哪项？**

A. 电缆沟应防止进水　　B. 电缆沟内应满足排水要求

C. 电缆沟内应设通风系统　　D. 电缆沟盖板应满足荷载要求

92. **消防用电设备的配电线路，下列哪种敷设方式不满足防火要求？**

A. 采用矿物绝缘电缆直接明敷

B. 穿钢管明敷在混凝土结构表面，钢管采取防火保护措施

C. 穿普通金属封闭线槽明敷在不燃烧体结构表面

D. 穿钢管暗敷在不燃烧体结构内，结构保护层厚度不应小于 30mm

93. **关于电缆的敷设，哪种情况不需要采取防火措施？**

A. 电缆沟进入建筑物处　　B. 电缆水平进入电气竖井处

C. 电气竖井内的电缆垂直穿越楼板处　　D. 电缆在室外直埋敷设

94. **为节省电能，室内一般照明不应采用下列哪种光源？**

A. 荧光高压汞灯　　B. 细管直管形荧光灯

C. 小功率陶瓷金属卤化物灯　　D. 发光二极管（LED）

95. **题目缺失**

96. **题目缺失**

97. **题目缺失**

98. **题目缺失**

99. **题目缺失**

100. **题目缺失**

二、2017 年真题答案

1. D	2. C	3. B	4. D	5. A	6. C	7. B	8. B	9. B	10. D
11. A	12. B	13. B	14. D	15. D	16. C	17. C	18. B	19. D	20. D
21. C	22. C	23. C	24. A	25. B	26. B	27. D	28. A	29. C	30. B
31. A	32. D	33. D	34. D	35. A	36. C	37. D	38. D	39. A	40. C
41. B	42. A	43. C	44. D	45. C	46. A	47. /	48. /	49. B	50. C
51. A	52. D	53. B	54. C	55. C	56. A	57. B	58. D	59. D	60. A
61. A	62. D	63. D	64. B	65. D	66. A	67. A	68. D	69. C	70. D
71. C	72. B	73. C	74. B	75. C	76. A	77. C	78. C	79. C	80. D
81. B	82. /	83. /	84. B	85. /	86. /	87. /	88. /	89. D	90. A
91. C	92. C	93. D	94. A	95. /	96. /	97. /	98. /	99. /	100. /

第二节　2018 年真题与答案

一、2018 年真题

1. 图示结构，杆件 1 的内力是：

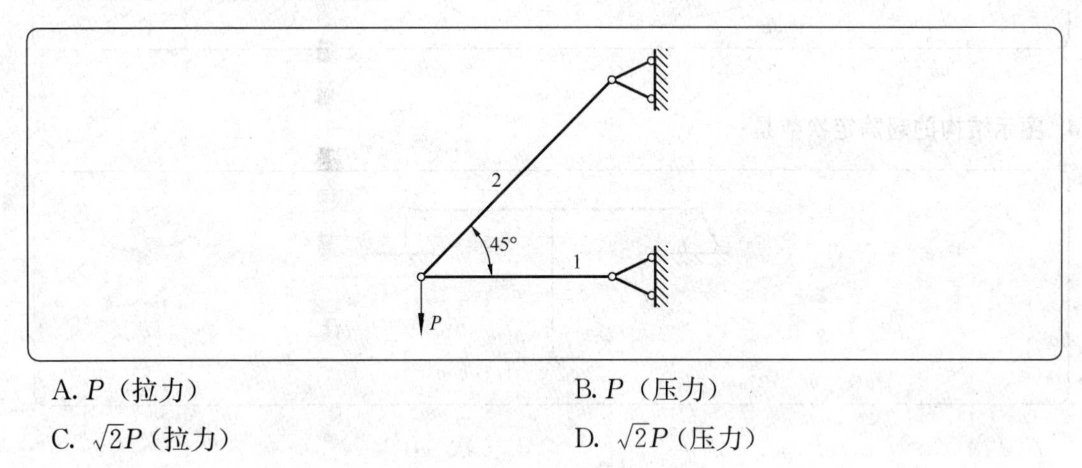

A. P（拉力）　　B. P（压力）

C. $\sqrt{2}P$（拉力）　　D. $\sqrt{2}P$（压力）

2. 图示简支梁，四种梁截面的面积相等，受力最合理的是：

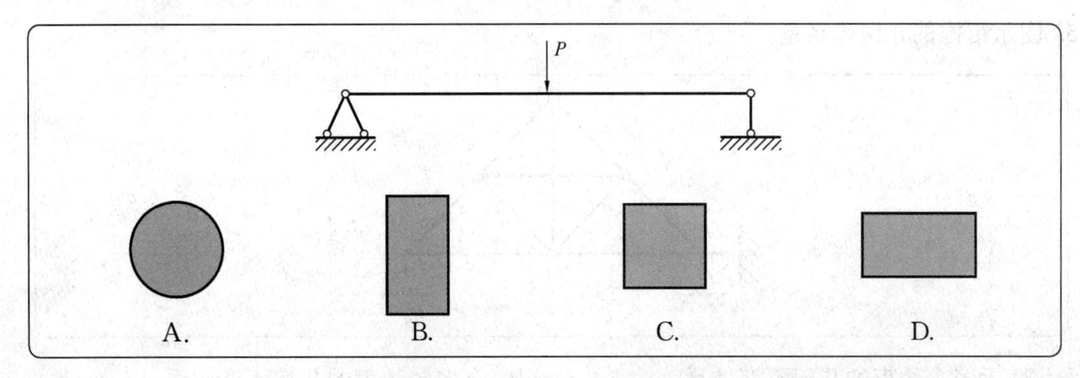

3. 图示梁弯矩图，正确的是：

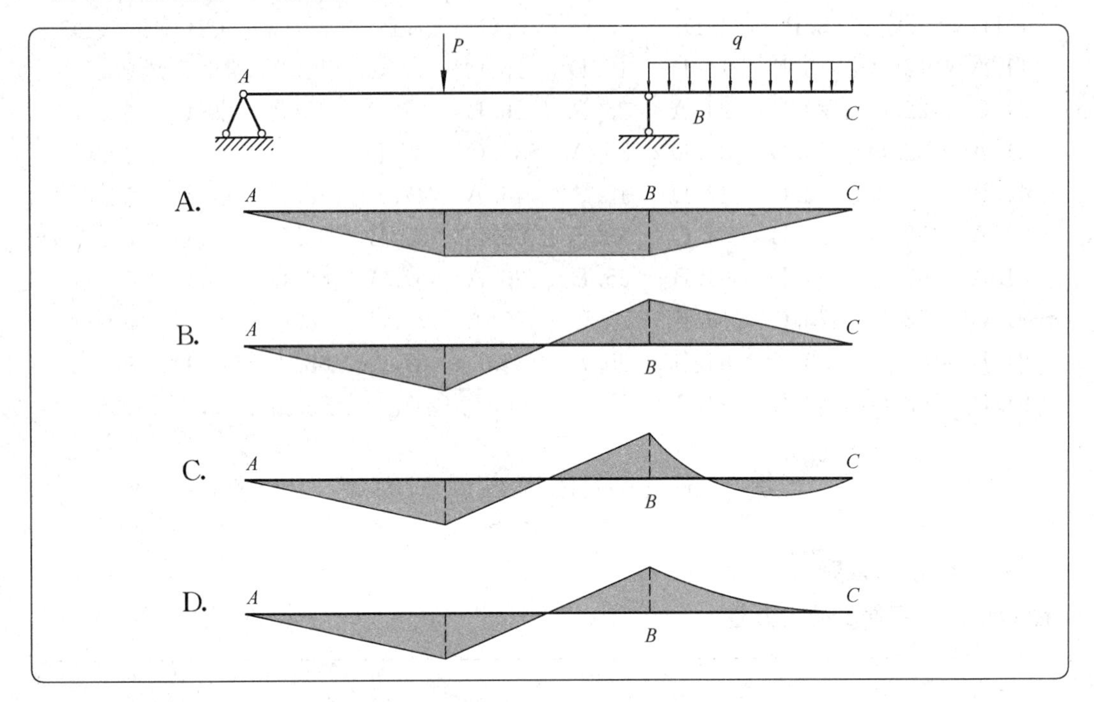

4. 图示结构的超静定次数是：

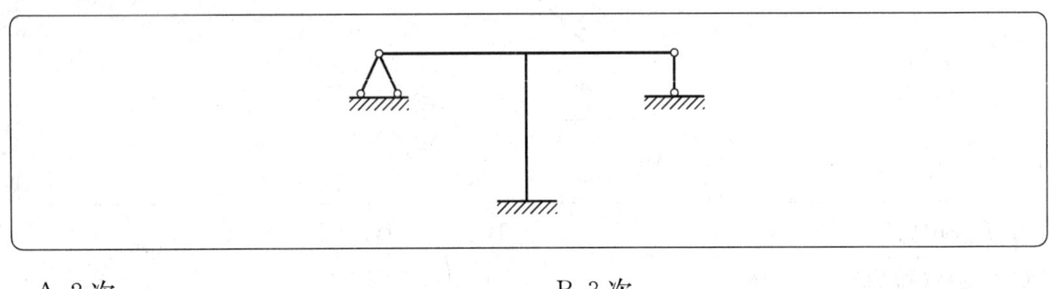

A. 2 次　　B. 3 次
C. 4 次　　D. 5 次

5. 图示结构的几何体系是：

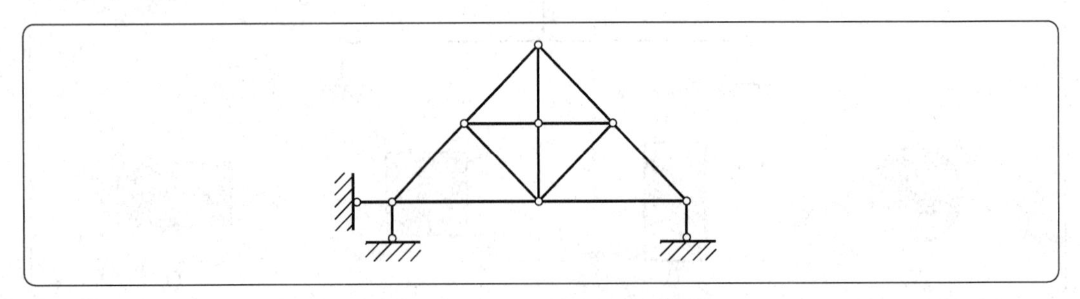

A. 无多余约束的几何不变体系　　B. 有多余约束的几何不变体系
C. 可变体系　　D. 瞬变体系

6. 图示桁架的零杆数量是：

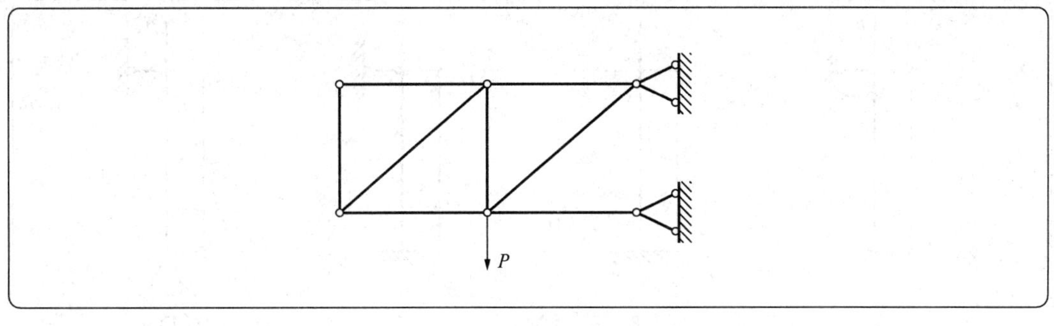

A. 4　　B. 5

C. 6　　D. 7

7. 图示桁架，杆件 1 的内力是：

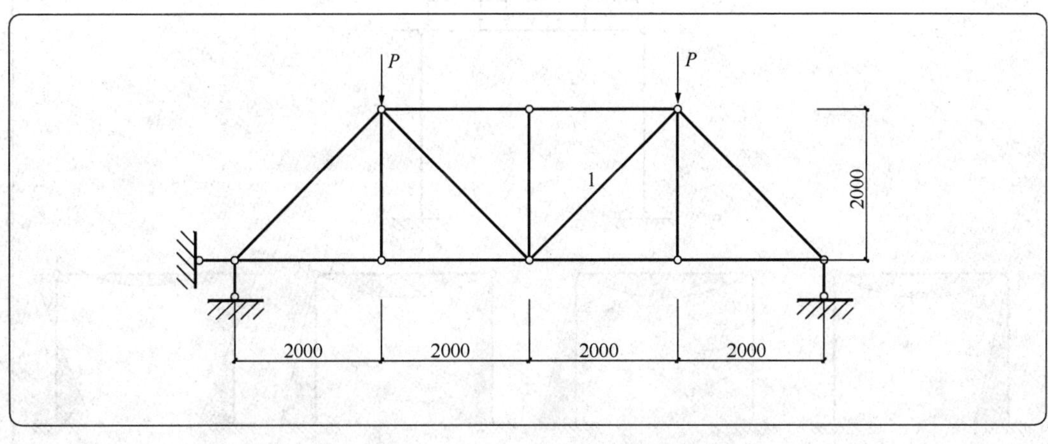

A. P　　B. $\sqrt{2}P$

C. $2P$　　D. 0

8. 当杆件 1 温度升高 Δt 时，杆件 1 的轴力变化情况是：

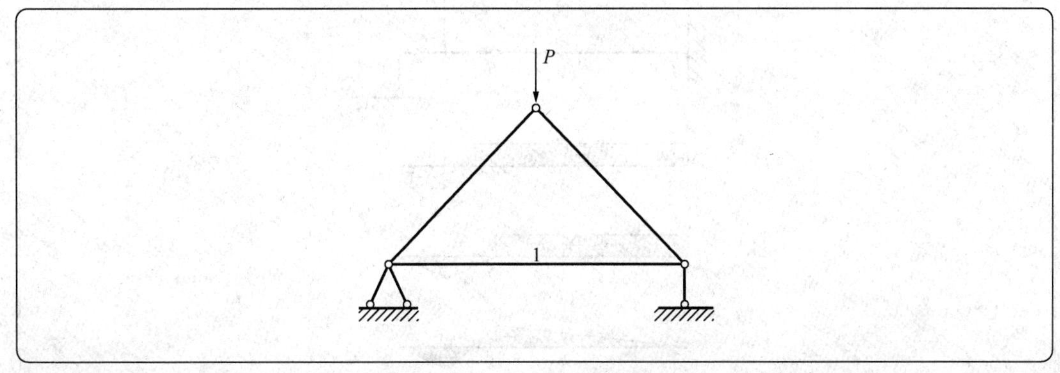

A. 变大　　B. 变小

C. 不变　　D. 轴力为零

9. 图示四种不同约束的轴向压杆，临界承载力最大的是：

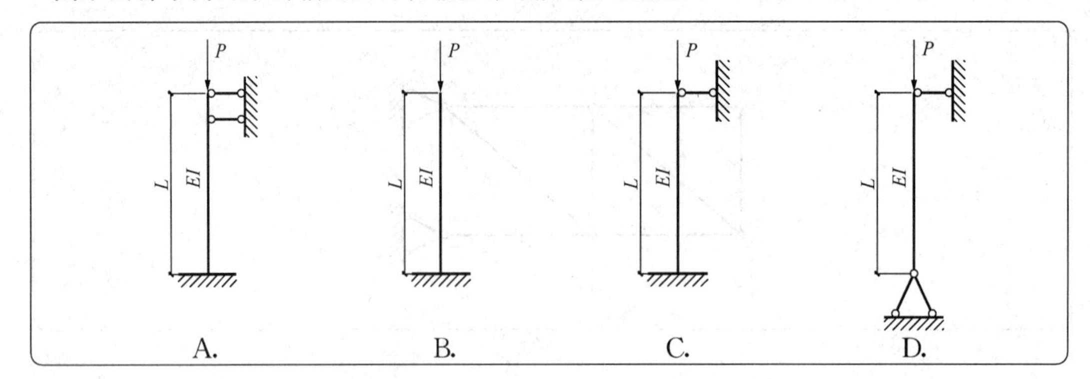

10. 图示结构的弯矩图，正确的是：

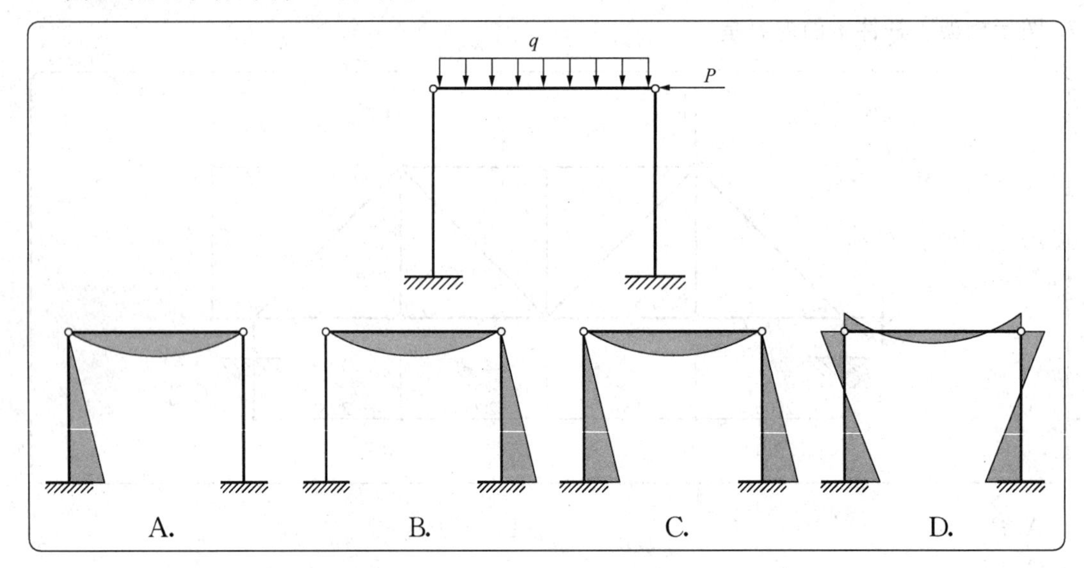

11. 图示结构的剪力图，正确的是：

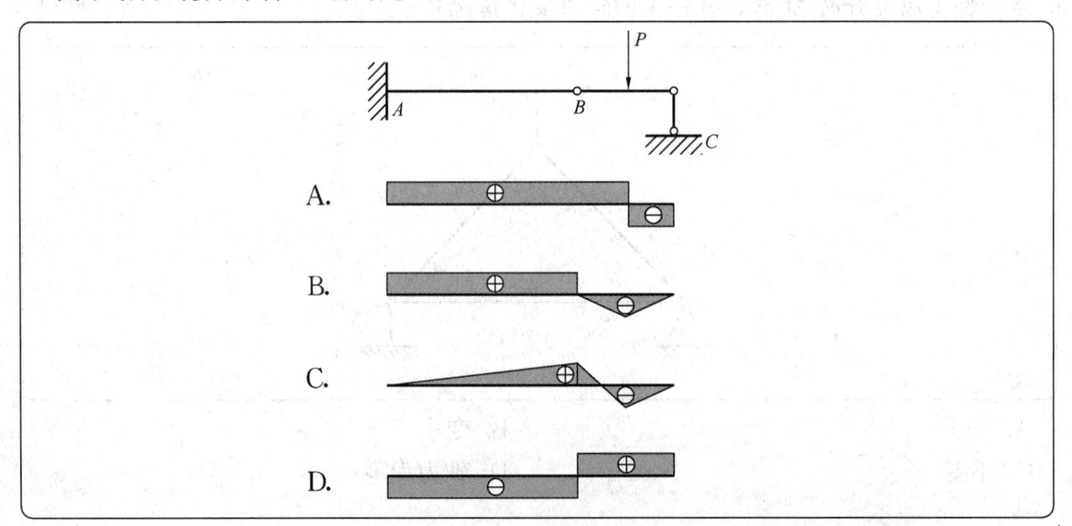

12. **图示悬臂梁，端点 A 挠度最大的是：**

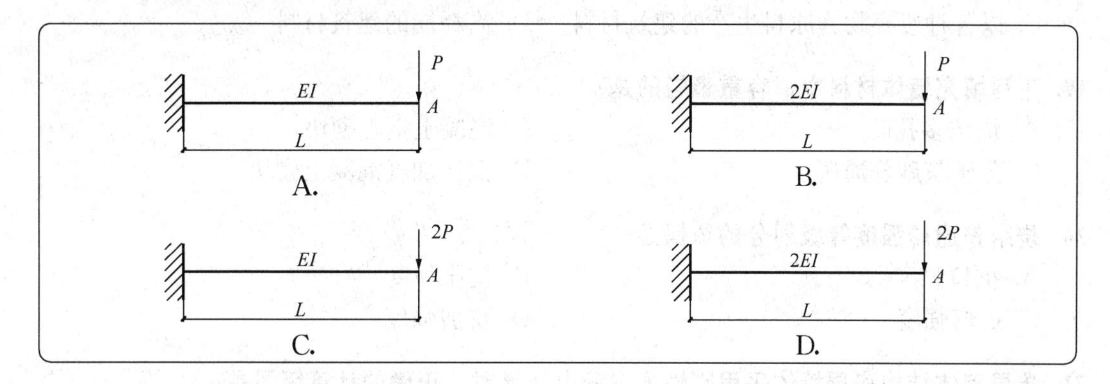

13. **图示连续梁，变形示意正确的是：**

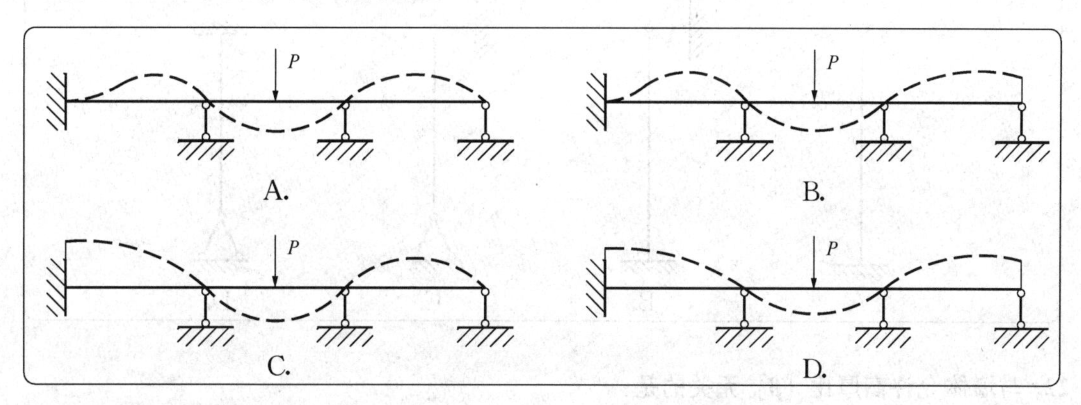

14. **煤气管道爆炸产生的荷载属于：**

A. 可变荷载　　　　B. 偶然荷载

C. 永久荷载　　　　D. 静力荷载

15. **同一高度处，下列地区风压高度变化系数 μ 最大的是：**

A. 湖　　　　B. 乡村

C. 有密度建筑群的城市市区　　　　D. 有密集建筑群且房屋较高的城市市区

16. **绿色建筑定义中的“四节”是指：**

A. 节电、节地、节能、节水　　　　B. 节电、节地、节能、节材

C. 节电、节地、节水、节材　　　　D. 节地、节能、节水、节材

17. **不属于节材措施的是：**

A. 根据受力特点选择材料用量最少的结构体系

B. 合理采用高性能结构材料

C. 在大跨度结构中，优先采用钢结构

D. 因美观要求采用建筑形体不规则的结构

18. **绿色建筑设计中，应优先选用的建筑材料是：**

A. 不可再利用的建筑材料
B. 不可再循环的建筑材料
C. 以各种废弃物为原料生产的建筑材料
D. 高耗能的建筑材料

19. 下列填充墙体材料中，容重最轻的是：

A. 烧结多孔砖
B. 混凝土空心砌块
C. 蒸压灰砂普通砖
D. 蒸压加气混凝土砌块

20. 烧结普通砖强度等级划分的依据是：

A. 抗拉强度
B. 抗压强度
C. 抗弯强度
D. 抗剪强度

21. 单层砌体结构房屋墙体采用刚性方案静力计算时，正确的计算简图是：

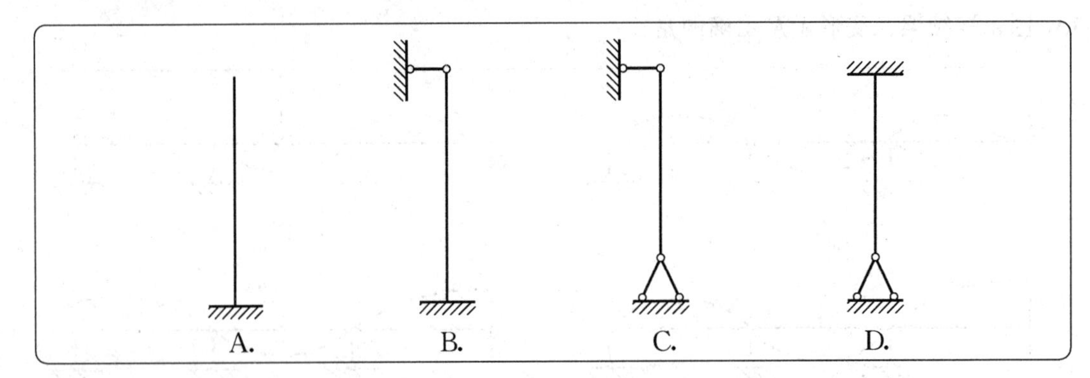

22. 与墙体允许高厚比［β］无关的是：

A. 块体强度等级
B. 砂浆强度等级
C. 不同施工阶段
D. 砌体类型

23. 防止或减轻砌体结构顶层墙体开裂的措施中，错误的是：

A. 屋面设置保温隔热层
B. 提高屋面板混凝土强度
C. 采用瓦材屋盖
D. 增加顶层墙体砌筑砂浆强度

24. 砌体结构房屋中，下列圈梁构造做法正确的是：

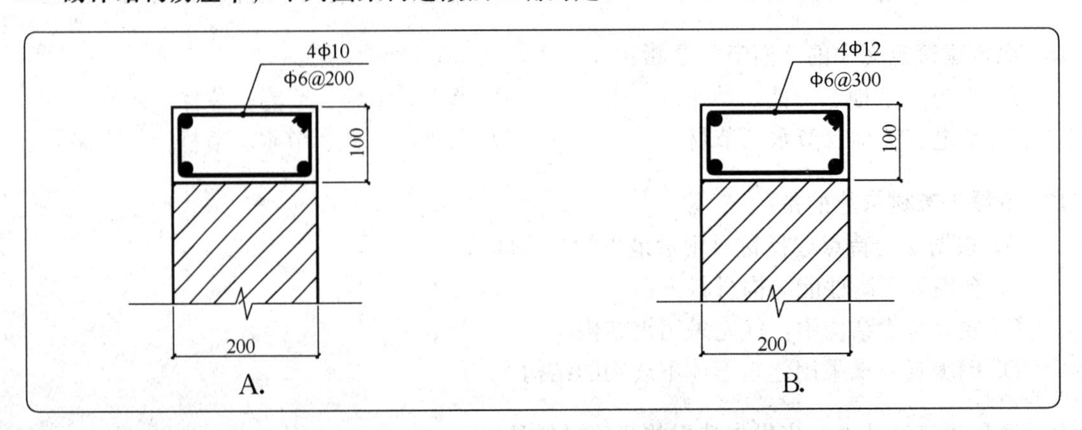

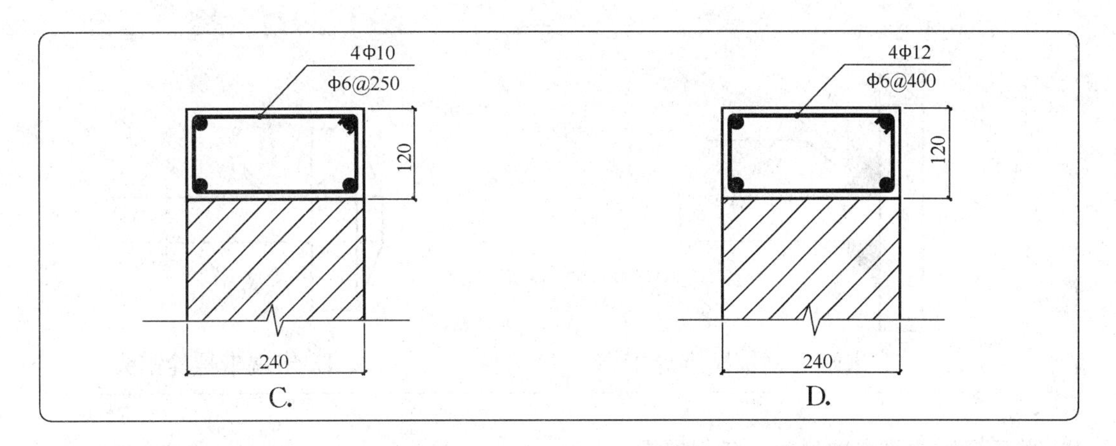

25. 当采用强度等级 400MPa 的钢筋时，钢筋混凝土结构的混凝土强度等级最低限值是：

A. C15　　B. C20

C. C25　　D. C30

26. 混凝土结构设计中，限制使用的钢筋是：

A. HPB300　　B. HRB335

C. HRB400　　D. HRB500

27. 图示承受均布荷载的悬臂梁，可能发生的弯曲裂缝是：

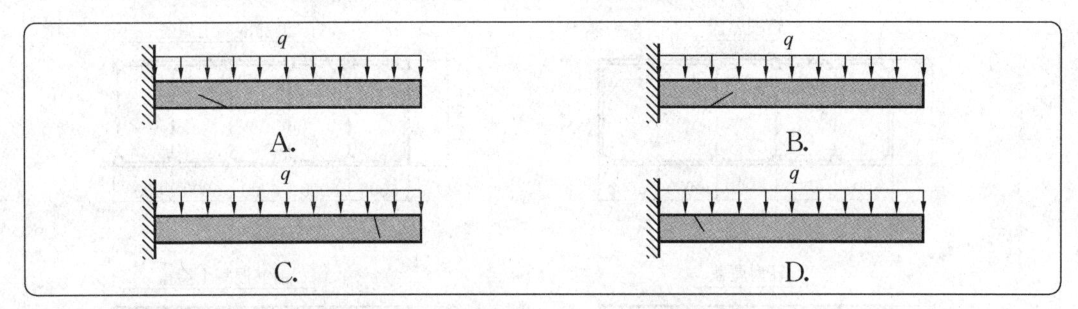

28. 关于减少超长钢筋混凝土结构收缩裂缝的做法，错误的是：

A. 设置伸缩缝　　B. 设置后浇带

C. 增配通长构造钢筋　　D. 采用高强混凝土

29. 图示纵向钢筋机械锚固形式中，错误的是：

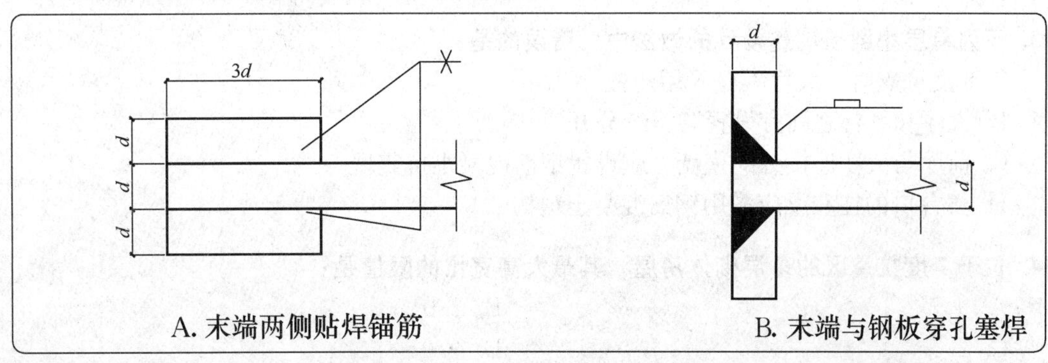

A. 末端两侧贴焊锚筋　　B. 末端与钢板穿孔塞焊

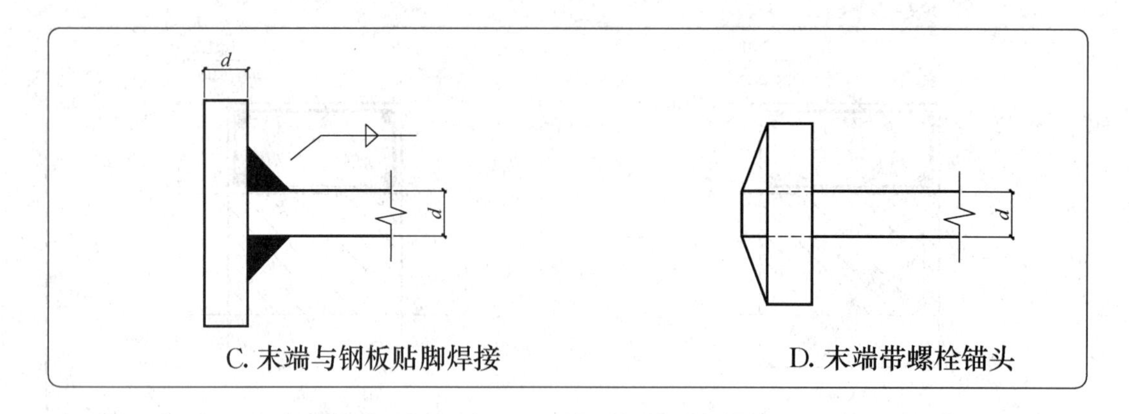

30. 关于钢结构优点的说法，错误的是：

A. 结构强度高　　B. 结构自重轻

C. 施工周期短　　D. 防火性能好

31. 下列普通木结构设计和构造要求中，错误的是：

A. 木材宜用于结构的受压构件

B. 木材宜用于结构的受弯构件

C. 木材受弯构件的受拉边不得开缺口

D. 木屋盖采用内排水时，宜采用木质天沟

32. 下列单层砖柱厂房平面布置图中，正确的是：

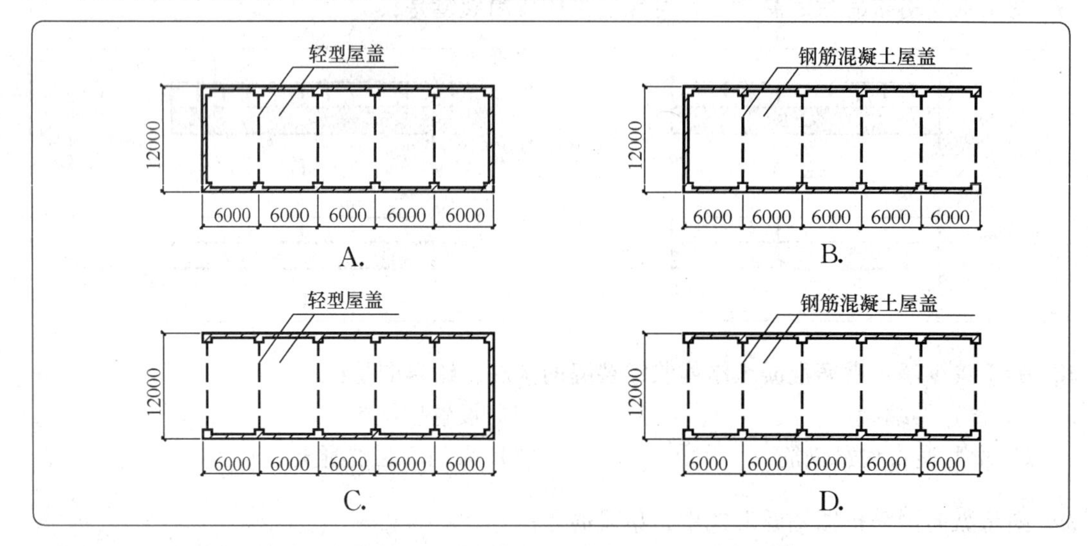

33. 下列单层小剧场抗震设计的做法中，错误的是：

A. 8 度抗震时，大厅不应采用砖柱

B. 大厅和舞台之间宜设置防震缝分开

C. 前厅与大厅连接处的横墙，应设置钢筋混凝土抗震墙

D. 舞台口的柱和梁应采用钢筋混凝土结构

34. 位于 7 度抗震区的多层砌体房屋，其最大高宽比的限值是：

A. 1.5　　B. 2.0

C. 2.5　　D. 3.0

35. 下列 8 度抗震区多层砌体房屋的首层平面布置图中，满足抗震设计要求的是：

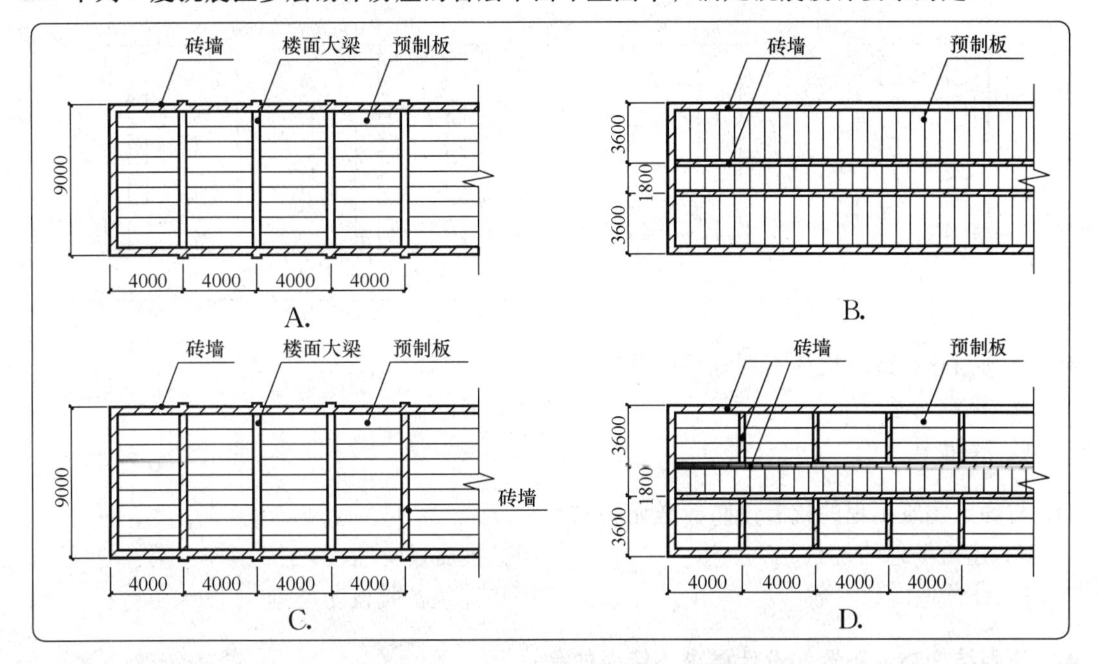

36. 相同地震烈度区，现浇钢筋混凝土房屋适用高度最大的结构类型是：

A. 框架　　B. 框架-抗震墙

C. 筒中筒　　D. 框支抗震墙

37. 下列框架顶层端节点梁、柱纵向钢筋锚固与搭接示意图中，正确的是：

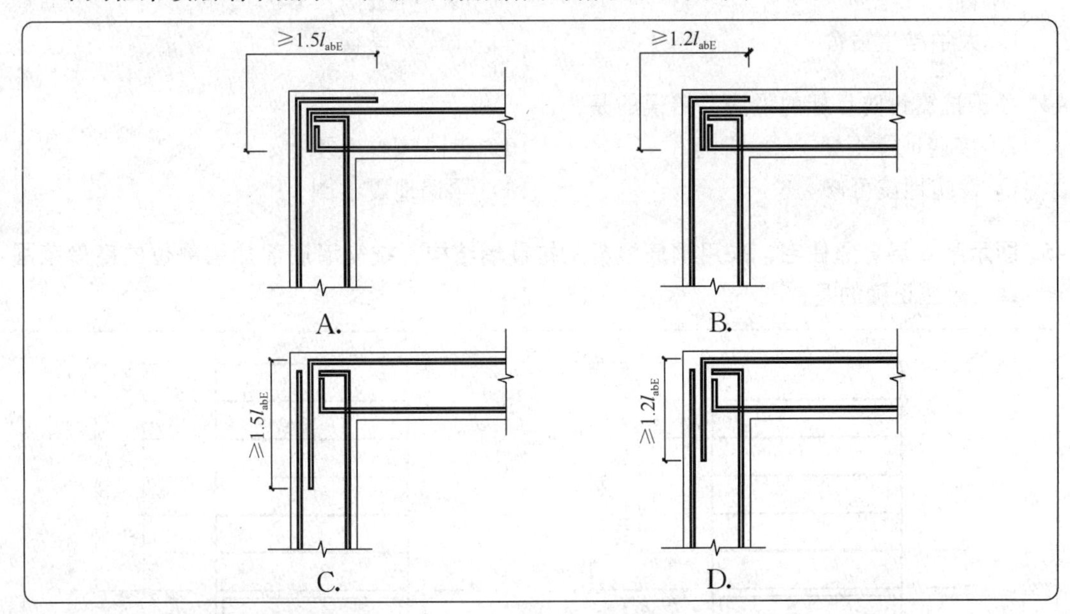

38. 下列钢筋混凝土框架结构的抗震设计做法中，正确的是：

A. 宜采用单跨框架　　B. 电梯间采用砌体墙承重

C. 框架结构填充墙宜选用轻质墙体　　D. 局部突出的水箱间采用砌体墙承重

39. 下列钢筋混凝土高层建筑的剪力墙开洞布置图中，抗震最不利的是：

A. B. C. D.

40. 下列划分为建筑抗震不利地段的是：

A. 稳定岩基　　B. 坚硬土

C. 液化土　　D. 泥石流

41. 与确定建筑工程的抗震设防标准无关的是：

A. 建筑场地的现状　　B. 抗震设防烈度

C. 设计地震动参数　　D. 建筑抗震设防类别

42. 下列结构体系布置的设计要求，错误的是：

A. 应具有合理的传力路径　　B. 应具备必要的抗震承载力

C. 宜具有一道抗震防线　　D. 宜具有合理的刚度分布

43. 应按高于本地区抗震设防烈度要求加强其抗震措施的建筑是：

A. 高层住宅　　B. 多层办公楼

C. 大学学生宿舍　　D. 小学教学楼

44. 关于抗震设防目标的说法，错误的是：

A. 多遇地震不坏　　B. 设防地震不裂

C. 设防地震可修　　D. 罕遇地震不倒

45. 图示某6层普通住宅，采用钢筋混凝土抗震墙结构，抗震墙底部加强部位的高度范围 H，标注正确的是：

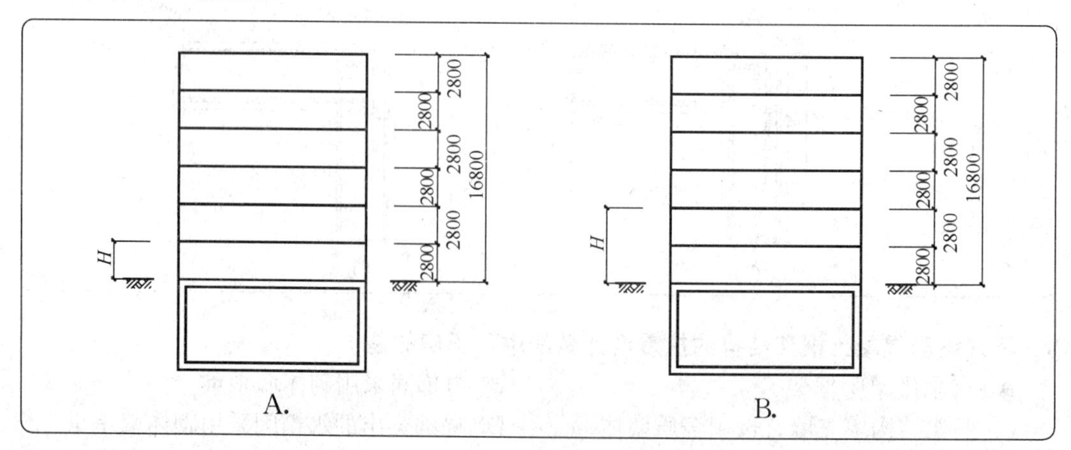

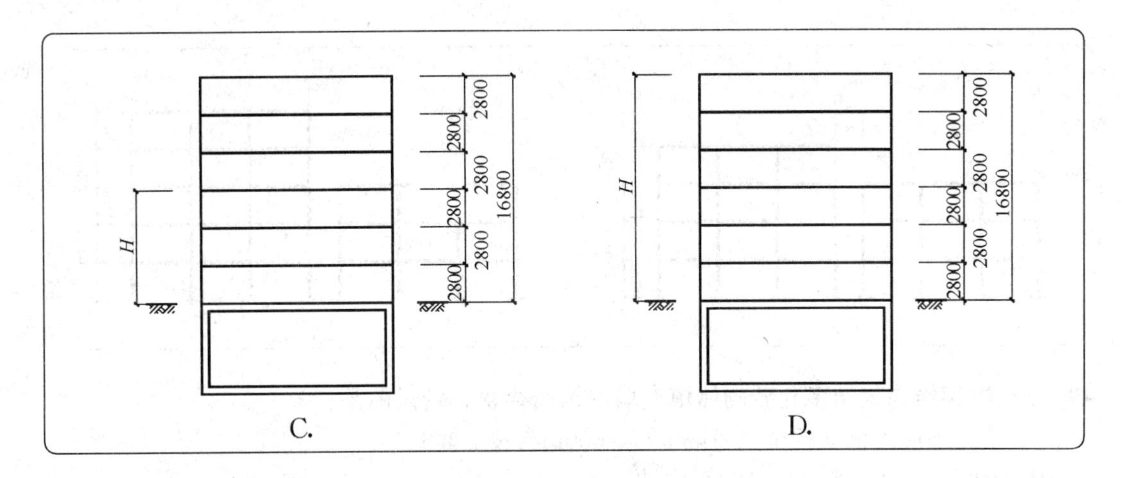

46. 下列楼板平面布置图中，建筑形体平面规则的是：

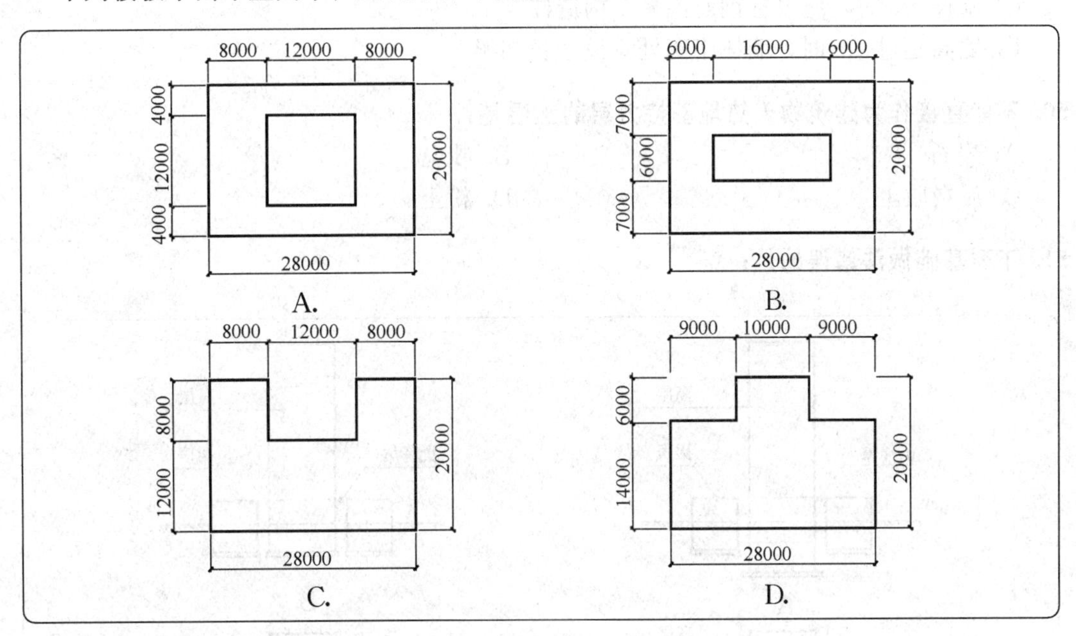

47. 抗震等级为四级的钢筋混凝土框架圆柱，其最小直径的限值是：

A. $d=250$mm　　B. $d=300$mm

C. $d=350$mm　　D. $d=400$mm

48. 图示钢筋混凝土框架结构设置防震缝的最小宽度的限值，正确的是：

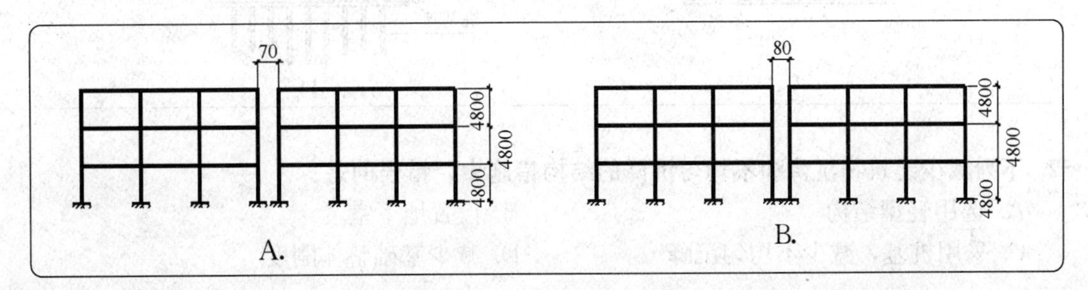

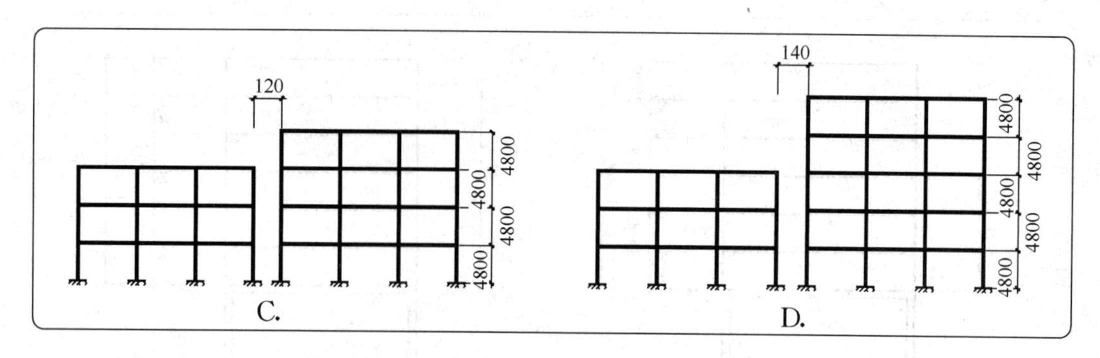

49. 下列框架结构烧结多孔砖砌体填充墙的构造要求，错误的是：

A. 填充墙应沿框架柱全高每隔 500～600mm 设 2Φ6

B. 墙长 6m 时，墙顶与梁宜有拉结

C. 墙长 6m 时，应设置钢筋混凝土构造柱

D. 墙高超过 4m 时，墙体半高处宜设通长圈梁

50. 不能直接作为建筑物天然地基持力层的土层是：

A. 岩石　　B. 砂土

C. 泥炭质土　　D. 粉土

51. 下列基础做法错误的是：

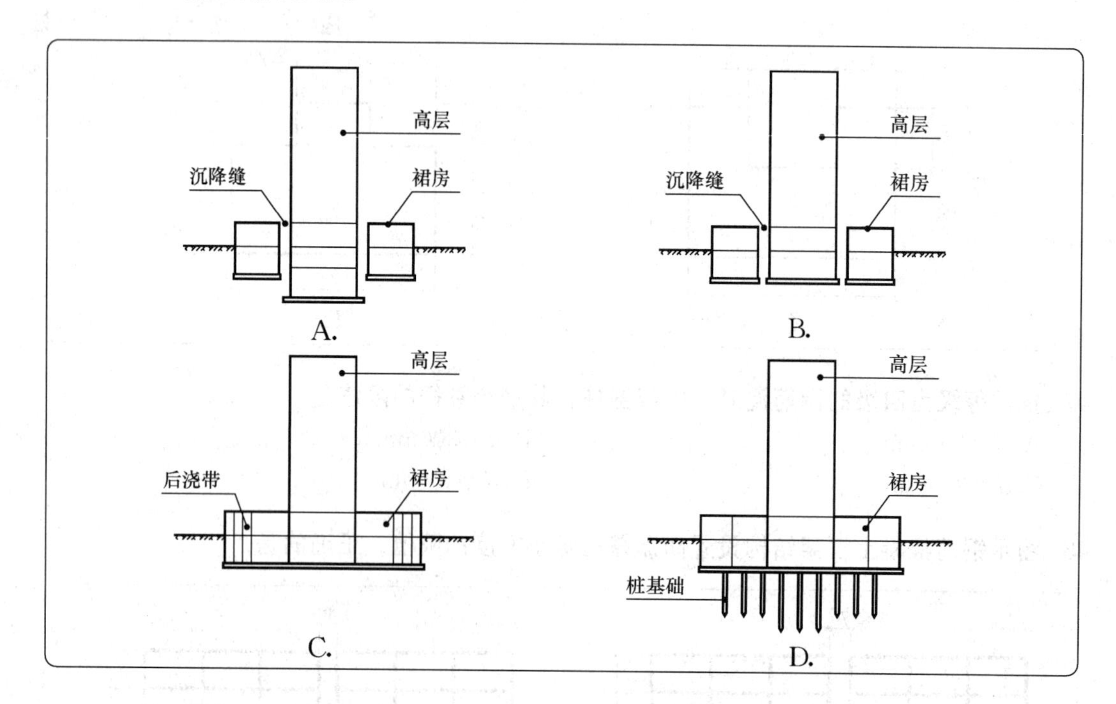

52. 下列减少建筑物沉降和不均匀沉降的结构措施中，错误的是：

A. 选用轻型结构　　B. 设置地下室

C. 采用桩基，减少不均匀沉降　　D. 减少基础整体刚度

53. 图示基础型式中，名称错误的是：

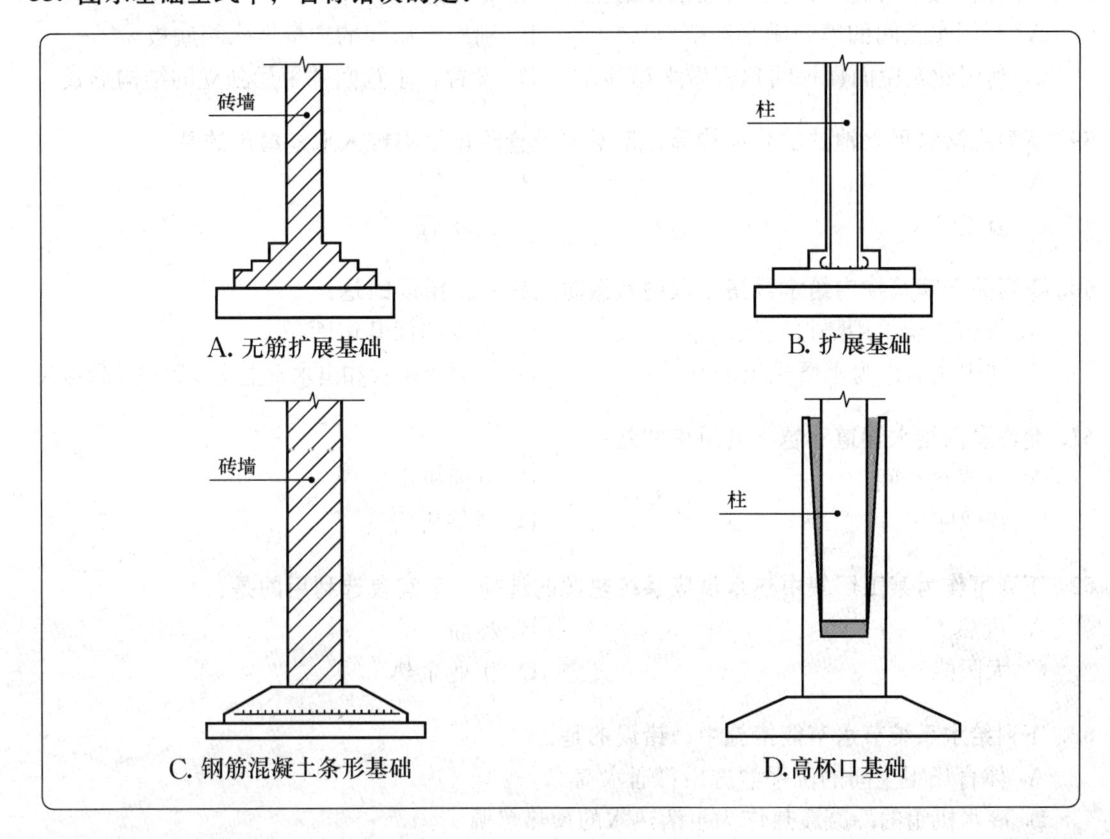

54. 下列基坑开挖做法中，错误的是：

A. 基坑土方开挖应严格按照设计要求进行，不得超挖

B. 基坑周边堆载不能超过设计规定

C. 土方开挖及验槽完成后应立即施工垫层

D. 当地基基础设计等级为丙级时，不用进行基坑监测

55. 筏形基础地下室施工完毕后，应及时进行基坑回填工作，下列做法错误的是：

A. 填土应按设计要求选料

B. 回填时应在相对两侧或四周同时回填

C. 填土应回填至地面直接夯实

D. 回填土的压实系数不应小于 0.94

56. 下列用水使用生活杂用水，错误的是：

A. 冲厕　　B. 淋浴

C. 洗车　　D. 浇花

57. 关于小区给水设计用水量的确定，下列用水量不计入正常用水量的是：

A. 绿化用水量　　B. 消防用水量

C. 管网漏失水量　　D. 道路浇洒用水量

58. **下列关于建筑内生活用水高位水箱的设计，正确的是：**

A. 利用水箱间的墙壁做水箱壁板　　B. 利用水箱间的地板做水箱底板

C. 利用建筑屋面楼梯间顶板做水箱顶盖　　D. 设置在水箱间并采用独立的结构形式

59. **下列生活饮用水池的配管和构造，不需要设置防止生物进入水池措施的是：**

A. 检修孔　　B. 通气管

C. 溢流管　　D. 进水管

60. **下列关于建筑物内给水泵房采取的减振防噪措施，错误的是：**

A. 管道支架采用隔振支架　　B. 减少墙面开窗面积

C. 利用楼面作为水泵机组的基础　　D. 水泵吸水管和出水管上均设置橡胶软接头

61. **允许室内给水管道穿越下列用房的是：**

A. 食堂烹饪间　　B. 电梯机房

C. 音像库房　　D. 通信机房

62. **下列可作为某工厂集中热水供应系统热源的选择，不宜首选利用的是：**

A. 废热　　B. 燃油

C. 太阳能　　D. 工业余热

63. **下列给水系统节水节能措施中，错误的是：**

A. 体育场卫生间的洗手盆选用普通水嘴

B. 冷水机组的冷凝废热作为生活热水的预热热源

C. 地下室生活饮用水池设水位监视和溢流报警装置

D. 小区的室外给水系统，充分利用城镇给水管网的水压直接供水

64. **下列热水箱的配件设置，错误的是：**

A. 设置引出室外的通气管　　B. 设置检修人孔并加盖

C. 设置泄水管并与排水管道直接连接　　D. 设置溢流管并与排水管道间接连接

65. **下列关于排水系统水封设置的说法，错误的是：**

A. 存水弯的水封深度不得小于 50mm

B. 可以采用活动机械密封代替水封

C. 卫生器具排水管段上不得重复设置水封

D. 水封装置能隔断排水管道内的有害气体窜入室内

66. **下列居民日常生活排水中，不属于生活废水的是：**

A. 洗衣水　　B. 洗菜水

C. 粪便水　　D. 淋浴水

67. **下列关于雨水排水系统的设计，错误的是：**

A. 高层建筑裙房屋面的雨水应单独排放

B. 多层建筑阳台雨水排水系统宜单独设置

C. 阳台雨水立管就近直接接入庭院雨水管道

D. 生活阳台雨水可利用洗衣机排水口和地漏排水

68. 下列关于建筑内消防水泵房的设计，错误的是：

A. 设置在地下三层　　B. 疏散门直通安全出口

C. 室内温度不得低于 5℃　　D. 泵房地面应设排水设施

69. 下列建筑物的消防设施可不设置消防水泵接合器的是：

A. 展览厅的固定消防炮灭火系统　　B. 特殊重要设备室的水喷雾灭火系统

C. 半地下放映场所的自动喷水灭火系统　　D. 无地下室 3 层商场室内消火栓给水系统

70. 下列建筑物及场所可不设置消防给水系统的是：

A. 耐火等级为二级的Ⅳ级修车库

B. 停车数量为 6 辆的停车场

C. 停车数量为 7 辆且耐火等级为一级的汽车库

D. 停车数量为 8 辆且耐火等级为二级的汽车库

71. 热水地面辐射供暖系统供水温度宜采用：

A. 25℃　　B. 45℃

C. 65℃　　D. 85℃

72. 下列各建筑，适合采用明装散热器的是：

A. 幼儿园　　B. 养老院

C. 医院用房　　D. 普通住宅

73. 户式空气源热泵的设置，做法错误的是：

A. 保证进、排风通畅　　B. 靠近厨房排烟出口

C. 与周围建筑保持一定距离　　D. 考虑室外机换热器便于清扫

74. 下列哪项不属于被动式通风技术？

A. 捕风装置　　B. 屋顶风机

C. 太阳能烟囱　　D. 无动力风帽

75. 设计利用穿堂风进行自然通风的板式建筑，其迎风面与夏季最多风向的夹角宜为：

A. 0℃　　B. 30℃

C. 45℃　　D. 90℃

76. 下列空调系统，需要配置室外冷却塔的是：

A. 分体式空调器系统　　B. 多联式空调机系统

C. 冷源是风冷冷水机组的空调系统　　D. 冷源是水冷冷水机组的空调系统

77. 下列哪一项不会出现在空调系统中？

A. 报警阀　　B. 冷却盘管

C. 防火阀　　D. 风机

78. 关于分体式空调系统关键部件（蒸发器、冷凝器均指制冷工况部件）位置的说法，正确的是：

A. 蒸发器、电辅加热在室外

B. 冷凝器、电辅加热在室内

C. 压缩机、蒸发器在室内

D. 压缩机、冷凝器在室外

79. 关于建筑围护结构设计要求的说法，正确的是：

A. 建筑热工设计与室内温湿度状况无关

B. 外墙的热桥部位内表面温度不应低于室内空气湿球温度

C. 严寒地区外窗的传热系数对供暖能耗影响大

D. 夏热冬暖地区外窗的传热系数对空调能耗影响大

80. 下列哪项不属于可再生能源？

A. 生物质能

B. 地热能

C. 太阳能

D. 核能

81. 下列哪项不符合绿色建筑评价创新项的要求？

A. 围护结构热工性能比国家现行相关节能标准规定提高 10%

B. 应用建筑信息模型（BIM）技术

C. 通过分析计算采取措施使单位建筑面积碳排放强度降低 10%

D. 进行节约能源资源技术创新有明显效益

82. 严寒地区新建住宅设计集中供暖时，热量表需设于专用表计小室中。下列对专用表计小室的要求正确的是：

A. 有地下室的建筑，设置在地下室专用空间内，空间净高不低于 20m，表计前操作净距离不小于 0.8m

B. 有地下室的建筑，设置在地下室专用空间内，空间净高不低于 2.4m，表计前操作净距离不小于 1.0m

C. 无地下室的建筑，在楼梯间下部设置表计小室，操作面净高不低于 2.0m，表计前操作净距离不小于 0.8m

D. 无地下室的建筑，在楼梯间下部设置表计小室，操作面净高不低于 1.0m，表计前操作净距离不小于 0.8m

83. 下列四种条件的疏散走道，可能不需要设计机械排烟的是：

A. 长度 80m，走道两端设通风窗

B. 长度 70m，走道中点设通风窗

C. 长度 30m，走道一端设通风窗

D. 长度 25m，无通风窗

84. 地下车库面积 1800m^2，净高 3.5m，对其排烟系统的要求，正确的是：

A. 不需要排烟

B. 不需划分防烟分区

C. 每个防烟分区排烟风机排烟量不小于 35000m^3/h

D. 每个防烟分区排烟风机排烟量不小于 42000m^3/h

85. **一住宅楼房间装有半密闭式燃气热水器，房间门与地面应留有间隙，间隙宽度应符合下列哪项要求？**

A. ≮5mm　　B. ≮10mm

C. ≮20mm　　D. ≮30mm

86. **关于普通住宅楼的电气设计，每套住宅供电电源负荷等级应为：**

A. 三级负荷　　B. 二级负荷

C. 一级负荷　　D. 一级负荷中的特别重要负荷

87. **每套住宅的用电负荷应根据套内建筑面积和用电负荷计算确定，但不应小于下列哪个数值？**

A. 8kW　　B. 6kW　　C. 4kW　　D. 2.5kW

88. **关于配变电所设计要求中，下列哪一项是错误的？**

A. 低压配电装置室的耐火等级不应低于三级

B. 10kV 配电装置室的耐火等级不应低于二级

C. 难燃介质的电力变压器室的耐火等级不应低于三级

D. 低压电容器室的耐火等级不应低于三级

89. **关于柴油发电机房设计要求中，下列说法正确的是：**

A. 机房设置无环保要求　　B. 发电机间不应贴邻浴室

C. 发电机组不宜靠近一级负荷　　D. 发电机组不宜靠近配变电所

90. **关于住宅楼内配电线路，下列说法错误的是：**

A. 应采用符合安全要求的敷设方式配线　　B. 应采用符合防火要求的敷设方式配线

C. 套内应采用铜芯导体绝缘线　　D. 套内宜采用铝合金导体绝缘线

91. **关于电力缆线敷设，下列说法正确的是：**

A. 配电线路穿金属导管保护可紧贴通风管道外壁敷设

B. 电力电缆可与丙类液体管道同一管沟内敷设

C. 电力电缆可与热力管道同一管沟内敷设

D. 电力电缆可与燃气管道同一管沟内敷设

92. **下列哪个说法跟电气节能无关？**

A. 配电系统三相负荷宜平衡　　B. 配电系统的总等电位联结

C. 配变电所应靠近负荷中心　　D. 配变电所应靠近大功率用电设备

93. **电气照明设计中，下列哪种做法不能有效节省电能：**

A. 采用高能效光源　　B. 采用高能效镇流器

C. 采用限制眩光灯具　　D. 采用智能灯控系统

94. **在住宅小区室外照明设计中，下列说法不正确的是：**

A. 应采用防爆型灯具　　B. 应采用高能效光源

C. 应采用寿命长的光源　　D. 应避免光污染

95. 在确定照明方案时，下列哪种方法不宜采用？

A. 考虑不同类型建筑对照明的特殊要求　　B. 为节省电能，降低规定的照度标准值

C. 处理好电气照明与天然采光的关系　　D. 处理好光源、灯具与照明效果的关系

96. 在住宅设计中，下列哪种做法跟电气安全无关？

A. 供电系统的接地形式　　B. 卫生间做局部等电位联结

C. 插座回路设置剩余电流保护装置　　D. 楼梯照明采用节能自熄开关

97. 关于住宅户内配电箱中的电源总开关的设置，下列说法正确的是：

A. 应只断开相线，不断开中性线和保护线（PE 线）

B. 应只断开中性线，不断开相线和保护线（PE 线）

C. 应同时断开相线和中性线，不断开保护线（PE 线）

D. 应同时断开相线、中性线和保护线（PE 线）

98. 关于建筑物防雷设计，下列说法错误的是：

A. 应考查地质、地貌情况　　B. 应调查气象等条件

C. 应了解当地雷电活动规律　　D. 不应利用建筑物金属结构做防雷装置

99. 关于住宅小区安防监控中心的设置，下列说法错误的是：

A. 可与小区管理中心合用　　B. 不应对家庭入侵报警系统进行监控

C. 应预留与接警中心联网的接口　　D. 应做好自身的安防设施

100. 关于火灾报警系统的设置，下列说法错误的是：

A. 歌舞娱乐放映游艺场所应设火灾自动报警系统

B. 图书或文物的珍藏库应设火灾自动报警系统

C. 中型幼儿园的儿童用房应设火灾自动报警系统

D. 总面积为 2000m^2 的商店应设火灾自动报警系统

二、2018 年真题答案

1. B	2. B	3. C	4. B	5. B	6. C	7. D	8. A	9. A	10. C
11. A	12. C	13. A	14. B	15. A	16. D	17. D	18. C	19. D	20. B
21. B	22. A	23. B	24. C	25. C	26. A	27. D	28. D	29. C	30. D
31. D	32. A	33. B	34. C	35. D	36. C	37. A	38. C	39. B	40. C
41. A	42. C	43. D	44. B	45. A	46. D	47. C	48. C	49. C	50. C
51. B	52. D	53. B	54. D	55. C	56. B	57. B	58. D	59. D	60. C
61. A	62. B	63. A	64. C	65. B	66. C	67. C	68. A	69. D	70. A
71. B	72. D	73. B	74. B	75. D	76. D	77. A	78. D	79. C	80. D
81. A	82. A	83. C	84. B	85. D	86. A	87. D	88. C	89. B	90. D
91. A	92. B	93. C	94. A	95. B	96. D	97. C	98. D	99. B	100. D

第三节　2019年真题与答案

一、2019年真题

1. 图示结构，A点的剪力是：

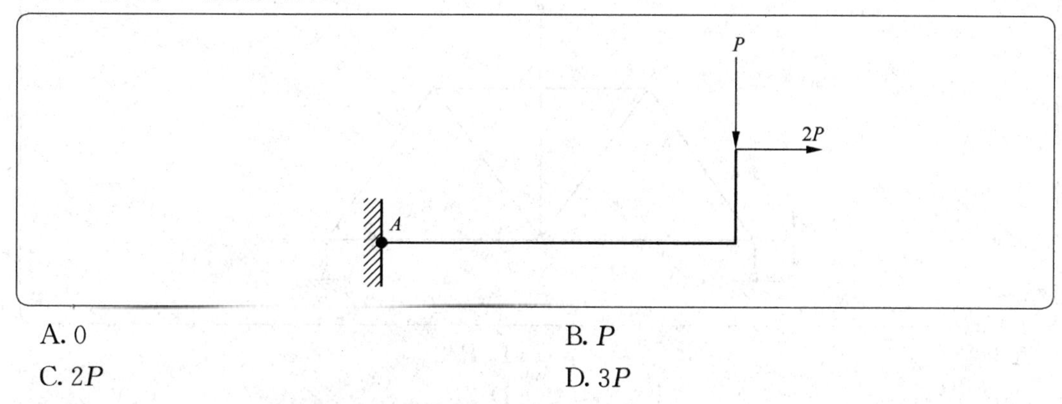

A. 0　　B. P

C. $2P$　　D. $3P$

2. 图示结构，定性支座的反力表示正确的是：

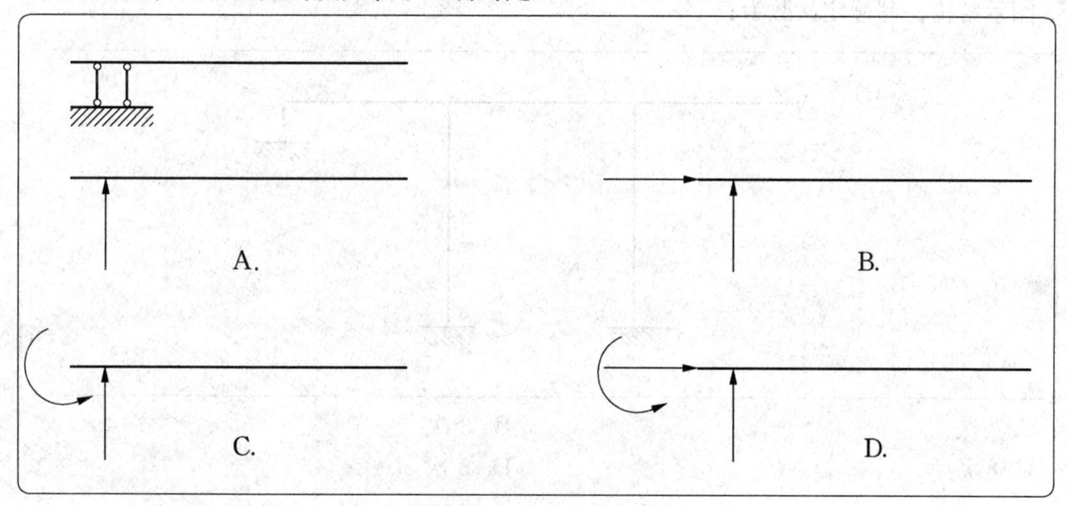

3. 图示为梁的受力简图，图中梁截面变形最大的位置是：

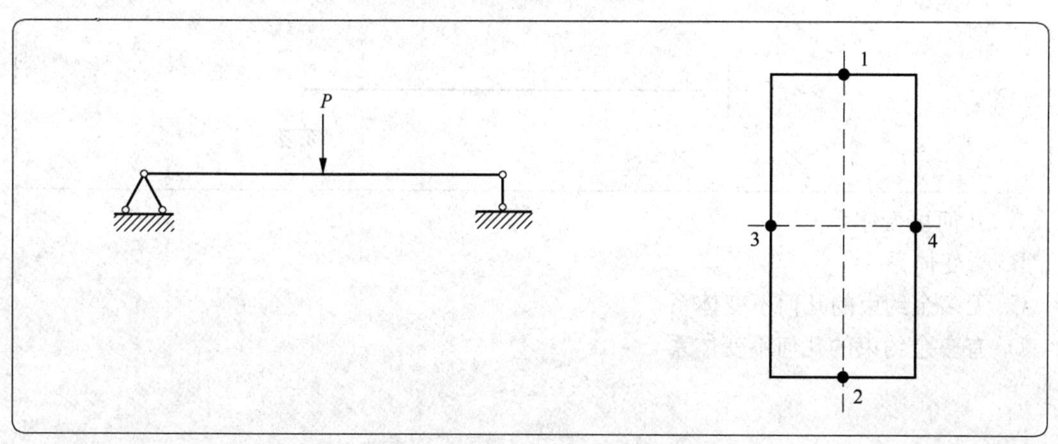

A. 1　　　　B. 2
C. 3　　　　D. 4

4. 图示结构，杆 1 的内力是：

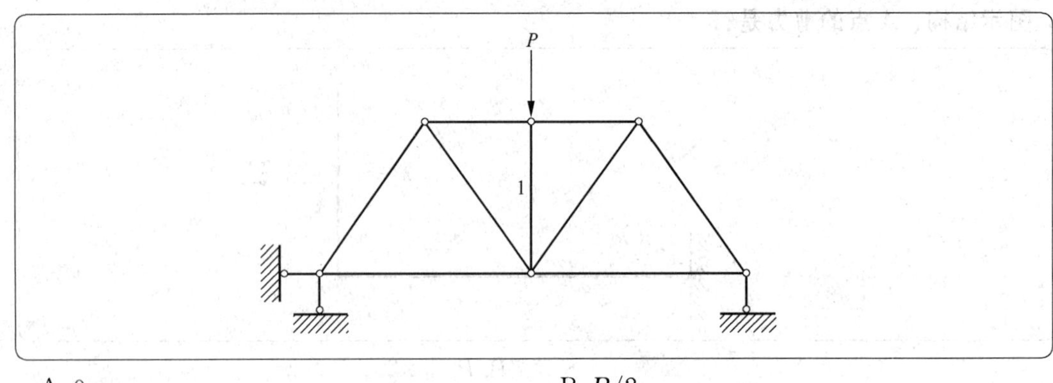

A. 0　　　　B. $P/2$
C. P　　　　D. $2P$

5. 图示结构，超静定次数为：

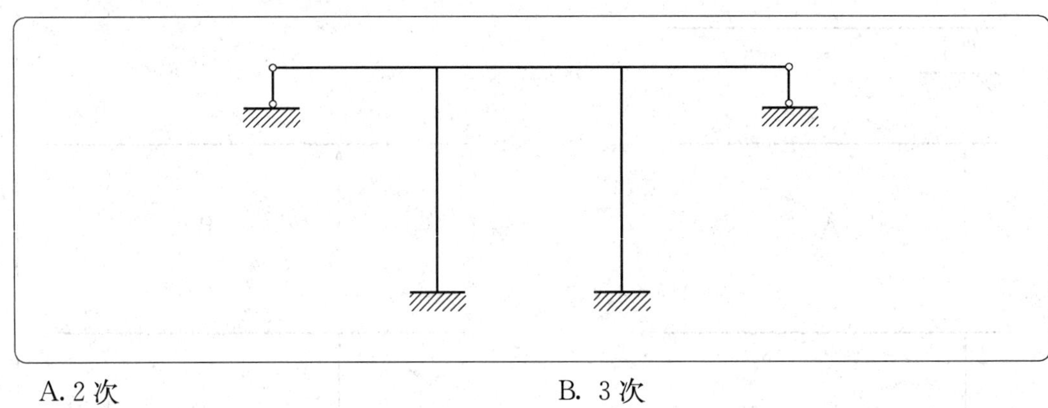

A. 2 次　　　　B. 3 次
C. 4 次　　　　D. 5 次

6. 图示结构的几何体系是：

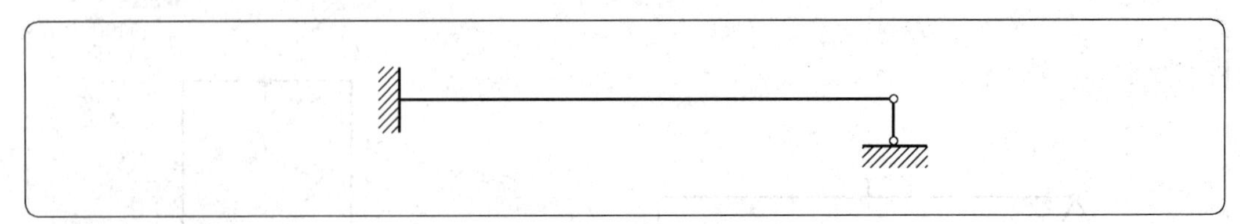

A. 几何可变体系
B. 瞬变体系
C. 无多余约束的几何不变体系
D. 有多余约束的几何不变体系

7. 图示桁架的零杆数量是：

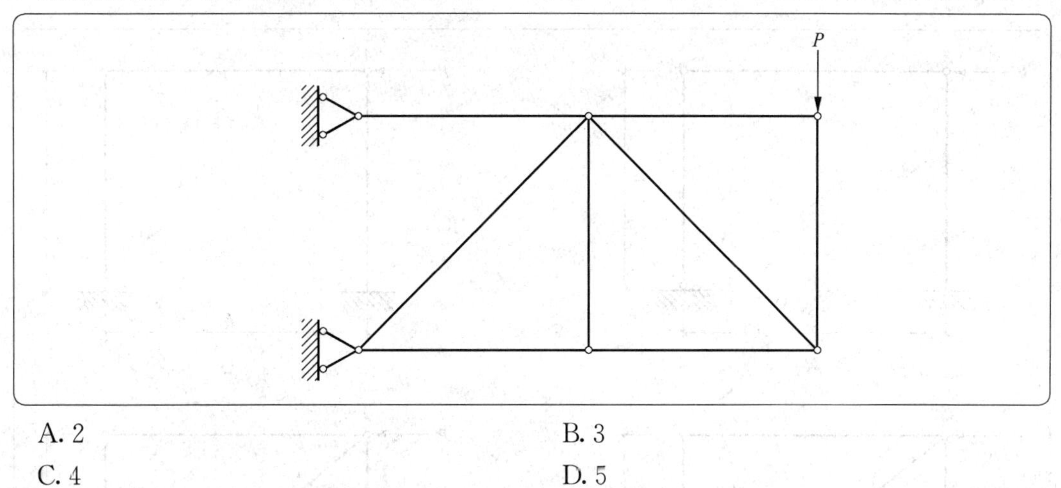

A. 2　　　　B. 3

C. 4　　　　D. 5

8. 下列梁弯矩示意图正确的是：

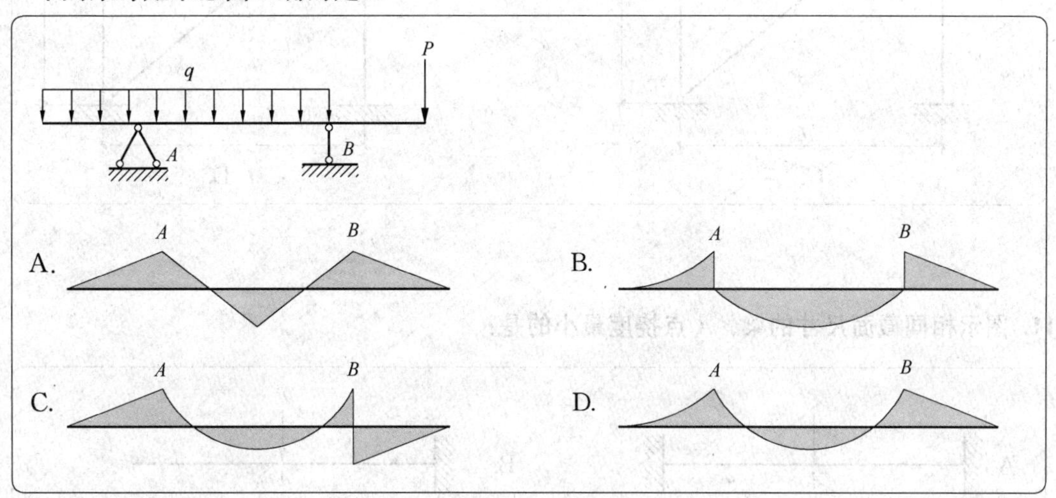

9. 图示桁架的零杆数量是：

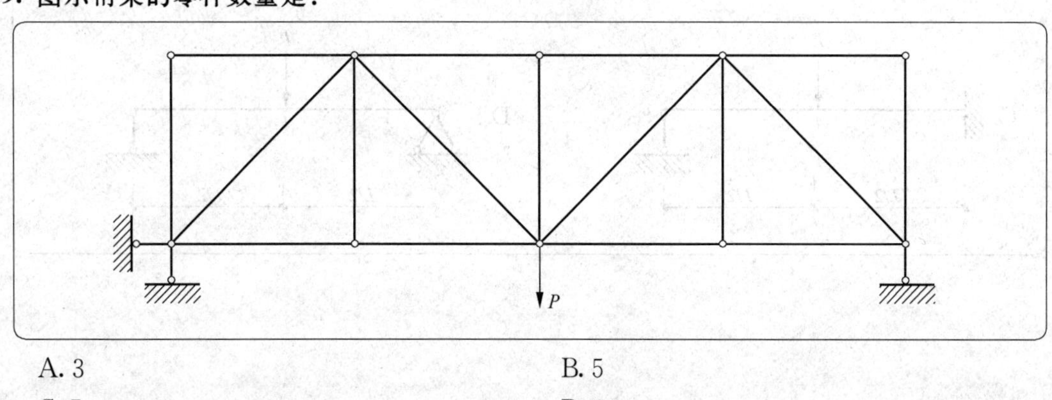

A. 3　　　　B. 5

C. 7　　　　D. 9

10. 图示结构各杆件截面和材料相同，*A* 点水平位移最小的是：

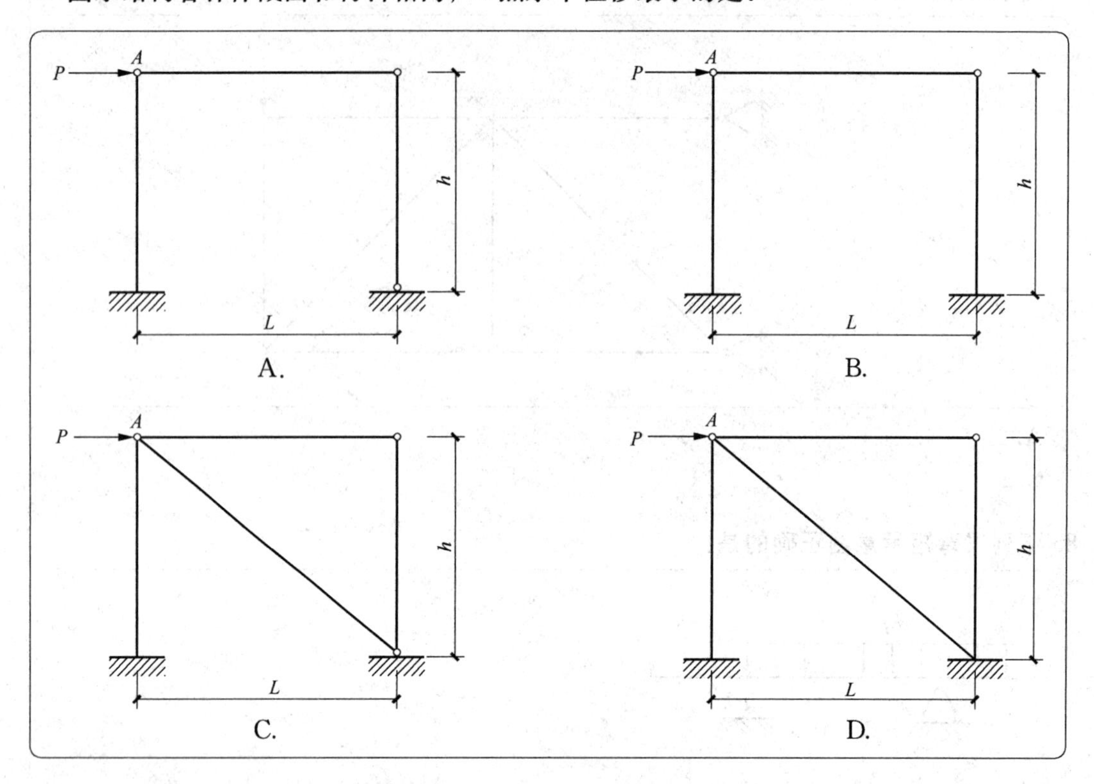

11. 图示相同截面尺寸的梁，*A* 点挠度最小的是：

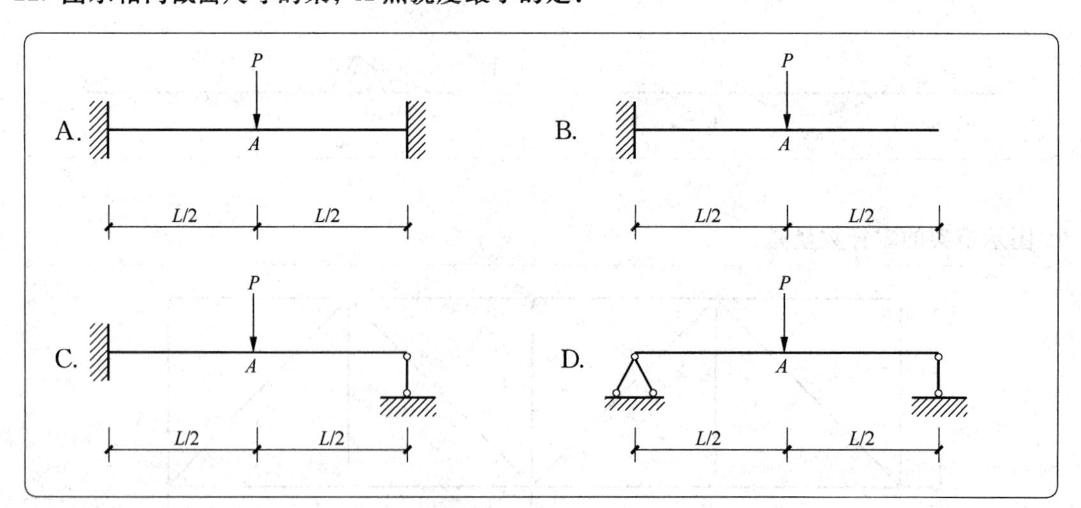

12. 图示三铰拱，支座 *B* 的水平推力是：

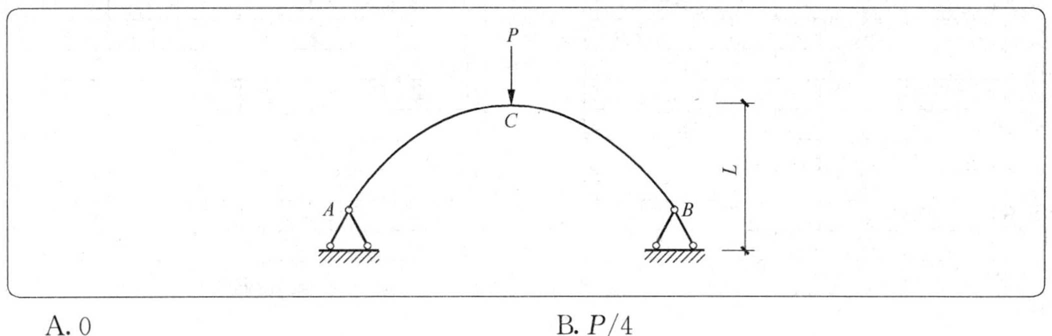

A. 0　　B. $P/4$

C. $P/2$　　D. P

13. 图示连续梁，变形示意正确的是：

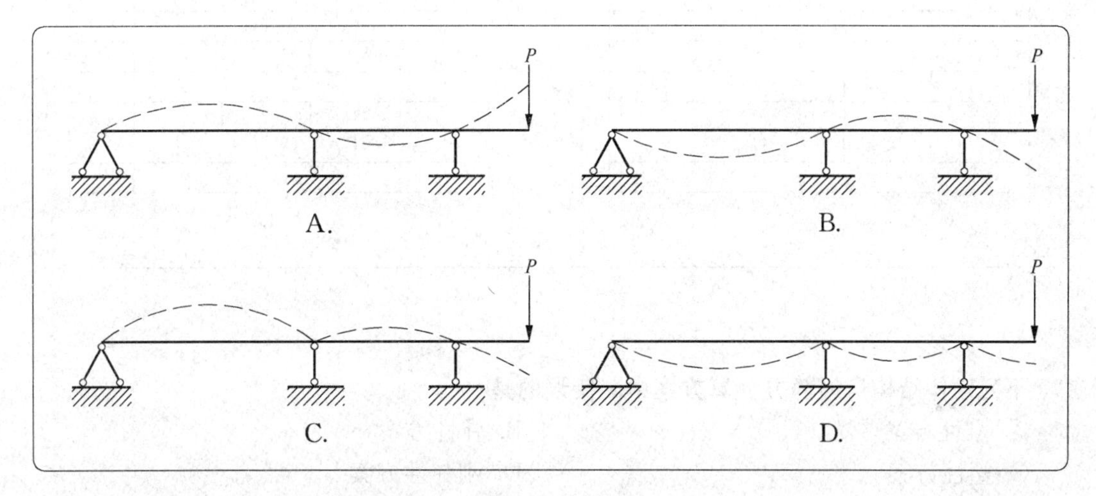

14. 确定楼面活荷载标准值的设计基准期应为：

A. 5 年　　B. 25 年

C. 50 年　　D. 70 年

15. 设计时可不考虑消防车荷载的构件是：

A. 板　　B. 梁

C. 柱　　D. 基础

16. 下列墙体材料中，结构自重最轻、保温隔热性能最好的是：

A. 石材　　B. 烧结多孔砖

C. 混凝土多孔砖　　D. 陶粒空心砌块

17. 位于侵蚀性土壤环境的砌体结构，不应采用：

A. 蒸压粉煤灰普通砖　　B. 混凝土普通砖

C. 烧结普通砖　　D. 石材

18. 图示砌体结构属于轴心受拉破坏的是：

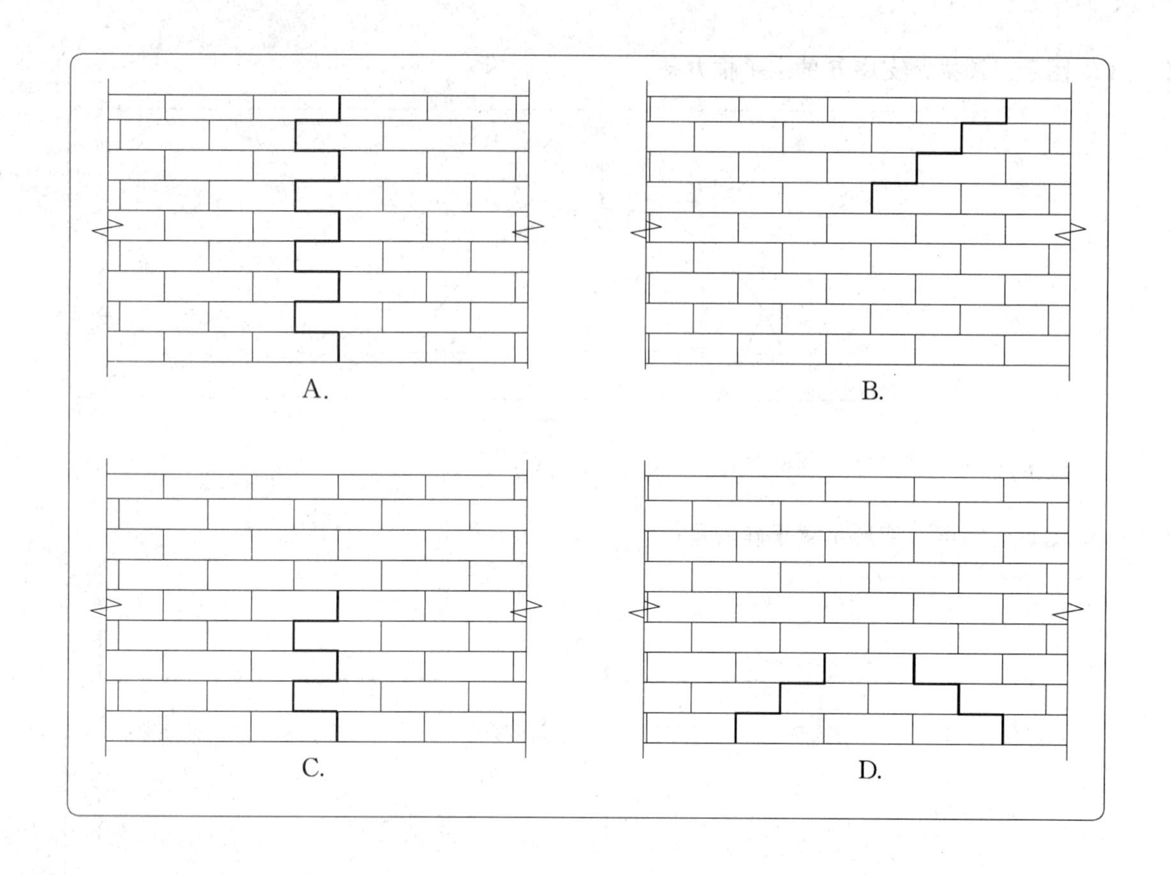

19. 下列砌体结构房屋静力计算方案中，错误的是：

A. 刚性方案　　　　B. 弹性方案

C. 塑性方案　　　　D. 刚弹性方案

20. 图示钢筋混凝土挑梁，埋入砌体长度满足要求的是：

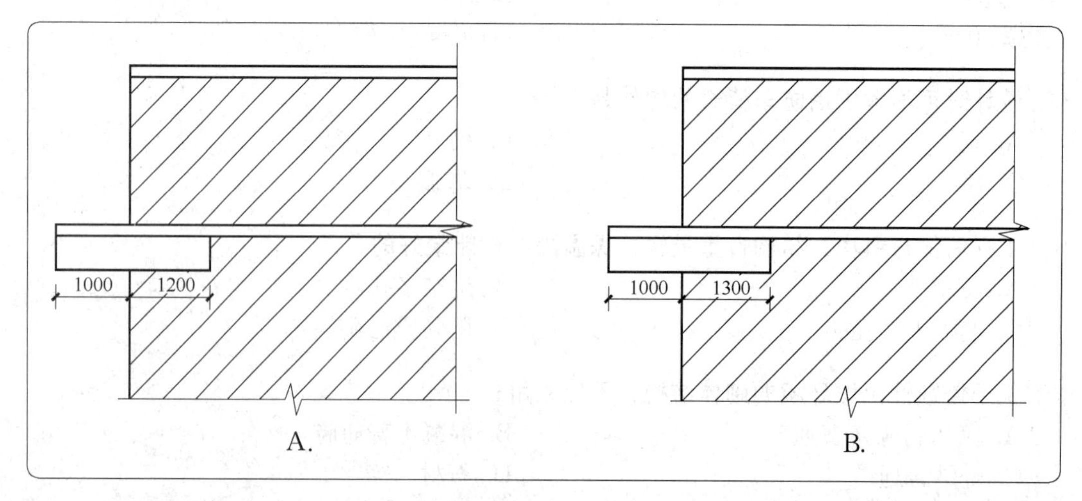

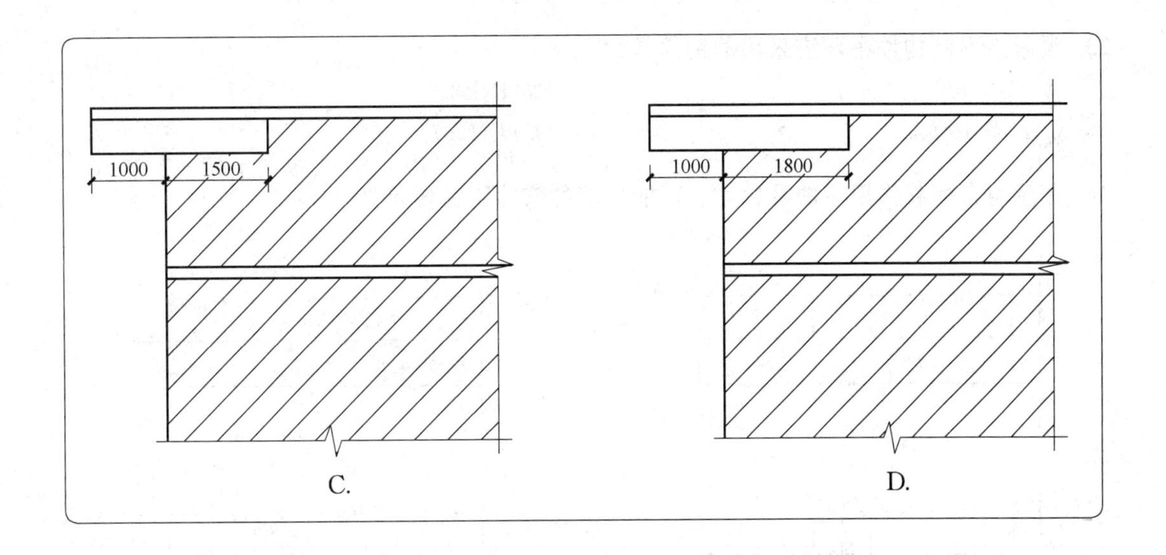

21. 图示砌体结构房屋中，属于纵横墙承重方案的是：

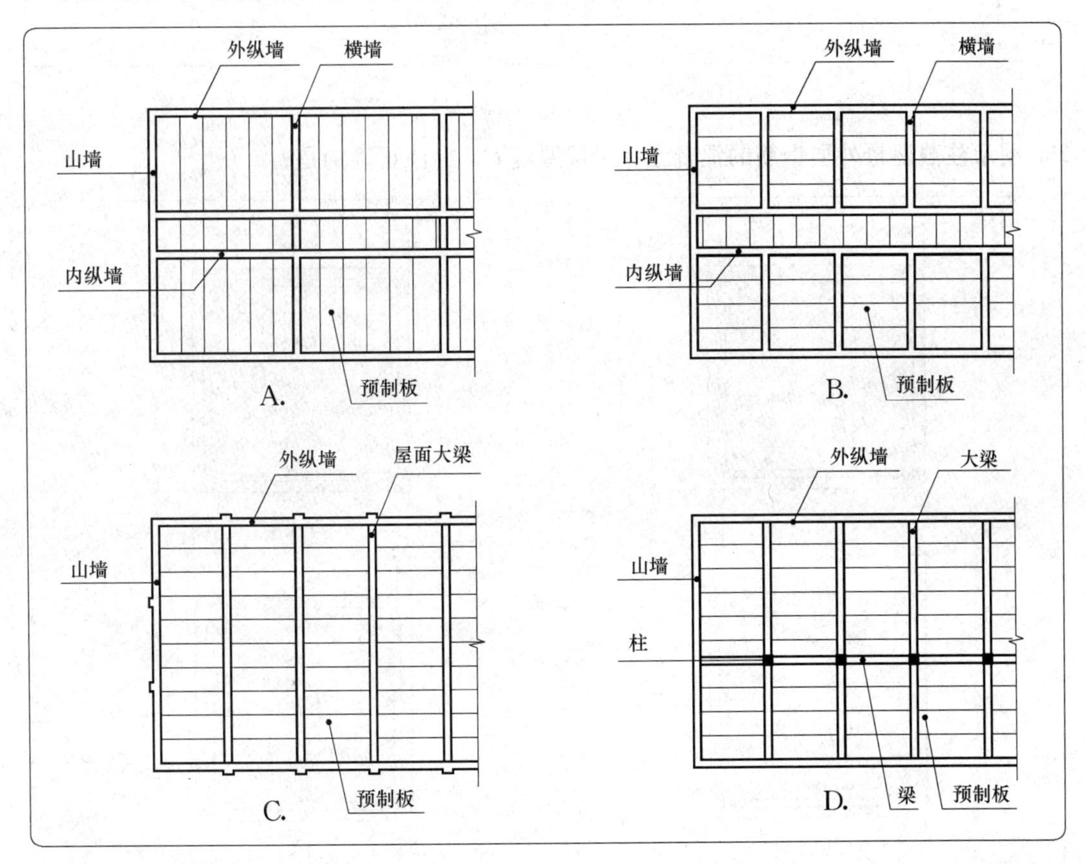

22. 确定混凝土强度等级的依据是：

A. 轴心抗拉强度标准值　　B. 立方体抗压强度标准值

C. 轴心抗压强度设计值　　D. 立方体抗压强度设计值

23. 混凝土预制构件吊环应采用的钢筋是：

A. HPB300　　B. HRB335

C. HRB400　　D. HRB500

24. 图示均布荷载作用下的悬臂梁，可能出现的弯曲裂缝形状是：

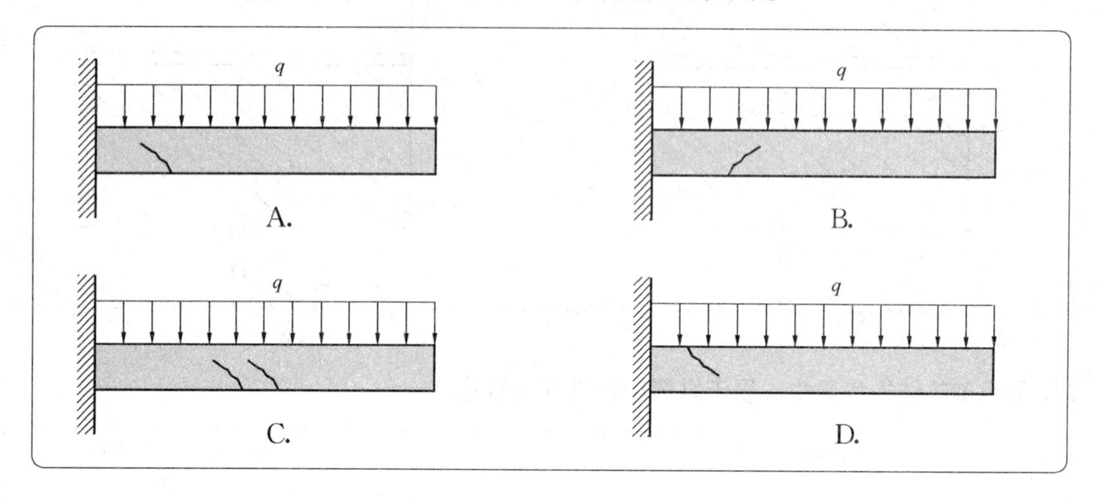

25. 图示柱截面最外层钢筋的混凝土保护层厚度 C，标注正确的是：

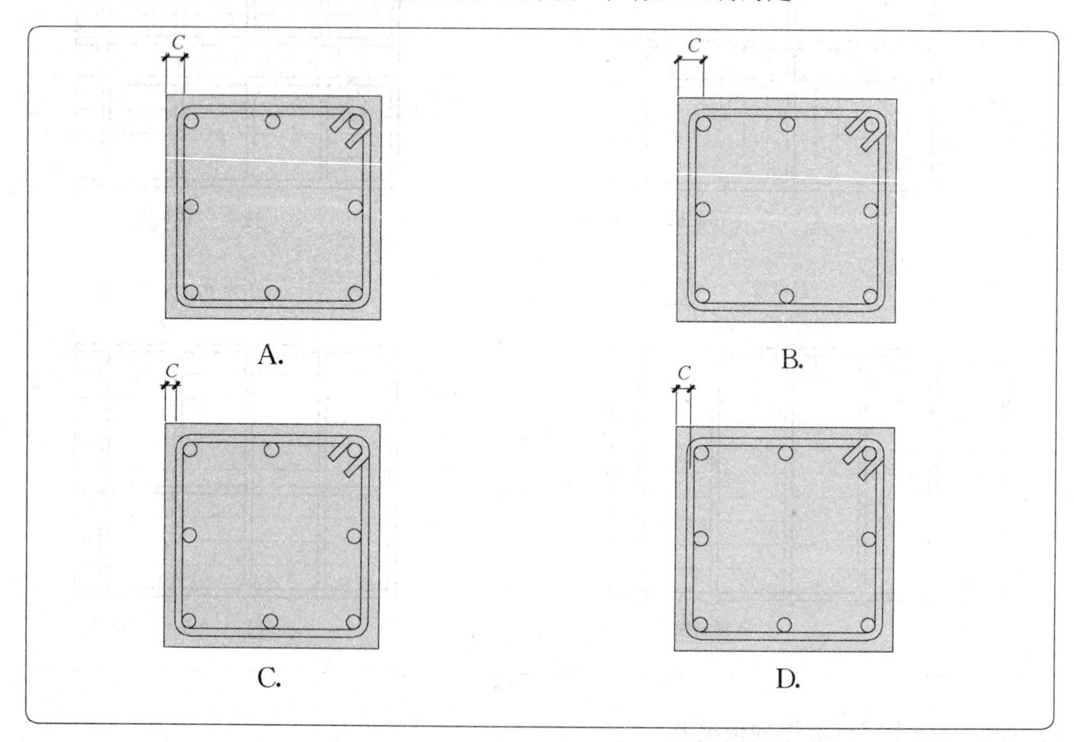

26. 图示坡屋面屋顶折板配筋构造正确的是：

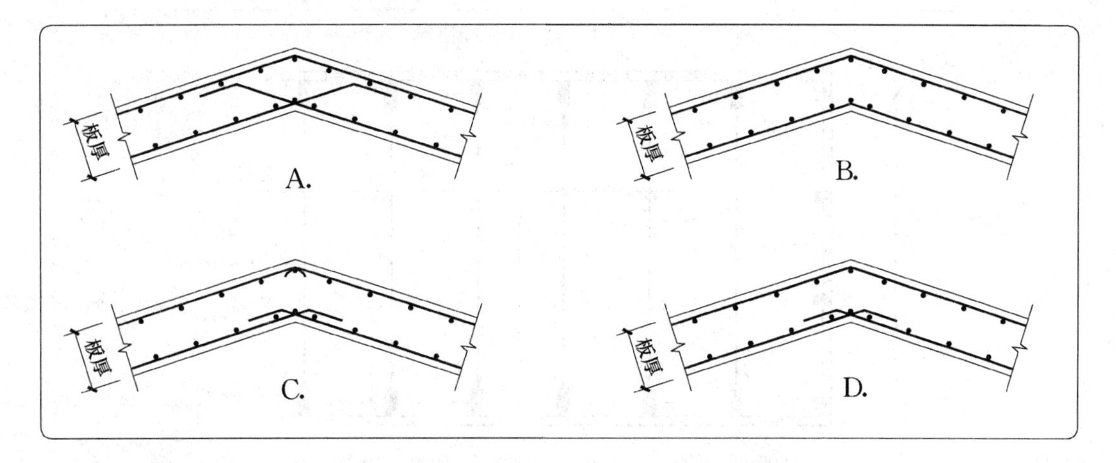

27. 关于减少超长钢筋混凝土结构收缩裂缝的做法，错误的是：

A. 设置伸缩缝
B. 设置后浇带
C. 增加通长构造钢筋
D. 采用高强混凝土

28. 绿色建筑评价中的“四节”是指：

A. 节地、节电、节能、节材
B. 节地、节能、节水、节电
C. 节地、节电、节水、节材
D. 节地、节能、节水、节材

29. 下列绿色建筑设计的做法中，错误的是：

A. 对结构构件进行优化设计
B. 采用规则的建筑形体
C. 装修工程宜二次装修设计
D. 采用工业化生产的预制构件

30. 常用于可拆卸钢结构的连接方式是：

A. 焊接连接
B. 普通螺栓连接
C. 高强度螺栓连接
D. 铆钉连接

31. 下列木结构的防护措施中，错误的是：

A. 在桁架和大梁的支座下应设置防潮层
B. 在木桩下应设置柱墩，严禁将木桩直接埋入土中
C. 处于房屋隐蔽部分的木屋盖结构，应采用封闭式吊顶，不得留设通风孔洞
D. 露天木结构，除从结构上采取通风防潮措施外，尚应进行防腐、防虫处理

32. 某小型体育馆屋盖平面尺寸为 30m×50m，最经济合理的屋盖结构是：

A. 钢筋混凝土井字梁
B. 钢筋混凝土桁架
C. 钢屋架
D. 预应力混凝土大梁

33. 图示单层钢筋混凝土厂房平面布置图，下列做法错误的是：

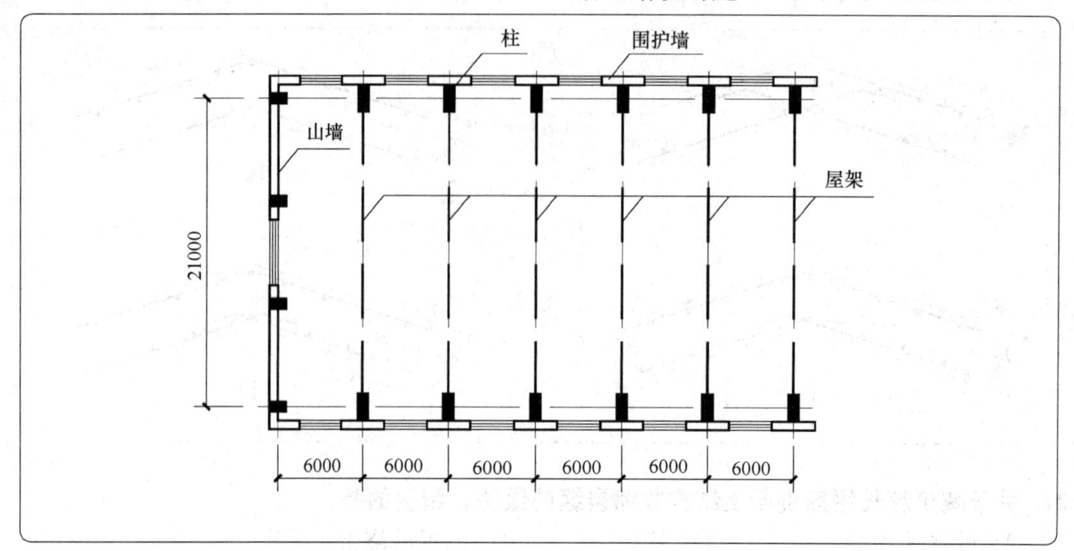

A. 采用等距布置的钢筋混凝土柱　　　B. 厂房端部采用山墙承重

C. 围护墙采用混凝土砌块　　　D. 屋架采用钢屋架

34. 下列砌体房屋结构竖向布置示意图中，哪一个是底部框架—抗震墙砌体房屋？

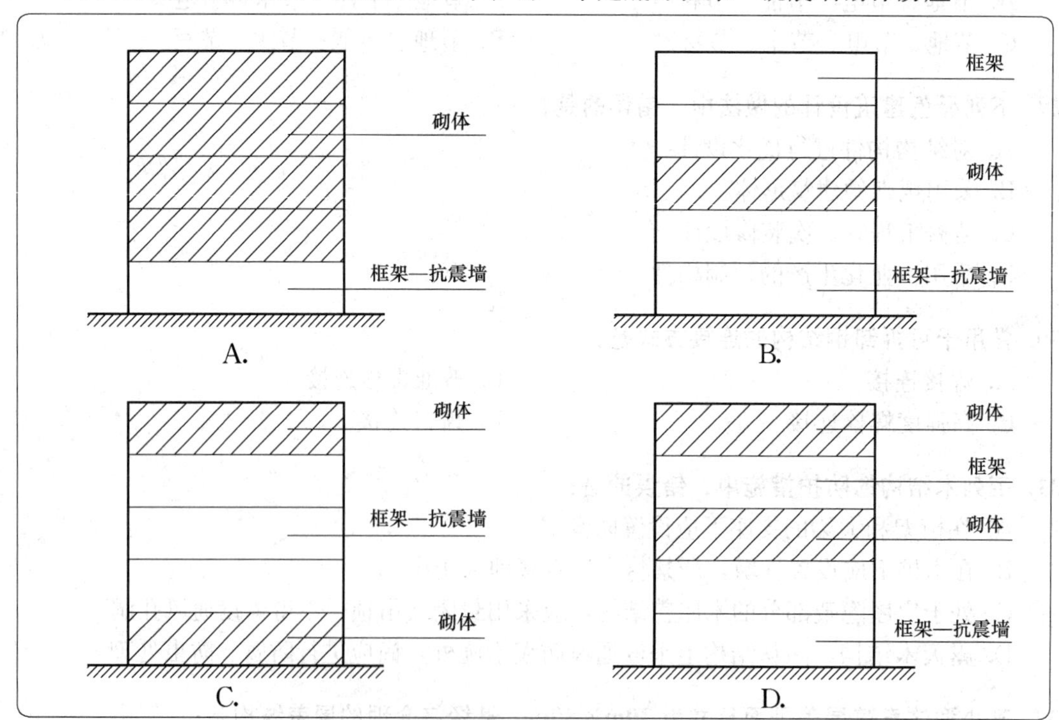

35. 相同抗震设防区，现浇钢筋混凝土房屋适用高度最小的结构形式为：

A. 框架　　　B. 框架-抗震墙

C. 部分框支抗震墙　　　D. 框架-核心筒

36. 图示结构平面布置图，其结构体系是：

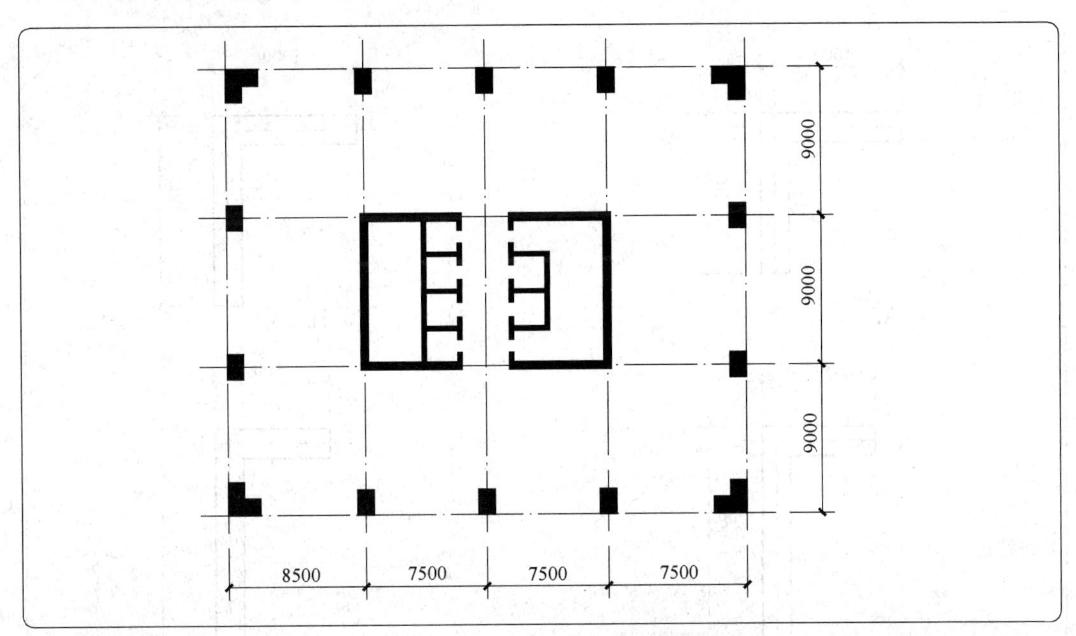

A. 框架结构
B. 抗震墙结构
C. 框架—核心筒结构
D. 筒中筒结构

根据下图所示住宅首层结构平面布置图，完成37～39题。

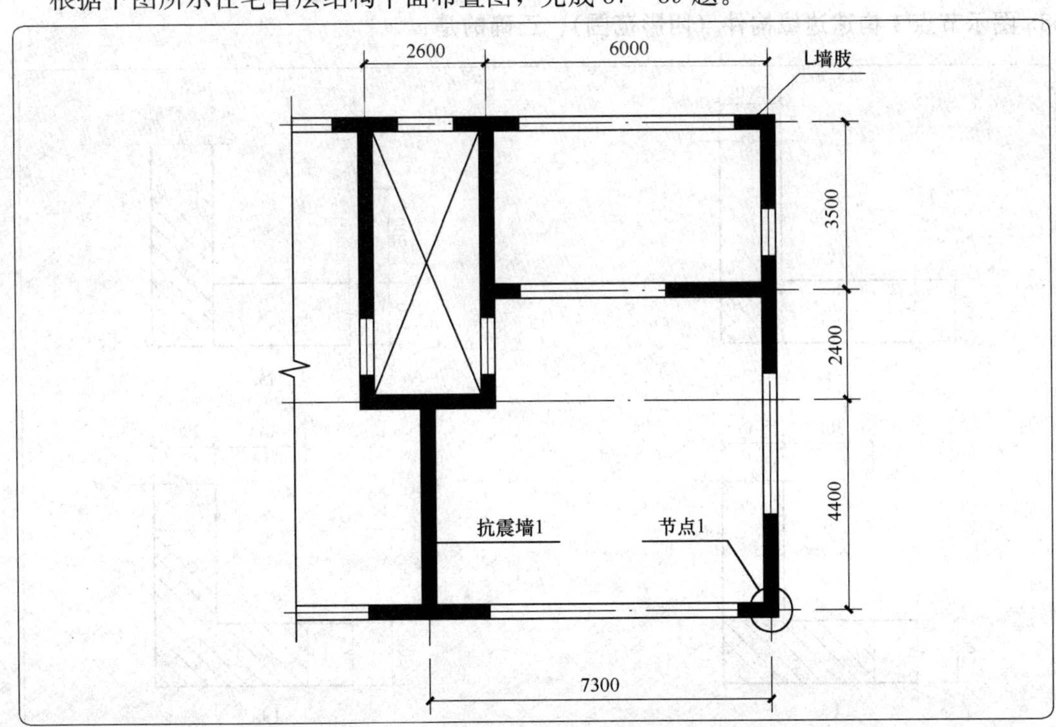

37. 图示 L 墙肢墙厚均为 200mm，不属于短肢抗震墙的是：

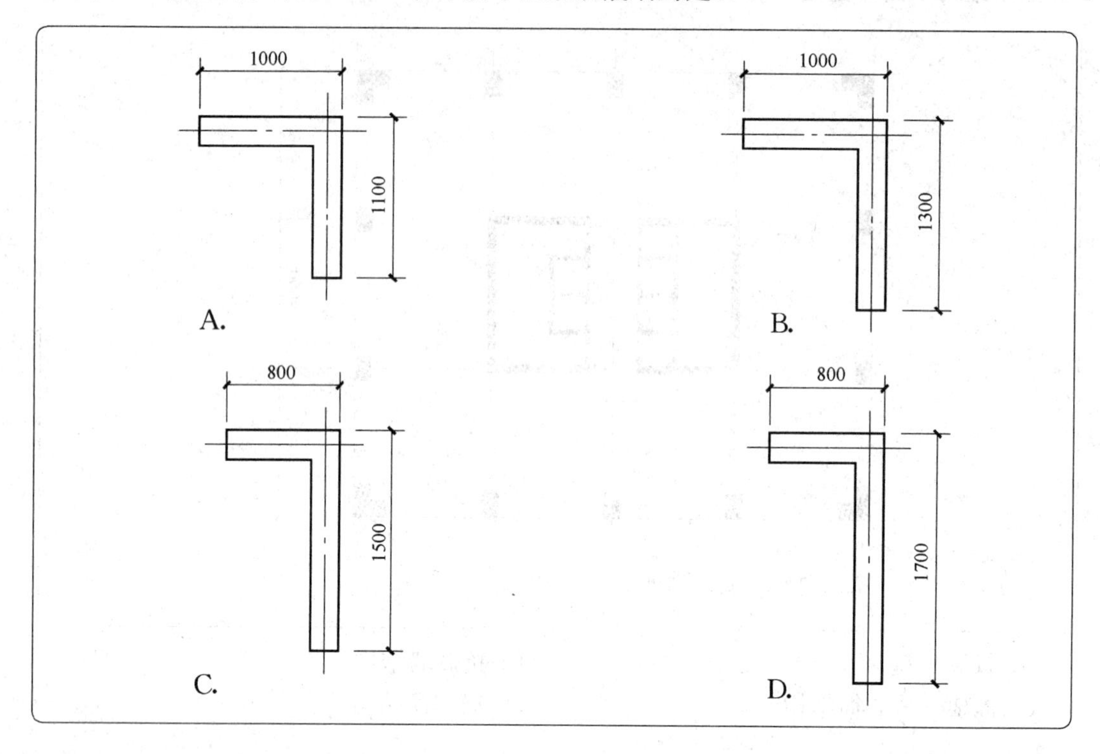

38. 图示节点 1 构造边缘构件（阴影范围），正确的是：

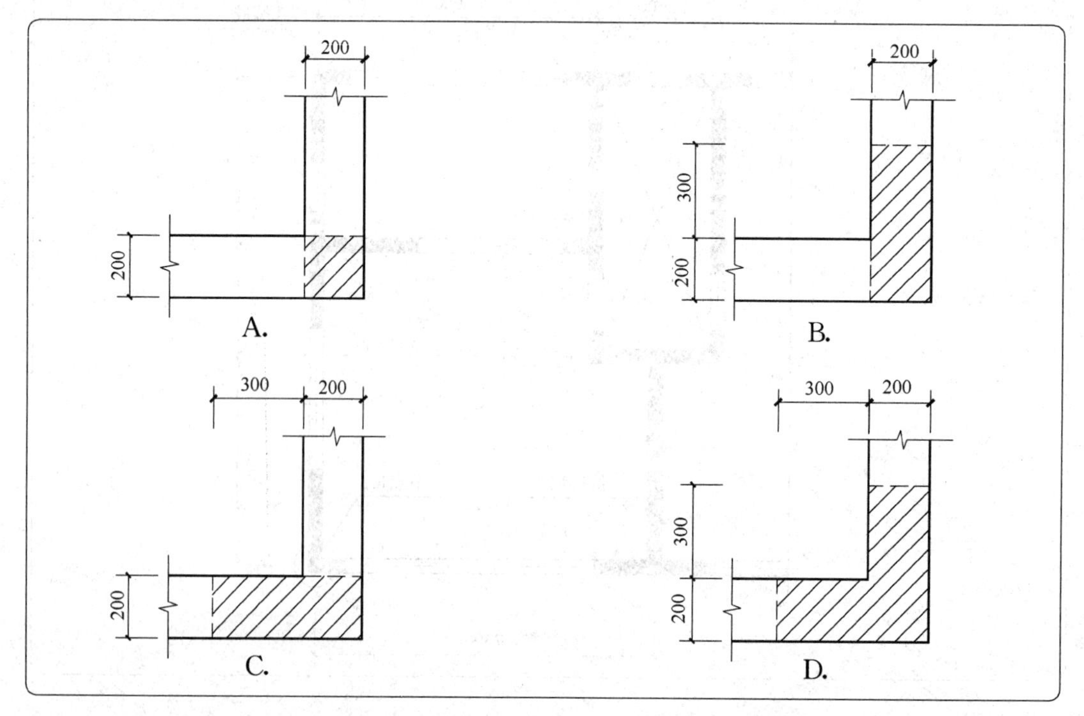

39. 抗震墙1配筋做法正确的是：

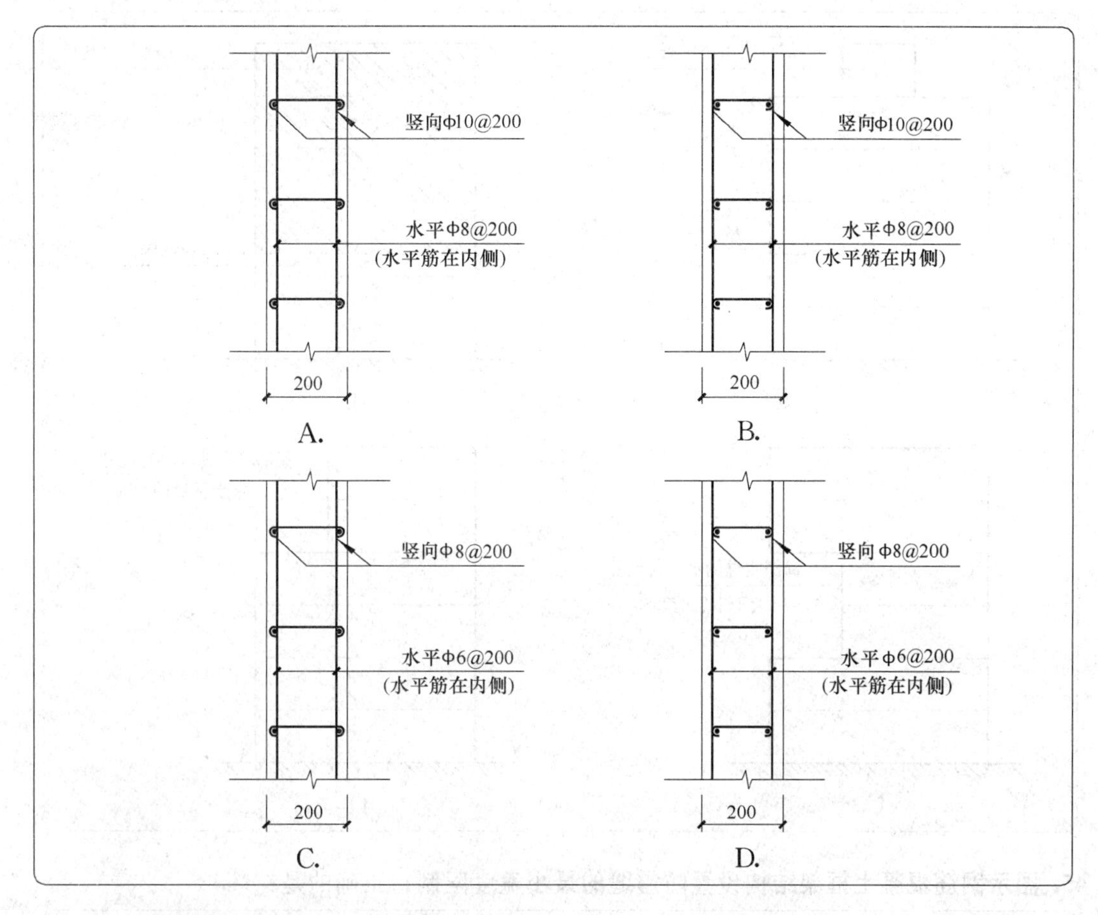

40. 关于抗震设防目标的说法，错误的是：

A. 多遇地震不坏　　B. 设防地震不裂

C. 设防地震可修　　D. 罕遇地震不倒

41. 所谓"强柱弱梁"是指框架结构塑性铰首先出现在：

A. 梁端　　B. 柱端

C. 梁中　　D. 柱中

42. 下列结构设计中，不属于抗震设计内容的是：

A. 结构平面布置　　B. 地震作用计算

C. 抗震构造措施　　D. 普通楼板分布筋设计

43. 下列结构不需要考虑竖向地震作用的是：

A. 6度时的跨度大于24m的屋架　　B. 7度（0.15g）时的大跨度结构

C. 8度时的长悬臂结构　　D. 9度时的高层建筑

44. 图示竖向形体规则的建筑是：

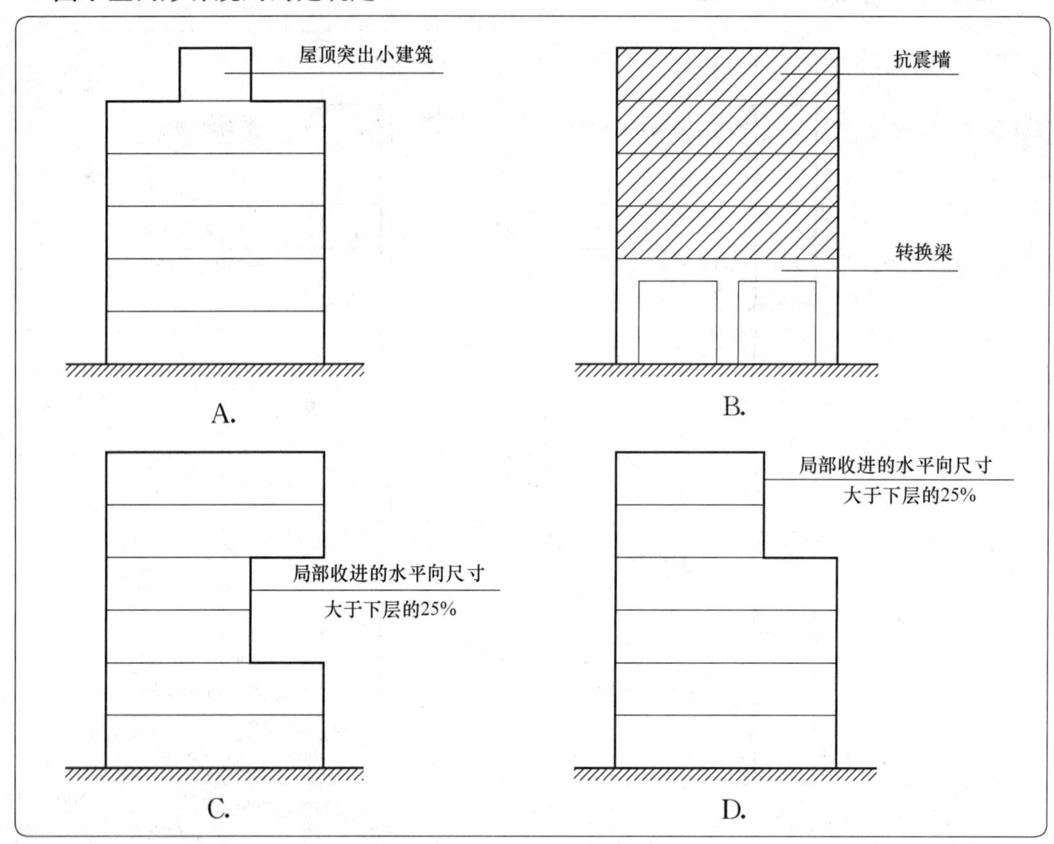

45. 图示钢筋混凝土框架结构设置防震缝的最小宽度限制，正确的是：

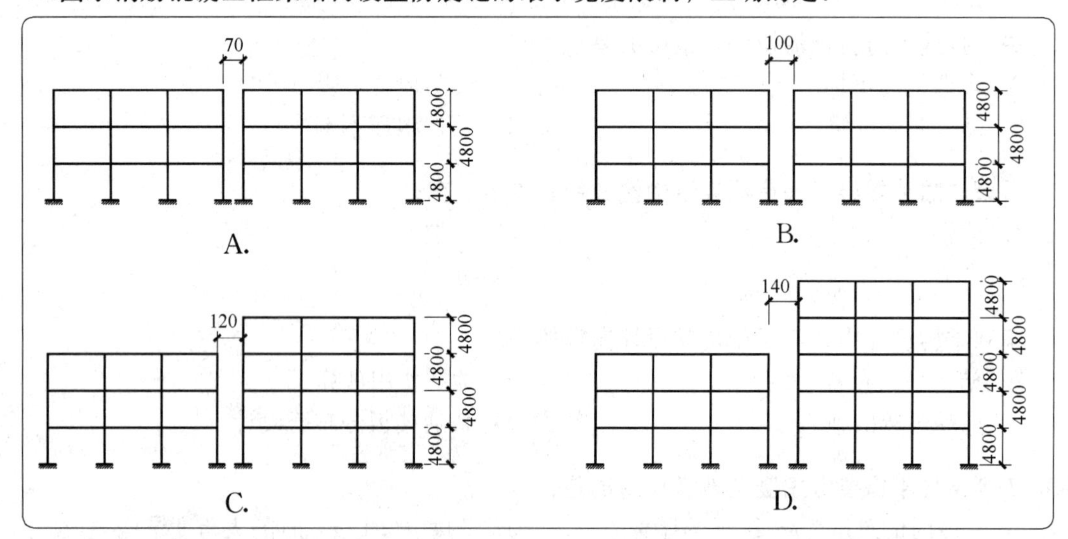

46. 属于抗震标准设防类的建筑是：

A. 普通住宅　　B. 中小学教学楼

C. 甲级档案馆　　D. 省级信息中心

47. 下列框架柱与填充墙连接图中，构造做法错误的是：

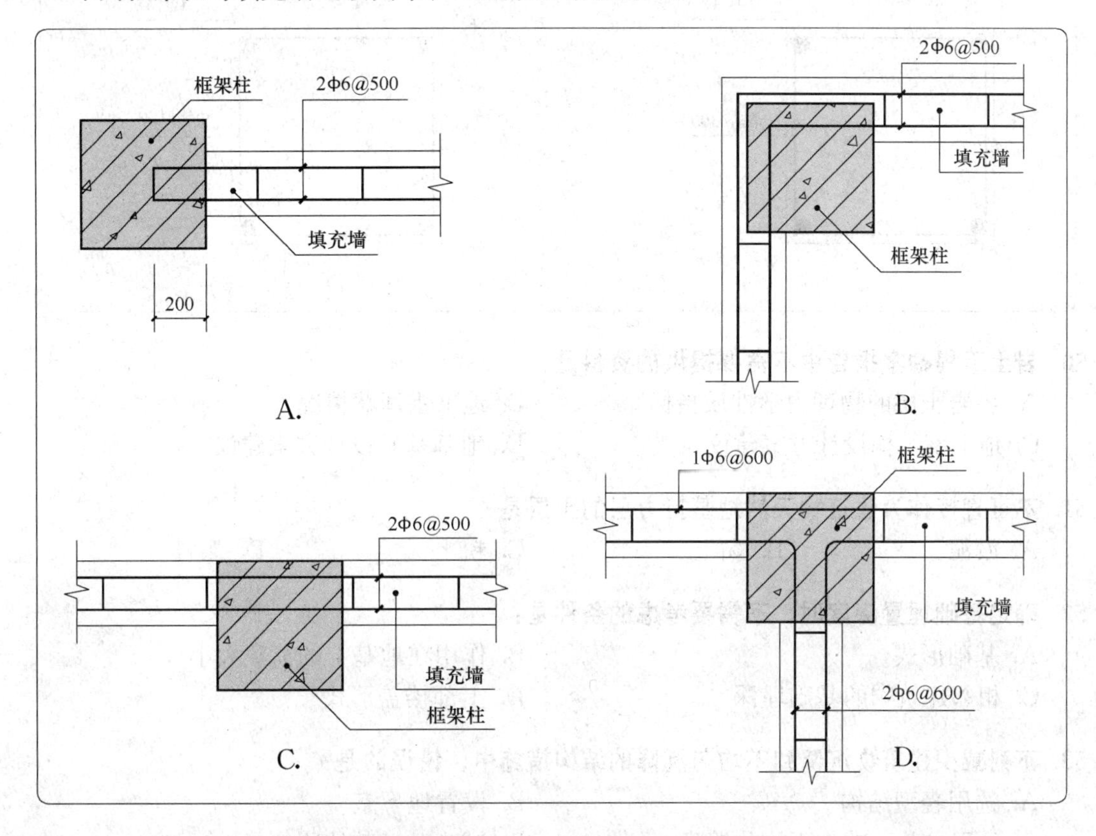

48. 关于多层砖砌体房屋圈梁设置的做法，错误的是：

A. 装配式钢筋混凝土屋盖处的外墙可不设置圈梁

B. 现浇钢筋混凝土楼盖与墙体有可靠连接的房屋，应允许不另设圈梁

C. 圈梁应闭合，遇有洞口圈梁应上下搭接

D. 圈梁的截面高度不应小于 120mm

49. 图示砌体结构构造柱做法中，正确的是：

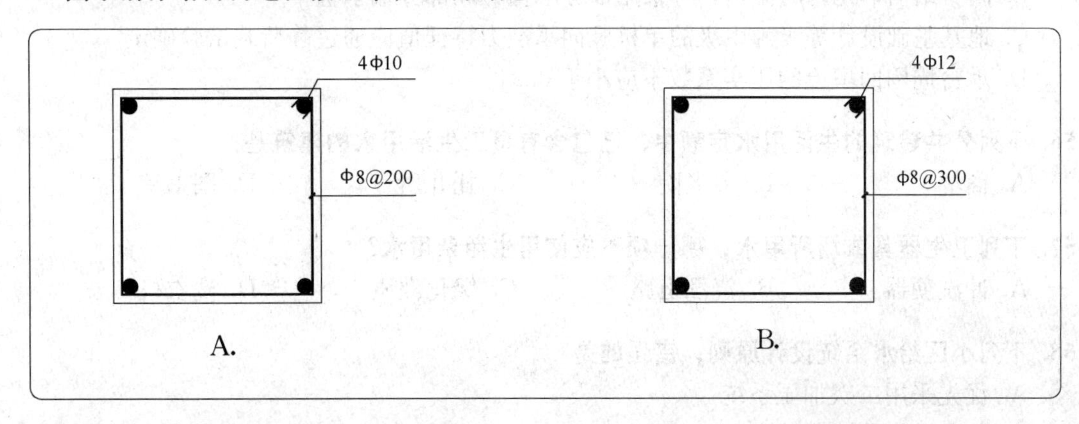

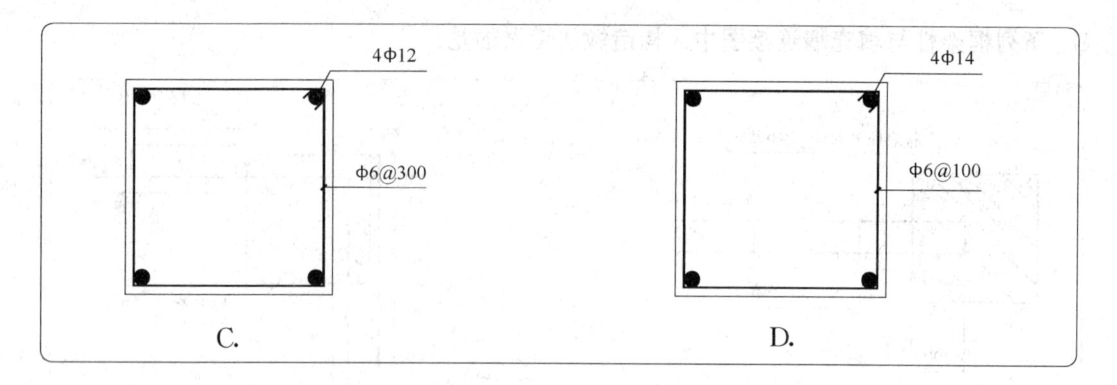

50. 岩土工程勘察报告中不需要提供的资料是：

A. 各岩土层的物理力学性质指标　　B. 地下水埋藏情况

C. 地下室结构设计方案建议　　D. 地基基础设计方案建议

51. 不可直接作为建筑物天然地基持力层的土层是：

A. 淤泥　　B. 黏土　　C. 粉土　　D. 泥岩

52. 确定基础埋置深度时，不需要考虑的条件是：

A. 基础形式　　B. 作用在地基上的荷载大小

C. 相邻建筑物的基础埋深　　D. 上部楼盖形式

53. 下列减少建筑物沉降和不均匀沉降的结构措施中，错误的是：

A. 选用轻型结构　　B. 设置地下室

C. 采用桩基，减少不均匀沉降　　D. 减少基础整体刚度

54. 下列地基处理方案中，属于复合地基做法的是：

A. 换填垫层　　B. 机械压实　　C. 灰土桩　　D. 真空预压

55. 关于桩基础的做法，错误的是：

A. 竖向受压桩按受力情况可分为摩擦型桩和端承型桩

B. 同一结构单元内的桩基，可采用部分摩擦桩和部分端承桩

C. 地基基础设计等级为甲级的单桩竖向承载力特征值应通过静荷载试验确定

D. 承台周围回填土的压实系数不应小于 0.94

56. 下列公共建筑的生活用水定额中，已包含有员工生活用水的建筑是：

A. 商场　　B. 养老院　　C. 托儿所　　D. 图书馆

57. 下列卫生器具或场所用水，哪一项不应使用生活杂用水？

A. 冲洗便器　　B. 浇洒道路　　C. 绿化灌溉　　D. 洗衣机

58. 下列小区给水系统设计原则，错误的是：

A. 优先采用二次加压系统

B. 宜实行分质供水系统

C. 充分利用再生水、雨水等非传统水源

D. 优先采用循环和重复利用给水系统

59. 下列生活饮用水箱的配管设计，错误的是：

A. 溢流管直排屋面

B. 泄水管接入伸顶通气管

C. 进水管在水箱的溢流水位以上接入

D. 通气管设有防止生物进入水箱的措施

60. 关于生活饮用水水池的设计要求，下列哪项是错误的？

A. 生活饮用水池与其他用水水池并列设置时，宜共用分隔墙

B. 宜设在专用房间内

C. 不得接纳消防管道试压水、泄压水等

D. 溢流管应有防止生物进入水池的措施

61. 下列塑料给水管道的布置与敷设，正确的是：

A. 布置在灶台上边缘

B. 与水加热器直接连接

C. 穿越屋面处，采取了可靠的防水措施，不再设套管

D. 在不结冻地区露天明设，不需采取保温等任何措施

62. 下列关于管道直饮水系统设计要求，错误的是：

A. 管道直饮水系统必须独立设置

B. 应设循环管道

C. 供水、回水管网应同程布置

D. 循环管网内水的停留时间不应超过 24h

63. 题目缺失

64. 题目缺失

65. 下列建筑物和场所可不采取消防排水措施的是：

A. 仓库

B. 消防水泵房

C. 防排烟管道井的井底

D. 设有消防给水系统的地下室

66. 下列关于住宅内管道布置要求的说法，错误的是：

A. 污水管道不得穿越客厅

B. 雨水管道可以穿越客厅

C. 污水管道不得穿越卧室内壁柜

D. 雨水管道不得穿越卧室内壁柜

67. 下列哪一类建筑排水不需要单独收集处理？

A. 生活废水

B. 机械自动洗车台冲洗水

C. 实验室有毒有害废水

D. 营业餐厅厨房含油脂的洗涤废水

68. 下列关于建筑雨水排水工程的设计，错误的是：

A. 建筑物雨水管道单独设置

B. 建筑屋面雨水排水工程设置溢流设施
C. 建筑屋面各汇水范围内的雨水排水立管宜设 1 根
D. 下沉式广场地面排水设置雨水集水池和排水泵排水

69. 以下哪个部位可不设置倒流防止器？
A. 从市政管网上直接抽水的水泵吸水管
B. 从市政管网直接供给商用锅炉、热水机组的进水管
C. 从市政管网单独接出的消防用水管
D. 从市政管网单独接出的枝状生活用水管

70. 关于养老院的给排水设计要求，哪项是错误的？
A. 非传统水源可为冲厕用水
B. 宜采用坐便器
C. 浴盆的热水管道应有防烫伤措施
D. 老年人使用的公共卫生间应选用方便无障碍使用与通行的洁具

71. 下列哪个场所的散热器应暗装或加防护罩。
A. 办公建筑　B. 酒店建筑　C. 幼儿园　D. 医院门诊楼

72. 下列防止外门冷风渗透的措施，哪项是错误的？
A. 设置门斗　B. 设置热空气幕
C. 经常开启的外门采用转门　D. 门斗内设置散热器

73. 住宅厨房和卫生间安装的竖向排风道，应具备下列哪些功能？
A. 防火、防结露和均匀排气　B. 防火、防倒灌和均匀排气
C. 防结露、防倒灌和均匀排气　D. 防火、防结露和防倒灌

74. 矩形截面的通风、空调风管，其长度比不宜大于：
A. 2　B. 4　C. 6　D. 8

75. 办公建筑采用下列哪个空调系统时需要的空调机房（或新风机房）面积最大？
A. 风机盘管＋新风空调系统　B. 全空气空调系统
C. 多联机＋新风换气机空调系统　D. 辐射吊顶＋新风空调系统

76. 关于多联机空调室外机布置位置的说法，下列哪项是错误的？
A. 受多联机空调系统最大配管长度限制
B. 受室内机和室外机之间最大高差限制
C. 应远离油烟排放口
D. 应远离噪声源

77. 设置在建筑物的锅炉房，下列说法错误的是：
A. 应设置在靠外墙部位　B. 出入口应不少于 2 个
C. 不宜通过窗井泄爆　D. 人员出入口至少有 1 个直通室外

78. 寒冷地区的住宅建筑，当增大外墙的热阻且其他条件不变时，房间供暖热负荷如何变化?

A. 增大　　B. 减小　　C. 不变　　D. 不确定

79. 关于新建住宅建筑热计量表的设置，错误的是:

A. 应设置楼栋热计量表

B. 楼栋热计量表可设置在热力入口小室内

C. 分户热计量的户用热表可作为热量结算点

D. 分户热量表应设置在户内

80. 下列哪项与内保温外墙传热系数无关?

A. 保温材料导热系数　　B. 热桥断面面积比

C. 外墙表面太阳辐射反射率　　D. 外墙主体厚度

81. 全空气系统过渡季或冬季增大新风比运行，其主要目的是:

A. 利用室外新风带走室内余热

B. 利用室外新风给室内除湿

C. 过渡季或冬季人员新风需求量大

D. 过渡季或冬季需要更大的室内正压

82. 公共建筑某区域净高为 5.5m，采用自然排烟，设计烟层底部高度为最小清晰高度，自然排烟窗下沿不应低于下列哪个高度?

A. 4.4m　　B. 2.75m　　C. 2.15m　　D. 1.5m

83. 机械加压的进风口不应与排烟风机的出风口设在同一面，当确有困难时，进风口和排烟口水平布置时两者边缘最小水平距离不应小于:

A. 10.0m　　B. 20.0m　　C. 25.0m　　D. 30.0m

84. 居民燃气用气设备严禁设置在:

A. 外走廊　　B. 生活阳台　　C. 卧室内　　D. 厨房内

85. 关于夏热冬暖地区建筑内燃气管线的敷设，下列说法中错误的是:

A. 立管不得敷设在卫生间内　　B. 管线不得穿过电缆沟

C. 管线不得敷设在设备层内　　D. 立管可沿外墙外侧敷设

86. 当建筑物内有一、二、三级负荷时，向其同时供电的两路电源中的一路中断供电后，另一路应能满足:

A. 一级负荷的供电　　B. 二级负荷的供电

C. 三级负荷的供电　　D. 全部一级负荷及二级负荷的供电

87. 关于汽车库消防设备的供电，下列说法错误的是:

A. 配电设备应有明显标志

B. 消防应急照明线路可与其他照明线路同管设置

C. 消防配电线路应与其他动力配电线路分开设置
D. 消防用电设备应采用专用供电回路

88. 题目缺失

89. 题目缺失

90. 题目缺失

91. 题目缺失

92. 题目缺失

93. 题目缺失

94. 题目缺失

95. 题目缺失

96. 在住宅电气设计中，错误的做法是：
A. 供电系统进行总等电位联结
B. 卫生间的洗浴设备做局部等电位联结
C. 厨房固定金属洗菜盆做局部等电位联结
D. 每幢住宅的总电源进线设剩余电流动作保护

97. 关于可燃料仓库的电气设计，下列说法错误的是：
A. 库内都应采用防爆灯具
B. 库内采用的低温灯具应采用隔热防火措施
C. 配电箱应设置在仓库外
D. 开关应设置在仓库外

98. 关于建筑物的防雷要求，下列说法正确的是：
A. 不分类　　B. 分为两类　　C. 分为三类　　D. 分为四类

99. 下列消防控制室的位置选择要求，错误的是：
A. 当设在首层时，应有直通室外的安全出口
B. 应设在交通方便和消防人员容易找到并可接近的部位
C. 不应与防灾监控、广播等用房相临近
D. 应设在发生火灾时不易延燃的部位

100. 下列哪个场所或部位，可以不考虑设置可燃气体报警装置？
A. 宾馆餐厅　　B. 公建内的燃气锅炉房
C. 仓库中的液化气储存间　　D. 仓库中使用燃气加工的部位

二、2019 年真题答案

1. B	2. C	3. B	4. C	5. D	6. D	7. A	8. D	9. C	10. D
11. A	12. C	13. B	14. C	15. D	16. D	17. A	18. A	19. C	20. B
21. B	22. B	23. A	24. D	25. C	26. A	27. D	28. D	29. C	30. B
31. C	32. C	33. B	34. A	35. A	36. C	37. D	38. D	39. B	40. B
41. A	42. D	43. B	44. A	45. B	46. A	47. C	48. A	49. D	50. C
51. A	52. D	53. D	54. C	55. B	56. A	57. D	58. A	59. B	60. A
61. C	62. D	63. /	64. /	65. C	66. B	67. A	68. C	69. D	70. A
71. C	72. D	73. B	74. B	75. B	76. D	77. C	78. B	79. D	80. C
81. A	82. C	83. B	84. C	85. C	86. A	87. B	88. /	89. /	90. /
91. /	92. /	93. /	94. /	95. /	96. C	97. A	98. C	99. C	100. A

第四节　2020 年真题与答案

2020-001. 图示支座 *A*，与约束反力相对应的支座形式是：

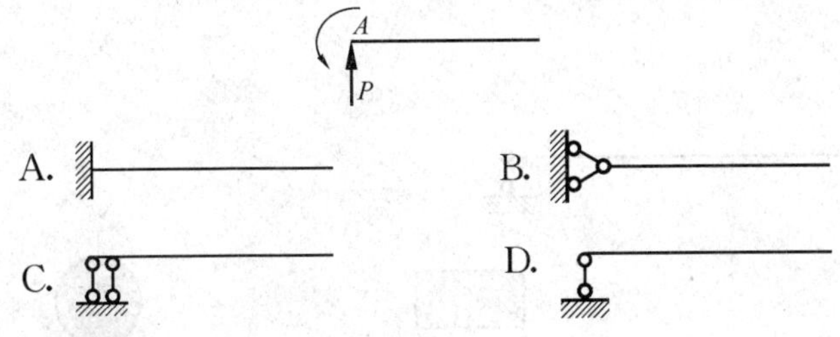

【答案】C

【解析】图示中支座不受水平约束力的作用，因此为定向支座，选择 C 项。A 项为固接支座，受三个力作用；B 项为固定铰支座，不受弯矩作用；D 项为滑动铰支座，仅受竖向约束作用。

2020-002. 图示结构，杆件 *BC* 的内力是：

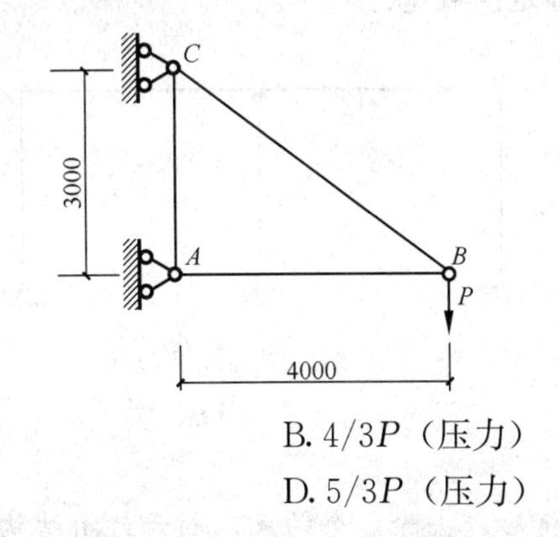

A. $4/3P$（拉力）　　B. $4/3P$（压力）

C. $5/3P$（拉力）　　D. $5/3P$（压力）

【答案】C

【解析】该结构为一次超静定结构，由于支座都是固定支座，因此 AC 杆内力为零。对于 BC 杆，采用结点法对 B 节点进行受力分析，根据竖向受力平衡 $F_{BC}\times3/5-P=0$，解得：$F_{BC}=5P/3$（受拉）。

2020-003. 图示矩形截面梁，剪应力沿截面高度分布示意图正确的是：

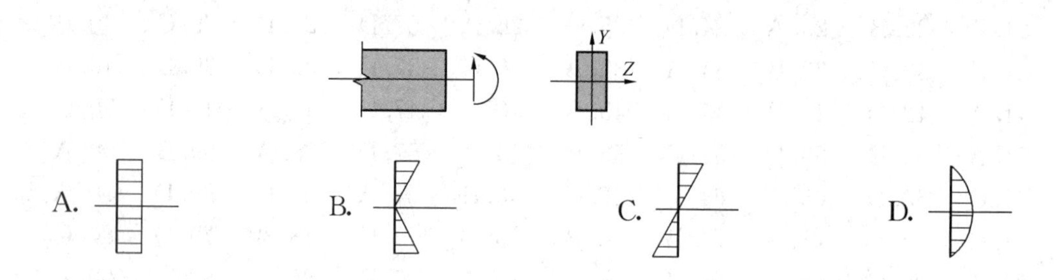

【答案】D

【解析】矩形截面梁的截面剪应力在截面上下两端的剪力为零，中性轴处剪力最大，呈现为抛物线的形状，故选D。

2020-004. 图示受力简支梁，当各梁横截面积相同时，其横截面1点位置弯曲正应力最小的是：

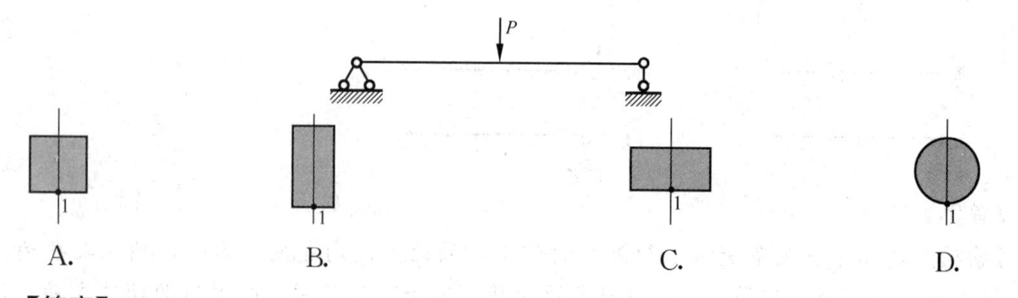

【答案】B

【解析】截面面积相同的情况下，矩形 H 越高所受的应力越小。

2020-005. 图示结构的超静定次数是：

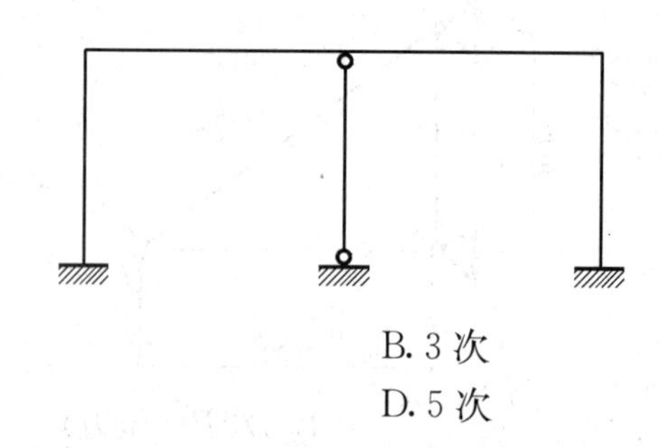

A. 2次　　B. 3次

C. 4次　　D. 5次

【答案】C

【解析】截断中间的竖杆后，去除1个约束，剖开封闭结构，去除3个约束，因此为4次超静定结构。

2020-006. 图示桁架的零杆数量是：

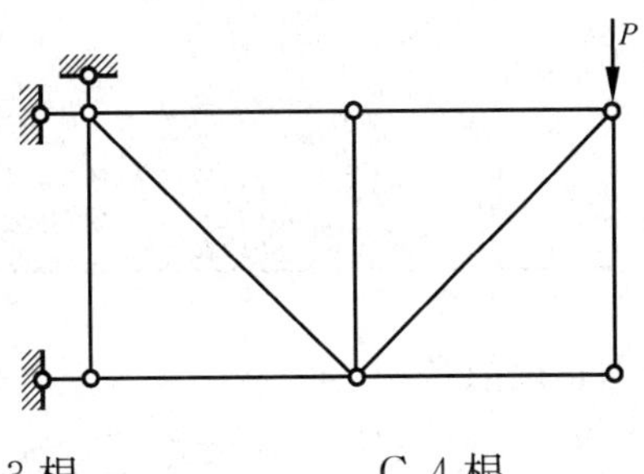

A. 2 根　　　　B. 3 根　　　　C. 4 根　　　　D. 5 根

【答案】C

【解析】结构中有 1 个不受力的 L 形节点和 2 个不受力的 T 形节点，共计 4 根零杆。

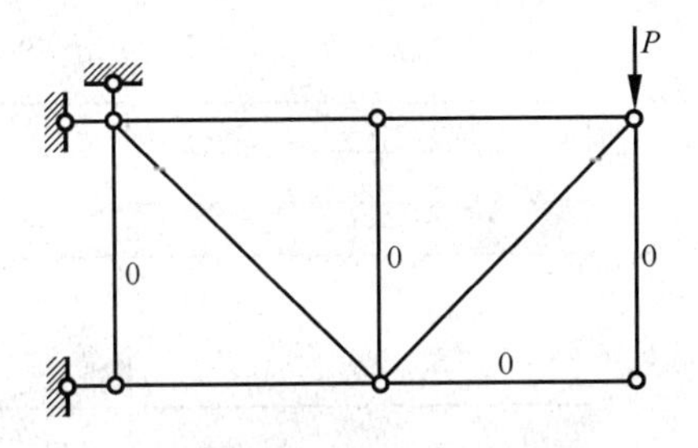

2020-007. 图示结构，支座 A 处的弯矩值是：

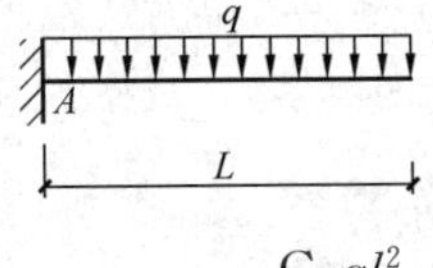

A. $1/4ql^2$　　　　B. $1/2ql^2$　　　　C. ql^2　　　　D. $2ql^2$

【答案】B

【解析】对于悬臂梁结构，受到均布荷载作用 q 时，支座处的弯矩 $MA=ql\times1/2=ql2/2$。

2020-008. 图示结构弯矩示意图正确的是：

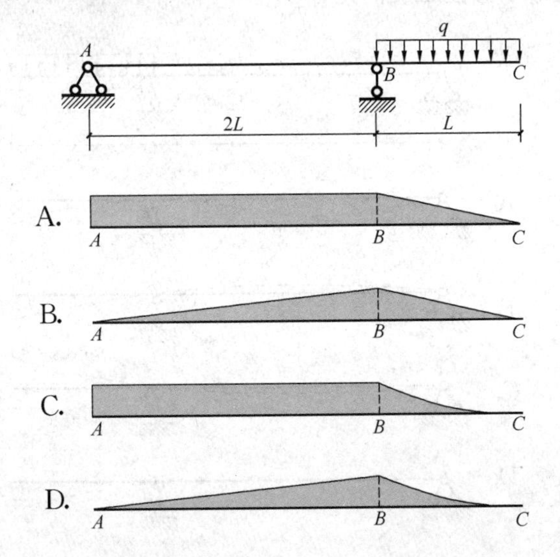

【答案】D

【解析】

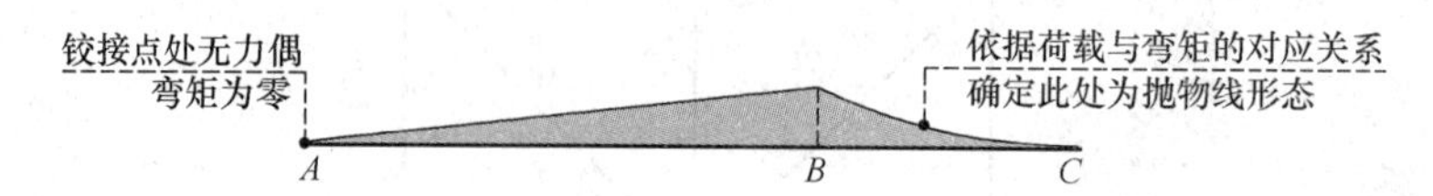

2020-009. 图示结构剪力示意图正确的是：

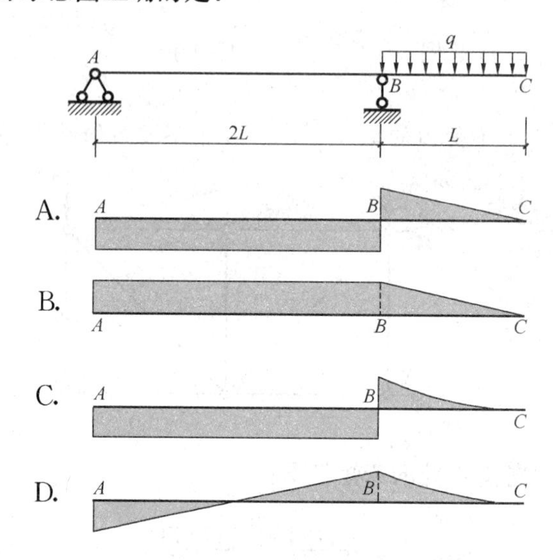

【答案】A

【解析】

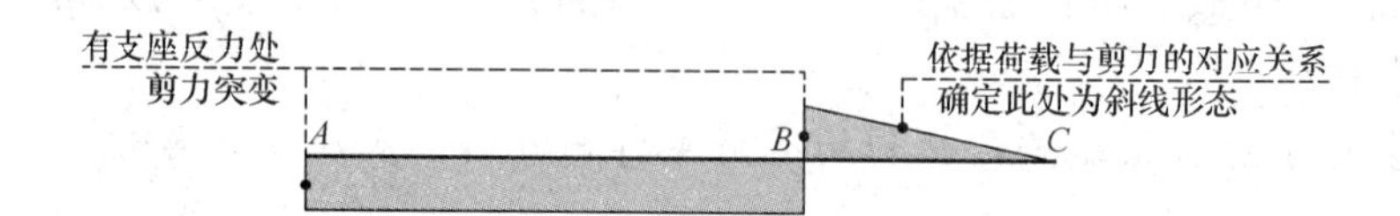

2020-010. 图示结构变形示意图正确的是：

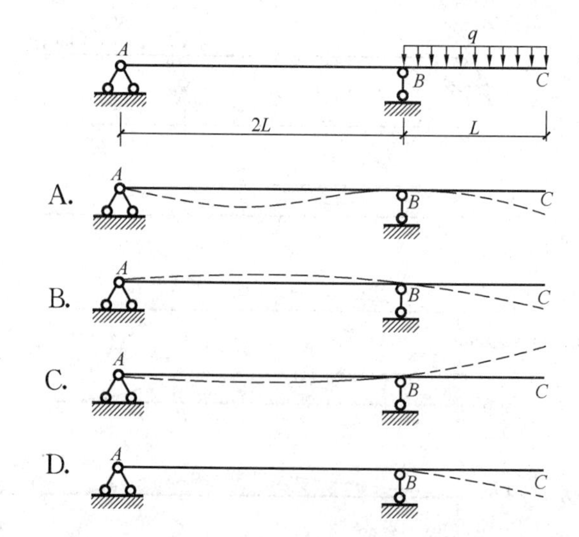

【答案】B

【解析】BC 段荷载向下，变形向下；B 点有支座反力，变形需要保持连续性，故 AB 段变形向上。

2020-011. 图示封闭式房屋风荷载整体计算时，体型系数 μ_s 最小的是：

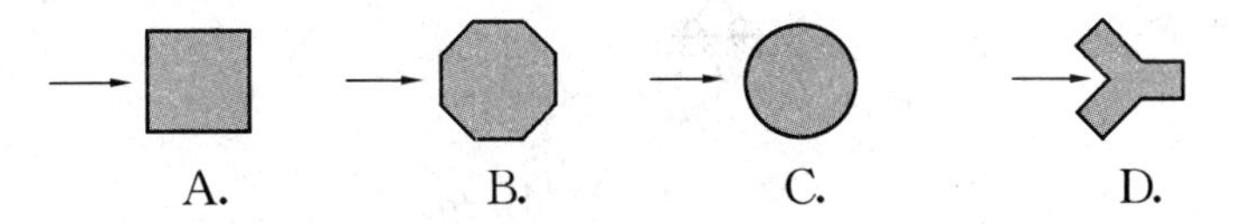

【答案】C

【解析】根据《建筑结构荷载规范》GB 50009—2012 表 8.3.1，正方形和正六边形平面的风荷载体型系数为 0.8，Y 形平面的风荷载体型系数为 0.9，圆形平面的风荷载体型系数为 0.6，因此圆形平面的最小。

2020-012. 同一高度，处于平坦地形的建筑物，风压高度变化系数 μ 最小的是：

A. 海岛　　B. 湖岸

C. 城市市区　　D. 乡村

【答案】C

【解析】根据《建筑结构荷载规范》GB 50009—2012 第 8.2.1 条规定，对于平坦或稍有起伏的地形，风压高度变化系数应根据地面粗糙度类别按表 8.2.1 确定。地面粗糙度可分为 A、B、C、D 四类：A 类指近海海面和海岛、海岸、湖岸及沙漠地区；B 类指田野、乡村、丛林、丘陵以及房屋比较稀疏的乡镇；C 类指有密集建筑群的城市市区；D 类指有密集建筑群且房屋较高的城市市区。根据表 8.2.1 可知，同一高度处，D 类地区风压高度变化系数 μ 最小。

2020-013. 图示简支梁，弯矩示意图正确的是：

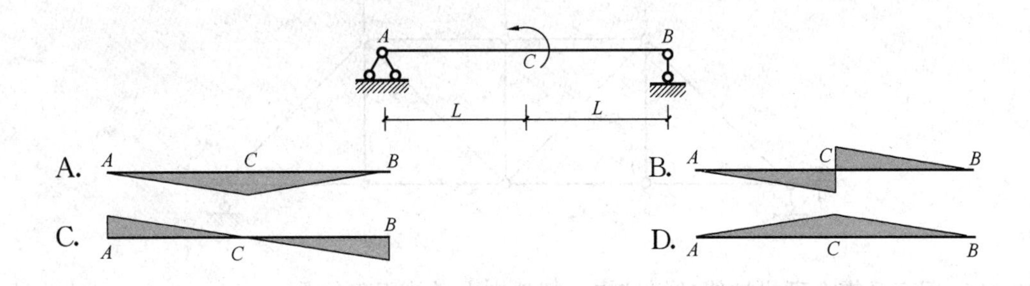

【答案】B

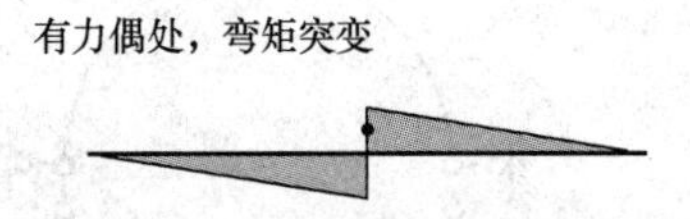

2020-014. 图示结构，支座 A 的反力 R_{AX} 值是：

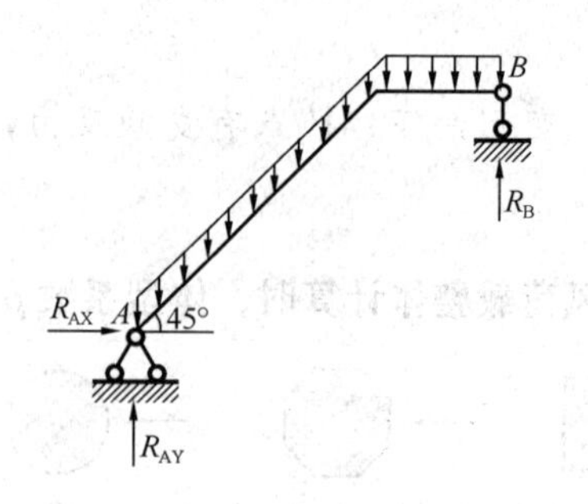

A. ql　　B. $2ql$

C. $3ql$　　D. 0

【答案】D

【解析】 对结构进行水平方向的受力分析，由于支座 B 不承担外力，且结构水平方向无外力作用，因此 $R_{AX}=0$。

2020-015. 图示桁架的零杆数量为：

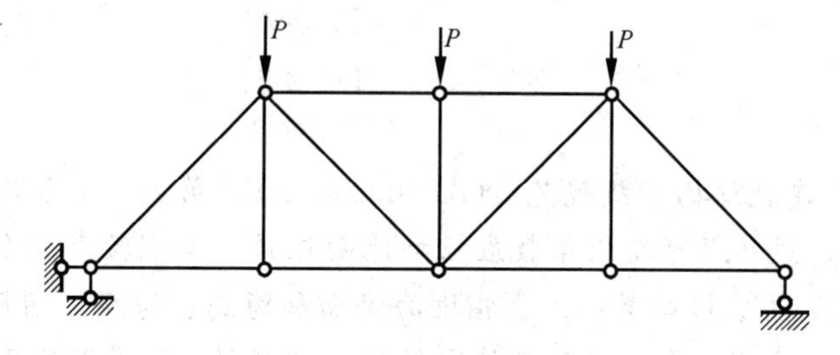

A. 2 根　　B. 3 根

C. 4 根　　D. 5 根

【答案】A

【解析】 结构有 2 个不受力的 T 形节点，故有 2 根零杆。

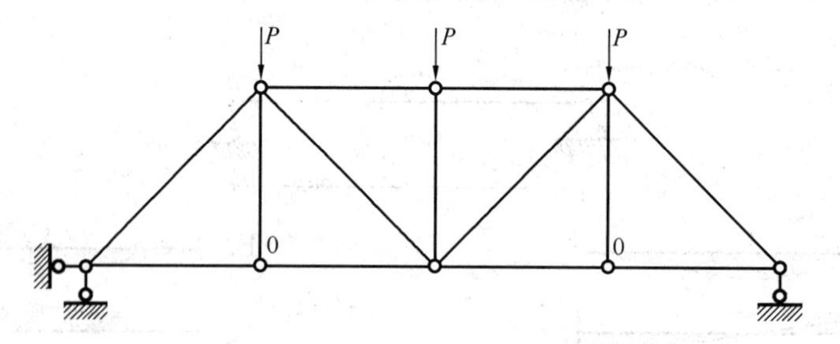

2020-016. 图示具有合理拱轴线的拱结构，杆件内力说法正确的是：

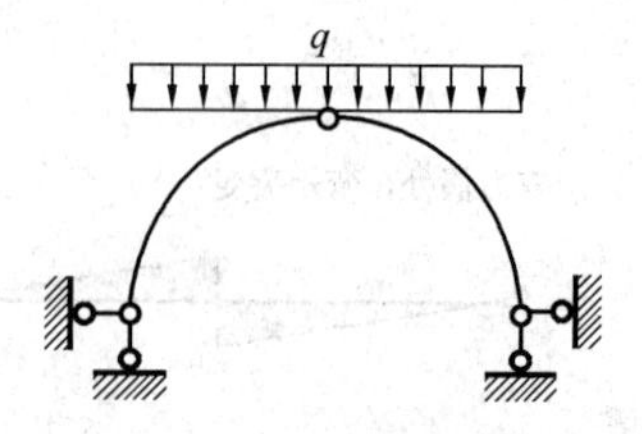

A. 仅有弯矩　　B. 仅有剪力

C. 仅有轴力　　D. 三者均有

【答案】C

【解析】若拱具有合理拱轴线，则在荷载作用下，拱各截面上只有轴力而无弯矩和剪力作用。

2020-017. 地坪垫层以下及基础底标高以上的压实填土，最小压实系数应为：

A. 0.90　　B. 0.94

C. 0.96　　D. 0.97

【答案】B

【解析】依据《建筑地基基础设计规范》GB 50007—2011 表 6.3.7 注 2，地坪垫层以下及基础底面标高以上的压实填土，压实系数不应小于 0.94。

2020-018. 下列哪项是地基土的荷载试验承载力代表值?

A. 特征值　　B. 平均值

C. 标准值　　D. 设计值

【答案】A

【解析】根据《建筑地基基础设计规范》GB 50007—2011：

4.2.2 地基土工程特性指标的代表值应分别为标准值、平均值及特征值。抗剪强度指标应取标准值，压缩性指标应取平均值，载荷试验承载力应取特征值。

2020-019. 图示挡土墙的类型是：

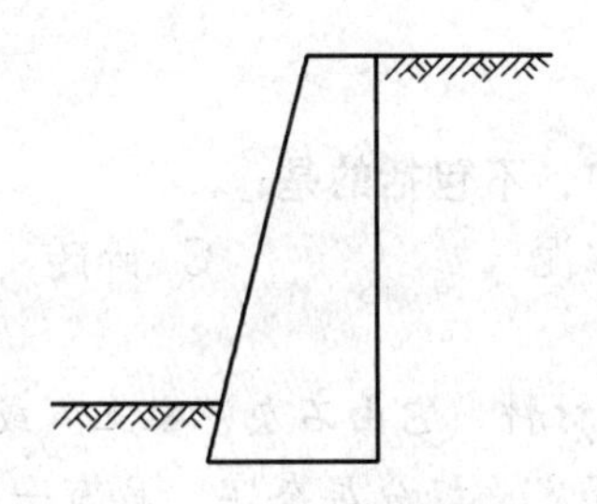

A. 悬臂式　　B. 重力式

C. 扶壁式　　D. 锚杆式

【答案】B

【解析】重力式挡土墙，主要靠自重的重力来抵抗墙背土压力作用，维持自身稳定。

2020-020. 下列做法中，属于复合地基处理措施的是：

A. 换填土　　B. 碾压夯实

C. 强夯实　　D. 高压注浆

【答案】D

【解析】根据《建筑地基处理技术规范》JGJ 79—2012 第 2.1.2 条，复合地基：部分土体被增强或被置换，形成由地基土和竖向增强体共同承担荷载的人工地基。

2020-021. 如图所示，基础的类型属于：

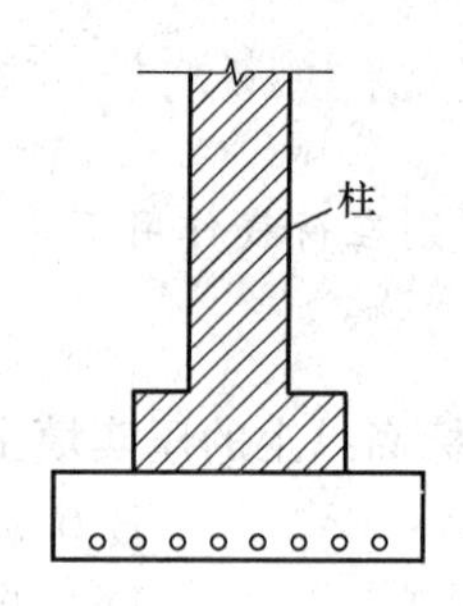

A. 独立基础　　B. 板式基础
C. 梁式基础　　D. 基础筏板

【答案】A

【解析】单独基础，也称独立式基础或柱式基础。当建筑物上部结构采用框架结构或单层排架结构承重时，基础常采用方形或矩形的单独基础。本题图中的基础结构形式即柱下钢筋混凝土独立基础。

2020-022. 下列土质中不可以作为回填土使用的是：

A. 基坑中挖出的原土　　B. 黏性土
C. 膨胀土和耕地土　　D. 与原土压缩性相近的老土

【答案】C

【解析】回填土应符合设计要求，保证填方的强度和稳定性。一般不能用淤泥和淤泥质土、膨胀土、有机质物含量大于8%的土、含水溶性硫酸盐大于5%的土、含水量不符合压实要求的黏性土。

2020-023. "三合土"原材料中，不包括的是：

A. 砂石　　B. 水泥　　C. 碎砖　　D. 石灰膏

【答案】B

【解析】三合土是一种建筑材料。它由石灰、黏土（或碎砖、碎石）和细砂所组成，其实际配比视泥土的含沙量而定。经分层夯实，具有一定强度和耐水性，多用于建筑物的基础或路面垫层。

2020-024. 木结构单层别墅使用年限是：

A. 25 年　　B. 50 年　　C. 75 年　　D. 100 年

【答案】B

【解析】根据《木结构设计标准》GB 50005—2017：

4.1.3　木结构设计使用年限应符合表 4.1.3 的规定

表 4.1.3　设计使用年限

类别	设计使用年限	示例
1	5 年	临时性建筑结构
2	25 年	易于替换的结构构件
3	50 年	普通房屋和构筑物
4	100 年及以上	标志性建筑和特别重要的建筑结构

2020-025. 图示做法中，属于角缝焊接的是：

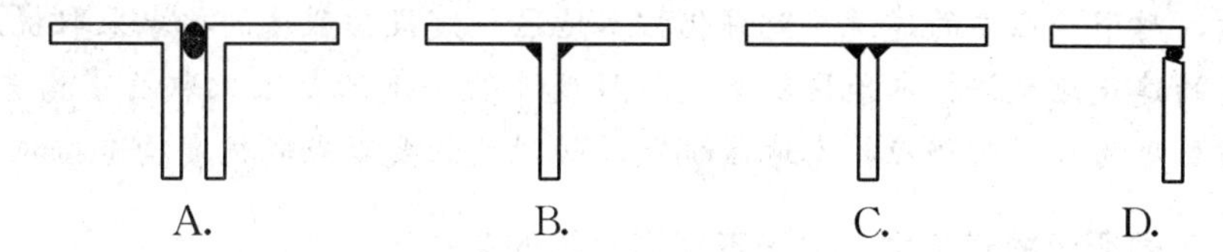

【答案】B

【解析】角焊缝指的是沿两直交或近直交零件的交线所焊接的焊缝。

2020-026. 外围护结构可以作为保温和隔热的地区是：

A. 福建　　B. 天津

C. 武汉　　D. 长春

【答案】C

【解析】根据题目，外围护结构既起到保温作用也起到隔热作用，那么对应的区域应该是夏热冬冷地区，根据规范《公共建筑节能设计标准》GB 50189—2015 表 3.1.2 可知，四个选项里只有武汉属于夏热冬冷地区，故选 C。

2020-027. 以下说法中，与绿色建筑无关的因素是：

A. 体形　　B. 平面

C. 空间　　D. 美观

【答案】D

【解析】绿色建筑和性能有关，性能与建筑体形、平面、空间有关，与美观无关。

2020-028. 下列材料中，导热系数最大的是：

A. 大理石　　B. 毛毯

C. 木地板　　D. 塑料

【答案】A

【解析】根据《民用建筑热工设计规范》GB 50176—2016 附录 B，热工设计计算参数；表 B.1 常用建筑材料热物理性能计算参数，可知大理石导热系数最大。

2020-029. 抗震设计时，结构的地震重现期是：

A. 20　　B. 50

C. 75　　D. 100

【答案】B

【解析】根据《建筑抗震设计规范》GB 50011—2010（2016 年版）2.1.1，抗震设防烈度：按国家规定的权限批准作为一个地区抗震设防依据的地震烈度。一般情况，取 50 年内超越概率 10%的地震烈度。故选 B。

2020-030. 一小学教学楼，抗震设防烈度 6 度，场地属二类场地，其抗震设防烈度应是：

A. 6 度　　B. 7 度

C. 8 度　　D. 9 度

【答案】A

【解析】根据《建筑抗震设计规范》GB 50011—2010（2016年版）3.3.2，建筑场地为Ⅰ类时，对甲、乙类的建筑应允许仍按本地区抗震设防烈度的要求采取抗震构造措施；对丙类的建筑应允许按本地区抗震设防烈度降低一度的要求采取抗震构造措施，但抗震设防烈度为6度时仍应按本地区抗震设防烈度的要求采取抗震构造措施。

2020-031. 下图所示的建筑中，属于不规则建筑的是：

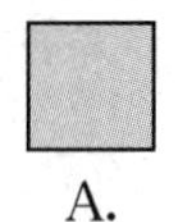
A.

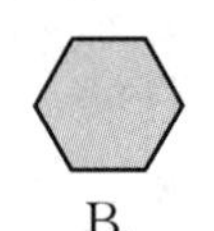
B.

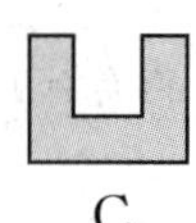
C.

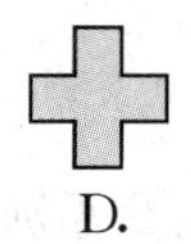
D.

【答案】C

【解析】选项C属于凹凸不规则，平面凹进的尺寸，大于相应投影方向总尺寸的30%，故选C。

2020-032. 下面图中框架结构布置合理的是：

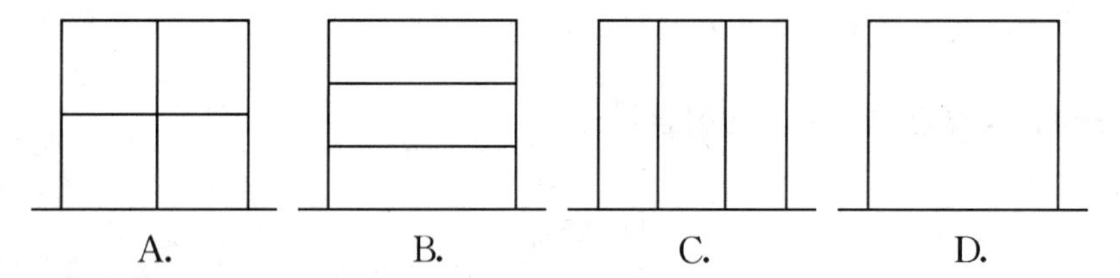

【答案】A

【解析】框架结构是由许多梁和柱共同组成的框架来承受房屋全部荷载的结构。

2020-033. 地下室顶板作为上部结构的嵌固部位时，楼板厚度和混凝土强度等级不应小于：

A. 120　C30　　B. 150　C25
C. 180　C30　　D. 200　C25

【答案】C

【解析】根据《建筑抗震设计规范》GB 50011—2010（2016年版）6.1.14，地下室顶板作为上部结构的嵌固部位时，应符合下列要求：

1　地下室顶板应避免开设大洞口；地下室在地上结构相关范围的顶板应采用现浇梁板结构，相关范围以外的地下室顶板宜采用现浇梁板结构；其楼板厚度不宜小于180mm，混凝土强度等级不宜小于C30，应采用双层双向配筋，且每层每个方向的配筋率不宜小于0.25%。

2　结构地上一层的侧向刚度，不宜大于相关范围地下一层侧向刚度的0.5倍；地下室周边宜有与其顶板相连的抗震墙。

2020-034. 抗震变形验算时，哪种结构体系轴压比最大？

A. 框架结构　　B. 框架核心筒结构
C. 部分框支抗震墙　　D. 剪力墙

【答案】B

【解析】根据规范《建筑抗震设计规范》GB 50011—2010（2016年版）表6.3.6可知，框架—抗震墙、板柱—抗震墙、框架核心筒及筒中筒结构体系轴压比最大。

2020-035. 下列所示结构中，水平挠度最小的立面布置图是：

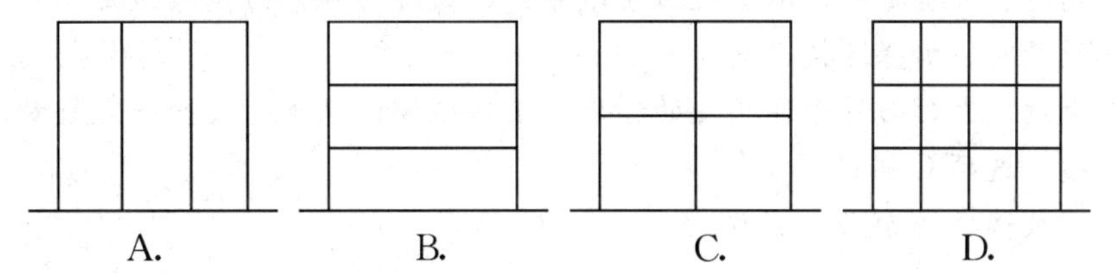

【答案】D

【解析】侧向刚度越大，挠度越小。

2020-036. 题目缺失

2020-037. 下列表述中，错误的是：

A. 沉降缝必须从建筑物的顶部至基础底部垂直贯通设置

B. 伸缩缝兼作抗震缝宜从地下室至上部建筑垂直贯通设置

C. 三种结构缝的宽度必须满足防震缝宽度的要求

D. 抗震缝、伸缩缝、沉降缝宜从地下室至上部建筑垂直贯通设置

【答案】B

【解析】伸缩缝与抗震缝在地下室与基础部位可不断开，故选B。

2020-038. 柱在规定的范围内需加密，抗震等级为三级，加密区选型正确的是：

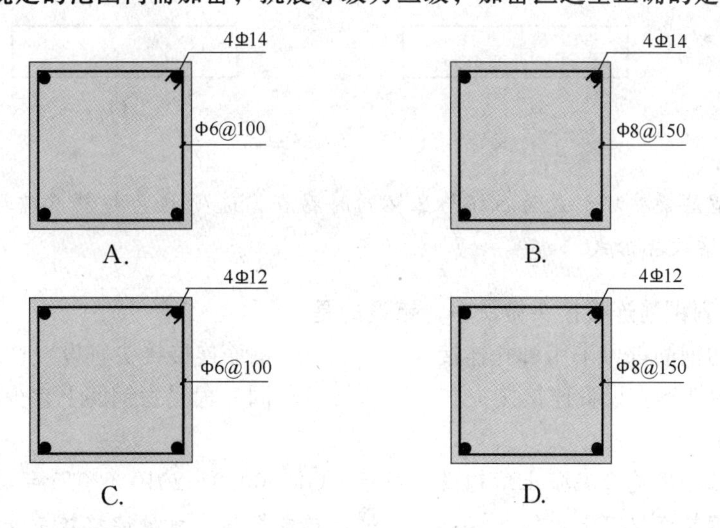

【答案】D

【解析】根据规范《建筑抗震设计规范》GB 50011—2010（2016年版）表6.3.7-2可知，选项D正确。

2020-039. 舞台设计中，下列做法正确的是：

A. 舞台设柱子　　B. 横梁用钢筋混凝土梁

C. 墙用轻质隔墙　　　　　　　　　　D. 大厅和舞台之间宜设置防震缝分开

【答案】B

【解析】根据《建筑抗震设计规范》GB 50011—2010（2016 年版）：

10.1.2　大厅、前厅、舞台之间，不宜设防震缝分开；大厅与两侧附属房屋之间可不设防震缝。但不设缝时应加强连接。选项 D 错误。

10.1.6　前厅与大厅、大厅与舞台连接处的横墙，应加强侧向刚度，设置一定数量的钢筋混凝土抗震墙。选项 C 错误。

舞台不应有遮挡，故选项 A 错误，故选 B。

2020-040. 超强度混凝土不能改善的性能是：

A. 抗压　　　　　　　　　　B. 抗裂

C. 抗渗　　　　　　　　　　D. 耐腐蚀

【答案】D

【解析】混凝土指以水泥为主要胶凝材料，与水、砂、石子，必要时掺入化学外加剂和矿物掺合料，按适当比例配合，经过均匀搅拌、密实成型及养护硬化而成的人造石材。环境介质对混凝土的侵蚀主要是对水泥石的侵蚀。这个是混凝土的主要材料，是不能够改善的。

2020-041. 下列图示中，属于适筋梁裂缝的是：

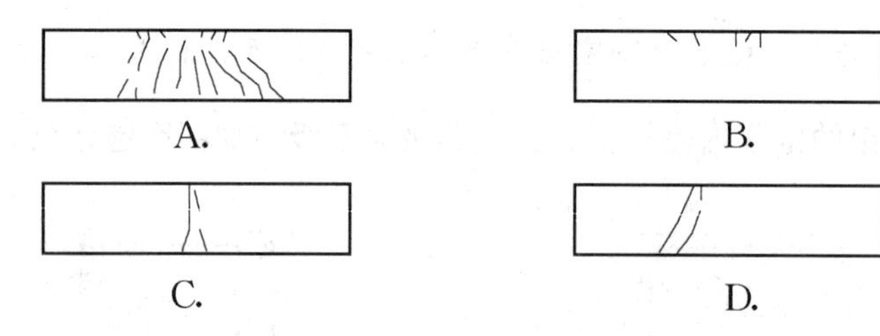

【答案】A

【解析】适筋梁破坏形式为拉坏与压坏同时存在，选项 B 为超筋梁破坏形式，选项 C、D 为少筋梁破坏形式。

2020-042. 下列钢筋连接接头做法中，错误的是：

A. 所有的钢筋都可采用绑扎连接　　　　B. 钢筋连接接头宜设置在受力较小处

C. 重要构件不宜设置连接接头　　　　　D. 同一根受力钢筋上宜少设接头

【答案】A

【解析】根据规范《混凝土结构设计规范》GB 50010—2010（2015 年版）：

8.4.1　钢筋连接可采用绑扎搭接、机械连接或焊接。机械连接接头及焊接接头的类型及质量应符合国家现行有关标准的规定。

混凝土结构中受力钢筋的连接接头宜设置在受力较小处。在同一根受力钢筋上宜少设接头。在结构的重要构件和关键传力部位，纵向受力钢筋不宜设置连接接头。

8.4.2　轴心受拉及小偏心受拉杆件的纵向受力钢筋不得采用绑扎搭接；其他构件中的

钢筋采用绑扎搭接时，受拉钢筋直径不宜大于25mm，受压钢筋直径不宜大于28mm。

2020-043. 下列图示，表示排架结构的是：

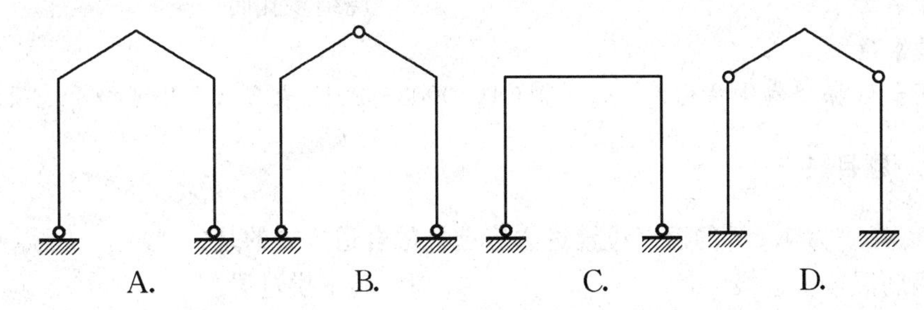

【答案】D

【解析】排架由屋架（或屋面梁）、柱和基础组成，柱与屋架铰接，与基础刚接。是单层厂房结构的基本结构形式。

2020-044. 装配式建筑不适宜采用的结构体系是：

A. 多规格结构体系　　B. 框架结构

C. 剪力墙结构　　D. 多层剪力墙结构

【答案】A

【解析】装配式建筑在满足建筑使用功能和性能的前提下，采用模数化、标准化、集成化的设计方法，践行“少规格、多组合”的设计原则，将建筑的各种构配件、部品和构造连接技术实行模块化组合与标准化设计，建立合理、可靠、可行的建筑技术通用体系，实现建筑的装配化建造。

2020-045. 下列关于装配整体式混凝土结构楼盖的规定中，正确的是：

A. 装配整体式混凝土结构的楼盖宜采用叠合楼盖

B. 高层装配整体式混凝土结构中，结构转换层宜采用叠合楼盖

C. 高层装配整体式混凝土结构中，作为上部结构嵌固部位的楼层宜采用叠合楼盖

D. 高层装配整体式混凝土结构中，屋面和平面受力复杂的楼层宜采用现浇楼盖

【答案】D

【解析】根据规范《装配式混凝土结构技术规程》JGJ 1—2014第6.6.1条，装配整体式结构的楼盖宜采用叠合楼盖。结构转换层、平面复杂或开洞较大的楼层、作为上部结构嵌固部位的地下室楼层宜采用现浇楼盖。

2020-046. 下列减轻房屋顶层墙体裂缝的措施中，错误的是：

A. 房顶设置保温、隔热层

B. 屋面刚性面及砂浆找平层设分隔缝

C. 顶层屋面板下设置现浇钢筋混凝土圈梁

D. 加强混凝土等级

【答案】D

【解析】裂缝与承重和受力有关，和材料等级无关。

2020-047. 下列砌体中，收缩率最低的是：

A. 混凝土砌块　　B. 加气混凝土砌块

C. 烧结砖　　D. 烧结多孔砖

【答案】D

【解析】依据《砌体结构设计规范》GB 50003—2011 表 3.2.5-2 可知，选项 D 正确。

2020-048. 题目缺失

2020-049. 净宽为 1.0m 的窗，设置过梁应选择的合适方式的是：

A. 钢筋混凝土过梁　　B. 砖平拱过梁

C. 钢筋砖过梁　　D. 预制素混凝土过梁

【答案】D

【解析】根据《砌体结构设计规范》GB 50003—2011 第 7.2.1 条，对有较大振动荷载或可能产生不均匀沉降的房屋，应采用混凝土过梁。当过梁的跨度不大于 1.5m 时，可采用钢筋砖过梁；不大于 1.2m 时，可采用砖砌平拱过梁。

2020-050. 下列永久荷载对结构有利时，修正系数正确的是：

A. 1.0　　B. 1.2

C. 1.35　　D. 1.5

【答案】A

【解析】根据《建筑结构荷载规范》GB 50009—2012：

3.2.4 基本组合的荷载分项系数，应按下列规定采用：

1 永久荷载的分项系数应符合下列规定：

1）当永久荷载效应对结构不利时，对由可变荷载效应控制的组合应取 1.2，对由永久荷载效应控制的组合应取 1.35；

2）当永久荷载效应对结构有利时，不应大于 1.0。

2020-051 至 2020-055. 题目缺失

2020-056. 当公共建筑设置饮水器时，以下哪个正确?

A. 以温水或自来水为源水的直饮水，应进行过滤和消毒处理

B. 应设循环管道，循环回水应经过过滤处理

C. 饮水器的喷嘴应水平安装并设有防护装置

D. 不同组喷嘴安装高度不一致

【答案】A

【解析】根据《建筑给水排水设计标准》GB 50015—2019：

6.9.5 当中小学校、体育场馆等公共建筑设饮水器时，应符合下列规定：

1 以温水或自来水为原水的直饮水，应进行过滤和消毒处理；

2 应设循环管道，循环回水应经消毒处理；

3 饮水器的喷嘴应倾斜安装并设防护装置，喷嘴孔的高度应保证排水管堵塞时不被淹没；

4　应使同组喷嘴压力一致；

5　饮水器应采用不锈钢、铜镀铬或瓷质、搪瓷制品，其表面应光洁、易于清洗。

2020-057. 以下哪项是热水管道上设置伸缩器（补偿器）的主要目的?

A. 补偿管道内气体　　B. 补偿管道热胀冷缩产生的应力

C. 解除管道后期的维护和保养　　D. 补偿管道震动产生的应力

【答案】B

【解析】根据《建筑给水排水设计标准》GB 50015—2019 条文说明第 6.8.3 条，热水管道因受热膨胀会产生伸长，如管道无自由伸缩的余地，则使管道内承受超过管道所许可的内应力，致使管道弯曲甚至破裂，并对管道两端固定支架产生很大推力。为了减释管道在膨胀时的内应力，设计时应尽量利用管道的自然转弯，当直线管段较长不能依靠自然补偿来解决膨胀伸长量时，应设置伸缩器。铜管、不锈钢管及塑料管的膨胀系数均不相同，设计计算中应分别按不同管材在管道上合理布置伸缩器。

2020-058. 关于太阳能热水系统集热器，错误的是：

A. 安装在建筑屋面、阳台、墙面等部位，不得影响建筑功能

B. 集热器的安装倾角可以与当地纬度一致

C. 平板型集热器可以作为阳台栏板

D. 集热器安装可跨变形缝

【答案】D

【解析】根据《民用建筑太阳能热水系统应用技术标准》GB 50364—2018：

第 4.1.3 条　太阳能热水系统安装在建筑屋面、阳台、墙面或其他部位，不得影响该部位的建筑功能，并应与建筑一体化，保持建筑统一和谐的外观。

第 4.2.6 条　置太阳能集热器的坡屋面应符合下列规定：

1　屋面的坡度宜结合集热器接收阳光的最佳倾角确定，即当地纬度±10°；

第 4.2.7 条　在阳台设置太阳能集热器应符合下列规定：

1　设置在阳台栏板上的集热器支架应与阳台栏板上的预埋件牢固连接；

2　当集热器构成阳台栏板时，应满足阳台栏板的刚度、强度及防护功能要求。

2020-059. 国家重点文物保护单位的砖木、木结构的建筑室外消火栓设计流量按哪个耐火等级确定?

A. 工业建筑一级　　B. 工业建筑二级

C. 民用建筑三级　　D. 民用建筑四级

【答案】C

【解析】根据《消防给水及消火栓系统技术规范》GB 50974—2014 第 3.3.2 条注 3，国家级文物保护单位的重点砖木、木结构的建筑物室外消火栓设计流量，按三级耐火等级民用建筑物消火栓设计流量确定。

2020-060. 关于高位水箱，下列描述正确的是：

A. 设在高处，直接向水灭火设施中供水的储水设备

B. 设在高处，供固定或消防水泵吸水的储水设施

C. 设在高处，直接向水灭火设施提供初期的消防用水

D. 设在高处，直接向水灭火设施提供消防供水

【答案】C

【解析】根据《消防给水及消火栓系统技术规范》GB 50974—2014：

5.2.1 临时高压消防给水系统的高位消防水箱的有效容积应满足初期火灾消防用水量的要求；

5.2.2 高位消防水箱的设置位置应高于其所服务的水灭火设施，且最低有效水位应满足水灭火设施最不利点处的静水压力。

2020-061. 关于消火栓，下列描述错误的是：

A. 可在楼梯间，休息平台前室　　B. 可在走道内布置

C. 可在消防控制室　　D. 可在冷库常温区

【答案】C

【解析】根据《消防给水及消火栓系统技术规范》GB 50974—2014 第 7.4.7 条，建筑室内消火栓的设置位置应满足火灾扑救要求，并应符合下列规定：

1 室内消火栓应设置在楼梯间及其休息平台和前室、走道等明显易于取用，以及便于火灾扑救的位置；

2 住宅的室内消火栓宜设置在楼梯间及其休息平台；

3 汽车库内消火栓的设置不应影响汽车的通行和车位的设置，并应确保消火栓的开启；

4 同一楼梯间及其附近不同层设置的消火栓，其平面位置宜相同；

5 冷库的室内消火栓应设置在常温穿堂或楼梯间内。

2020-062. 排气道系统，可设自循环通气管道系统的是：

A. 伸顶气管无法伸出屋面

B. 连接 4 个及以上的卫生间器具的排水横支管

C. 连接 6 个及以上的大便污水支管

D. 设有器具通气管

【答案】A

【解析】根据《建筑给水排水设计标准》GB 50015—2019 第 4.7.2 条，生活排水管道的立管顶端应设置伸顶通气管。当伸顶通气管无法伸出屋面时，可设置下列通气方式：

1 宜设置侧墙通气时，通气管口的设置应符合本标准第 4.7.12 条的规定；

2 当本条第 1 款无法实施时，可设置自循环通气管道系统，自循环通气管道系统的设置应符合本标准第 4.7.9 条、第 4.7.10 条的规定。

2020-063. 下列可直接排入排水管的是：

A. 开水器、热水器排水　　B. 生活饮用水贮水箱的溢流水

C. 空调冷凝水　　D. 冷却塔溢流水

【答案】D

【解析】根据《建筑给水排水设计标准》GB 50015—2019 第 4.4.12 条，下列构筑物和

设备的排水管与生活排水管道系统应采取间接排水的方式：

1 生活饮用水贮水箱（池）的泄水管和溢流管；

2 开水器、热水器排水；

3 医疗灭菌消毒设备的排水；

4 蒸发式冷却器、空调设备冷凝水的排水；

5 贮存食品或饮料的冷藏库房的地面排水和冷风机溶霜水盘的排水。

2020-064. 下列说法中，化粪池设置不需考虑的是：

A. 地下取水构筑物　　B. 建筑基础

C. 室外绿化种植　　D. 建筑主要出入口

【答案】C

【解析】根据《建筑给水排水设计标准》GB 50015—2019：

4.10.13 化粪池与地下取水构筑物的净距不得小于30m。

4.10.14 化粪池的设置应符合下列规定：

1 化粪池宜设置在接户管的下游端，便于机动车清掏的位置；

2 化粪池池外壁距建筑物外墙不宜小于5m，并不得影响建筑物基础；

3 化粪池应设通气管，通气管排出口设置位置应满足安全、环保要求。

4.10.19 小区生活污水处理设施的设置应符合下列规定：

1 宜靠近接入市政管道的排放点；

2 建筑小区处理站的位置宜在常年最小频率的上风向，且应用绿化带与建筑物隔开；

3 处理站宜设置在绿地、停车坪及室外空地的地下。

2020-065. 建筑屋面雨水排水工程，应当设置：

A. 通气设施　　B. 溢流设施

C. 清扫设施　　D. 排污设施

【答案】B

【解析】根据《建筑给水排水设计标准》GB 50015—2019 第5.2.11条，建筑屋面雨水排水工程应设置溢流孔口或溢流管系等溢流设施，且溢流排水不得危害建筑设施和行人安全。

2020-066. 关于绿化高效节水灌溉方式，正确的是：

A. 在人员活动频繁处，宜设置喷灌系统　　B. 绿地采用中水时，宜设置喷灌系统

C. 土壤易板结，不宜采用地下渗灌系统　　D. 乔、灌木宜采用地下渗灌系统

【答案】C

【解析】根据《民用建筑节水设计标准》GB 50555—2010 第4.4.2条，绿化浇洒应采用喷灌、微灌等高效节水灌溉方式。应根据喷灌区域的浇洒管理形式、地形地貌、当地气象条件、水源条件、绿地面积大小、土壤渗透率、植物类型和水压等因素，选择不同类型的喷灌系统，并应符合下列要求：

1 绿地浇洒采用中水时，宜采用以微灌为主的浇洒方式；

2　人员活动频繁的绿地，宜采用以微喷灌为主的浇洒方式；

3　土壤易板结的绿地，不宜采用地下渗灌的浇洒方式；

4　乔、灌木和花卉宜采用以滴灌、微喷灌等为主的浇洒方式。

2020-067. 下列与室外给水管道的覆土深度无关的是：

A. 土壤冻结深度　　B. 车辆荷载

C. 管径　　D. 管道材质

【答案】C

【解析】根据《建筑给水排水设计标准》GB 50015—2019 第 3.13.19 条，室外给水管道的覆土深度，应根据土壤冰冻深度、车辆荷载、管道材质及管道交叉等因素确定。管顶最小覆土深度不得小于土壤冰冻线以下 0.15m，行车道下的管线覆土深度不宜小于 0.70m。

2020-068. 以下关于消防控制室设置说法中，错误的是：

A. 可设置在建筑地下一层　　B. 可设置在建筑首层

C. 可设置在建筑二层　　D. 可设置在建筑靠外墙部位

【答案】C

【解析】根据《建筑设计防火规范》GB 50016—2014（2018 年版）第 8.1.7 条，设置火灾自动报警系统和需要联动控制的消防设备的建筑（群）应设置消防控制室。消防控制室的设置应符合下列规定：

1　单独建造的消防控制室，其耐火等级不应低于二级；

2　附设在建筑内的消防控制室，宜设置在建筑内首层或地下一层，并宜布置在靠外墙部位。

2020-069. 下列关于生活给水泵房设置，正确的是：

A. 居住用房上层　　B. 居住用房下层

C. 居住用房毗邻　　D. 空调机房上方

【答案】D

【解析】根据《建筑给水排水设计标准》GB 50015—2019 第 3.9.9 条，民用建筑物内设置的生活给水泵房不应毗邻居住用房或在其上层或下层，水泵机组宜设在水池（箱）的侧面、下方，其运行噪声应符合现行国家标准《民用建筑隔声设计规范》GB 50118 的规定。

2020-070. 当没有相关资料时，漏失水量和未预见水量之和可参考下列哪项数据？

A. 最高日用水量　　B. 最高时用水量

C. 最高日最高时用水量　　D. 日平均用水量

【答案】A

【解析】根据《建筑给水排水设计标准》GB 50015—2019 第 3.2.9 条，给水管网漏失水量和未预见水量应计算确定，当没有相关资料时漏失水量和未预见水量之和可按最高日用水量的 8%～12%计。

2020-071. 排烟管道设置在吊顶内时应采用的材料，正确的是：

A. 不燃材料　　B. 难燃材料

C. 可燃材料　　D. 易燃材料

【答案】A

【解析】根据《建筑防烟排烟系统技术标准》GB 51251—2017 第 4.4.9 条，当吊顶内有可燃物时，吊顶内的排烟管道应采用不燃材料进行隔热，并应与可燃物保持不小于 150mm 的距离。

2020-072. 题目缺失

2020-073. 建筑内哪个位置不应设置散热器？

A. 内隔墙　　B. 楼梯间

C. 外玻璃幕墙　　D. 门斗

【答案】D

【解析】根据规范《民用建筑供暖通风与空气调节设计规范》GB 50736—2012 第 5.3.7 条，布置散热器时，应符合下列规定：

1　散热器宜安装在外墙窗台下，当安装或布置管道有困难时，也可靠内墙安装；

2　两道外门之间的门斗内，不应设置散热器；

3　楼梯间的散热器，应分配在底层或按一定比例分配在下部各层。

2020-074. 相同功能的房间，所处朝向供暖负荷较大的是：

A. 东向　　B. 西向

C. 南向　　D. 北向

【答案】D

【解析】根据规范《民用建筑供暖通风与空气调节设计规范》GB 50736—2012 第 5.2.6 条，围护结构的附加耗热量应按其占基本耗热量的百分率确定。各项附加百分率宜按下列规定的数值选用：

1　朝向修正率：

1）北、东北、西北按 0～10％；

2）东、西按－5％；

3）东南、西南按－10％～－15％；

4）南按－15％～－30％。

2020-075. 设计利用穿堂风进行自然通风的板式建筑，其迎风面与夏季多风向的夹角宜为：

A. 0°　　B. 30°

C. 45°　　D. 90°

【答案】D

【解析】根据规范《民用建筑供暖通风与空气调节设计规范》GB 50736—2012 第 6.2.1 条规定，利用自然通风的建筑在设计时，应符合下列规定：利用穿堂风进行自然通风的建筑，其迎风面与夏季最多风向宜成 60°～90°角，且不应小于 45°，同时应考虑可利用的春秋季风向以充分利用自然通风。

2020-076. 空调室内机设置距离服务空调区较远时，未修正冷媒管长度会导致：

A. 室内机风速过大　　B. 室内机风速过小

C. 室内制冷负荷增加　　D. 室内制冷负荷减小

【答案】C

【解析】当空调室内机设置距离服务空调区较远时，空调冷媒管长度过长会产生损耗，故选 C。

2020-077. 多层挑高门厅空间适合采用的空调系统是：

A. 一次回风式全空气空调系统　　B. 风机盘管加新风空调系统

C. 多联机空调系统　　D. 蒸发冷却空调系统

【答案】A

【解析】根据规范《民用建筑供暖通风与空气调节设计规范》GB 50736—2012 第 7.3.4 条，下列空调区，宜采用全空气定风量空调系统：

1　空间较大、人员较多；

2　温湿度允许波动范围小；

3　噪声或洁净度标准高。

2020-078. 题目缺失

2020-079. 在采用多联机空调系统的建筑中，关于安装室外机的要求，错误的是：

A. 应确保室外机安装处通风良好　　B. 应避免污浊气流的影响

C. 应将室外机设置在密闭隔声罩内　　D. 应便于清扫室外机的换热器

【答案】C

【解析】根据《多联机空调系统工程技术规程》JGJ 174—2010 第 3.4.5 条，室外机布置宜美观、整齐，并应符合下列规定：

1　应设置在通风良好、安全可靠的地方，且应避免其噪声、气流等对周围环境的影响；

2　应远离高温或含腐蚀性、油雾等有害气体的排风；

3　侧排风的室外机排风不应与当地空调使用季节的主导风向相对，必要时可增加挡风板。

C 选项与 A 选项矛盾，故选 C。

2020-080. 下列做法中，不是减小通风系统内由于风速过大而产生噪声的有效措施是：

A. 增加风管截面面积　　B. 增加风管系统阻力

C. 增加消声装置　　D. 减小系统风量

【答案】C

【解析】增加消声装置并不能减小风速。

2020-081. 题目缺失

2020-082. 设置机械加压送风系统的封闭楼梯间，应当设置：

A. 不小于 1m^{2}的固定窗　　B. 不小于 2m^{2}的固定窗

C. 不小于 1m^{2}的可开启外窗　　D. 不小于 2m^{2}的可开启外窗

【答案】A

【解析】根据《建筑防烟排烟系统技术标准》GB 51251—2017 第 3.3.11 条，设置机械加压送风系统的封闭楼梯间、防烟楼梯间，尚应在其顶部设置不小于 1m^{2}的固定窗。靠外墙的防烟楼梯间，尚应在其外墙上每 5 层内设置总面积不小于 2m^{2}的固定窗。

2020-083. 题目缺失

2020-084. 某 4 层办公室建筑的疏散内走廊长度 70m，两端可设置满足自然排烟面积要求的可开启外窗，关于走廊防排烟的做法，正确的是：

A. 采用自然排烟方式　　B. 设置机械加压设施

C. 设置机械排烟设施　　D. 不设置排烟设施

【答案】C

【解析】根据《建筑设计防火规范》GB 50016—2014（2018 年版）第 8.5.3 条，民用建筑的下列场所或部位应设置排烟设施：

5 建筑内长度大于 20m 的疏散走道。

根据《建筑防烟排烟系统技术标准》GB 51251—2017 第 4.3.2 条，防烟分区内自然排烟窗（口）的面积、数量、位置应按本标准第 4.6.3 条规定经计算确定，且防烟分区内任一点与最近的自然排烟窗（口）之间的水平距离不应大于 30m。

故走廊需要设排烟设施，自然排烟窗又不能满足要求，只能设置机械排烟设施。

2020-085. 题目缺失

2020-086. 关于丙级体育馆的电气设计，供电负荷等级应当为：

A. 特别重要负荷　　B. 一级负荷　　C. 二级负荷　　D. 三级负荷

【答案】C

【解析】根据《体育建筑设计规范》JGJ 31—2003 第 10.3.1 条，体育建筑电力负荷应根据体育建筑的使用要求，区别对待，并应符合下列要求：

1 甲级以上体育场、体育馆、游泳馆的比赛厅（场）、主席台、贵宾室、接待室、广场照明、计时记分装置、计算机房、电话机房、广播机房、电台和电视转播、新闻摄影电源及应急照明等用电设备，电力负荷应为一级，特级体育设施应为特别重要负荷；

2 体育建筑的电气消防用电设备负荷等级应为该工程最高负荷等级；

3 1 项中非比赛使用的电气设备及乙级以下体育建筑的用电设备为二级。

2020-087. 在可燃物仓库中，配电箱及开关设置位置合理的是：

A. 配电箱设置在仓库内，开关应设置在仓库外

B. 配电箱设置在仓库外，开关应设置在仓库内

C. 配电箱和开关均应设置在仓库外

D. 配电箱和开关均应设置在仓库内

【答案】C

【解析】根据《建筑设计防火规范》GB 50016—2014（2018 年版）第 10.2.5 条，可燃材料仓库内宜使用低温照明灯具，并应对灯具的发热部件采取隔热等防火措施，不应使用卤钨灯等高温照明灯具。

配电箱及开关应设置在仓库外。

2020-088. 下列可燃材料仓库电气设计方法中，错误的是：

A. 开关应设置在仓库外

B. 配电箱应设置在仓库外

C. 库内部都应采用防爆灯具

D. 库内采用的低温灯具应采取隔热等防火措施

【答案】C

【解析】同 2020-087 题解析。

2020-089. 柴油发电机房设计中，做法错误的是：

A. 应靠近变电间设置

B. 与变电间之间应通过防火墙分隔

C. 宜靠近建筑外墙布置

D. 宜独立设置

【答案】D

【解析】根据《民用建筑设计统一标准》GB 50352—2019 第 8.3.3 条，柴油发电机房应符合下列规定：

5 柴油发电机房宜靠近变电所设置，当贴邻变电所设置时，应采用防火墙隔开。

6 当柴油发电机房设在地下时，宜贴邻建筑外围护墙体或顶板布置，机房的送、排风管（井）道和排烟管（井）道应直通室外。室外排烟管（井）的口部下缘距地面高度不宜小于 2.0m。

2020-090. 面积为 185m² 的配电间，需设置直通疏散走道的门的数量是：

A. 0　　B. 1　　C. 2　　D. 3

【答案】B

【解析】根据《建筑设计防火规范》GB 50016—2014（2018 年版）第 5.5.5 条，除人员密集场所外，建筑面积不大于 500m²、使用人数不超过 30 人且埋深不大于 10m 的地下或半地下建筑（室），当需要设置 2 个安全出口时，其中一个安全出口可利用直通室外的金属竖向梯。

除歌舞娱乐放映游艺场所外，防火分区建筑面积不大于 200m² 的地下或半地下设备间、防火分区建筑面积不大于 50m² 且经常停留人数不超过 15 人的其他地下或半地下建筑（室），可设置 1 个安全出口或 1 部疏散楼梯。

除本规范另有规定外，建筑面积不大于 200m² 的地下或半地下设备间、建筑面积不大于 50m² 且经常停留人数不超过 15 人的其他地下或半地下房间，可设置 1 个疏散门。

2020-091. 以下措施中对于减少眩光，无效的是：

A. 提升灯具照明效率　　B. 增加灯具表面积

C. 调整光源位置　　　　　　　　D. 增加背景反差

【答案】A

【解析】根据规范《室内工作场所的照明》GB/T 26189—2010 第 4.4.3 条，光幕反射和反射眩光，视觉作业的镜面反射，常被称为光幕反射或反射眩光，它可能改变作业可见度，这往往是有害的。可用以下方法防止或减少光幕反射和反射眩光：

——灯具和工作位置的布局（避免将灯具安放在干扰区内）；

——表面处理（使用低光泽表面材料）；

——灯具亮度（限制）；

——增加灯具发光面积（加大发光面）；

——顶棚和墙表面（照亮，避免出现光斑）。

2020-092. 以下房间中，需要设置等电位联结的是：

A. 卧室　　B. 客厅　　C. 厨房　　D. 卫生间

【答案】D

【解析】根据《住宅设计规范》GB 50096—2011 第 8.7.2 条，住宅供电系统的设计，应符合下列规定：

5　设有洗浴设备的卫生间应作局部等电位联结。

2020-093. 下列住宅电气设计做法中，错误的是：

A. 每幢住宅的总电源进线设剩余电流动作保护

B. 供电系统进行总等电位联结

C. 卫生间的洗浴设备做局部等电位联结

D. 厨房固定金属洗菜盆做局部等电位联结

【答案】D

【解析】根据《住宅设计规范》GB 50096—2011 第 8.7.2 条，住宅供电系统的设计，应符合下列规定：

1　应采用 TT、TN-C-S 或 TN-S 接地方式，并应进行总等电位联结；

2　电气线路应采用符合安全和防火要求的敷设方式配线，套内的电气管线应采用穿管暗敷设方式配线。导线应采用铜芯绝缘线，每套住宅进户线截面不应小于 $10mm^2$，分支回路截面不应小于 $2.5mm^2$；

3　套内的空调电源插座、一般电源插座与照明应分路设计，厨房插座应设置独立回路，卫生间插座宜设置独立回路；

4　除壁挂式分体空调电源插座外，电源插座回路应设置剩余电流保护装置；

5　设有洗浴设备的卫生间应作局部等电位联结；

6　每幢住宅的总电源进线应设剩余电流动作保护或剩余电流动作报警。

2020-094. 以下属于消防联动关联控制的是：

A. 普通电梯　　B. 消防电梯　　C. 一般照明　　D. 中央空调

【答案】B

【解析】根据《消防控制室通用技术要求》GB 25506—2010 第 5.3.10 条，对电梯的控制和显示应符合下列要求：

a）应能控制所有电梯全部回降首层，非消防电梯应开门停用，消防电梯应开门待用，并显示反馈信号及消防电梯运行时所在楼层；

b）应能显示消防电梯的故障状态和停用状态。

2020-095. 下列不可以作为避雷针使用的是：

A. 金属屋面　　B. 永久性金属网

C. 热浸镀锌圆钢　　D. 电视天线

【答案】D

【解析】根据《民用建筑电气设计标准》GB 51348—2019：

11.6.2 建筑物防雷装置可采用接闪杆、接闪带（网）、屋顶上的永久性金属物及金属屋面作为接闪器。

11.6.3 接闪杆宜采用热浸镀锌圆钢或钢管制成，钢管壁厚不应小于2.5mm。

2020-096. 配电线路敷设在有可燃物的闷顶内时，应采取穿（　　）等防火保护措施。

A. PVC套管　　B. 金属套管

C. 塑料套管　　D. 难燃套管

【答案】B

【解析】根据《建筑设计防火规范》GB 50016—2014（2018年版）第10.2.3条，配电线路不得穿越通风管道内腔或直接敷设在通风管道外壁上，穿金属导管保护的配电线路可紧贴通风管道外壁敷设。

配电线路敷设在有可燃物的闷顶、吊顶内时，应采取穿金属导管、采用封闭式金属槽盒等防火保护措施。

2020-097. 幼儿园建筑中应设置视频监控系统的房间中，错误的是：

A. 大门　　B. 楼梯入口

C. 走廊　　D. 哺乳室

【答案】D

【解析】根据《托儿所、幼儿园建筑设计规范》JGJ 39—2016（2019年版）第6.3.7条，托儿所、幼儿园安全技术防范系统的设置应符合下列规定：

1 园区大门、建筑物出入口、楼梯间、走廊、厨房等应设置视频安防监控系统；

2 周界宜设置入侵报警系统、电子巡查系统；

3 财务室应设置入侵报警系统；建筑物出入口、楼梯间、厨房、配电间等处宜设置入侵报警系统；

3A 园区大门、厨房宜设置出入口控制系统。

2020-098. 教室电气设计中，配电设计正确的是：

A. 教学用房与非教学用房照明线路不需分设支路

B. 门厅、走道、楼梯照明线路不需设单独支路

C. 教室内电源插座与照明用电不需分设支路

D. 空调线路应设专用线路

【答案】D

【解析】根据《中小学校设计规范》GB 50099—2011 第 10.3.2 条：

6 配电系统支路的划分应符合以下原则：

1）教学用房和非教学用房的照明线路应分设不同支路；

2）门厅、走道、楼梯照明线路应设置单独支路；

3）教室内电源插座与照明用电应分设不同支路；

4）空调用电应设专用线路。

2020-099. 关于住宅（不含别墅）的家庭安防系统，正确的是：

A. 应设置电子巡查系统　　B. 应设置视频监控系统

C. 应设置电子周界防护系统　　D. 应设置访客对讲系统

【答案】D

【解析】根据《住宅设计规范》GB 50096—2011 条文说明第 8.7.8 条，根据《安全防范工程技术规范》CB 50348，对于建筑面积在 50000m^2 以上的住宅小区，要根据建筑面积、建设投资、系统规模、系统功能和安全管理要求等因素，设置基本型、提高型、先进型的安全防范系统。在有小区集中管理时，可根据工程具体情况，将呼救信号、紧急报警和燃气报警等纳入访客对讲系统。

2020-100. 题目缺失

第五节　2021 年真题与答案

2021-001. 图示结构的几何体系是：

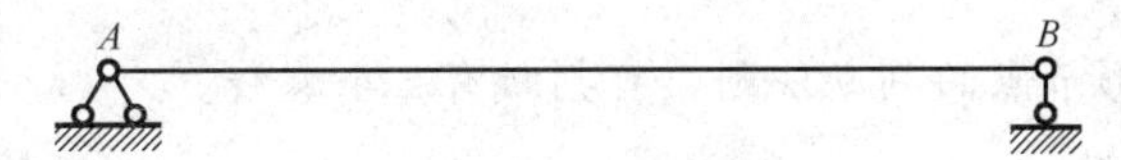

A. 无多余约束的几何不变体系

B. 有多余约束的几何不变体系

C. 几何可变体系

D. 几何瞬变体系

【答案】A

【解析】图示为简支梁，是无多余约束的几何不变体系

2021-002. 图示的超静定次数为：

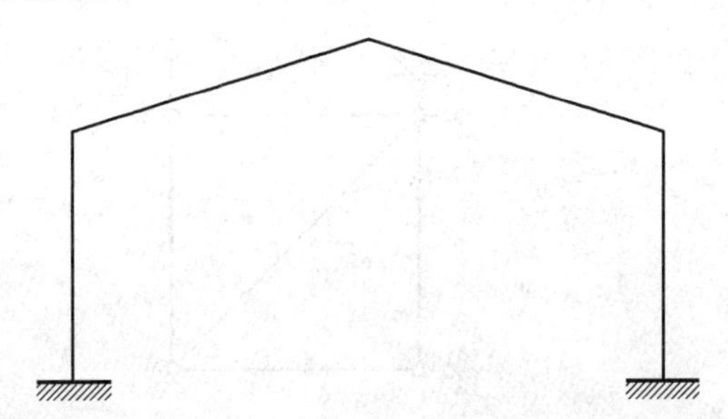

A. 1 次　　　　B. 2 次　　　　C. 3 次　　　　D. 4 次

【答案】C

【解析】封闭结构断开＝去除 3 个约束，故此题选 C。

2021-003. 图示支座示意图，对应的支座简图是：

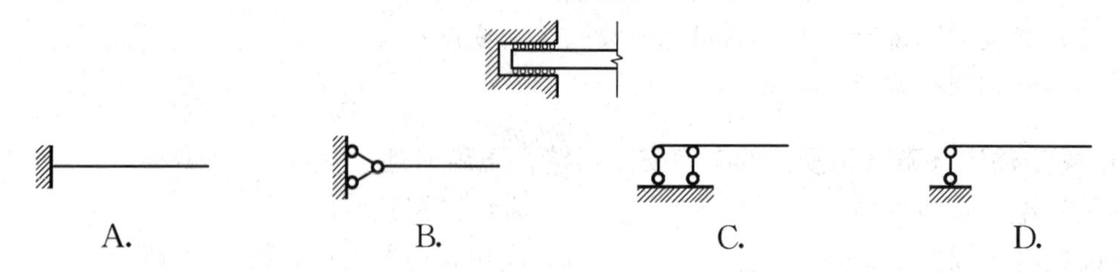

【答案】C

【解析】图示为典型的定向支座，只能在 X 方向滑动。

2021-004. 图示结构零杆数量为：

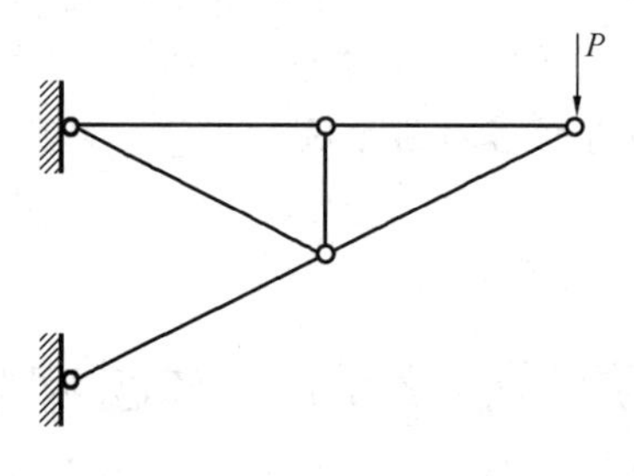

A. 0 根　　　　B. 1 根　　　　C. 2 根　　　　D. 3 根

【答案】C

【解析】根据 T 形节点的判断法则，可判断有 2 个零杆。

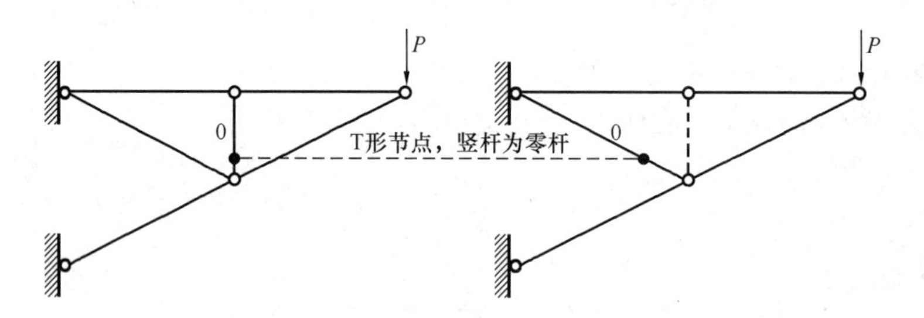

2021-005. 图示结构零杆数量为：

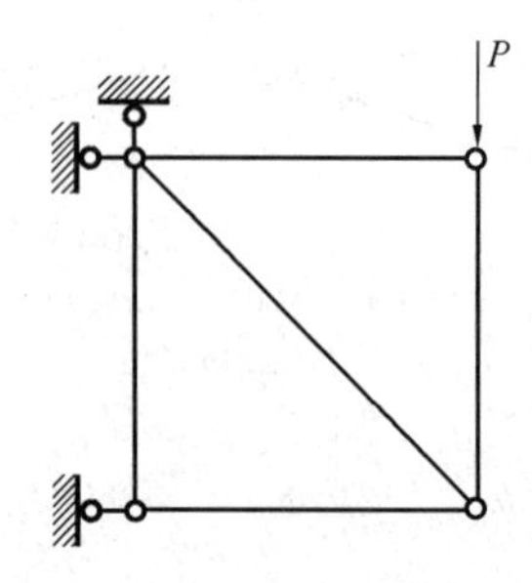

A. 0 根　　B. 1 根　　C. 2 根　　D. 3 根

【答案】C

【解析】

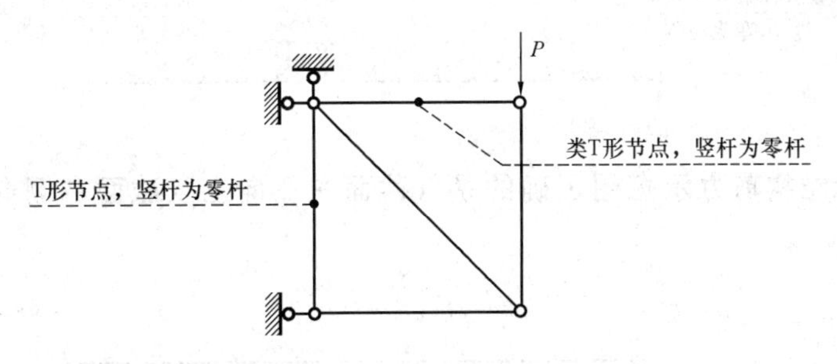

2021-006. 图示结构弯矩示意图正确的是：

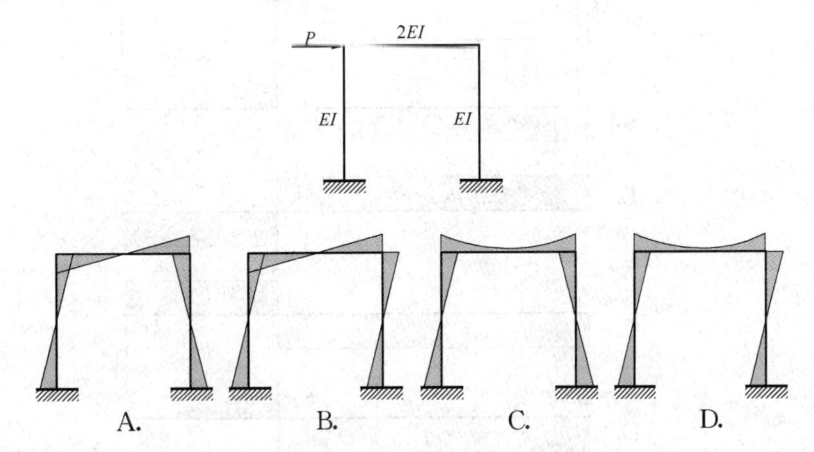

【答案】B

【解析】将作用在节点处的集中力分为一对对称荷载和一对反对称荷载。横梁无均布荷载作用，弯矩图为直线，排除C、D两项；在反对称荷载作用下，柱子的弯矩图为一条斜直线，呈反对称分布，排除A项。因此选择B项。

2021-007. 图示结构弯矩示意图正确的是：

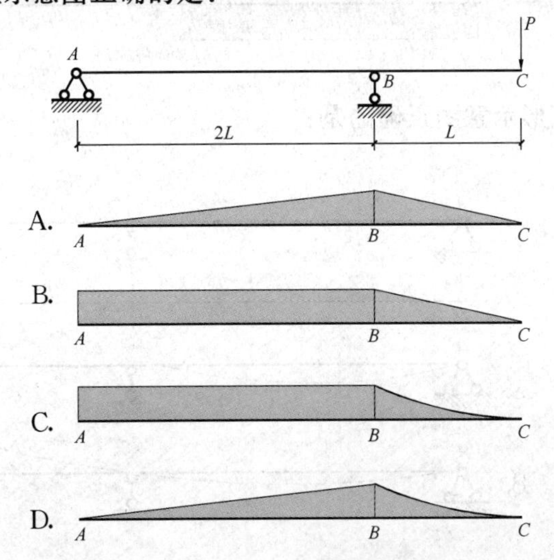

【答案】A

【解析】

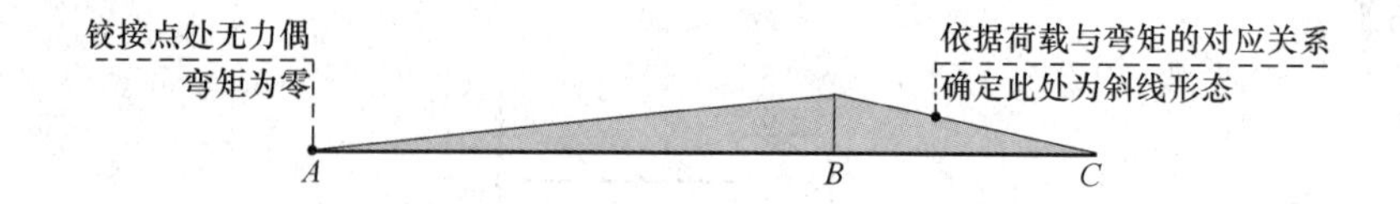

2021-008. 图示结构剪力示意图正确的是（截面左侧向上及截面右侧向下为正，反之为负）：

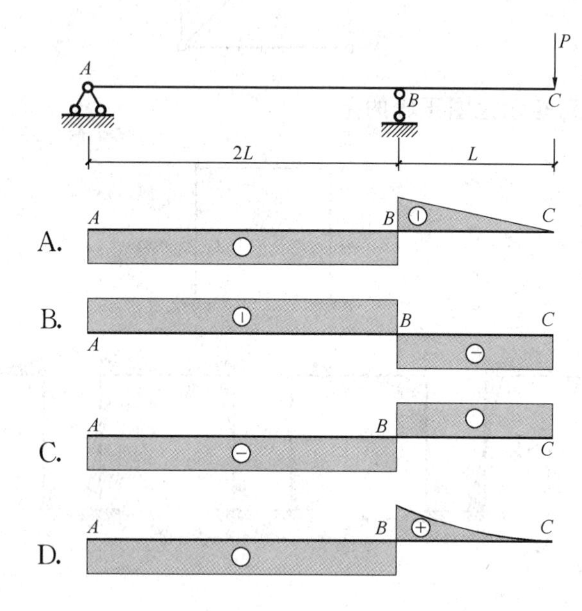

【答案】C

【解析】

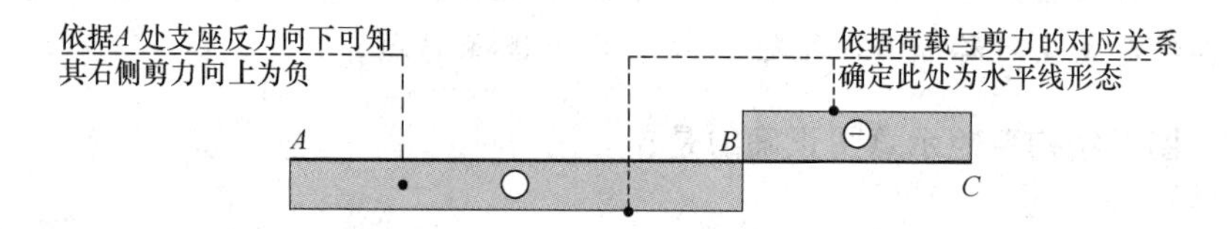

2021-009. 图示结构变形示意图正确的是：

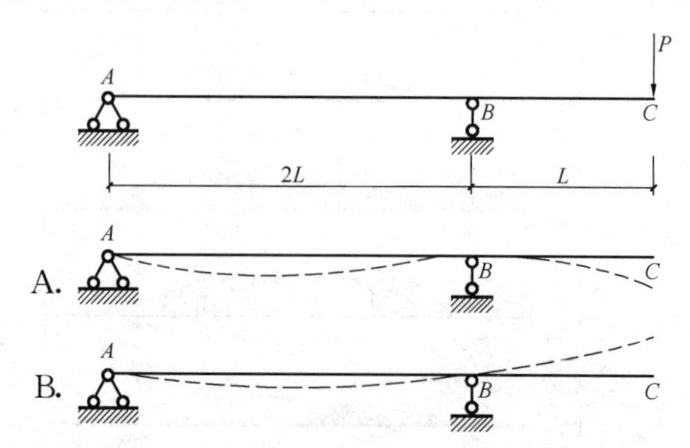

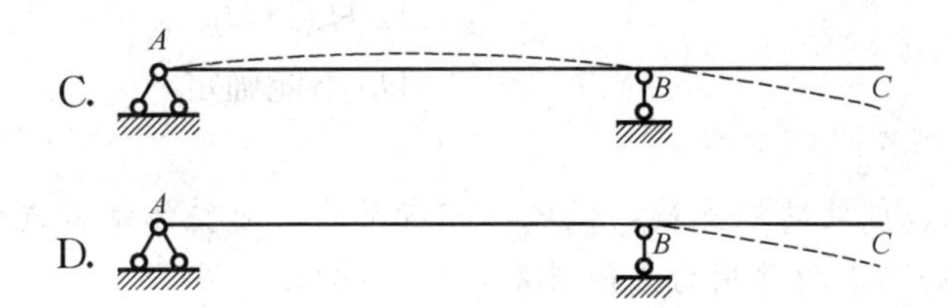

【答案】C

【解析】BC段承受向下的集中荷载，因此BC段向下变形，可排除B项。由于B点铰支，则支座B转动自由，BC段带动AB段向上拱起，因此排除A、D两项，故选C。

2021-010至2021-12. 题目缺失

2021-013. 图示结构，杆1的内力是：

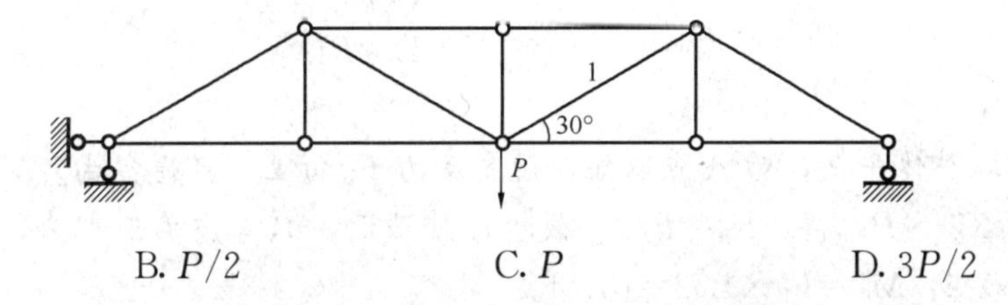

A. 0　　B. $P/2$　　C. P　　D. $3P/2$

【答案】C

【解析】对称轴上为T形节点，由荷载P可知，两侧斜杆的竖向分力为$P/2$，杆件1的内力值为：$(P/2)$ $/\sin30°=P$，故选C。

2021-014. 图示结构，杆1的内力是：

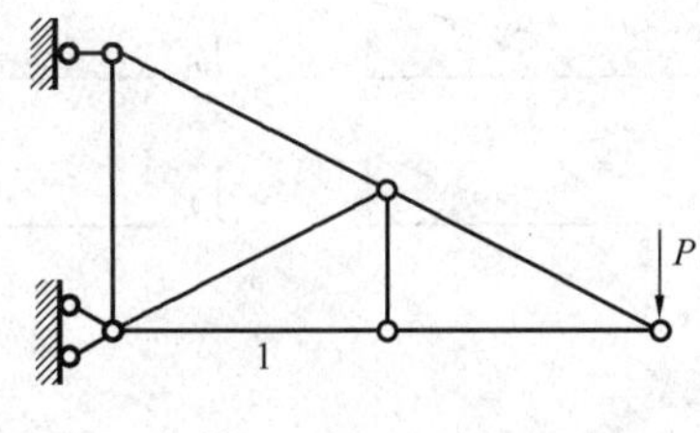

A. 轴向拉力　　B. 轴向压力　　C. 弯矩　　D. 剪力

【答案】B

【解析】依据T形节点零杆判断方法，结构中间的两根杆为零杆，在荷载P的作用下的汇交力系，水平杆为压力，斜杆为拉力。

2021-015. 图示结构，内力正确的是：

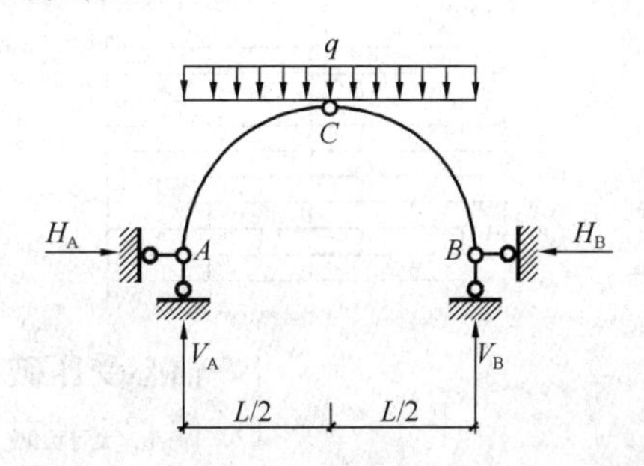

A. $H_A = H_B$　　B. $H_A > H_B$

C. $H_A < H_B$　　D. 不能确定

【答案】A

【解析】 拆掉 A、B 处的铰支座，代之以相应反力，对整体结构进行分析，水平方向无外力作用，根据水平向作用力平衡可知：$H_A = H_B$。

2021-016. 图示结构，*C* 点的弯矩值是：

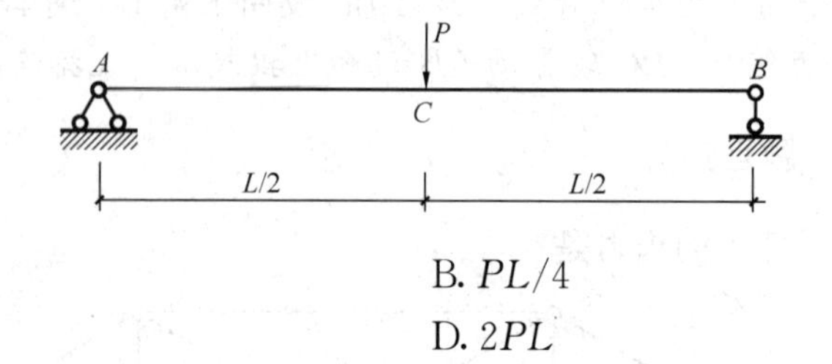

A. $PL/2$　　B. $PL/4$

C. PL　　D. $2PL$

【答案】B

【解析】 取整体平衡，对 A 点取矩，设支反力 F_B 向上，可得：由 $\sum M_A = 0$，即：$F_B \times L = (L/2) \times P$。得：$F_B = P/2$。截断 C 处截面，只考虑右侧部分，根据静力条件可得 C 处弯矩：$M_C = F_B \times L/2 = PL/4$。

2021-017. 图示悬臂梁的弯矩图是：

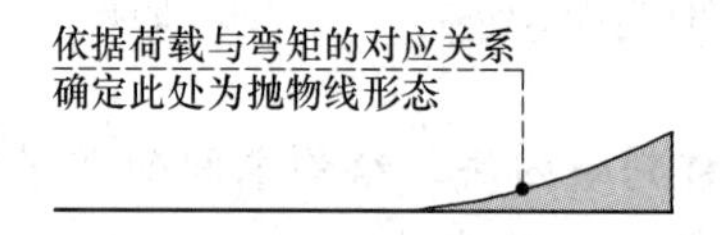

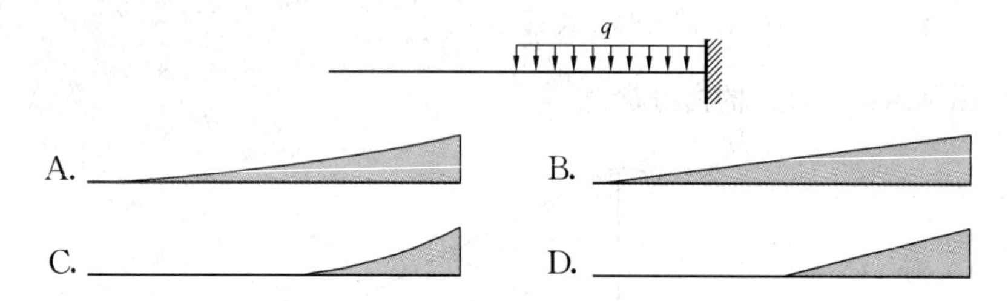

【答案】C

【解析】

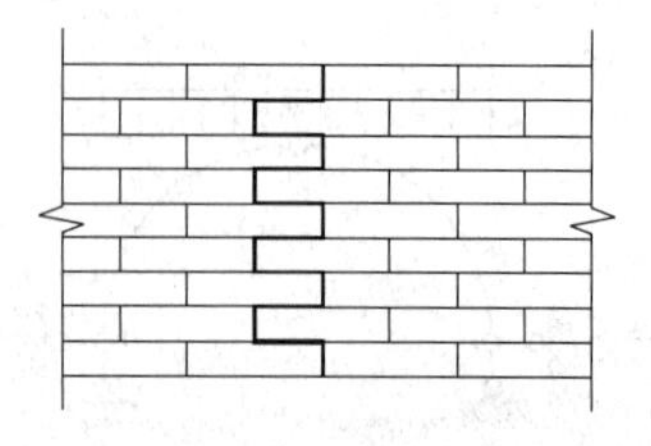

2021-018. 圆形砌体水池，受静水压力，破坏形式如下图，破坏形式为：

A. 轴心受拉破坏　　B. 轴心受压破坏

C. 偏心受压破坏　　D. 偏心受拉破坏

【答案】A

【解析】当轴向拉力与水平灰缝平行时，有可能发生轴心受拉破坏，破坏面沿灰缝为齿状。

2021-019. 题目缺失

2021-020. 下列单层砖柱厂房平面布置图中，正确的是：

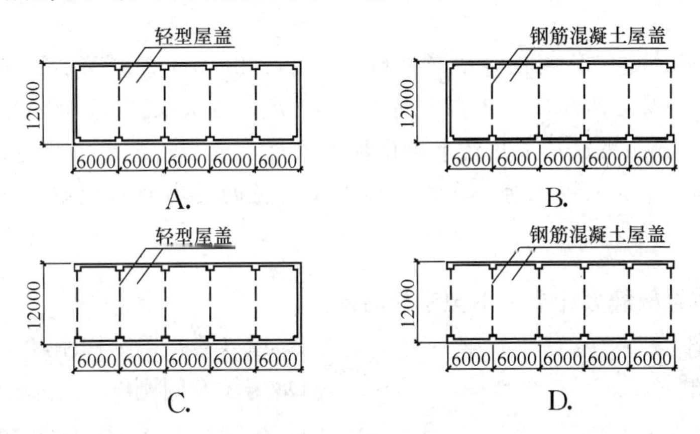

【答案】A

【解析】根据《建筑抗震设计规范》GB 50011—2010（2016 年版）第 9.3.3 条规定，厂房的结构体系，尚应符合下列要求：

1　厂房屋盖宜采用轻型屋盖。

2　6 度和 7 度时，可采用十字形截面的无筋砖柱；8 度时不应采用无筋砖柱。

3　厂房纵向的独立砖柱柱列，可在柱间设置与柱等高的抗震墙承受纵向地震作用；不设置抗震墙的独立砖柱柱顶，应设通长水平压杆。

4　纵、横向内隔墙宜采用抗震墙，非承重横隔墙和非整体砌筑且不到顶的纵向隔墙宜采用轻质墙；当采用非轻质墙时，应计及隔墙对柱及其与屋架（屋面梁）连接节点的附加地震剪力。独立的纵向和横向内隔墙应采取措施保证其平面外的稳定性，且顶部应设置现浇钢筋混凝土压顶梁。

2021-021. 以下建筑结构荷载为可变荷载的是：

A. 位置灵活布置的隔墙自重　　B. 固定隔墙的自重

C. 结构构件　　D. 撞击力或爆炸力

【答案】A

【解析】根据《建筑结构荷载规范》GB 50009—2012：

4.0.1　永久荷载应包括结构构件、围护构件、面层及装饰、固定设备、长期储物的自重，土压力、水压力，以及其他需要按永久荷载考虑的荷载。

4.0.4　固定隔墙的自重可按永久荷载考虑，位置可灵活布置的隔墙自重应按可变荷载考虑。

10.1.1　偶然荷载应包括爆炸、撞击、火灾及其他偶然出现的灾害引起的荷载。

2021-022. 下列地震区普通砖砌体结构房屋示意图中，不考虑采用约束砌体等加强措施下，正确的是：

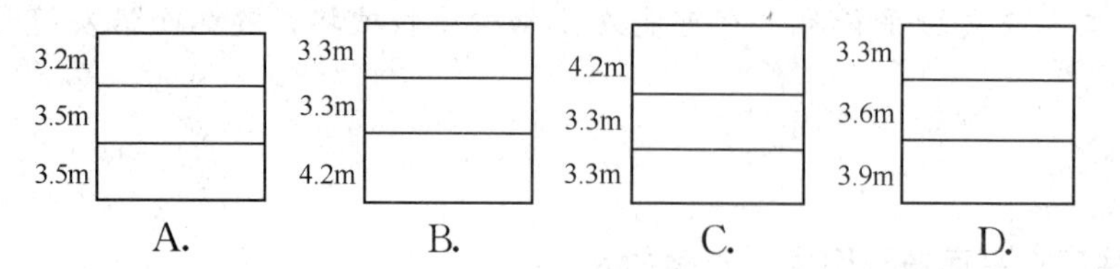

【答案】A

【解析】根据《建筑抗震设计规范》GB 50011—2010（2016 年版）第 7.1.3 条规定，多层砌体承重房屋的层高，不应超过 3.6m。底部框架-抗震墙砌体房屋的底部，层高不应超过 4.5m；当底层采用约束砌体抗震墙时，底层的层高不应超过 4.2m。不考虑采用约束砌体等加强措施时，多层砌体承重房屋的层高均不能超过 3.6m，因此 A 项正确。

2021-023. 砌体结构静力计算中不需考虑的是：

A. 横墙间距　　B. 屋（楼）盖结构刚度

C. 纵墙间距　　D. 房屋空间刚度

【答案】C

【解析】砌体结构房屋，根据其横墙间距的大小、屋（楼）盖结构刚度的大小及山墙在自身平面内的刚度（即房屋空间刚度），可将房屋的静力计算分为刚性方案、刚弹性方案和弹性方案三种方案。

2021-024. 以下所示为双肢箍筋的是：

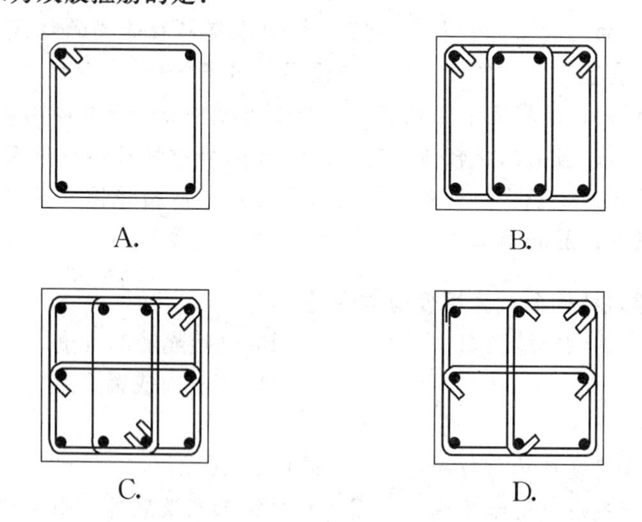

【答案】A

【解析】箍筋的肢数是看梁同一截面内在高度方向箍筋的根数。像一般的单个封闭箍筋，在高度方向就有两根钢筋，属于双肢箍。再如，截面宽较大的同一截面采用两个封闭箍并相互错开高度方向就有四根钢筋，属于四肢箍。

2021-025. 如图在主梁和次梁之间增加附加箍筋的目的是：

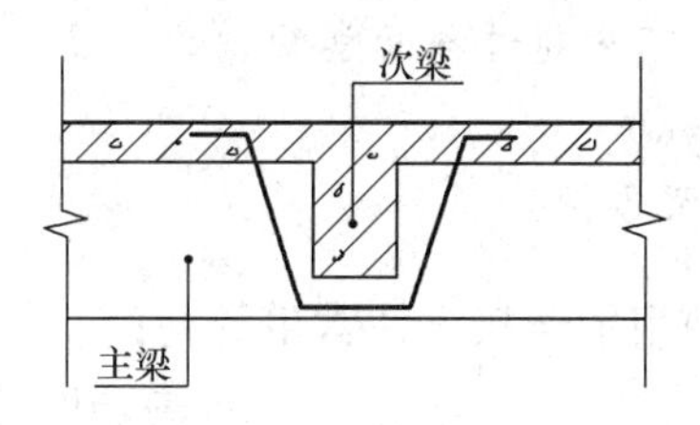

A. 承担主梁传来的集中荷载　　B. 承担次梁传来的集中荷载
C. 作为纵向受力构件　　D. 承担主要剪力作用

【答案】B

【解析】根据《混凝土结构设计规范》GB 50010—2010（2015 年版）第 9.2.11 条规定，位于梁下部或梁截面高度范围内的集中荷载，应全部由附加横向钢筋承担；附加横向钢筋宜采用箍筋。

2021-026. 下图中，屋顶折板配筋正确的是：

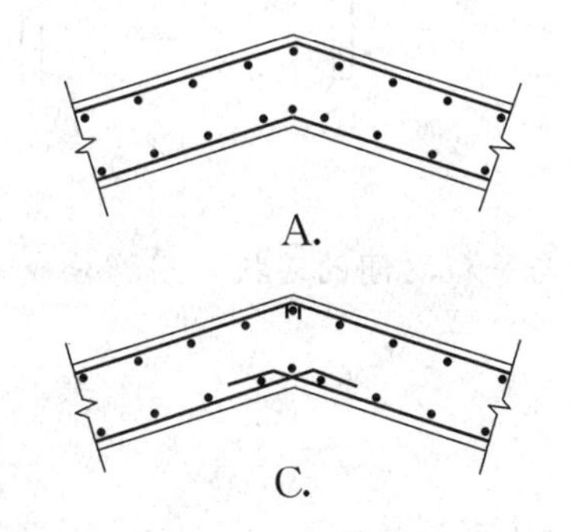

A.

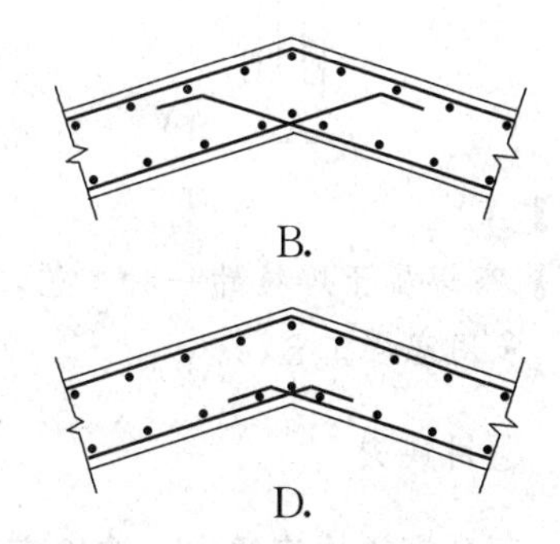

B.

C.

D.

【答案】B

【解析】详见图集 11G 101-1 第 88 页“竖向折梁钢筋构造（一）”。

2021-027. 公共建筑的楼梯活荷载标准值为：

A. 2.0kN/m^2　　B. 2.5kN/m^2
C. 3.0kN/m^2　　D. 3.5kN/m^2

【答案】D

【解析】根据《建筑结构荷载规范》GB 50009—2012 第 5.1.1 条规定，民用建筑楼面均布活荷载的标准值及其组合值系数、频遇值系数和准永久值系数的取值，不应小于表 5.1.1 的规定。由表可知，多层住宅的楼梯活荷载标准值为 2.0kN/m^2，其他建筑的楼梯活荷载标准值为 3.5kN/m^2。

2021-028. 地震区木结构柱的竖向连接，正确的是：

A. 采用螺栓连接　　B. 采用榫头连接
C. 采用铆钉接头　　D. 不能有接头

【答案】D

【解析】根据《建筑抗震设计规范》GB 50011—2010（2016 年版）第 11.3.9 条规定，木构件应符合下列要求：

1 木柱的梢径不宜小于 150mm；应避免在柱的同一高度处纵横向同时开槽，且在柱的同一截面开槽面积不应超过截面总面积的1/2。

2 柱子不能有接头。

3 穿枋应贯通木构架各柱。

2021-029. 可拆卸钢结构可使用的连接方法常用的是：

A. 焊接连接　　B. 高强度螺栓连接

C. 铆钉连接　　D. 普通强度螺栓连接

【答案】D

【解析】常用于可拆卸钢结构的连接方式为普通螺栓连接，其特点是现场作业快、容易拆除，且维修方便。

2021-030. 以下图示中为塞焊缝的是：

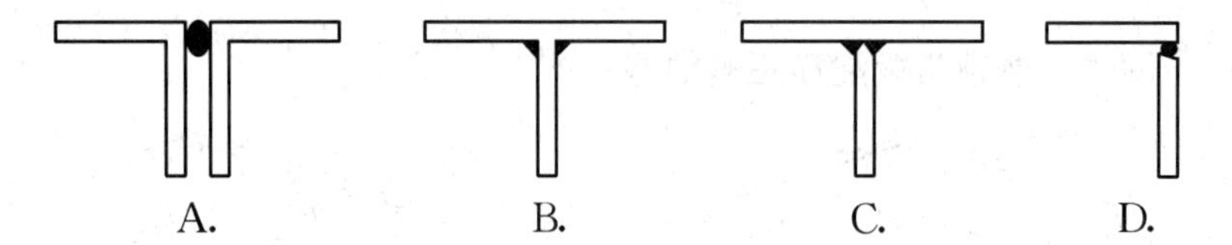

【答案】A

【解析】塞焊属于焊接的一种工艺，例如平板与平板之间的连接，用螺栓或铆钉连接的地方，采用塞焊工艺。

2021-031. 题目缺失

2021-032. 下列钢结构房屋中，选用高度最小的结构类型是：

A. 框架结构　　B. 框架—中心支撑结构

C. 框架—偏心支撑结构　　D. 筒中筒结构

【答案】A

【解析】根据《建筑抗震设计规范》GB 50011—2010（2016年版）第8.1.1条规定，钢结构民用房屋的结构类型和最大高度应符合表8.1.1的规定。由表可知，框架结构适用的最大高度最小，故选A。

2021-033. 图示单层厂房，设有摇摆柱的是：

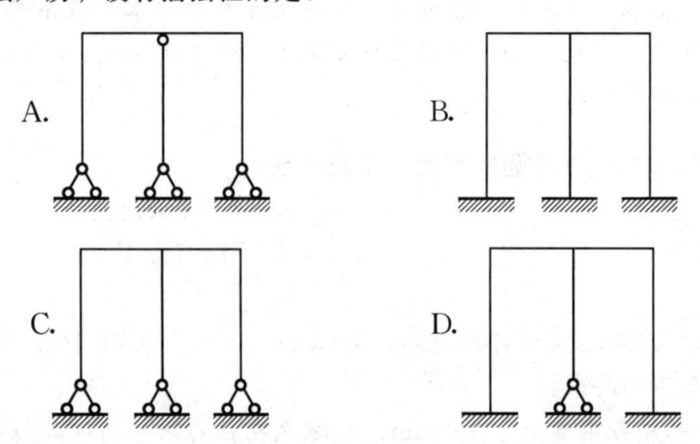

【答案】A

【解析】根据《钢结构设计标准》GB 50017—2017 条文说明第 8.3.1 条规定，多跨框架可以把一部分柱和梁组成框架体系来抵抗侧力，而把其余的柱做成两端铰接。这些不参与承受侧力的柱称为摇摆柱，它们的截面较小，连接构造简单，从而造价较低。A 项中柱两端铰接，因此该柱为摇摆柱。

2021-034. 以下结构中允许伸缩缝间距限制最小的是：

A. 装配式框架结构　　B. 现浇式框架结构

C. 装配式剪力墙结构　　D. 现浇式剪力墙结构

【答案】D

【解析】根据《混凝土结构设计规范》GB 50010—2010（2015 年版）第 8.1.1 条规定，钢筋混凝土结构伸缩缝的最大间距可按表 8.1.1 确定。由表可知，现浇式剪力墙结构允许伸缩缝间距限制最小。

2021-035. 题目缺失

2021-036. 图示混凝土梁的斜截面破坏形态，属于斜拉破坏的是：

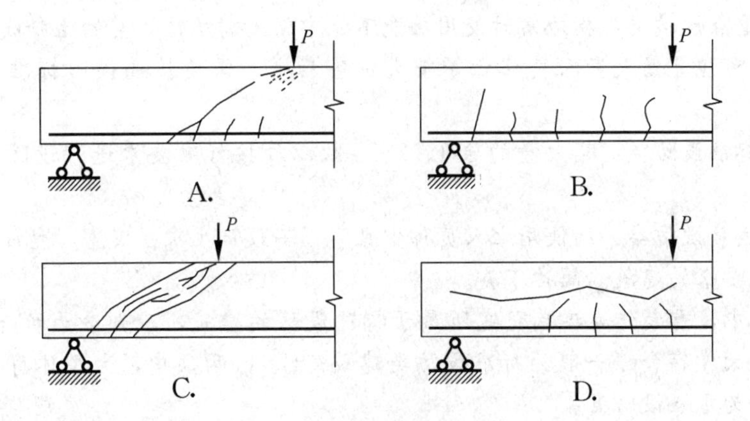

【答案】B

【解析】剪跨比小于 1 时，发生斜压破坏，裂缝主要是腹剪斜裂缝，裂缝把混凝土分成若干斜向受压短柱，承载力取决于混凝土抗压强度。剪跨比大于 1 且小于 3 时，发生剪压破坏，破坏主要生成临界斜裂缝。当剪跨比大于 3 时，发生斜拉破坏，裂缝主要是竖向裂缝。因此，B 项中，混凝土破坏形态属于斜拉破坏；A 项中，混凝土破坏形态属于剪压破坏；C 项中，混凝土属于斜压破坏；D 项中，混凝土中水平横向裂纹不符合实际。

2021-037. 建筑的抗震设防烈度一般可取：

A. 罕遇地震烈度　　B. 地震基本烈度

C. 多遇地震烈度　　D. 最大地震烈度

【答案】B

【解析】抗震设防烈度必须按国家规定的权限审批、颁发的文件（图件）确定。一般情况下，建筑的抗震设防烈度应采用根据中国地震动参数区划图确定的地震基本烈度。

2021-038. 下列与确定建筑结构地震影响系数无关的是：

A. 场地类别　　　　B. 设计地震分组

C. 结构自振周期　　　　D. 结构类型

【答案】D

【解析】 根据《建筑抗震设计规范》GB 50011—2010（2016 年版）第 5.1.4 条规定，建筑结构的地震影响系数应根据烈度、场地类别、设计地震分组和结构自振周期以及阻尼比确定。

2021-039. 下列属于特殊重点设防类的是：

A. 大学宿舍楼　　　　B. 大型体育馆

C. 大型博物馆　　　　D. 重大传染疾病研究所

【答案】D

【解析】 根据《建筑工程抗震设防分类标准》GB 50223—2008 第 3.0.2 条规定，建筑工程应分为以下四个抗震设防类别：

1 特殊设防类：指使用上有特殊设施，涉及国家公共安全的重大建筑工程和地震时可能发生严重次生灾害等特别重大灾害后果，需要进行特殊设防的建筑。简称甲类。

2 重点设防类：指地震时使用功能不能中断或需尽快恢复的生命线相关建筑，以及地震时可能导致大量人员伤亡等重大灾害后果，需要提高设防标准的建筑。简称乙类。

3 标准设防类：指大量的除 1、2、4 款以外按标准要求进行设防的建筑。简称丙类。

4 适度设防类：指使用上人员稀少且震损不致产生次生灾害，允许在一定条件下适度降低要求的建筑。简称丁类。

D 项中，重大传染疾病研究所属于特殊设防的建筑，应划分为特殊重点设防类；A 项中，大学宿舍楼一般为标准设防类建筑；B、C 两项中，大型体育馆、大型博物馆应划分为重点设防类。

2021-040. 图示抗震墙的构造边缘构件（阴影范围），错误的是：

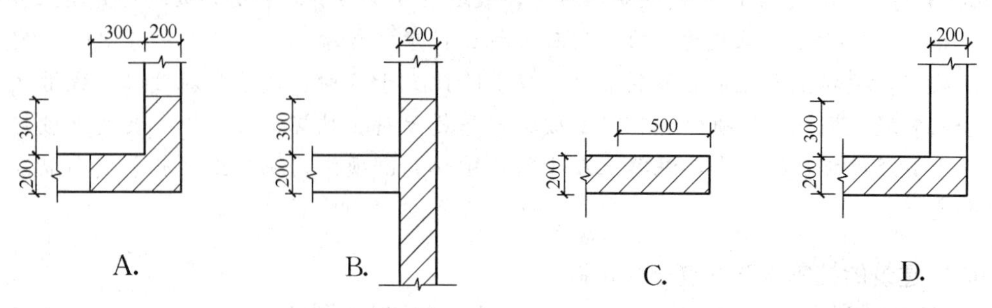

【答案】B

【解析】 依据《建筑抗震设计规范》GB 50011—2010（2016 年版）第 6.4.5 条第 1 款规定可知，B 选项错误，故选 B。

2021-041. 带壁柱墙的砖墙厚度，可按规定采用：

A. 带壁柱墙截面的厚度

B. 不带壁柱墙截面的厚度

C. 应改用不带壁柱墙截面的折算厚度

D. 应改用带壁柱墙截面的折算厚度

【答案】D

【解析】根据《砌体结构设计规范》GB 50003—2011 第 6.1.2 条第 1 款规定，按公式（6.1.1）验算带壁柱墙的高厚比，此时公式中墙厚 h 应改用带壁柱墙截面的折算厚度 h_T。

2021-042. 如图所示，两栋层高 3m，5 层的钢筋混凝土框架结构，建筑变形缝缝宽是：

层高 变形缝

3m

3m

3m

3m

3m

A. 80mm B. 100mm

C. 120mm D. 140mm

【答案】C

【解析】房屋层数为 5 层，沉降缝宽度取 120mm；房屋高度为 15m，抗震缝宽度取 100mm。故建筑变形缝缝宽取两者最大值，即 120mm。

2021-043. 下列图中，剪力墙开洞最不利的是：

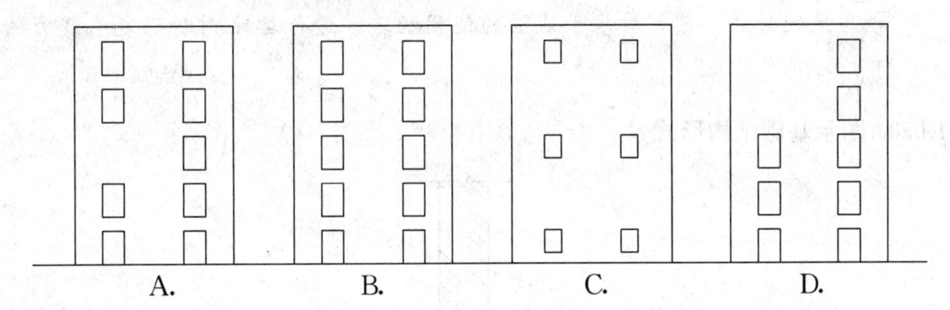

【答案】C

【解析】根据《高层建筑混凝土结构技术规程》JGJ 3—2010 第 7.1.1 条第 3 款规定，门窗洞口宜上下对齐、成列布置，形成明确的墙肢和连梁；宜避免造成墙肢宽度相差悬殊的洞口设置；抗震设计时，一、二、三级剪力墙的底部加强部位不宜采用上下洞口不对齐的错洞墙，全高均不宜采用洞口局部重叠的叠合错洞墙。

2021-044 至 2021-045. 题目缺失

2020-046. 下列观演建筑抗震设计中，下列做法正确的是：

A. 舞台设柱子 B. 横梁用钢筋混凝土梁

C. 墙用轻质隔墙　　D. 大厅和舞台之间宜设置防震缝分开

【答案】B

【解析】根据《建筑抗震设计规范》GB 50011—2010（2016 年版）：

10.1.2　大厅、前厅、舞台之间，不宜设防震缝分开；大厅与两侧附属房屋之间可不设防震缝。但不设缝时应加强连接。选项 D 错误。

10.1.6　前厅与大厅、大厅与舞台连接处的横墙，应加强侧向刚度，设置一定数量的钢筋混凝土抗震墙。选项 C 错误。

舞台不应有遮挡，选项 A 错误。故选 B。

2021-047 至 2021-048. 题目缺失

2021-049. 下列确定地基承载力特征值的方法中最准确的是：

A. 理论公式法　　B. 载荷试验法

C. 规范表格法　　D. 当地经验法

【答案】B

【解析】地基承载力特征值的确定方法包括：

① 原位试验法，是通过现场直接试验确定承载力的方法。包括（静）载荷试验、静力触探试验、标准贯入试验、旁压试验等，其中以载荷试验法为最可靠的基本的原位测试法。

② 理论公式法，是根据土的抗剪强度指标计算的理论公式确定承载力的方法。

③ 规范表格法，是根据室内试验指标、现场测试指标或野外鉴别指标，通过查规范所列表格得到承载力的方法。规范不同，其承载力不会完全相同，应用时需注意各自的使用条件。

④ 当地经验法，是一种基于地区的使用经验，进行类比判断确定承载力的方法，是一种宏观辅助方法。

2021-050. 图示基础结构形式是：

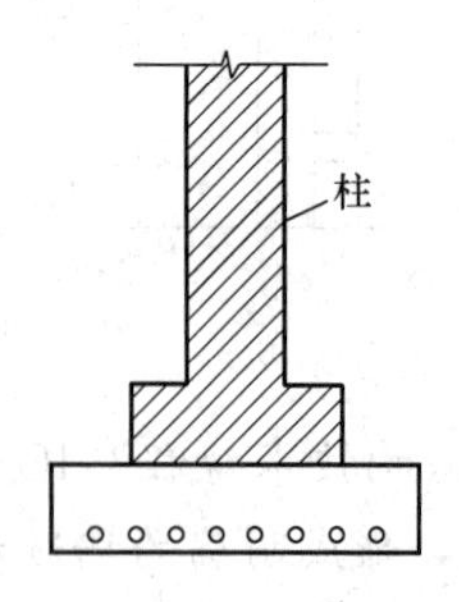

A. 无筋扩展基础　　B. 钢筋混凝土基础

C. 钢筋混凝土独立基础　　D. 筏形基础

【答案】C

【解析】单独基础，也称独立式基础或柱式基础。当建筑物上部结构采用框架结构或单层排架结构承重时，基础常采用方形或矩形的单独基础。本题图中的基础结构形式即柱下钢筋混凝土独立基础。

2021-051. 下列地基处理方法中，属于复合地基方案的是：

A. 换填垫层　　　　　　　　　　B. 机械压实

C. 设置水泥粉煤灰石桩　　　　　D. 真空预压

【答案】C

【解析】当地基承载力或变形不能满足设计要求时，地基处理可选用机械压实、堆载预压、真空预压、换填垫层或复合地基等方法。灰土挤密桩法是利用锤击将钢管打入土中侧向挤密土体形成桩孔，将管拔出后，在桩孔中分层回填2∶8或3∶7灰土并夯实而成，与桩间土共同组成复合地基以承受上部荷载。故灰土桩属于复合地基做法，选择C项。

2021-052. 图示挡土墙的类型是：

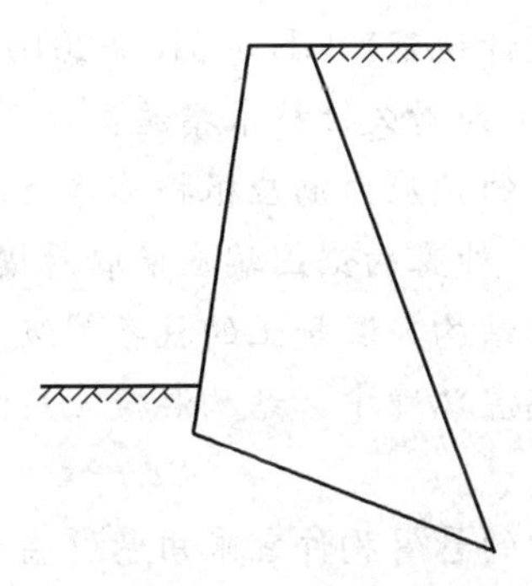

A. 悬臂式　　　　　　　　　　B. 扶壁式

C. 重力式　　　　　　　　　　D. 锚杆式

【答案】C

【解析】用于"边坡"方面的支挡结构一般称"挡土墙"或"挡墙"，主要有重力式、悬臂式、扶壁式、锚杆式、锚定板式和土钉墙式等。重力式挡土墙应用较广泛，利用挡土结构自身的重力，以支挡土质边坡的横推力，常采用条石垒砌或采用混凝土浇筑。本题图中的挡土墙利用自身重力支挡土的推力，因此形式为重力式挡土墙。

2021-053. 计算砌体承重结构地基变形允许值的控制指标是：

A. 沉降量　　　　　　　　　　B. 沉降差

C. 基础局部倾斜　　　　　　　D. 结构倾斜

【答案】C

【解析】地基变形允许值是指为保证建筑物正常使用而确定的变形控制值。地基变形特征可分为沉降量、沉降差、倾斜或局部倾斜。由于建筑地基不均匀、荷载差异很大、体型复杂等因素引起的地基变形，对于砌体承重结构应由局部倾斜控制；对于框架结构和单层排架结构应由相邻柱基的沉降差控制；对于多层或高层建筑和高耸结构应由倾斜控制；必要时尚应控制平均沉降量。

2021-054. 下列装配式混凝土建筑建设应遵循基本原则中，错误的是：

A. 耐久性　　　　　　　　　　B. 整体性

C. 流水化施工　　　　　　　　D. 标准化

【答案】C

【解析】装配式混凝土建筑建设应遵循基本原则包括：①标准化、模数化、少规格、多组合；②结构整体性、耐久性、高强高性能材料应用；③合理的预制拆分；④严格执行抗震设防标准。

2021-055. 下列提高建筑耐久性做法中，错误的是：

A. 外露的锚固端应采取封锚和混凝土表面处理

B. 混凝土的抗渗等级应符合有关标准的要求

C. 结构混凝土应满足抗冻要求

D. 对于混凝土构件，减少钢筋保护层厚度

【答案】D

【解析】根据《混凝土结构设计规范》GB 50010—2010（2015 年版）第 3.5.4 条规定，混凝土结构及构件尚应采取下列耐久性技术措施：

1 预应力混凝土结构中的预应力筋应根据具体情况采取表面防护、孔道灌浆、加大混凝土保护层厚度等措施，外露的锚固端应采取封锚和混凝土表面处理等有效措施；

2 有抗渗要求的混凝土结构，混凝土的抗渗等级应符合有关标准的要求；

3 严寒及寒冷地区的潮湿环境中，结构混凝土应满足抗冻要求，混凝土抗冻等级应符合有关标准的要求；

4 处于二、三类环境中的悬臂构件宜采用悬臂梁一板的结构形式，或在其上表面增设防护层；

5 处于二、三类环境中的结构构件，其表面的预埋件、吊钩、连接件等金属部件应采取可靠的防锈措施，对于后张预应力混凝土外露金属锚具，其防护要求见本规范第 10.3.13 条；

6 处在三类环境中的混凝土结构构件，可采用阻锈剂、环氧树脂涂层钢筋或其他具有耐腐蚀性能的钢筋、采取阴极保护措施或采用可更换的构件等措施。

2021-056. 生活饮用水箱不能紧邻的房间是：

A. 通风机房　　B. 空调机房　　C. 配电室　　D. 隔油设备间

【答案】D

【解析】根据《民用建筑设计统一标准》GB 50352—2019 第 8.1.2 条第 4 款规定，建筑物内的生活饮用水水池（箱）宜设在专用房间内，其直接上层不应有厕所、浴室、盥洗室、厨房、厨房废水收集处理间、污水处理机房、污水泵房、洗衣房、垃圾间及其他产生污染源的房间，且不应与上述房间相毗邻。

2021-057. 生活饮用水池（水箱）的设置，下列说法错误的是：

A. 泵房内地面应设防水层

B. 应采用独立结构形式

C. 周围 2.0m 内不得有污水管

D. 宜设在专用房间内，可与厨房相毗邻

【答案】D

【解析】根据《民用建筑设计统一标准》GB 50352—2019 第 8.1.2 条，生活饮用水水池（箱）、供水泵房等设置应符合下列规定：

1 建筑物内的生活饮用水水池（箱）体应采用独立结构形式，不得利用建筑物的本体结构作为水池（箱）的壁板、底板及顶盖；与其他用水水池（箱）并列设置时，应有各自独立的分隔墙；

2 埋地生活饮用水贮水池周围 10.0m 以内，不得有化粪池、污水处理构筑物、渗水井、垃圾堆放点等污染源，周围 2.0m 以内不得有污水管和污染物；

3 生活饮用水水池（箱）的材质、衬砌材料和内壁涂料不得影响水质；

4 建筑物内的生活饮用水水池（箱）宜设在专用房间内，其直接上层不应有厕所、浴室、盥洗室、厨房、厨房废水收集处理间、污水处理机房、污水泵房、洗衣房、垃圾间及其他产生污染源的房间，且不应与上述房间相毗邻；

5 泵房内地面应设防水层；

6 生活给水泵房内的环境应满足国家现行有关卫生标准的要求。

2021-058. 不属于给水泵房防噪措施的是：

A. 选用低扬程的水泵　　B. 选用低噪声水泵机组

C. 在出水管上设置减振装置　　D. 基础设置减振装置

【答案】A

【解析】根据《建筑给水排水设计标准》GB 50015—2019 第 3.9.10 条，建筑物内的给水泵房，应采用下列减振防噪措施：

1 应选用低噪声水泵机组；

2 吸水管和出水管上应设置减振装置；

3 水泵机组的基础应设置减振装置；

4 管道支架、吊架和管道穿墙、楼板处，应采取防止固体传声措施；

5 必要时，泵房的墙壁和天花应采取隔音吸音处理。

2021-059. 关于室内给水管道布置，正确的是：

A. 可穿越变配电房　　B. 不得穿越电梯机房

C. 可在生产设备上方通过　　D. 可适当影响建筑物的使用

【答案】B

【解析】根据《建筑给水排水设计标准》GB 50015—2019 第 3.6.2 条，室内给水管道布置应符合下列规定：

1 不得穿越变配电房、电梯机房、通信机房、大中型计算机房、计算机网络中心、音像库房等遇水会损坏设备或引发事故的房间；

2 不得在生产设备、配电柜上方通过；

3 不得妨碍生产操作、交通运输和建筑物的使用。

2021-060. 室内给水立管可选用的材料，错误的是：

A. 不锈钢管　　B. 铜管

C. 铸铁管　　D. 金属塑料复合管

【答案】C

【解析】根据《建筑给水排水设计标准》GB 50015—2019 第 3.5.2 条，室内的给水管道，应选用耐腐蚀和安装连接方便可靠的管材，可采用不锈钢管、铜管、塑料给水管和金属塑料复合管及经防腐处理的钢管。高层建筑给水立管不宜采用塑料管。

2021-061. 关于水加热设备机房装置的位置，正确的是：

A. 宜位于系统的两侧

B. 水加热设备机房与热源站宜相邻设置

C. 宜靠近耗热量最小或设有集中热水供应的最高建筑

D. 不宜与给水加压泵房相近设置

【答案】B

【解析】根据《建筑给水排水设计标准》GB 50015—2019 第 6.3.8 条，水加热设备机房的设置宜符合下列规定：

1 宜与给水加压泵房相近设置；

2 宜靠近耗热量最大或设有集中热水供应的最高建筑；

3 宜位于系统的中部；

4 集中热水供应系统当设有专用热源站时，水加热设备机房与热源站宜相邻设置。

2021-062. 室外消火栓设计流量确定的主要决定因素是：

A. 建筑高度

B. 室外管网布置

C. 建筑面积

D. 建筑体积

【答案】D

【解析】根据《消防给水及消火栓系统技术规范》GB 50974—2014 第 3.3.1 条，建筑物室外消火栓设计流量，应根据建筑物的用途功能、体积、耐火等级、火灾危险性等因素综合分析确定。

2021-063. 下列关于消防水泵房设置做法中，正确的是：

A. 单独建造的消防水泵房，其耐火等级不应低于一级

B. 附设在建筑内的消防水泵房，不应设置在地下二层及以下

C. 疏散门应直通室外或安全出口

D. 附设在建筑内的消防水泵房，应设置在室内地面与室外出入口地坪高差大于 10m 的地下楼层

【答案】C

【解析】根据《建筑设计防火规范》GB 50016—2014（2018 年版）第 8.1.6 条规定，消防水泵房的设置应符合下列规定：

1 单独建造的消防水泵房，其耐火等级不应低于二级；

2 附设在建筑内的消防水泵房，不应设置在地下三层及以下或室内地面与室外出入口地坪高差大于 10m 的地下楼层；

3 疏散门应直通室外或安全出口。

2021-064. 下列不属于自动喷水灭火系统组成的是：

A. 供水管道　　B. 火灾探测器

C. 增压贮水设备　　D. 水泵接合器

【答案】B

【解析】常用的自动喷水灭火系统包括：

① 湿式自动喷水灭火系统。一般由湿式报警阀组、闭式喷头、供水管道、增压贮水设备、水泵接合器等组成。

② 干式自动喷水灭火系统。一般由干式报警阀组、闭式喷头、供水管道、增压贮水设备、水泵接合器等组成。

③ 预作用式自动喷水灭火系统。一般由预作用阀、火灾探测系统、闭式喷头、供水管道、增压贮水设备、水泵接合器等组成。

④ 雨淋喷水灭火系统。一般由雨淋阀、火灾探测系统、开式喷头、供水管道、增压贮水设备、水泵接合器等组成。

⑤ 水幕系统。一般由雨淋阀、火灾探测系统、水幕喷头、供水管道、增压贮水设备、水泵接合器等组成。

2021-065. 下列房间中对于防水要求最严格的是：

A. 计算机网络机房　　B. 防排烟机房

C. 消防水泵房　　D. 消防值班室

【答案】C

【解析】《消防给水及消火栓系统技术规范》GB 50974—2014 第 9.2.1 条，下列建筑物和场所应采取消防排水措施：

1 消防水泵房；

2 设有消防给水系统的地下室；

3 消防电梯的井底；

4 仓库。

2021-066. 排水管线不可穿越的房间是：

A. 机房　　B. 宿舍

C. 卫生间　　D. 冷藏库房

【答案】B

【解析】根据《建筑给水排水设计标准》GB 50015—2019 第 4.4.2 条规定，根据排水管道不得穿越下列场所：

1 卧室、客房、病房和宿舍等人员居住的房间；

2 生活饮用水池（箱）上方；

3 遇水会引起燃烧、爆炸的原料、产品和设备的上面；

4 食堂厨房和饮食业厨房的主副食操作、烹调和备餐的上方。

2021-067. 排水管线通气管对于卫生、安静要求最高的形式可采用：

A. 主通气管　　B. 器具通气管

C. 伸顶通气管　　　　　　　　　　D. 环形通气管

【答案】B

【解析】根据《建筑给水排水设计标准》GB 50015—2019 第 4.7.4 条规定，对卫生、安静要求较高的建筑物内，生活排水管道宜设置器具通气管。

2021-068. 下列屋面排水方式中不需要设置溢流措施的是：

A. 不能直接散水的屋面雨水排水

B. 重力流多斗内排水系统按重现期 P 小于 100a 设计

C. 民用建筑雨水管道单斗内排水系统按重现期 P 小于 100a 设计

D. 屋面采用外檐沟可以直接自由排水的坡屋面

【答案】D

【解析】根据《建筑给水排水设计标准》GB 50015—2019 第 5.2.11 条，建筑屋面雨水排水工程应设置溢流孔口或溢流管系等溢流设施，且溢流排水不得危害建筑设施和行人安全。下列情况下可不设溢流设施：

1　外檐天沟排水、可直接散水的屋面雨水排水；

2　民用建筑雨水管道单斗内排水系统、重力流多斗内排水系统按重现期 P 大于或等于 100a 设计时。

2021-069. 小区景观水水源适宜使用的是：

A. 生活饮用水　　　　　　　　　　B. 生活污水

C. 市政中水　　　　　　　　　　　D. 医疗废水

【答案】C

【解析】根据《民用建筑节水设计标准》GB 50555—2010 第 5.1.14 条规定，观赏性景观环境用水应优先采用雨水、中水、城市再生水及天然水源等。

2021-070. 关于中小学饮水器，正确的是：

A. 以温水为原水的直饮水不必进行过滤和消毒处理

B. 循环回水不需要进行消毒处理

C. 饮水器的喷嘴应水平安装

D. 饮水器采用不锈钢材质

【答案】D

【解析】根据《建筑给水排水设计标准》GB 50015—2019 第 6.9.5 条规定，当中小学校、体育场馆等公共建筑设饮水器时，应符合下列规定：

1　以温水或自来水为原水的直饮水，应进行过滤和消毒处理；

2　应设循环管道，循环回水应经消毒处理；

3　饮水器的喷嘴应倾斜安装并设防护装置，喷嘴孔的高度应保证排水管堵塞时不被淹没；

4　应使同组喷嘴压力一致；

5　饮水器应采用不锈钢、铜镀铬或瓷质、搪瓷制品，其表面应光洁、易于清洗。

2021-071. 题目缺失

2021-072. 散热器安装在靠近窗台的外墙下的原因是：

A. 阻断室内热空气流

B. 阻断室外冷空气流

C. 阻断室内冷空气流

D. 阻断室外热空气流

【答案】B

【解析】根据《民用建筑供暖通风与空气调节设计规范》GB 50736—2012 条文说明第5.3.7条第1款规定，散热器布置在外墙的窗台下，从散热器上升的对流热气流能阻止从玻璃窗下降的冷气流，使流经生活区和工作区的空气比较暖和，给人以舒适的感觉，因此推荐把散热器布置在外墙的窗台下；为了便于户内管道的布置，散热器也可靠内墙安装。

2021-073 至 2021-082. 题目缺失

2021-083. 下列空调形式选择中，做法错误的是：

A. 空调区较多且各区温度要求独立控制时宜采用风机盘管加新风空调系统

B. 空气中含有较多油烟时，不宜采用风机盘管加新风空调系统

C. 宾馆客房采用全空气空调系统

D. 夏季空调室外设计露点温度较低的地区宜采用蒸发冷却空调系统

【答案】C

【解析】根据《民用建筑供暖通风与空气调节设计规范》GB 50736—2012：

7.3.9 空调区较多，建筑层高较低且各区温度要求独立控制时，宜采用风机盘管加新风空调系统；空调区的空气质量、温湿度波动范围要求严格或空气中含有较多油烟时，不宜采用风机盘管加新风空调系统。

7.3.16 夏季空调室外设计露点温度较低的地区，经技术经济比较合理时，宜采用蒸发冷却空调系统。

条文说明第7.3.9条规定，风机盘管系统具有各空调区温度单独调节、使用灵活等特点，与全空气空调系统相比可节省建筑空间，与变风量空调系统相比造价较低等，因此，在宾馆客房、办公室等建筑中大量使用。

2021-084. 题目缺失

2021-085. 燃气管道不能穿越的房间是：

A. 厨房

B. 非居住房间

C. 卫生间

D. 燃气表间

【答案】C

【解析】《城镇燃气设计规范》GB 50028—2006（2020年版）第10.2.26条，燃气立管不得敷设在卧室或卫生间内。立管穿过通风不良的吊顶时应设在套管内。

2021-086. 在住宅设计中，下列哪种做法跟电气安全无关？

A. 供电系统的接地形式

B. 卫生间作局部等电位联结

C. 插座回路设置剩余电流保护装置

D. 金属光纤入户

【答案】D

【解析】根据《住宅设计规范》GB 50096—2011：

8.7.7 条第 3 款规定，信息网络系统的线路宜预埋到住宅套内。每套住宅的进户线不应少于 1 根，起居室、卧室或兼起居室的卧室应设置信息网络插座。因此 D 项属于信息网络系统安装的内容。

8.7.2 住宅供电系统的设计，应符合下列规定：

1 应采用 TT、TN-C-S 或 TN-S 接地方式，并应进行总等电位联结；

2 电气线路应采用符合安全和防火要求的敷设方式配线，套内的电气管线应采用穿管暗敷设方式配线。导线应采用铜芯绝缘线，每套住宅进户线截面不应小于 $10mm^2$，分支回路截面不应小于 $2.5mm^2$；

3 套内的空调电源插座、一般电源插座与照明应分路设计，厨房插座应设置独立回路，卫生间插座宜设置独立回路；

4 除壁挂式分体空调电源插座外，电源插座回路应设置剩余电流保护装置；

5 设有洗浴设备的卫生间应作局部等电位联结；

6 每幢住宅的总电源进线应设剩余电流动作保护或剩余电流动作报警。

2021-087. 室内用电负荷计算时不需要考虑的是：

A. 建筑面积 B. 建设标准

C. 电缆数量 D. 空调的方式

【答案】C

【解析】根据《住宅设计规范》GB 50096—2011 条文说明第 8.7.1 条规定，每套住宅的用电负荷因套内建筑面积、建设标准、采暖（或过渡季采暖）和空调的方式、电炊、洗浴热水等因素而有很大的差别。本规范仅提出必须达到的下限值。每套住宅用电负荷中应包括：照明、插座，小型电器等，并为今后发展留有余地。

2021-088. 下列房间中可不用设置自备电源的是：

A. 第二电源不能满足一级负荷的条件

B. 所在地区偏僻，远离电力系统

C. 设置自备电源比从电力系统取得第二电源经济合理

D. 配有两路供电的多层住宅

【答案】D

【解析】根据《供配电系统设计规范》GB 50052—2009 第 4.0.1 条规定，符合下列条件之一时，用户宜设置自备电源：

1 需要设置自备电源作为一级负荷中的特别重要负荷的应急电源时或第二电源不能满足一级负荷的条件时。

2 设置自备电源比从电力系统取得第二电源经济合理时。

3 有常年稳定余热、压差、废弃物可供发电，技术可靠、经济合理时。

4 所在地区偏僻，远离电力系统，设置自备电源经济合理时。

5 有设置分布式电源的条件，能源利用效率高、经济合理时。

2021-089. 室内可燃闷顶内明敷设管线可以使用的管道材料是：

A. 刚性塑料导管　　B. 塑料导管

C. 金属导管、金属槽盒布线　　D. 接线盒

【答案】C

【解析】根据《民用建筑电气设计标准》GB 51348—2019 第 8.1.6 条，在有可燃物的闷顶和封闭吊顶内明敷的配电线路，应采用金属导管或金属槽盒布线。

2021-090. 下列做法中属于节能措施的是：

A. 疏散照明宜采用夜间降低照度的自动控制装置

B. 夜景照明采用集中控制方式

C. 功能性照明宜所有盏灯具设置集中控制开关

D. 公共场所的照明，宜采用独立开关控制

【答案】B

【解析】《民用建筑电气设计标准》GB 51348—2019 第 24.3.7 条，照明控制应符合下列规定：

1 应结合建筑使用情况及天然采光状况，进行分区、分组控制；

2 天然采光良好的场所，宜按该场所照度要求、营运时间等自动开关灯或调光；

3 旅馆客房应设置节电控制型总开关，门厅、电梯厅、大堂和客房层走廊等场所，除疏散照明外宜采用夜间降低照度的自动控制装置；

4 功能性照明宜每盏灯具单独设置控制开关；当有困难时，每个开关所控的灯具数不宜多于 6 盏；

5 走廊、楼梯间、门厅、电梯厅、卫生间、停车库等公共场所的照明，宜采用集中开关控制或自动控制；

6 大空间室内场所照明，宜采用智能照明控制系统；

7 道路照明、夜景照明应集中控制；

8 设置电动遮阳的场所，宜设照度控制与其联动。

2021-091. 题目缺失

2021-092. 下列教室照明方式设置不需要考虑的因素是：

A. 工作场所　　B. 特定区域或目标

C. 作业面照度要求　　D. 讲台高度

【答案】D

【解析】根据《建筑照明设计标准》GB 50034—2013 第 3.1.1 条，照明方式的确定应符合下列规定：

1 工作场所应设置一般照明；

2 当同一场所内的不同区域有不同照度要求时，应采用分区一般照明；

3 对于作业面照度要求较高，只采用一般照明不合理的场所，宜采用混合照明；

4 在一个工作场所内不应只采用局部照明；

5 当需要提高特定区域或目标的照度时，宜采用重点照明。

2021-093. 下列需要设置照明值班的场所是：

A. 面积 300m² 的商店及自选商场

B. 单体建筑面积超过 2000m² 的库房周围的通道

C. 面积 250m² 的贵重商品商场

D. 商店的次要出入口

【答案】C

【解析】 根据《民用建筑电气设计标准》GB 51348—2019 第 10.2.3 条，下列场所应设置值班照明：

1 面积超过 500m² 的商店及自选商场，面积超过 200m² 的贵重品商店；

2 商店、金融建筑的主要出入口，通向商品库房的通道，通向金库、保管库的通道；

3 单体建筑面积超过 3000m² 的库房周围的通道；

4 其他有值班照明要求的场所。

2021-094. 下列关于变电所位置的说法，错误的是：

A. 靠近负荷中心

B. 位于教室正上方

C. 进出线方便

D. 设备吊装、运输方便

【答案】B

【解析】 根据《民用建筑电气设计标准》GB 51348—2019 第 4.2.1 条，变电所位置选择，应符合下列要求：

1 深入或靠近负荷中心；

2 进出线方便；

3 设备吊装、运输方便；

4 不应设在对防电磁辐射干扰有较高要求的场所；

5 不宜设在多尘、水雾或有腐蚀性气体的场所，当无法远离时，不应设在污染源的下风侧；

6 不应设在厕所、浴室、厨房或其他经常有水并可能漏水场所的正下方，且不宜与上述场所贴邻；如果贴邻，相邻隔墙应做无渗漏、无结露等防水处理；

7 变电所为独立建筑物时，不应设置在地势低洼和可能积水的场所。

2021-095 至 2021-096. 题目缺失

2021-097. 下列做法中，建筑防雷可以不设置等电位联结的是：

A. 电子信息系统的箱体

B. 通信线在不同地点进入防雷区界面

C. 各防雷区界面处

D. 建筑入口处栏杆

【答案】D

【解析】 根据《民用建筑电气设计标准》GB 51348—2019 第 11.9.3 条，穿过各防雷区界面的金属物和系统，以及在一个防雷区内部的金属物和系统均应在界面处做防雷等电位联结，并符合下列要求：

1 应在各防雷区界面处做防雷等电位联结；当由于工艺要求或其他原因，被保护设备位置不在界面处，且线路能承受所发生的浪涌电压时，电涌保护器可安装在被保护设备处，线路的金属保护层或屏蔽层，宜在界面处做防雷等电位联结；

2 当外来可导电体、电力线、通信线在不同地点进入防雷区界面时，宜分别设置等电位联结端子箱，并应将其就近连接到接地网；

3 建筑物金属立面、钢筋等屏蔽构件宜每隔5m与环形接地体或内部环形导体连接一次；

4 电子信息系统的各种箱体、壳体等金属组件应做防雷等电位联结。

2021-098. 题目缺失

2021-099. 下列建筑中需要设置自动喷水灭火系统的是：

A. 高度为24m的住宅建筑

B. 不小于50000纱锭的棉纺厂的开包、清花车间

C. 面积为1000m²的制衣厂房

D. 面积为1000m²的商场

【答案】B

【解析】根据《建筑设计防火规范》GB 50016—2014（2018年版）第8.3.1条规定，除本规范另有规定和不宜用水保护或灭火的场所外，下列厂房或生产部位应设置自动灭火系统，并宜采用自动喷水灭火系统：

1 不小于50000纱锭的棉纺厂的开包、清花车间，不小于5000锭的麻纺厂的分级、梳麻车间，火柴厂的烤梗、筛选部位；

2 占地面积大于1500m²或总建筑面积大于3000m²的单、多层制鞋、制衣、玩具及电子等类似生产的厂房；

3 占地面积大于1500m²的木器厂房；

4 泡沫塑料厂的预发、成型、切片、压花部位；

5 高层乙、丙类厂房；

6 建筑面积大于500m²的地下或半地下丙类厂房。

2021-100. 题目缺失